추천의 글

'왜'라는 질문에 답을 주는 힌트북

이 책은 아이들의 '왜'라는 질문에 '원래' 또는 '그냥'이라는 말로 답하지 않고 수학적 개념을 '위치와 질서'에 따라 차분하게 설명합니다. 교과서 문제를 활용하여 친숙하게 다가온 점, 개념 따라쓰기로 개념을 머릿속에 각인시킨 점도 이 책의 강점입니다. 힌트북을 통해 '왜'라는 질문에 수학적 개념으로 답변할 수 있는 실력 있는 학생들이 되기를 기대합니다.

정성윤 선생님(서울우이초등학교)

과제집착력을 길러주는 효과적인 구성!

학급에서 수학 수업을 할 때 최대한 답을 나중에 알려주면서 힌트를 주거나 문제를 이해할 수 있도록 풀어 설명해 줍니다. 과제집착력, 즉 문제를 끝까지 풀어내고자 하는 태도가 결국에는 수학 실력 향상에 도움이 된다고 생각하기 때문입니다. 힌트북은 아이들이 혼자 공부할 때에도 과제집착력을 기를 수 있는 효과적인 구성을 가진 교재라고 생각합니다. 힌트북은 수학을 잘 하고 싶어하는 아이들에게 기본기를 꼼꼼히 다져주는 좋은 친구이자 선생님이 되어 줄 것입니다.

류윤정 선생님(중앙대학교 사범대학 부속초등학교)

문제의 실마리를 주는 힌트

문제를 풀다 막히면 답지부터 찾아본 경험, 누구나 있을 거예요. 그런데 이 책엔 힌트북이 있어 답지를 보지 않고 문제의 실마리를 찾을 수 있습니다. 또 본문에서 개념을 따라 쓰는 코너가 있어서 학생들이 개념을 얼마나 잘 알고 있는지를 점검할 수 있다는 점도 매우 유익합니다.

박명선 선생님(덕은초등학교)

새 교육과정에서 중요시하는 과정 중심 평가에 맞는 학습서

새로 개정된 수학과 교육과정은 학습 결과 평가뿐만 아니라 과정 중심 평가도 중요시하여 종합적인 학습 평가를 지향하고 있습니다. 과정 중심 평가에서의 핵심은 학생들의 요구에 맞추어 피드백이 즉각적으로 이루져야 한다는 것입니다. 그런 점에서 이 책은 단계별로 효과적인 수학 학습이 되도록 학생 본인의 사고에 맞게 학습을 조절할 수 있습니다. 목표에 도달했다고 하더라도 어떤 과정으로 도달했는지, 혹은 어떤 이유로 도달하지 못했는지에 대한 학습 방향을 알려주는 나침반 같은 역할을 할 수 있기를 기대합니다.

최현아 선생님(서울가락초등학교)

수학에 자신 있는 친구들에게도 추천해요.

힌트북에서는 귀여운 캐릭터들이 설명해 주는 힌트를 통해 아이들이 개념과 원리를 지루하지 않고 흥미있게 집중하여 이해할 수 있습니다. 수학을 많이 버거워하는 아이들도 캐릭터들이 차근차근 설명하는 힌트를 따라가며 자신감을 키우게 될 것입니다. 풀이가 힘들고 귀찮아 힌트를 먼저 펼쳐보게 되는 아이들도 힌트 속에 녹아 있는 개념과 풀이 과정을 통해 자연스레 개념을 복습하게 되고 차근차근 풀이 과정을 밟아가는 연습을 할 수 있을 것입니다. 아울러 수학에 자신 있어 하는 친구들에게도 추천합니다. 어렵지 않게 푼 문제들도 '힌트' 속 설명을 통해 수학 실력을 더욱 탄탄히 다질 수 있을 테니까요.

강상미 선생님(서울송례초등학교)

추천의 글

생각하는 힘과 인내심을 길러줘요.

수학은 암기과목이 아닙니다. 한 문제를 풀어내는 과정은 마치 미로 속에서 출구를 찾아내는 과정과 비슷합니다. 많은 문들을 인내심을 갖고 하나하나 열어가며 출구를 찾아냈을 때 비로소 빛을 보는 기쁨을 누릴 수 있는 것과 같습니다. 모르겠다고 처음부터 답을 봐 버리면 생각하는 힘을 얻을 수 없고, 수학 문제를 해결하는 데 반드시 필요한 인내심도 기를 수 없습니다. 이 책은 문제를 해결하기 위해 통과해야 하는 많은 문들을 하나하나 열어갈 수 있도록 적절하게 힌트를 주고 있습니다. 이 책을 통해 필요한 만큼의 힌트를 참고하여 스스로 문제를 풀어내는 기쁨을 누리며 진정한 수학 실력을 높일 수 있기를 바랍니다.

채현정 선생님(서울대명초등학교)

스스로 깨닫게 하는 유능한 수학 코치!

문제 옆에 바로 붙어 있는 일반 참고서의 힌트는 아이들이 스스로 사고할 기회를 빼앗는 나쁜 친구죠. 그렇다고 힌트가 없으면 포기하기 쉽고, 또 답과 해설을 보며 공부하다 보면 끝내 혼자서는 문제를 풀어내지 못합니다. 이러한 문제의 완벽한 해결사가 힌트북입니다! 게다가 힌트북은 문제마다 중요한 개념을 친구처럼 세밀하게 알려주어서 문제의 핵심을 스스로 깨닫게 하는 가장 유능한 수학 코치입니다!

유은화 선생님(분당 공부방 원장)

혼자서도 척척, 혼공 내비게이션!

흔히 수학에는 왕도가 없다고 하지요. 그만큼 쉽고 빠른 지름길이 없다는 말인데요, 힌트북이 좋은 길잡이가 될 수 있을 것 같네요. 막히면 힌트를 보고 제대로 된 맞춤길을 안내받아 문제를 척척 풀어나갈 수 있으니까요.

안소정 선생님('수학의 역사' 저자)

학습 결손을 막아주는 '찐' 혼공 학습서

왜 진작에 이런 학습서가 나오지 않았을까요? 힌트북이 선생님이 되어 스스로 풀어내도록 도와주니 수학 실력뿐 아니라 자신감까지 올려주네요! 특히 요즘처럼 비대면 수업으로 인한 학습 결손이나 학력 격차까지 막아줄 수 있는 찐 혼공 학습서입니다.

배기근 선생님(대치 파인만학원 영재원 대표강사)

수학을 가장 쉽고 빠르게 공부할 수 있는 교재

구구절절 설명하는 책들은 넘쳐나지만 한눈에 보여주는 책은 이 책이 유일한 것 같습니다. 개념과 방법이 한눈에 이해되다 보니 힌트북이야말로 수학을 가장 쉽고 빠르게 공부할 수 있는 교재가 아닐까 하는 생각이 듭니다. 학생들이 쉽고 재밌게 공부하기에 안성맞춤입니다!

김준 선생님(일산 에이스학원 원장)

언제나 필요했던 게 바로 이런 책이었어요.

학원이나 선생님 도움 없이 혼자 책을 보며 공부하길 좋아했던 내가 언제나 필요했던 게 바로 이런 책이었습니다. 개념을 쉽게 설명하는 책은 많지만, 개념을 어떻게 받아들이고 어떻게 적용하는지 알려주는 책은 많지 않죠. 힌트북은 선생님이 옆에서 가르쳐 주듯 하나하나 알려주는 든든한 교재입니다.

이승은(서울대 대학원 보건학과)

문제 읽는 방법을 배워 '진짜 실력'을 길러요.

문제를 풀다 어렵다고 해설을 바로 보면 실력이 잘 늘지 않기에 과외 수업을 할 때도 힌트를 종종 주곤 합니다. 문제 접근법을 다시 생각해보게 하는 거죠. 힌트북은 '문제를 읽는 방법'을 학생 스스로 배울 수 있게 합니다. '진짜 실력'을 기르기에 참 좋은 교재입니다.

전가원(서울대 수의예과 21학번)

개념을 문제에 적용할 수 있는 힘을 길러줘요.

수학 문제를 풀 때 가장 중요한 능력은 문제를 분석하고 올바르게 개념을 적용하는 능력입니다. 힌트북은 시중 초등 참고서에 없던 '힌트북'을 통해 처음 공부하는 학생이라도 개념을 문제에 스스로 '적용할 수 있는 힘'을 길러주고 있습니다.

현승환(서울대 자유전공학부 21학번)

매일의 목표를 이루어주는 힌트북

'성공도 습관'이라는 말이 있듯이, 하루의 작은 성공이 반복되어 습관이 될 때 결국 목표를 이루게 됩니다. 이 교재는 하루에 4쪽씩 학습량을 정해 두었는데, 힌트북이 매일의 목표를 포기하지 않고 끝까지 이룰 수 있도록 도와줍니다.

김하경(서울대 체육교육과 21학번)

수학을 고등까지 꾸준히 잘하도록 도와줘요.

수학을 고등학교 때까지 꾸준히 잘하기 위해서 가장 중요한 것은 개념을 완전히 이해하고 문제에 적절하게 적용하는 능력입니다. 책속 힌트북을 통해 학생들이 그 능력을 자연스럽게 기를 수 있고, 자신감까지 얻을 수 있을 것 같습니다.

김지우(서울대 인문계열 21학번)

힌트가 생각의 방향을 잡아줘요.

개념 이해에서 시작한 공부는 문제 해결까지 이어져야 합니다. 힌트북은 이 과정을 끝까지 하도록 유도한다는 점에서 매력적입니다. 문제 속 개념을 찾아내는 것부터, 문제 해결을 위한 생각의 방향을 잡는 것까지 스스로 할 수 있도록 돕기 때문입니다.

김연우(서울대 조경지역시스템공학부 21학번)

스스로 답까지 도착하도록 도와줘요.

귀여운 그림과 예쁜 색감을 사용하여 학생들이 좀 더 관심을 가지고 집중할 수 있을 것 같아요. 답과 풀이만 있는 다른 교재와는 달리 힌트북은 '힌트'라는 스캐폴딩을 설정하여 스스로 생각하고 고민하여 답까지 도착할 수 있도록 도와줍니다. 전체 구성이 개념 → 확인 → 쉬운 문제 → 어려운 문제순으로 단계별로 이루어져 있어 스스로 공부하기에 정말 좋습니다.

송지혁(서울대 아동학과 21학번)

힌트로 수학의 원리를 체화할 수 있어요.

진정한 이해는 혼자 공부할 때 비로소 이루어진다고 생각합니다. 이 책의 강점은 힌트를 통해 모르는 문제가 있을 때 문제의 방식을 혼자 이해하고 몸에 익힐 수 있다는 것입니다. 이 책으로 공부하면 힌트를 통해 풀이 과정을 이해하면서 수학의 원리를 체화할 수 있습니다.

조현준(서울대 생명과학부 21학번)

문제와 풀이 사이에 힌트가 있다면?

막힐 땐

힌트북

막힐 때 힌트 보며 혼자서도 척척

초등 혼공 기본서

슬기로운 공부

이 책의 구성과 특징

기본 개념 학습

개념학습 > 확인문제 > 교과서문제 > 개념 따라쓰기

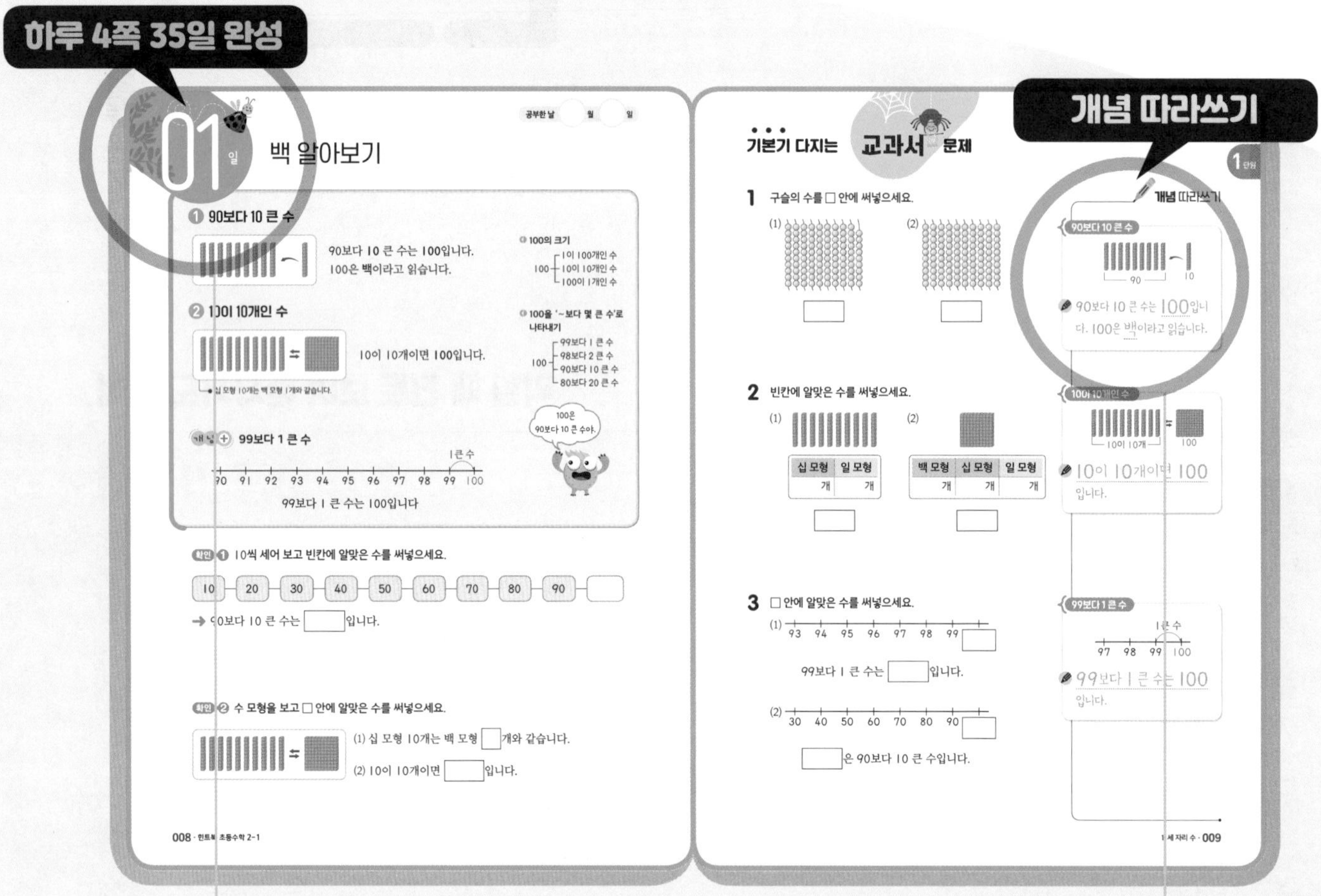

하루 4쪽 35일 완성

하루 4쪽 공부로 단기간에 수학의 기본기를 탄탄하게 완성할 수 있습니다.

개념 따라쓰기

눈으로 확인한 개념을 직접 손으로 따라쓰며 머릿속에 새길 수 있습니다.

스스로 풀어내는 도전 10 문제

기본문제 > 응용문제 > 독해력문제 > 표현력문제

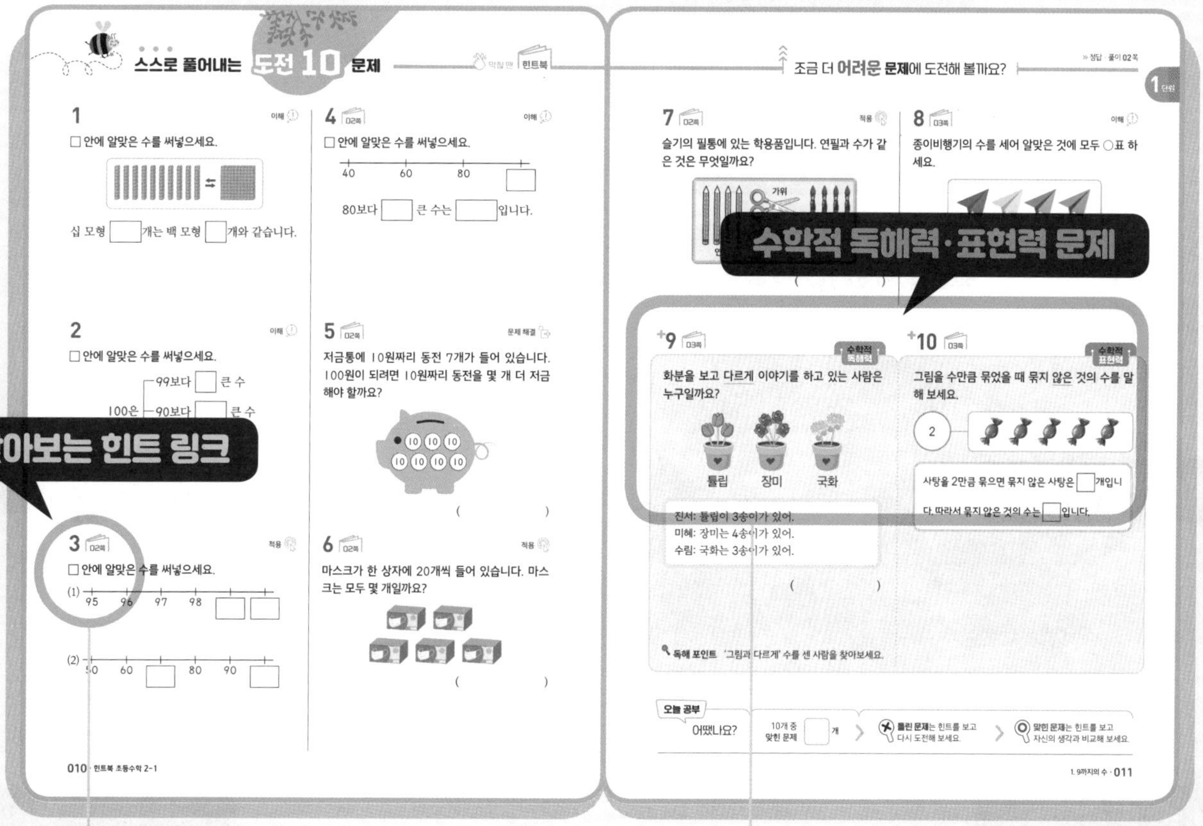

막힐 때 찾아보는 힌트 링크

문제 풀다 막힐 때 힌트를 바로 찾아 확인할 수 있습니다.

수학적 독해력·표현력 문제

문제의 의미를 파악하고, 풀이 과정을 수학적으로 표현하는 연습을 합니다.

이 책의 구성과 특징

막힐 때 찾아보는 힌트

힌트는?

문제해결의 실마리	생각의 첫 단추, 문제 접근법
문제 속 숨은 개념	출제 포인트, 출제 의도
수학적 아이디어	수학적 발상, 수학적 사고
상위권의 풀이법	문제 풀이 스킬, 다양한 풀이 비법

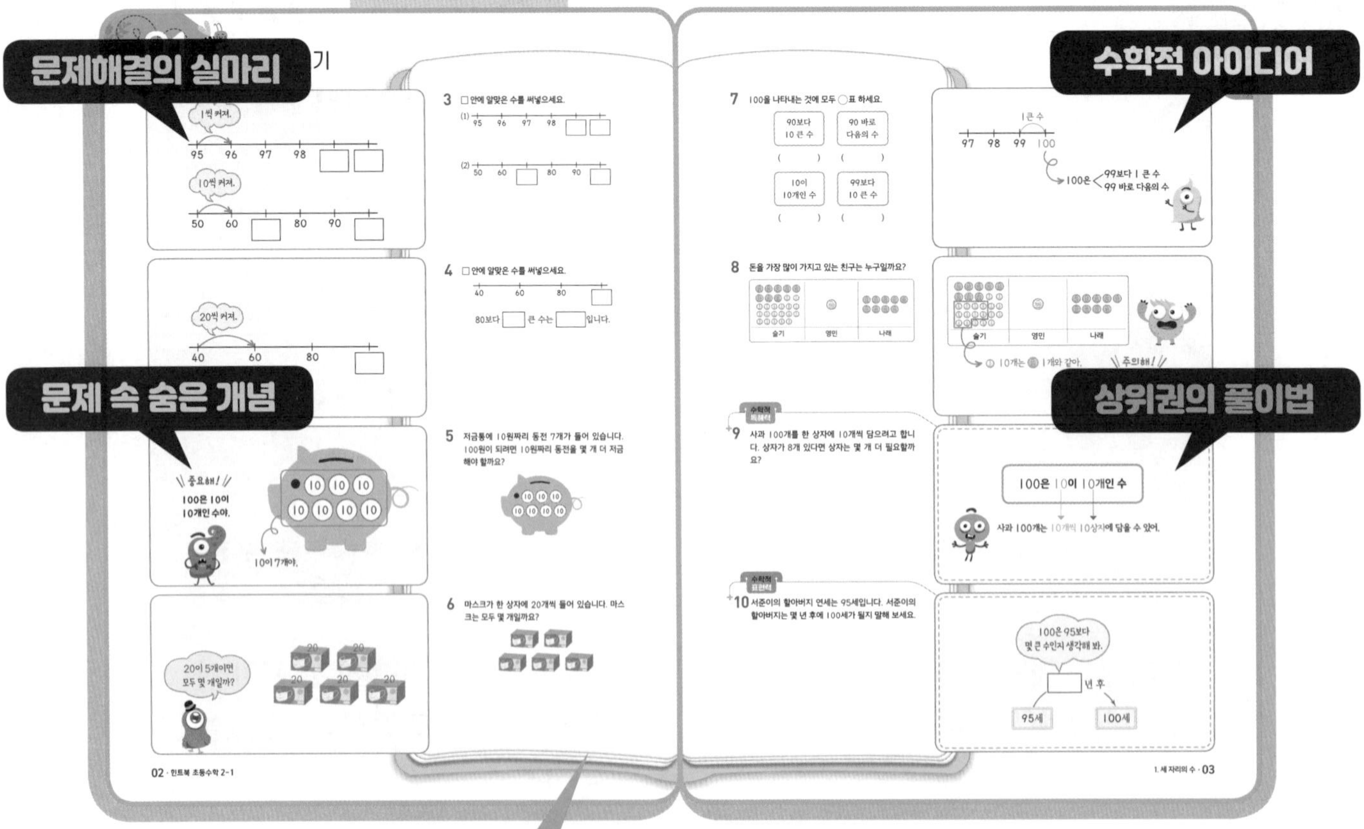

문제를 보며 힌트를 확인할 수 있습니다.

이 책의 200% 활용법

혼공할 때

홈스쿨할 때

선행할 때

수학이 어려울 때

힌트북으로 공부하면

개념이
쉽고 명확해집니다.

문제를 보면
개념이 떠오릅니다.

어려웠던 수학이
만만해집니다.

이 책의 차례

1단원 세 자리의 수

2단원 여러 가지 도형

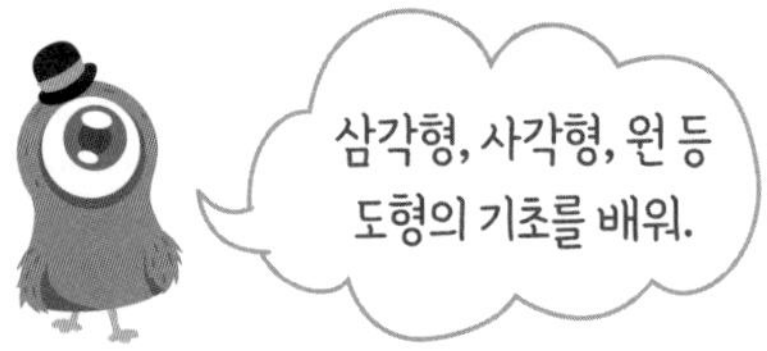

3단원 덧셈과 뺄셈

'1 cm'와 자로 길이 재는 방법을 공부해.

기준을 정해 분류하는 방법을 배워.

곱셈의 기초 개념을 공부해.

01 일

백 알아보기

① 90보다 10 큰 수

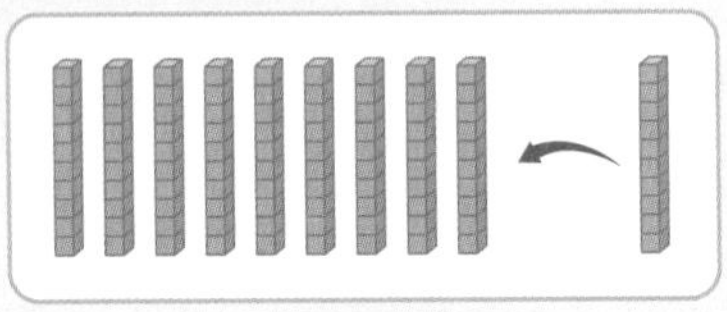

90보다 **10** 큰 수는 **100**입니다.
100은 **백**이라고 읽습니다.

100의 크기

100
- 1이 100개인 수
- 10이 10개인 수
- 100이 1개인 수

② 100이 10개인 수

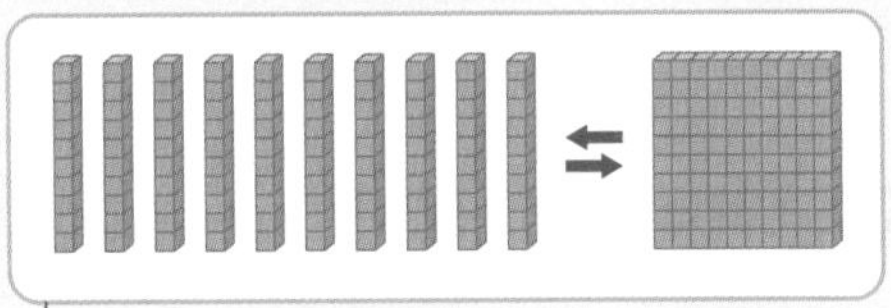

10이 10개이면 **100**입니다.

● 십 모형 10개는 백 모형 1개와 같습니다.

100을 '~보다 몇 큰 수'로 나타내기

100
- 99보다 1 큰 수
- 98보다 2 큰 수
- 90보다 10 큰 수
- 80보다 20 큰 수

개념+ 99보다 1 큰 수

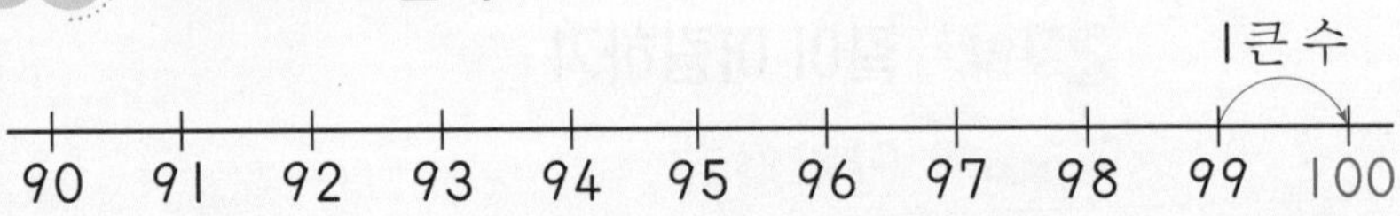

99보다 1 큰 수는 100입니다

확인 1 10씩 세어 보고 빈칸에 알맞은 수를 써넣으세요.

10 — 20 — 30 — 40 — 50 — 60 — 70 — 80 — 90 — □

→ 90보다 10 큰 수는 □입니다.

확인 2 수 모형을 보고 □ 안에 알맞은 수를 써넣으세요.

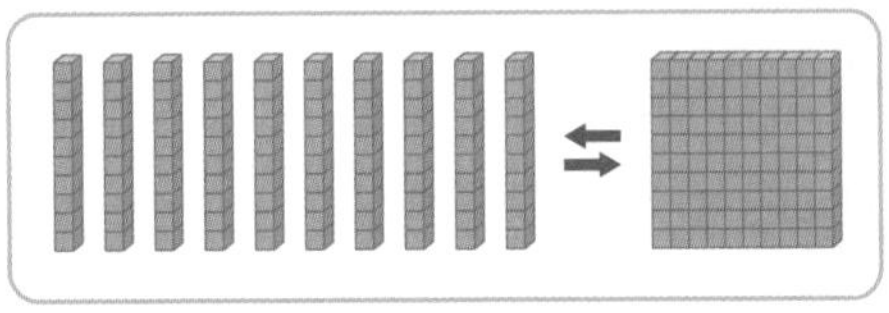

(1) 십 모형 10개는 백 모형 □개와 같습니다.

(2) 10이 10개이면 □입니다.

기본기 다지는 교과서 문제

» 정답 · 풀이 02쪽

1 구슬의 수를 □ 안에 써넣으세요.

(1)
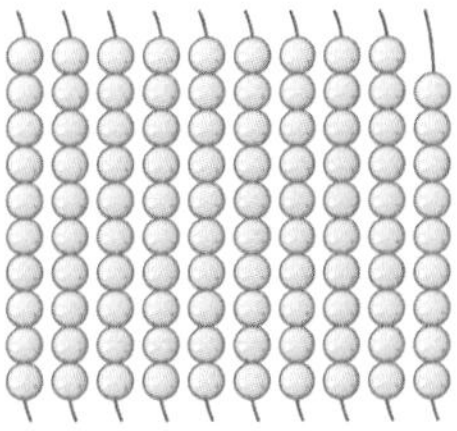

□

(2)
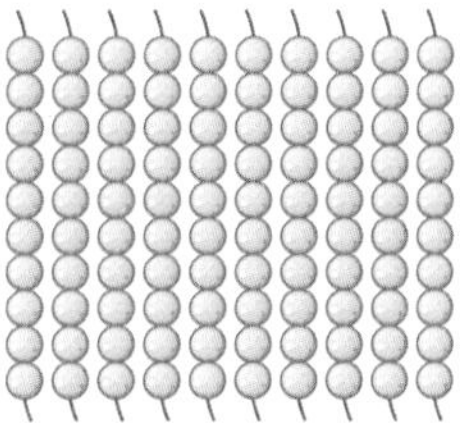

□

2 빈칸에 알맞은 수를 써넣으세요.

(1)
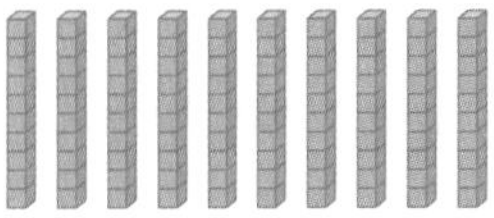

십 모형	일 모형
개	개

□

(2)
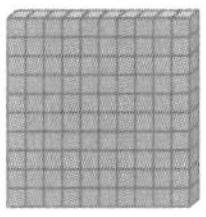

백 모형	십 모형	일 모형
개	개	개

□

3 □ 안에 알맞은 수를 써넣으세요.

(1)

99보다 1 큰 수는 □입니다.

(2)

□은 90보다 10 큰 수입니다.

개념 따라쓰기

90보다 10 큰 수

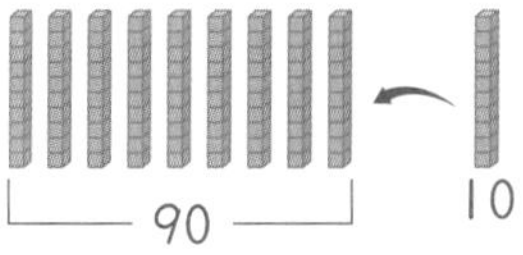

90보다 10 큰 수는 100입니다. 100은 백이라고 읽습니다.

10이 10개인 수

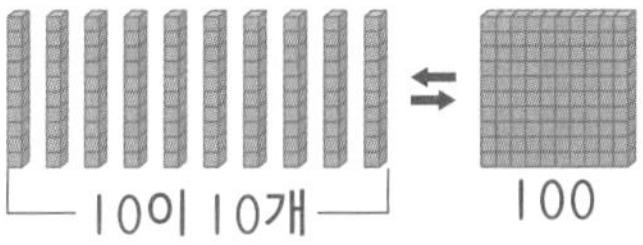

10이 10개이면 100입니다.

99보다 1 큰 수

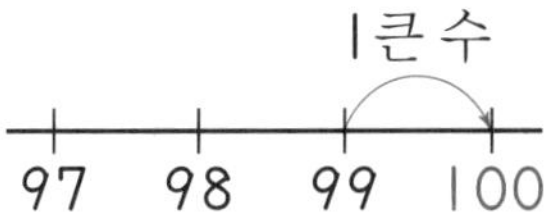

99보다 1 큰 수는 100입니다.

1

이해

□ 안에 알맞은 수를 써넣으세요.

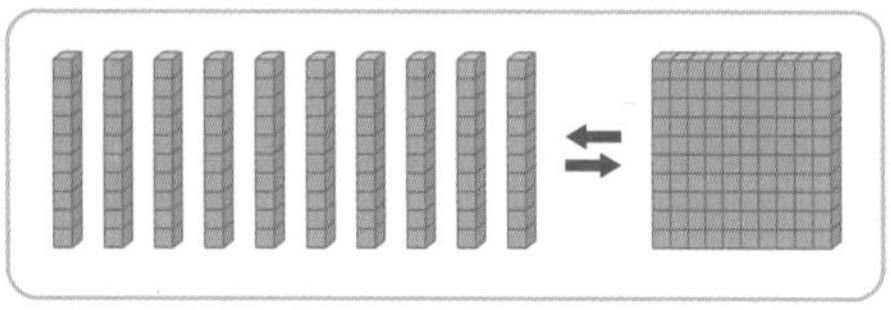

십 모형 □개는 백 모형 □개와 같습니다.

2

이해

□ 안에 알맞은 수를 써넣으세요.

100은
- 99보다 □ 큰 수
- 90보다 □ 큰 수
- 10이 □개인 수

3

02쪽

적용

□ 안에 알맞은 수를 써넣으세요.

(1) 95 — 96 — 97 — 98 — □ — □

(2) 50 — 60 — □ — 80 — 90 — □

4

02쪽

이해

□ 안에 알맞은 수를 써넣으세요.

40 — 60 — 80 — □

80보다 □ 큰 수는 □입니다.

5

02쪽

문제 해결

저금통에 10원짜리 동전 7개가 들어 있습니다. 100원이 되려면 10원짜리 동전을 몇 개 더 저금해야 할까요?

(　　　　　)

6

02쪽

적용

마스크가 한 상자에 20개씩 들어 있습니다. 마스크는 모두 몇 개일까요?

(　　　　　)

» 정답 · 풀이 02쪽

조금 더 어려운 문제에 도전해 볼까요?

7 03쪽 추론

100을 나타내는 것에 모두 ○표 하세요.

90보다 10 큰 수	90 바로 다음의 수
(　　　)	(　　　)
10이 10개인 수	99보다 10 큰 수
(　　　)	(　　　)

8 03쪽 이해

돈을 가장 많이 가지고 있는 친구는 누구일까요?

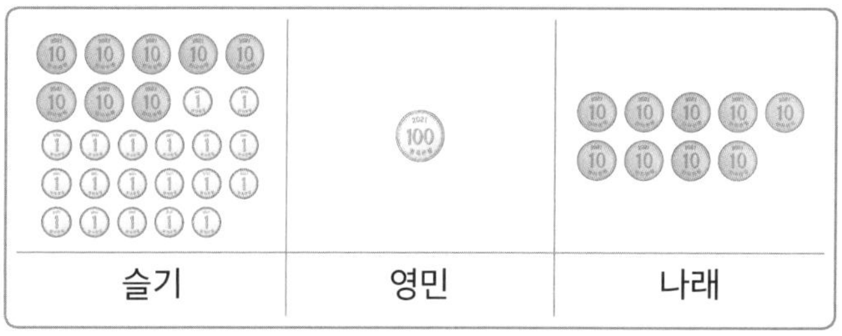

(　　　　　)

+9 03쪽 수학적 독해력

사과 100개를 한 상자에 10개씩 담으려고 합니다. 상자가 8개 있다면 상자는 몇 개 더 필요할까요?

(　　　　　)

독해 포인트 100개를 한 상자에 10개씩 담으려면 몇 상자가 필요한지 먼저 생각해 보세요.

+10 03쪽 수학적 표현력

서준이의 할아버지 연세는 95세입니다. 서준이의 할아버지는 몇 년 후에 100세가 될지 말해 보세요.

100은 95보다 □ 큰 수이므로 서준이의 할아버지는 □년 후에 100세가 됩니다.

오늘 공부 어땠나요? 10개 중 맞힌 문제 □ 개 > 틀린 문제는 힌트를 보고 다시 도전해 보세요. > 맞힌 문제는 힌트를 보고 자신의 생각과 비교해 보세요.

02일 몇백 알아보기

① 몇백 알아보기

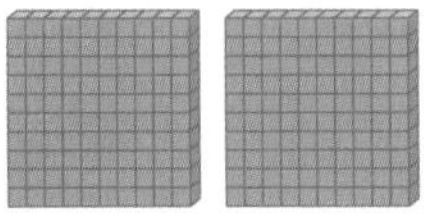

100이 **2**개이면 **200**입니다.
200은 **이백**이라고 읽습니다.

[□00 → 100이 □개
100이 □개 → □00]

② 몇백 쓰고 읽기

수 모형	쓰기	읽기
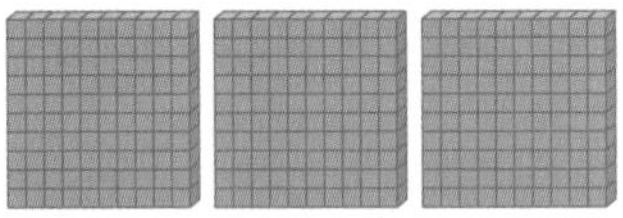 → 100이 3개	300	삼백
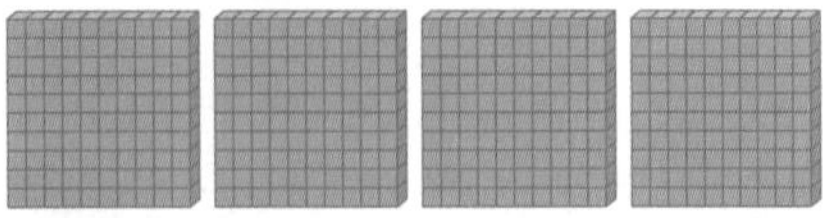 → 100이 4개	400	사백
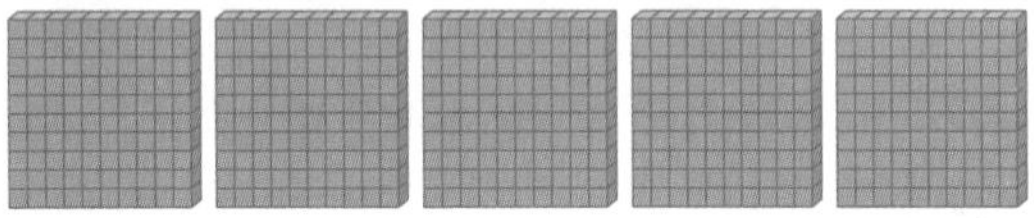 → 100이 5개	500	오백

확인 1 수 모형이 나타내는 수를 쓰고 읽어 보세요.

(1)

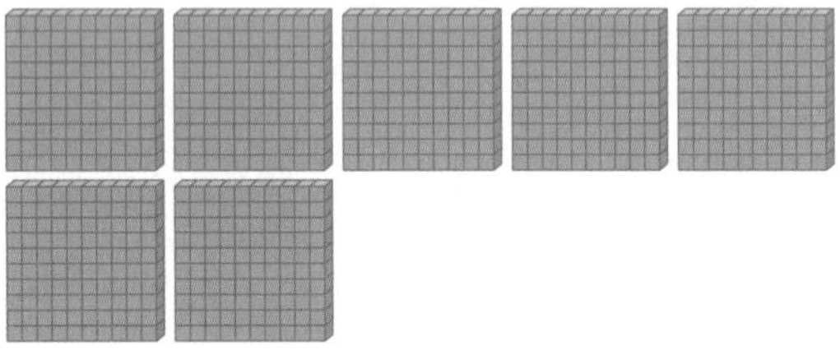

100이 7개이면 [ ]이라 쓰고 [ ]이라고 읽습니다.

(2)

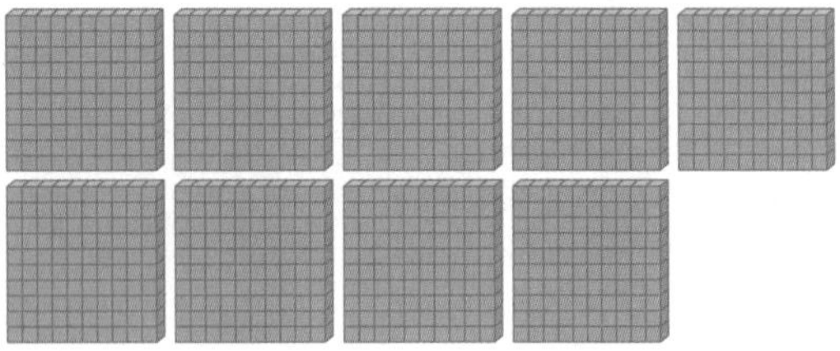

100이 9개이면 [ ]이라 쓰고 [ ]이라고 읽습니다.

1 □ 안에 알맞은 수를 써넣으세요.

(1) 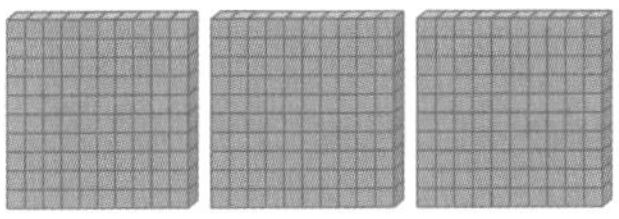

100이 3개이면 □입니다.

(2) 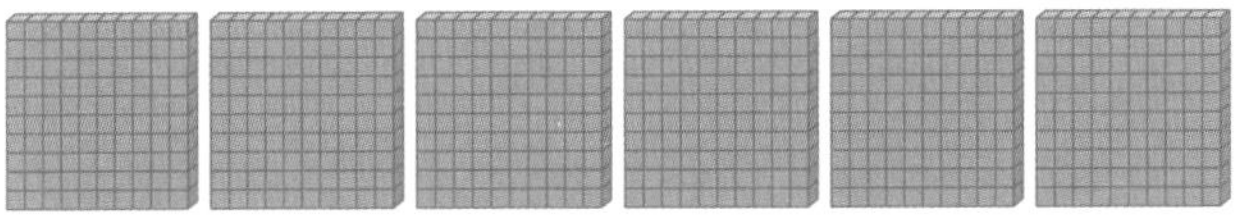

100이 □개이면 □입니다.

2 수를 읽어 보세요.

(1) 400 (　　　)　(2) 600 (　　　)

(3) 700 (　　　)　(4) 800 (　　　)

3 빈칸에 알맞은 수를 써넣으세요.

(1) 삼백 — □　(2) 오백 — □

(3) 칠백 — □　(4) 구백 — □

개념 따라쓰기

몇백 알아보기

100이 2개 → 200

100이 3개 → 300

⋮

100이 ■개 → ■00

몇백 쓰고 읽기

쓰기	읽기
200	이백
300	삼백
400	사백
500	오백
600	육백
700	칠백
800	팔백
900	구백

1

이해

□ 안에 알맞은 수나 말을 써넣으세요.

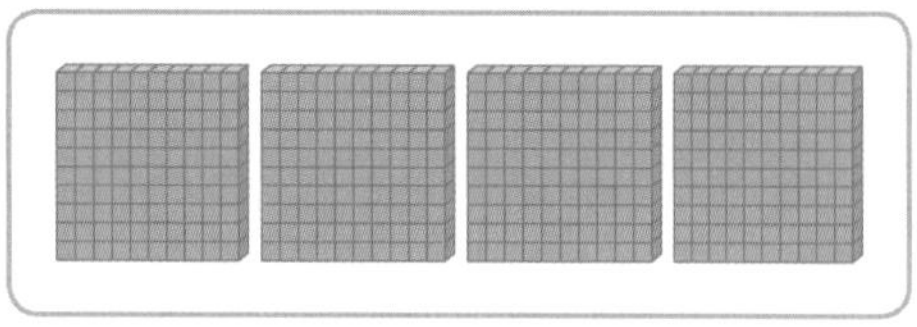

100이 □개이면 □이라 쓰고

□이라고 읽습니다.

2

04쪽

이해

□ 안에 알맞은 수를 써넣으세요.

(1) 100이 3개이면 □입니다.

(2) 100이 □개이면 500입니다.

3

적용

관계있는 것끼리 선으로 이어 보세요.

이백 •	• 100이 8개
600 •	• 200
팔백 •	• 100이 6개

4

04쪽

이해

색종이가 한 상자에 100장씩 들어 있습니다. 색종이는 모두 몇 장일까요?

(　　　　　)

5

04쪽

문제 해결

동전은 모두 얼마인지 수로 쓰고 읽어 보세요.

쓰기	읽기

6

04쪽

적용

잘못 말한 사람은 누구일까요?

민호: 100이 3개이면 30이야.

수현: 700은 100이 7개인 수야.

서준: 100이 8개이면 800이야.

(　　　　　)

조금 더 어려운 문제에 도전해 볼까요?

7 05쪽 추론

□ 안에 들어갈 수를 동전으로 나타내려면 100원짜리 동전이 몇 개 필요할까요?

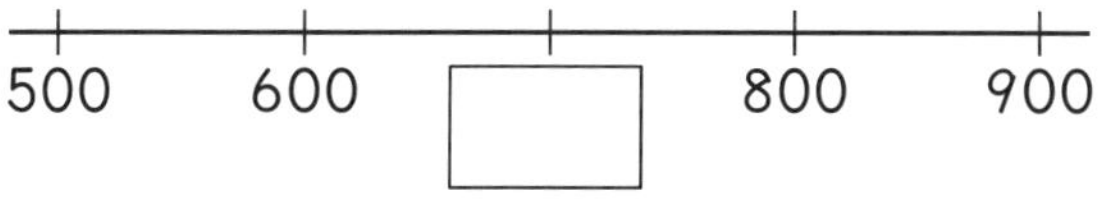

( )

8 05쪽 이해

다음 중 옳은 것의 기호를 모두 쓰세요.

㉠ 100이 5개이면 오십입니다.
㉡ 400은 100이 4개인 수입니다.
㉢ 800은 팔영영이라고 읽습니다.
㉣ 육백은 100이 6개인 수입니다.

( )

+9 05쪽 수학적 독해력

나래는 100원짜리 동전 5개와 10원짜리 동전 12개를 가지고 있습니다. 나래가 가진 동전으로 100원짜리 사탕을 몇 개까지 살 수 있을까요?

( )

독해 포인트 '10원짜리 동전 12개' 중에서 10개는 100원짜리 동전 1개와 같아요.

+10 05쪽 수학적 표현력

서준이는 한 권에 100장씩 들어 있는 공책을 4권 샀습니다. 서준이가 산 공책은 모두 몇 장인지 구해 보세요.

100이 □개이면 □이므로 공책은 모두 □장입니다.

오늘 공부 어땠나요? 10개 중 맞힌 문제 □개 › **틀린 문제**는 힌트를 보고 다시 도전해 보세요. › **맞힌 문제**는 힌트를 보고 자신의 생각과 비교해 보세요.

03일 세 자리 수 알아보기

① 세 자리 수 알아보기

백 모형	십 모형	일 모형
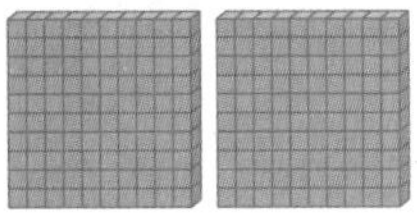	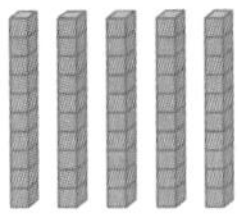	
100이 2개	10이 5개	1이 8개
이백	오십	팔

100이 **2**개, 10이 **5**개, 1이 **8**개이면 **258**입니다.
258은 **이백오십팔**이라고 읽습니다.

◐ 세 자리 수 알아보기
100이 2개 → 200
10이 5개 → 50
1이 8개 → 8
258

◐ 자리의 숫자가 1일 때에는 숫자는 읽지 않고 자릿값만 읽습니다.
예 153 < 일백오십삼(×) / 백오십삼(○)
└→ 자릿값만 읽습니다.

② 세 자리 수 읽기

백의 자리와 십의 자리는 숫자와 자리를 차례로 읽고 일의 자리는 숫자만 읽습니다.

425 사백이십오

623 육백이십삼

◐ 자리의 숫자가 0일 때에는 읽지 않습니다.
예 205 이백오
└→ 읽지 않습니다.

확인 1 수 모형을 보고 □ 안에 알맞은 수나 말을 써넣으세요.

백 모형	십 모형	일 모형
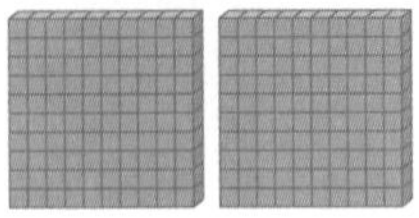	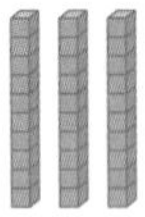	
100이 □개	10이 □개	1이 □개

→ □(이)라 쓰고 □(이)라고 읽습니다.

확인 2 수를 쓰고 읽어 보세요.

(1) 100이 4개, 10이 2개, 1이 5개인 수

[쓰기] ( )

[읽기] ( )

(2) 100이 7개, 10이 1개, 1이 4개인 수

[쓰기] ( )

[읽기] ( )

기본기 다지는 교과서 문제

1 □ 안에 알맞은 수를 써넣으세요.

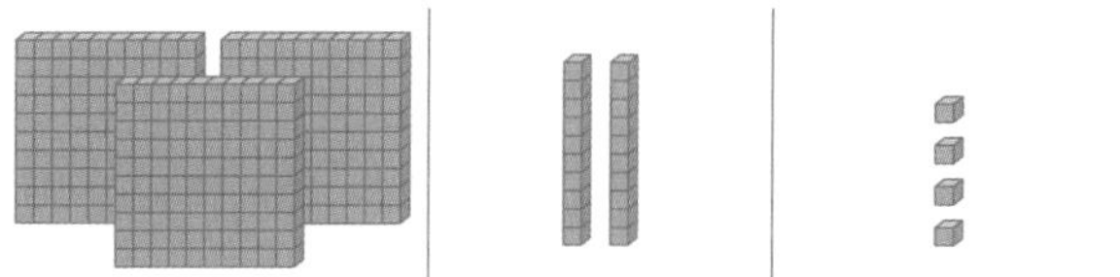

100이 3개	10이 2개	1이 4개

→ □

2 빈칸에 알맞은 수나 말을 써넣으세요.

(1) | 548 | |

(2) | | 백삼 |

(3) | | 팔백십사 |

(4) | 750 | |

3 수 모형이 나타내는 수를 쓰고 읽어 보세요.

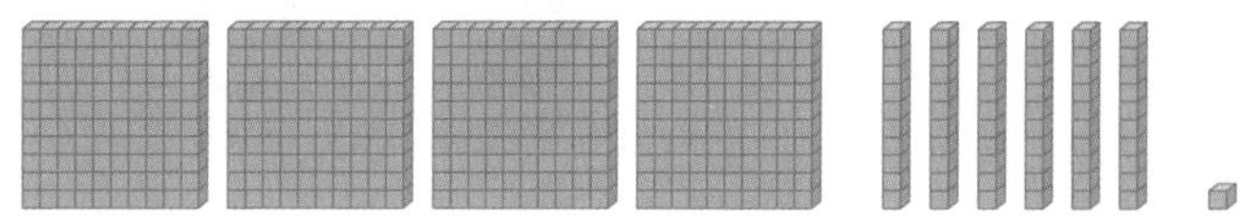

[쓰기] ( )

[읽기] ( )

4 클립의 수를 쓰고 읽어 보세요.

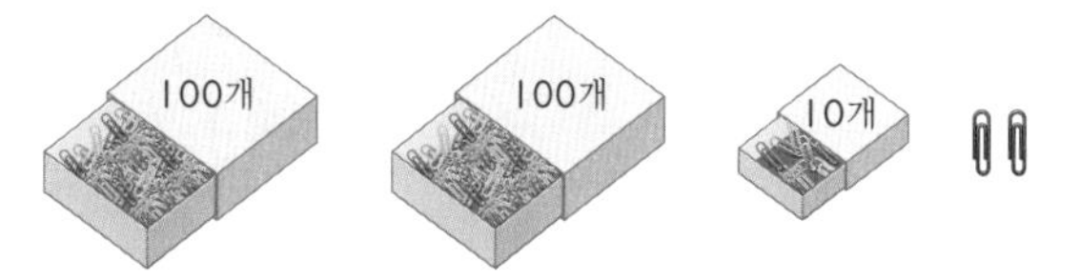

[쓰기] ( )

[읽기] ( )

개념 따라쓰기

세 자리 수 알아보기

100이 ■개 → ■00
10이 ▲개 → ▲0
1이 ●개 → ●
■▲●

100이 ■개, 10이 ▲개, 1이 ●개이면 ■▲●입니다.

세 자리 수 읽기

3 백 → 삼백
7 십 → 칠십
5 일 → 오

백의 자리와 십의 자리는 숫자와 자리를 차례로 읽고 일의 자리는 숫자만 읽습니다.

1 06쪽 이해

□ 안에 알맞은 수를 써넣으세요.

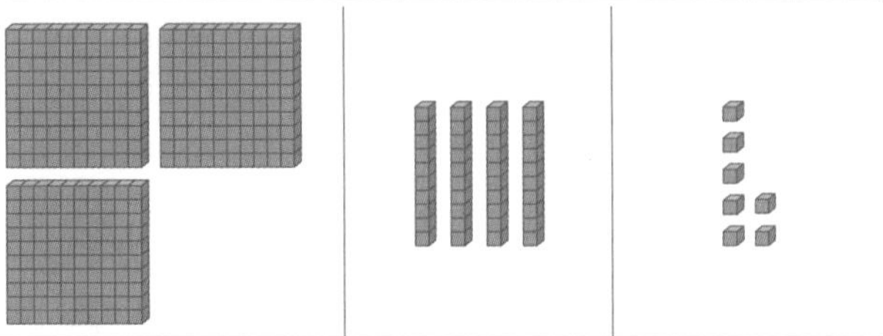

100이 □개　　10이 □개　　1이 □개

→ □

2 06쪽 이해

□ 안에 알맞은 수를 써넣으세요.

539는
- 100이 □개
- 10이 □개
- 1이 □개

3 적용

수를 읽어 보세요.

(　　　　　　　)　(　　　　　　　)

4 이해

수로 써 보세요.

읽기	쓰기
칠백삼십	
사백십오	

5 06쪽 문제 해결

100이 5개, 10이 0개, 1이 8개인 수를 바르게 말한 사람은 누구일까요?

(　　　　　　　)

6 06쪽 적용

사과 100개짜리 4상자와 10개짜리 1봉지가 있습니다. 사과의 수를 쓰고 읽어 보세요.

[쓰기] (　　　　　　　)

[읽기] (　　　　　　　)

7 07쪽 추론

수 모형이 나타내는 수를 쓰고 읽어 보세요.

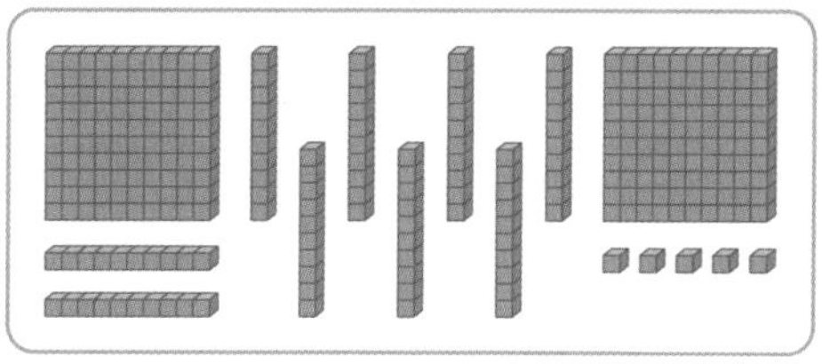

[쓰기] (   )

[읽기] (   )

8 07쪽 이해

동전은 모두 얼마일까요?

(   )

+9 07쪽 수학적 독해력

수 모형 4개 중 3개를 사용하여 나타낼 수 있는 세 자리 수를 모두 쓰세요.

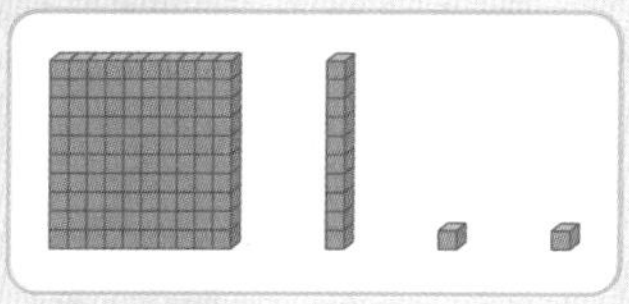

(   )

독해 포인트 '세 자리 수'를 나타내려면 백 모형을 반드시 사용해야 합니다.

+10 07쪽 수학적 표현력

슬기는 문구점에서 색종이를 사왔습니다. 색종이는 모두 몇 장인지 설명해 보세요.

100장씩 5개, 10장씩 14개

10장씩 14개는 100장씩 □개와 10장씩 □개로 다시 묶을 수 있습니다. 따라서 100장씩 6개, 10장씩 4개이므로 □장이 됩니다.

오늘 공부 어땠나요? 10개 중 맞힌 문제 □개 > **틀린 문제**는 힌트를 보고 다시 도전해 보세요. > **맞힌 문제**는 힌트를 보고 자신의 생각과 비교해 보세요.

04일 각 자리의 숫자가 나타내는 값

1 각 자리의 숫자가 나타내는 값

백의 자리	십의 자리	일의 자리
2	5	8

↓

2	0	0
	5	0
		8

2는 백의 자리 숫자이고, 200을 나타냅니다.
5는 십의 자리 숫자이고, 50을 나타냅니다.
8은 일의 자리 숫자이고, 8을 나타냅니다.

258 = 200 + 50 + 8

◐ 자릿값은 오른쪽부터 왼쪽으로 한 자리씩 옮겨 가며 차례로 일, 십, 백이 됩니다.

개념+

숫자가 같더라도 어느 자리에 있느냐에 따라 나타내는 값이 다릅니다.

	백의 자리	십의 자리	일의 자리
숫자	7	7	7
나타내는 값	700	70	7

777 = 700 + 70 + 7

어느 자리에 있느냐에 따라 나타내는 값이 달라.

확인 1 □ 안에 알맞은 수나 말을 써넣으세요.

백의 자리	십의 자리	일의 자리
5	7	4

↓

5	0	0
	7	0
		4

5는 □의 자리 숫자이고, □을 나타냅니다.

7은 □의 자리 숫자이고, □을 나타냅니다.

4는 □의 자리 숫자이고, □를 나타냅니다.

→ 574=□+□+□

기본기 다지는 교과서 문제

1 □ 안에 알맞은 수를 써넣으세요.

635

100이 6개	10이 3개	1이 5개
600	□	□

→ 635=□+□+□

2 □ 안에 알맞은 수를 써넣으세요.

429에서
- 4가 나타내는 값 → □
- 2가 나타내는 값 → □
- 9가 나타내는 값 → □

→ 429=□+□+□

3 밑줄 친 숫자는 얼마를 나타내는지 쓰세요.

(1) 326 → □　　(2) 712 → □

(3) 174 → □　　(4) 415 → □

개념 따라쓰기

자릿값 알아보기

2	5	8
백	십	일

←

자릿값은 오른쪽부터 왼쪽으로 한 자리씩 옮겨 가며 차례로 일, 십, 백이 됩니다.

각 자리의 숫자가 나타내는 값

3	3	3
백	십	일
↓	↓	↓
300	30	3

숫자가 같더라도 어느 자리에 있느냐에 따라 나타내는 값이 다릅니다.

스스로 풀어내는 도전 10 문제

막힐 땐 힌트북

1

이해

□ 안에 알맞은 수를 써넣으세요.

417

100이 4개	10이 □개	1이 □개
400	□	□

→ 417=□+□+□

2

08쪽

이해

□ 안에 알맞은 수를 써넣으세요.

852
- 8은 □을 나타냅니다.
- 5는 □을 나타냅니다.
- 2는 □를 나타냅니다.

3

08쪽

적용

밑줄 친 숫자는 얼마를 나타내는지 쓰세요.

(1) 293 → □

(2) 514 → □

4

08쪽

이해

□ 안에 알맞은 수를 써넣으세요.

(1) 513=500+□+□

(2) 794=□+□+4

5

08쪽

문제 해결

숫자 6이 나타내는 값이 가장 큰 것부터 차례로 기호를 쓰세요.

㉠ 762　㉡ 896　㉢ 612

□-□-□

6

적용

다음이 나타내는 수를 쓰세요.

100이 4개, 10이 13개, 1이 6개인 수

(　　　　　　)

» 정답 · 풀이 05쪽

조금 더 어려운 문제에 도전해 볼까요?

7 09쪽 추론

밑줄 친 숫자와 나타내는 값이 잘못 짝지어진 것을 찾아 기호를 쓰세요.

㉠ 376 — 6　　㉡ 264 — 60
㉢ 508 — 500　　㉣ 833 — 30

(　　　　　)

8 09쪽 이해

사과 243개를 〈보기〉와 같이 기호로 나타냈습니다. 사과 314개를 〈보기〉와 같은 방법으로 나타내 보세요.

〈보기〉

243 

314

+9 09쪽 수학적 독해력

다음에서 말하는 세 자리 수를 쓰세요.

- 637과 십의 자리 숫자가 같습니다.
- 215와 백의 자리 숫자가 같습니다.
- 184와 일의 자리 숫자가 같습니다.

(　　　　　)

독해 포인트 자리의 숫자가 같은 수를 찾아 세 자리 수를 구해 보세요.

+10 09쪽 수학적 표현력

㉠과 ㉡의 다른 점을 설명해 보세요.

4　2　4
㉠　　㉡

[다른 점] ㉠은 ☐의 자리 숫자이므로 ☐을 나타냅니다.

㉡은 ☐의 자리 숫자이므로 ☐를 나타냅니다.

오늘 공부 어땠나요? 10개 중 맞힌 문제 ☐개 〉 **틀린 문제**는 힌트를 보고 다시 도전해 보세요. 〉 **맞힌 문제**는 힌트를 보고 자신의 생각과 비교해 보세요.

05일 뛰어서 세기

① 뛰어서 세기

• 100씩 뛰어서 세기: 백의 자리 숫자가 1씩 커집니다.

100 - 200 - 300 - 400 - 500 - 600 - 700 - 800 - 900

• 10씩 뛰어서 세기: 십의 자리 숫자가 1씩 커집니다.

910 - 920 - 930 - 940 - 950 - 960 - 970 - 980 - 990

• 1씩 뛰어서 세기: 일의 자리 숫자가 1씩 커집니다.

991 - 992 - 993 - 994 - 995 - 996 - 997 - 998 - 999

◐ ●씩 뛰어서 세면 ●씩 커집니다.

◐ ■의 자리 숫자가 1씩 커지면 ■씩 뛰어서 센 것입니다.

② 천 알아보기

999보다 1 큰 수는 **1000**입니다.
1000은 **천**이라고 읽습니다.

992 - 993 - 994 - 995 - 996 - 997 - 998 - 999 - 1000 (999에서 1000으로: 1 큰 수)

◐ **1000을 '~보다 몇 큰 수'로 나타내기**

1000 ─ 999보다 1 큰 수
　　　─ 990보다 10 큰 수
　　　─ 900보다 100 큰 수

확인 1 빈칸에 알맞은 수나 말을 써넣으세요.

(1) 100씩 뛰어서 세어 보세요.

210 - 310 - 410 - ☐ - ☐ - ☐ - ☐

(2) 10씩 뛰어서 세어 보세요.

520 - 530 - 540 - ☐ - ☐ - ☐ - ☐

(3) 1씩 뛰어서 세어 보세요.

213 - 214 - 215 - ☐ - ☐ - ☐ - ☐

(4) 999보다 1 큰 수는 ☐이고, ☐이라고 읽습니다.

기본기 다지는 교과서 문제

1 100씩 뛰어서 세어 보세요.

329	429	529				

2 10씩 뛰어서 세어 보세요.

457	467		487			

3 1씩 뛰어서 세어 보세요.

994		996	997			

4 413부터 10씩 뛰어서 세면서 선으로 이어 보세요.

493 503 423 413 483 433 473 453 443 463

개념 따라쓰기

뛰어서 세기

100씩 뛰어서 세기

123 — 223 — 323

10씩 뛰어서 세기

123 — 133 — 143

1씩 뛰어서 세기

123 — 124 — 125

●씩 뛰어서 세면 ●씩 커집니다.

천 알아보기

1 큰 수

997 998 999 1000

999보다 1 큰 수는 1000이고 천이라고 읽습니다.

1
이해

빈칸에 알맞은 수를 써넣으세요.

430 — 440 — ☐ — 460 — ☐ — 480 — ☐

2
이해

빈칸에 알맞은 수를 써넣고, 몇씩 뛰어서 세었는지 알아보세요.

325 — 425 — ☐ — ☐ — 725 — ☐ — 925

→ ☐씩 뛰어서 세었습니다.

3
10쪽 적용

빈칸에 알맞은 수를 써넣으세요.

(1) 163 — 164 — 165 — ☐ — ☐

(2) 599 — 699 — ☐ — 899 — ☐

4
10쪽 이해

☐ 안에 알맞은 수를 써넣으세요.

397보다
- 1 큰 수는 ☐
- 10 큰 수는 ☐
- 100 큰 수는 ☐

5
10쪽 문제 해결

다음 수에서 1씩 7번 뛰어서 센 수는 얼마일까요? ....( )

321

① 327 ② 328 ③ 329
④ 330 ⑤ 391

6
10쪽 적용

1000에 대한 설명으로 잘못된 것의 기호를 쓰세요.

㉠ 900보다 100 큰 수
㉡ 999 바로 다음의 수
㉢ 990에서 10씩 10번 뛰어서 센 수

( )

» 정답 · 풀이 06쪽

조금 더 **어려운 문제**에 도전해 볼까요?

7 11쪽 추론

10씩 뛰어서 세어 785가 되도록 빈칸에 알맞은 수를 써넣으세요.

[ ] — [ ] — [ ] — 785

8 11쪽 이해

슬기의 방법으로 뛰어서 세려고 합니다. ★에 알맞은 수를 구하세요.

슬기

710에서 시작해서 100씩 거꾸로 뛰어서 세었어.

710 — [ ] — [ ] — [ ] — ★

( )

+9 11쪽 수학적 독해력

어떤 수보다 100 큰 수는 637입니다. 어떤 수보다 10 작은 수는 얼마일까요?

( )

독해 포인트 '100 큰 수'는 백의 자리 숫자가 1 큰 수입니다.

+10 11쪽 수학적 표현력

725에서 10씩 거꾸로 3번 뛰어서 센 수는 얼마인지 말해 보세요.

725에서 10씩 거꾸로 뛰어서 세면

725—715—[ ]—[ ]입니다.

따라서 725에서 10씩 거꾸로 3번 뛰어서 센 수는

[ ]입니다.

오늘 공부 어땠나요? 10개 중 맞힌 문제 [ ]개 › **틀린 문제**는 힌트를 보고 다시 도전해 보세요. › **맞힌 문제**는 힌트를 보고 자신의 생각과 비교해 보세요.

06일 수의 크기 비교하기

① 세 자리 수의 크기 비교

• 275와 358의 크기 비교

	백의 자리	십의 자리	일의 자리
275 →	2	7	5
358 →	3	5	8

백의 자리 숫자가 다르면 백의 자리 숫자가 큰 수가 더 큽니다.

275 < 358

• 358과 362의 크기 비교

	백의 자리	십의 자리	일의 자리
358 →	3	5	8
362 →	3	6	2

백의 자리 숫자가 같으면 십의 자리 숫자가 큰 수가 더 큽니다.

358 < 362

세 자리 수의 크기 비교 순서
높은 자리일수록 큰 수를 나타내므로 높은 자리 숫자부터 비교합니다.

백의 자리 숫자부터 비교
↓
백의 자리 숫자가 같으면 십의 자리 숫자 비교
↓
백, 십의 자리 숫자가 모두 같으면 일의 자리 숫자 비교

백의 자리 숫자와 십의 자리 숫자가 모두 같으면 일의 자리 숫자가 큰 수가 더 큽니다.

362 < 363

개념+ > 또는 <를 사용하여 나타내기

• ■는 ▲보다 큽니다. → ■ > ▲
• ▲는 ■보다 작습니다. → ▲ < ■

확인 1 두 수의 크기를 비교하여 ◯ 안에 > 또는 <를 알맞게 써넣으세요.

백 모형	십 모형	일 모형
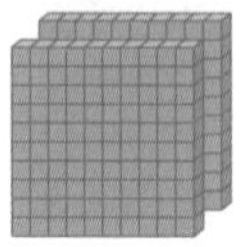	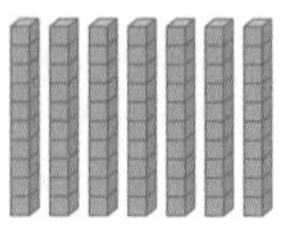	
2	7	8

◯

백 모형	십 모형	일 모형
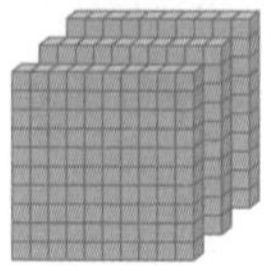	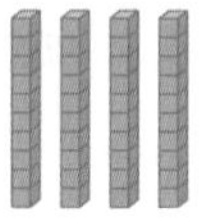	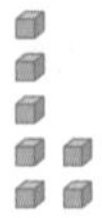
3	4	7

기본기 다지는 교과서 문제

1 빈칸에 알맞은 수를 써넣고, 두 수의 크기를 비교하여 ◯ 안에 > 또는 <를 알맞게 써넣으세요.

	백의 자리	십의 자리	일의 자리
537 →	5	3	7
562 →			

537 ◯ 562

2 두 수의 크기를 비교하여 ◯ 안에 > 또는 <를 알맞게 써넣으세요.

(1) 523 ◯ 542　　(2) 647 ◯ 646

3 빈칸에 알맞은 수를 써넣으세요.

	백의 자리	십의 자리	일의 자리
412 →	4		
367 →		6	
425 →			5

• 가장 큰 수는 ☐ 입니다.

• 가장 작은 수는 ☐ 입니다.

4 다음을 > 또는 <를 써서 나타내 보세요.

756은 845보다 작습니다.

→ ____________

개념 따라쓰기

세 자리 수의 크기 비교 ①

275 < 358

백의 자리 숫자가 다르면 백의 자리 숫자가 큰 수가 더 큽니다.

세 자리 수의 크기 비교 ②

358 < 362

백의 자리 숫자가 같으면 십의 자리 숫자가 큰 수가 더 큽니다.

세 자리 수의 크기 비교 ③

362 < 363

백의 자리 숫자와 십의 자리 숫자가 모두 같으면 일의 자리 숫자가 큰 수가 더 큽니다.

스스로 풀어내는 도전 10 문제

막힐 땐 힌트북

1

이해

빈칸에 알맞은 수를 써넣으세요.

	백의 자리	십의 자리	일의 자리
457 →	4		7
541 →		4	

두 수 중 더 큰 수는 [ ]입니다.

2

이해

빈칸에 알맞은 수를 써넣으세요.

	백의 자리	십의 자리	일의 자리
869 →	8	6	9
968 →			
896 →			

가장 큰 수는 [ ]이고,

가장 작은 수는 [ ] 입니다.

3

12쪽

적용

두 수의 크기를 비교하여 ○ 안에 > 또는 <를 알맞게 써넣으세요.

(1) 512 ○ 498

(2) 623 ○ 643

(3) 373 ○ 375

4

12쪽

이해

수의 크기를 비교하여 가장 큰 수부터 차례로 쓰세요.

473 534 458

[ ] — [ ] — [ ]

5

12쪽

문제 해결

슬기와 로운이는 집에 있는 책을 세어 보았습니다. 두 사람 중 집에 책이 더 많은 사람은 누구일까요?

슬기: 우리 집에는 책이 이백오십육 권 있어.

로운: 우리 집에는 이백오십구 권 있어.

( )

6

12쪽

적용

두 수의 크기를 비교하여 ○ 안에 > 또는 <를 알맞게 써넣으세요.

(1) 사백팔십육 ○ 100이 4개, 10이 7개인 수

(2) 100이 6개, 1이 7개인 수 ○ 육백십이

조금 더 **어려운 문제**에 도전해 볼까요?

7 13쪽 추론

□ 안에 들어갈 수 있는 수를 모두 찾아 ○표 하세요.

63□ > 635

1 2 3 4 5 6 7 8 9

8 13쪽 문제 해결

수 카드 3장을 한 번씩만 사용하여 세 자리 수를 만들려고 합니다. 만들 수 있는 세 자리 수 중 가장 작은 수는 얼마일까요?

5 6 4

(　　　　　　)

+9 13쪽 수학적 독해력

다음을 만족하는 수 중에서 가장 큰 수를 쓰세요.

- 세 자리 수입니다.
- 백의 자리 숫자는 5보다 크고 7보다 작습니다.
- 십의 자리 숫자는 90을 나타냅니다.
- 일의 자리 숫자는 4보다 작은 수입니다.

(　　　　　　)

독해 포인트 '어떤 수'보다 작은 수 중에서 가장 큰 수
→ '어떤 수'보다 1 작은 수

+10 13쪽 수학적 표현력

세 자리 수의 일의 자리 숫자에 얼룩이 묻었습니다. 왼쪽과 오른쪽의 수 중에서 어느 쪽의 수가 더 큰 수인지 설명해 보세요.

42□ ○ 43□

두 수의 백의 자리 숫자가 같으므로 □의 자리 숫자를 비교하면 2보다 □이 큽니다.

따라서 □쪽의 수가 더 큽니다.

오늘 공부 어땠나요? 10개 중 맞힌 문제 □개

틀린 문제는 힌트를 보고 다시 도전해 보세요.

맞힌 문제는 힌트를 보고 자신의 생각과 비교해 보세요.

01 □ 안에 알맞은 수를 써넣으세요.

(1) 70보다 30 큰 수는 □ 입니다.

(2) 100은 98보다 □ 큰 수입니다.

02 같은 수끼리 짝지어진 것이 아닌 것을 모두 고르세요. ······················ (   )

① 300 — 삼백　② 오백 — 500
③ 구백 — 800　④ 600 — 육백
⑤ 200 — 백

03 틀린 것을 찾아 기호를 쓰세요.

㉠ 100이 4개이면 400입니다.
㉡ 팔백은 100이 80개인 수입니다.
㉢ 10이 50개이면 500입니다.

(   )

04 수 모형이 나타내는 수를 쓰고 읽어 보세요.

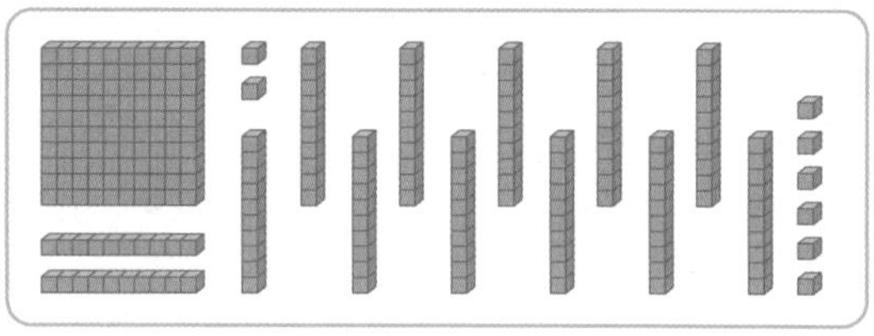

[쓰기] (   )

[읽기] (   )

05 수 모형 4개 중 3개를 사용하여 나타낼 수 있는 세 자리 수를 모두 찾아 ○표 하세요.

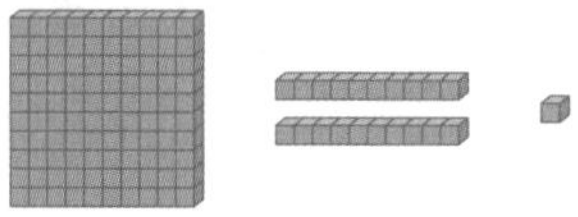

111　121　102　120　201

06 숫자 7이 나타내는 수가 700인 수를 찾아 기호를 쓰세요.

㉠ 417　㉡ 875
㉢ 726　㉣ 257

(   )

07 빈칸에 알맞은 수를 써넣고, 몇씩 뛰어서 세었는지 구하세요.

246 — 247 — 248 — 249 — [ ]

( )

08 수의 크기를 비교하여 작은 수부터 차례로 쓰세요.

485 459 556

[ ] — [ ] — [ ]

09 □ 안에 들어갈 수 있는 수를 모두 찾아 ○표 하세요.

42□ < 425

1 2 3 4 5 6 7

서술형

10 어떤 수보다 10 작은 수는 574입니다. 어떤 수보다 100 큰 수는 얼마인지 풀이 과정을 쓰고, 답을 구하세요.

〔풀이〕 ______

〔답〕 ______

07일 ○ 알아보기

❶ ○ 알아보기

그림과 같은 모양의 도형을 **원**이라고 합니다.

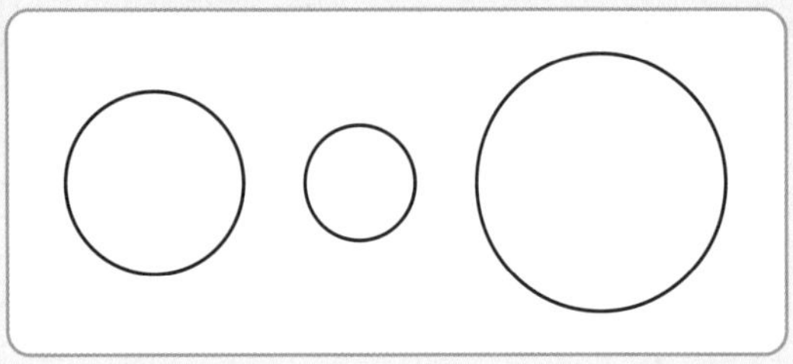

• 원의 특징

① 길쭉하거나 찌그러진 곳 없이 어느 쪽에서 보아도 똑같이 동그란 모양입니다.

② 곧은 선과 뾰족한 부분이 없습니다.

③ 크기는 다르지만 생긴 모양이 서로 같습니다.

주변에서 찾을 수 있는 원 모양

원 그리기

종이컵, 동전 등의 동그란 모양이 있는 물건의 테두리를 따라 원을 그릴 수 있습니다.

확인 1 그림을 보고 □ 안에 알맞은 말을 써 넣으세요.

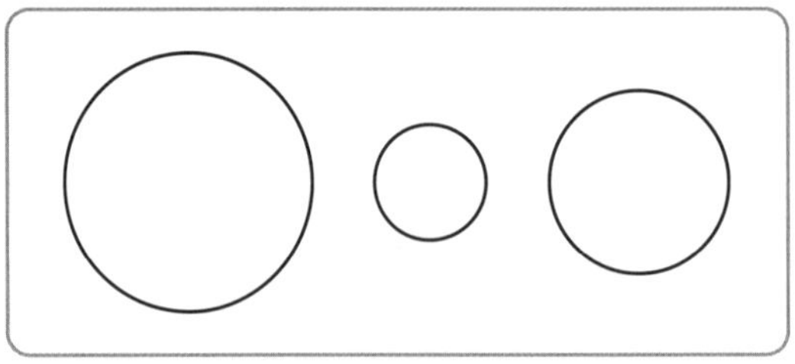

→ 그림과 같은 모양의 도형을 □이라고 합니다.

확인 2 원을 모두 찾아 색칠해 보세요.

» 정답 · 풀이 08쪽

기본기 다지는 교과서 문제

1 원을 찾아 ○표 하세요.

(1)

(　　) (　　) (　　)

(2)

(　　) (　　) (　　)

(3)

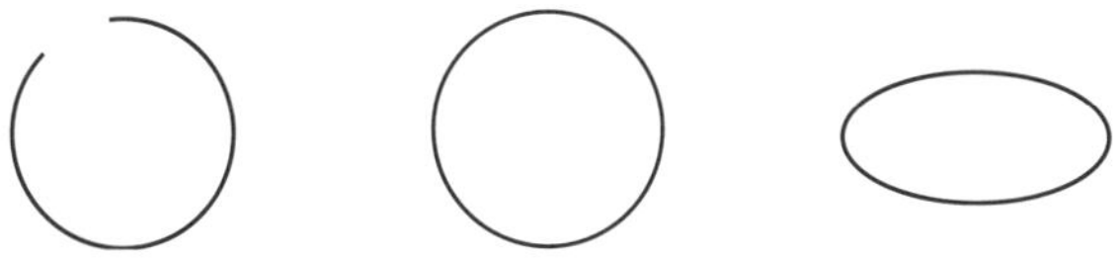

(　　) (　　) (　　)

2 주변에서 찾을 수 있는 원 모양을 모두 찾아 ○표 하세요.

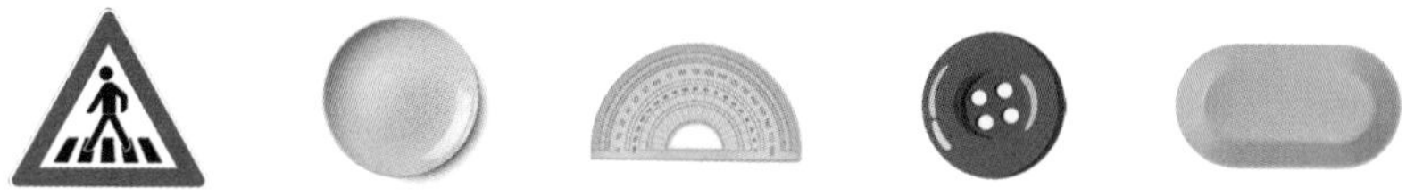

(　　) (　　) (　　) (　　) (　　)

3 크기가 다른 원을 2개 그려 보세요.

개념 따라쓰기

2단원

원의 특징 ①

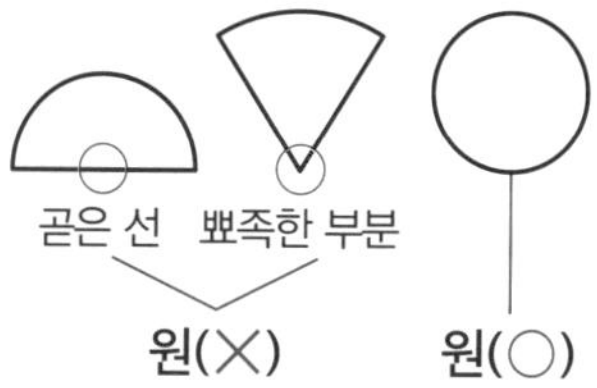

원은 곧은 선과 뾰족한 부분이 없고 어느 쪽에서 보아도 똑같이 동그란 모양입니다.

원의 특징 ②

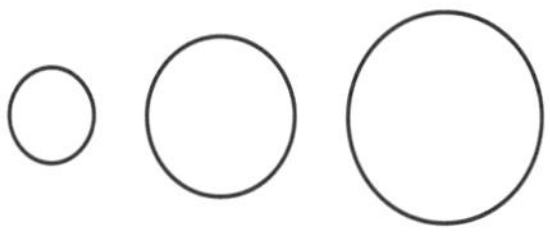

원은 크기는 다르지만 생긴 모양이 서로 같습니다.

1 적용

그림을 보고 □ 안에 알맞은 말을 써넣으세요.

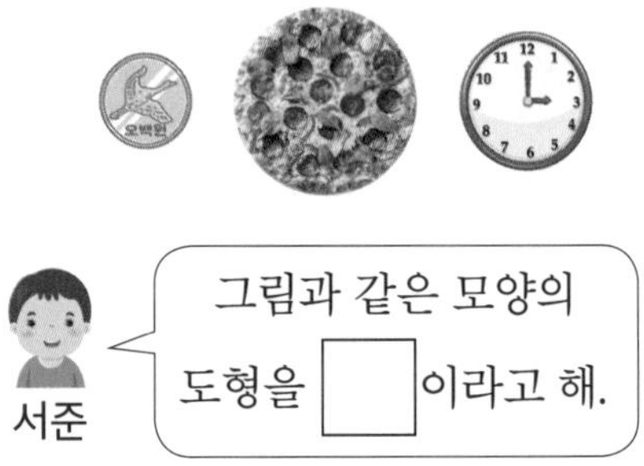

2 이해

원을 찾아 기호를 쓰세요.

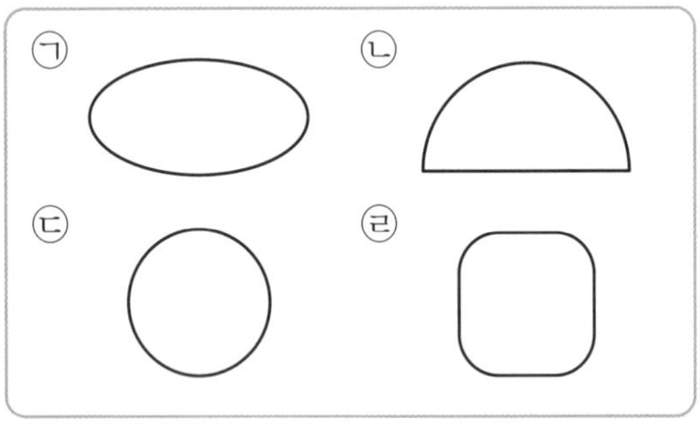

(　　　　　　)

3 14쪽 추론

동전의 테두리를 따라 그린 모양에 ○표 하세요.

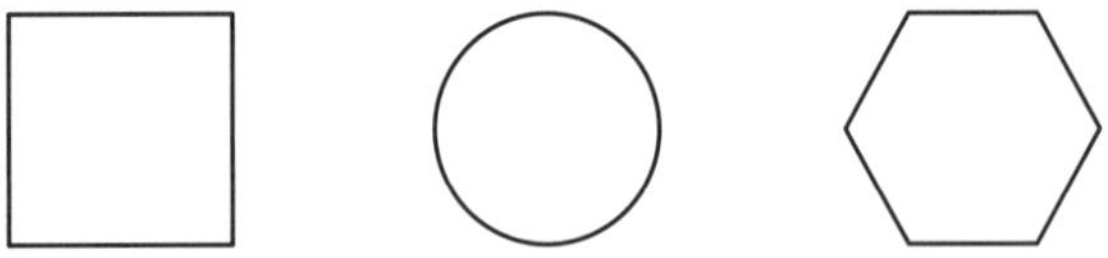

(　　)　(　　)　(　　)

4 14쪽 이해

원은 모두 몇 개일까요?

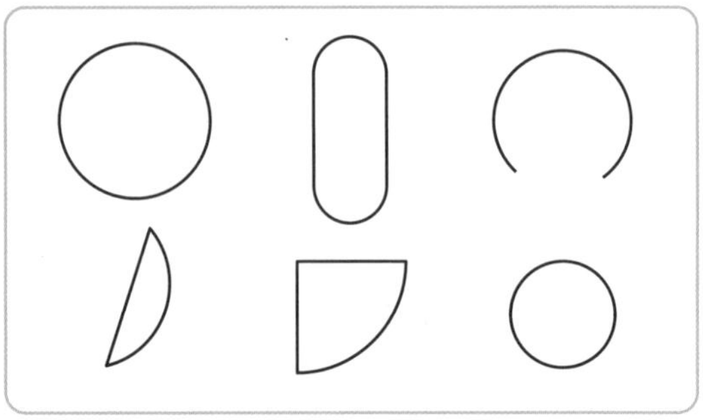

(　　　　　　)

5 14쪽 문제 해결

원 모양이 아닌 것을 모두 찾아 기호를 쓰세요.

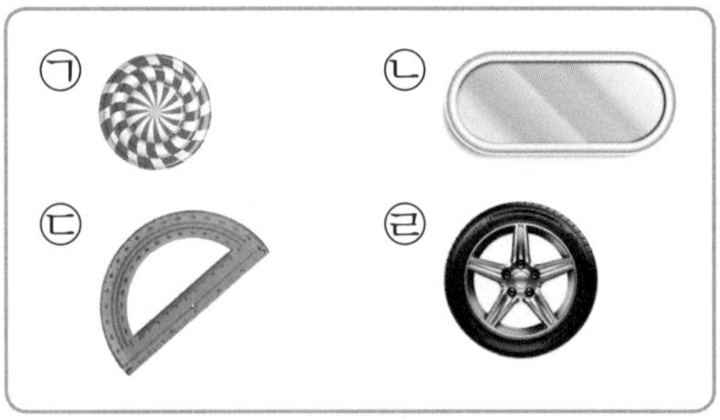

(　　　　　　)

6 14쪽 이해

원에 대한 설명이 맞으면 ○표, 틀리면 ×표 하세요.

(1) 동그란 모양입니다. (　　)

(2) 곧은 선으로 되어 있습니다. (　　)

(3) 뾰족한 부분이 없습니다. (　　)

7 15쪽 추론

원 안에 있는 수끼리 더하면 얼마일까요?

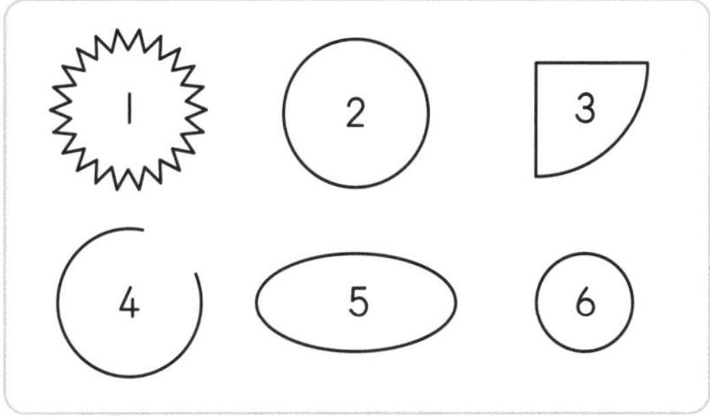

(   )

8 15쪽 추론

원은 모두 몇 개일까요?

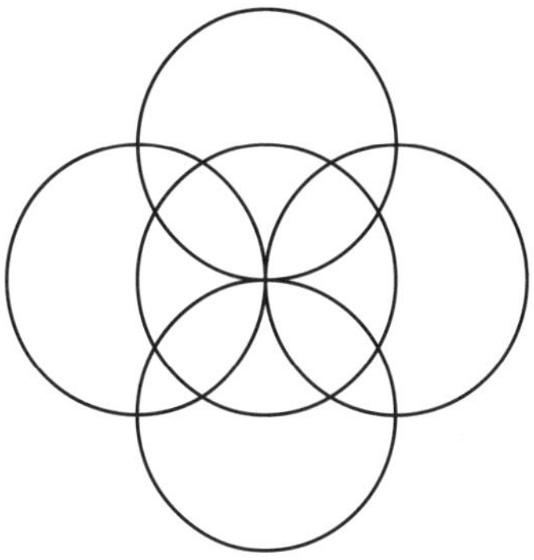

(   )

+9 15쪽 수학적 독해력

원에 대하여 잘못 말한 사람은 누구일까요?

(   )

독해 포인트 원은 모양이 같습니다.

+10 15쪽 수학적 표현력

다음 도형이 원이 아닌 이유를 설명한 것입니다. 알맞은 것을 찾아 ○표 하세요.

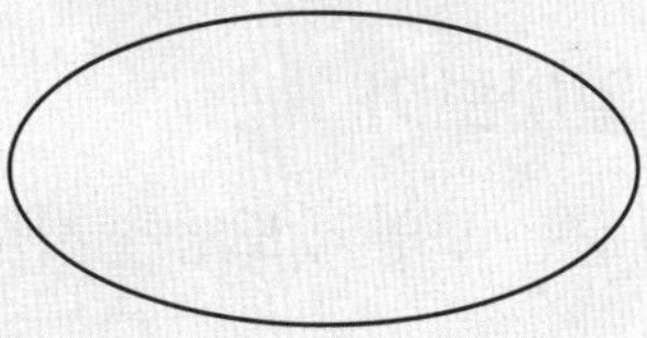

원은 어느 쪽에서 보아도 똑같이 (동그란 , 동그랗지 않은) 모양입니다. 그런데 주어진 도형은 모양이 (동그랗기 , 길쭉하기) 때문에 원이 아닙니다.

오늘 공부 어땠나요? 10개 중 맞힌 문제 ☐ 개 > **틀린 문제**는 힌트를 보고 다시 도전해 보세요. > **맞힌 문제**는 힌트를 보고 자신의 생각과 비교해 보세요.

08일 △과 □ 알아보기

❶ △ 알아보기

그림과 같은 모양의 도형을 **삼각형**이라고 합니다.

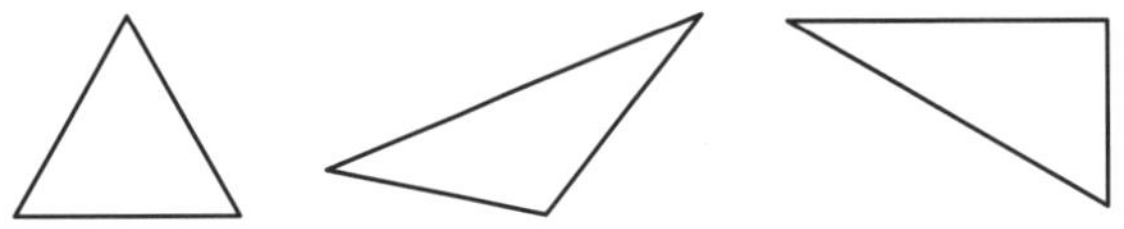

삼각형은 변이 3개, 꼭짓점이 3개 있습니다.

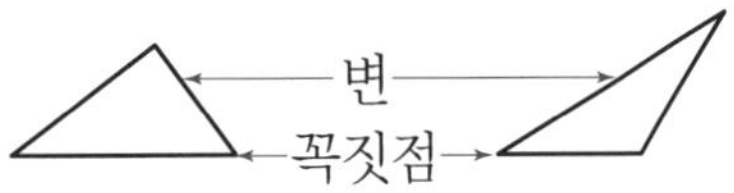

• 변: 곧은 선

• 꼭짓점: 두 변이 만나는 점

• 삼각형의 특징

① 곧은 선 3개로 둘러싸여 있습니다.

② 변과 꼭짓점이 3개씩 있습니다.

주변에서 찾을 수 있는 삼각형 모양

삼각형이 아닌 경우

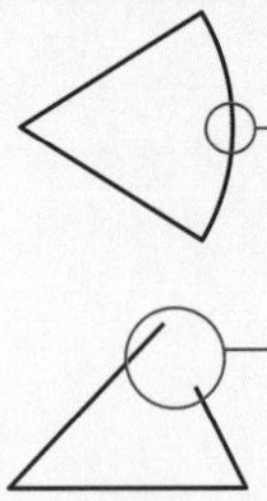

둥근 부분이 있으면 삼각형이 아닙니다.

둘러싸여 있지 않으면 삼각형이 아닙니다.

❷ □ 알아보기

그림과 같은 모양의 도형을 **사각형**이라고 합니다.

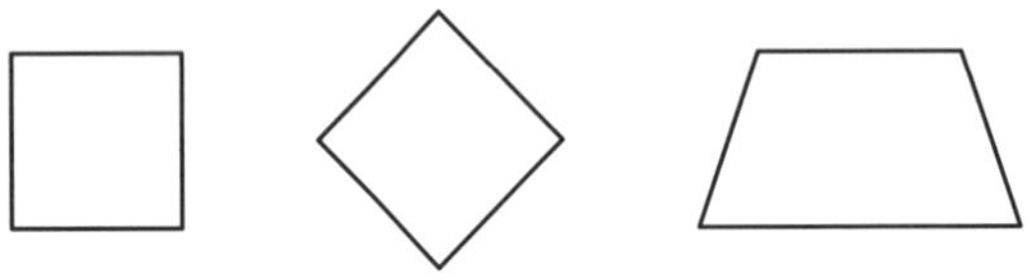

사각형은 변이 4개, 꼭짓점이 4개 있습니다.

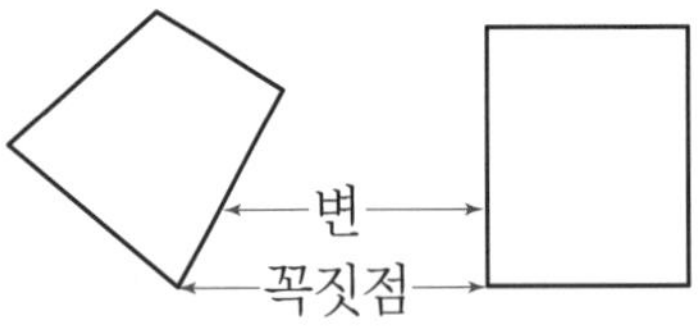

• 사각형의 특징

① 곧은 선 4개로 둘러싸여 있습니다.

② 변과 꼭짓점이 4개씩 있습니다.

주변에서 찾을 수 있는 사각형 모양

기본기 다지는 교과서 문제

» 정답 · 풀이 09쪽

1 삼각형을 찾아 ○표 하세요.

(1)

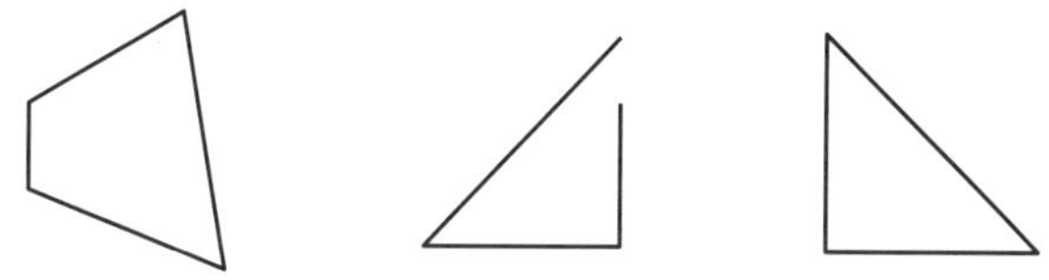

( ) ( ) ( )

(2)

( ) ( ) ( )

2 사각형을 찾아 ○표 하세요.

(1)

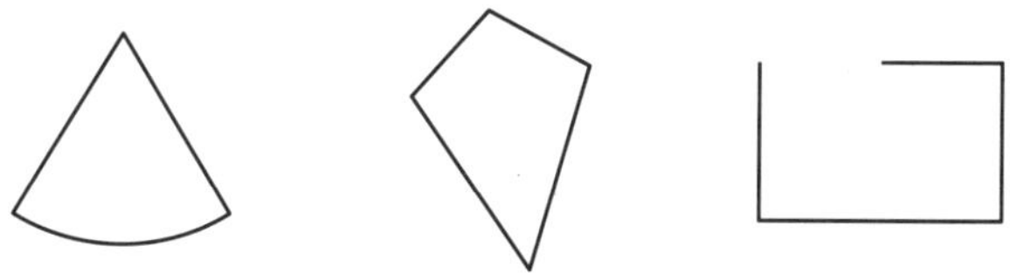

( ) ( ) ( )

(2)

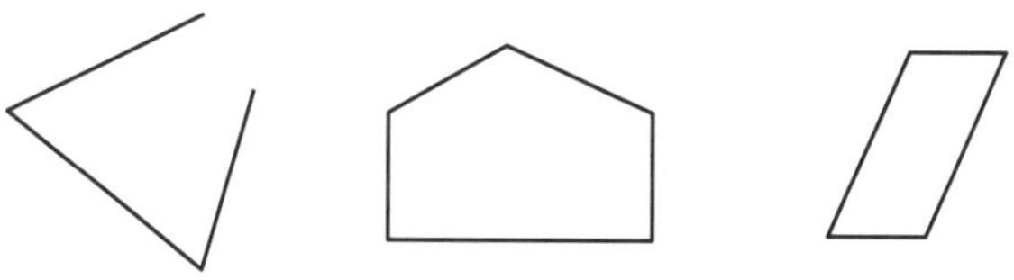

( ) ( ) ( )

3 □ 안에 알맞은 말을 써넣으세요.

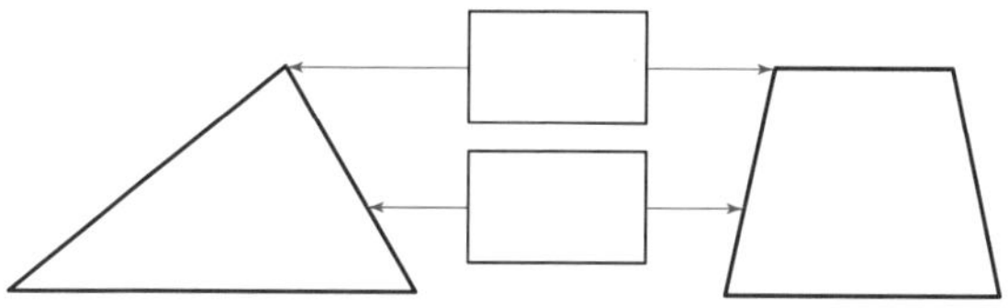

개념 따라쓰기

삼각형의 특징

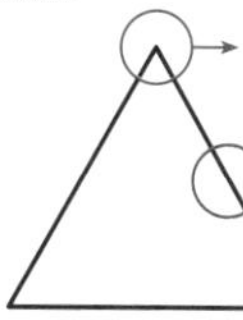

① 곧은 선 3개로 둘러싸여 있습니다.

② 변과 꼭짓점이 3개씩 있습니다.

사각형의 특징

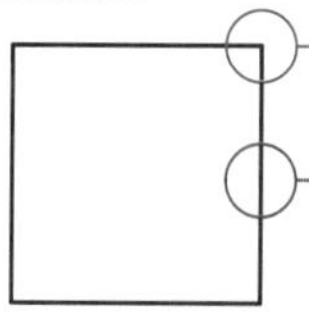

① 곧은 선 4개로 둘러싸여 있습니다.

② 변과 꼭짓점이 4개씩 있습니다.

[1~2] 그림을 보고 물음에 답하세요.

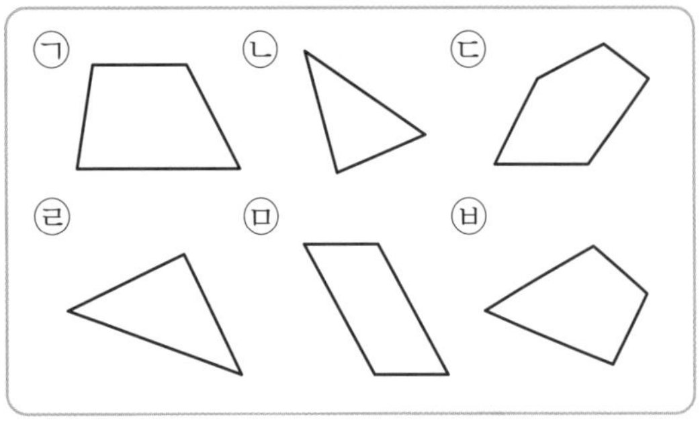

1 이해

삼각형을 모두 찾아 기호를 쓰세요.

(　　　　　　　)

2 이해

사각형을 모두 찾아 기호를 쓰세요.

(　　　　　　　)

3 16쪽 이해

도형을 보고 □ 안에 알맞은 수를 써넣으세요.

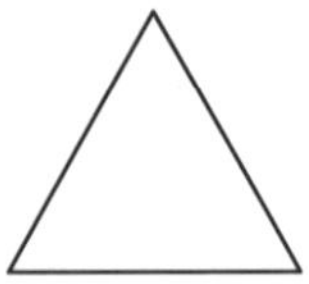

→ 변 □개, 꼭짓점 □개

→ 변 □개, 꼭짓점 □개

4 16쪽 추론

점과 점을 이어 사각형을 그리려고 합니다. 사각형이 되기 위해서는 몇 개의 변을 더 그려야 할까요?

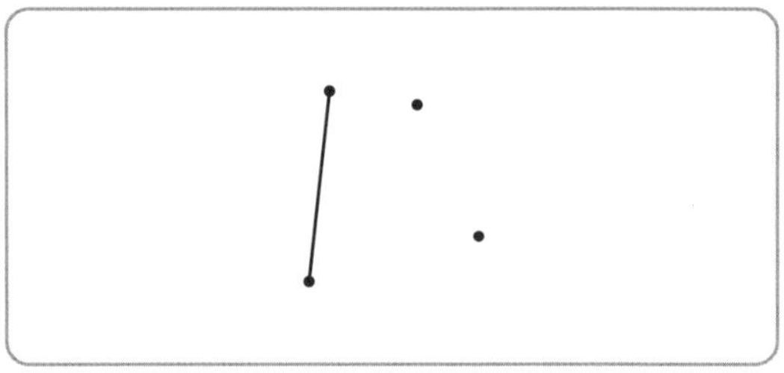

(　　　　　　　)

5 16쪽 문제 해결

다음 모양을 만드는 데 사용한 삼각형과 사각형은 각각 몇 개일까요?

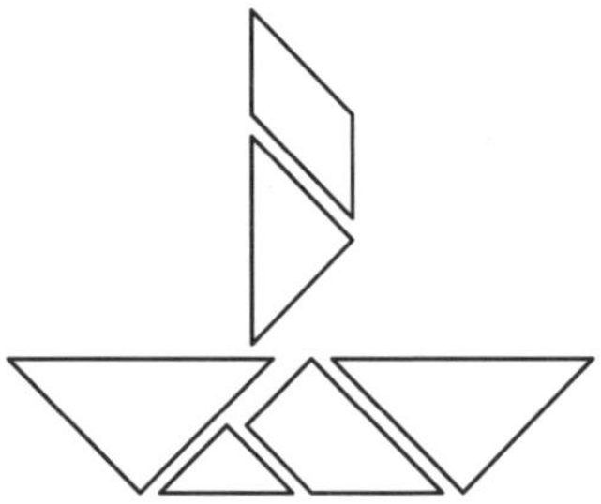

삼각형 □개, 사각형 □개

6 16쪽 이해

삼각형과 사각형의 공통점을 모두 찾아 기호로 쓰세요.

> ㉠ 꼭짓점이 3개 있습니다.
> ㉡ 곧은 선으로 둘러싸여 있습니다.
> ㉢ 뾰족한 부분이 없습니다.
> ㉣ 둥근 부분이 없습니다.

(　　　　　　　)

7 17쪽 추론

삼각형과 사각형의 꼭짓점의 수의 차는 얼마일까요?

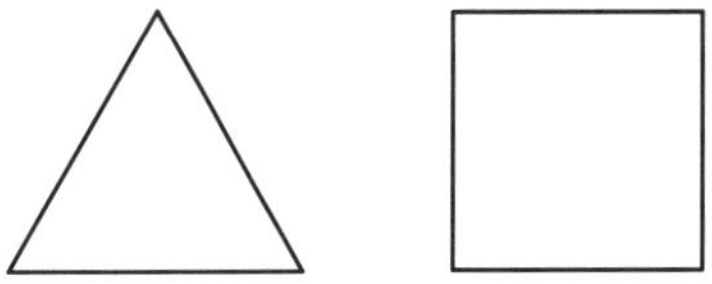

(   )

8 17쪽 문제 해결

색종이를 점선을 따라 자르면 어떤 도형이 몇 개 생기는지 구하세요.

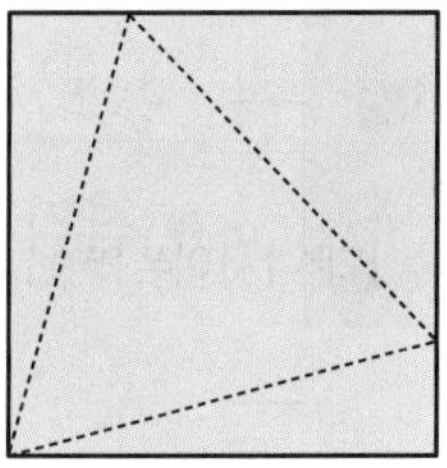

(   ), (   )

+9 17쪽 수학적 독해력

크고 작은 사각형은 모두 몇 개인지 세어 보세요.

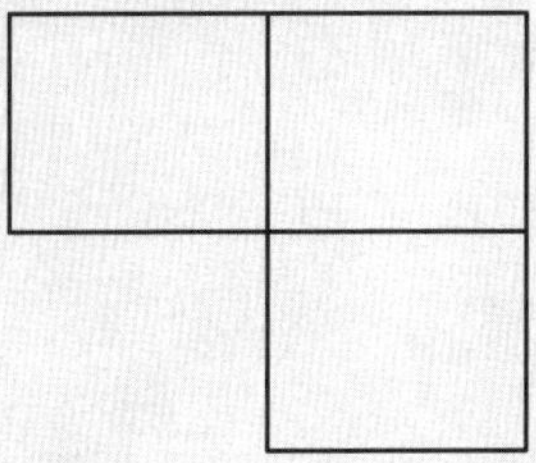

(   )

독해 포인트 '크고 작은 사각형'이므로 도형 2개로 이루어진 사각형도 세어야 합니다.

+10 17쪽 수학적 표현력

다음 도형이 삼각형이 아닌 이유를 설명해 보세요.

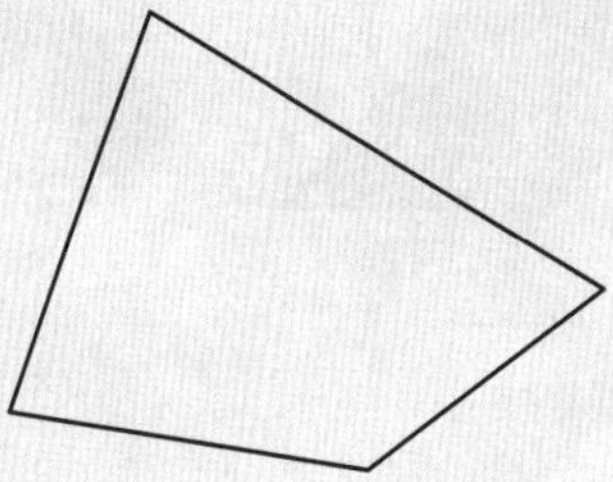

삼각형은 변과 꼭짓점이 ☐개씩인데 주어진 도형은 변과 꼭짓점이 ☐개씩이므로 삼각형이 아닙니다.

오늘 공부 어땠나요? 10개 중 맞힌 문제 ☐개 › **틀린 문제**는 힌트를 보고 다시 도전해 보세요. › **맞힌 문제**는 힌트를 보고 자신의 생각과 비교해 보세요.

09일 칠교판으로 모양 만들기

1 칠교판의 조각 알아보기

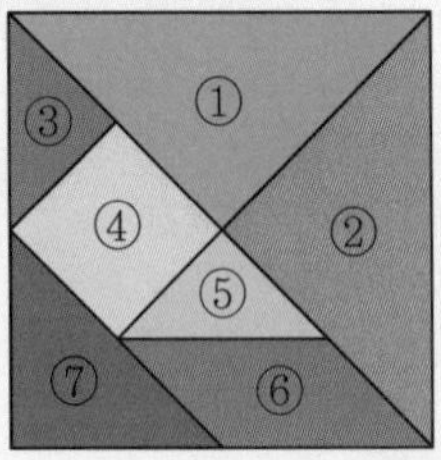

삼각형	사각형
①, ②, ③, ⑤, ⑦	④, ⑥

→ 삼각형 5개, 사각형 2개로 모두 7조각입니다.

칠교판에서 삼각형 조각
칠교판에서 삼각형 조각은 큰 조각 2개, 중간 크기 조각 1개, 작은 조각 2개가 있습니다.

2 칠교판으로 여러 가지 모양 만들기

• 삼각형 만들기

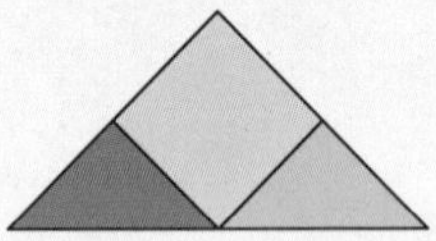

• 사각형 만들기

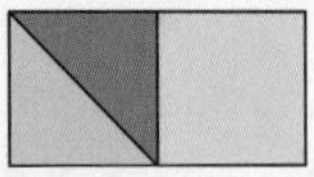

• 여러 가지 모양 만들기

새

물고기

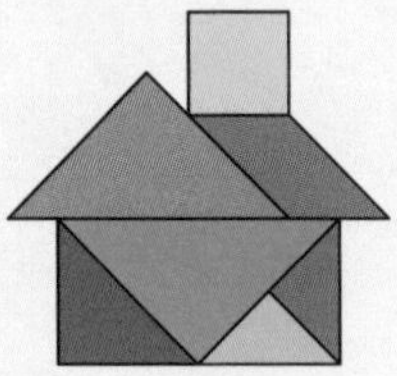
집

칠교판 조각으로 여러 가지 도형을 만들 때 주의할 점
- 조각이 서로 떨어지지 않게 붙여야 합니다.
- 큰 조각을 먼저 이용하는 것이 편리합니다.

확인 1 칠교판을 보고 물음에 답하세요.

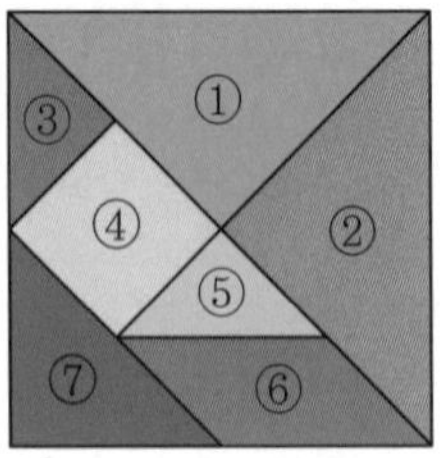

(1) 칠교판 조각은 모두 □개입니다.

(2) 삼각형 조각과 사각형 조각을 찾아 번호를 쓰세요.

삼각형	사각형

(3) 칠교판에는 삼각형 조각이 □개, 사각형 조각이 □개 있습니다.

기본기 다지는 교과서 문제

1 이용한 삼각형과 사각형 조각의 수를 세어 보세요.

(1)

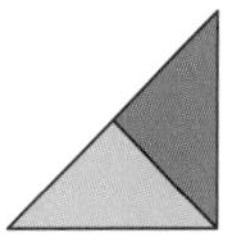

삼각형	□개
사각형	□개

(2)

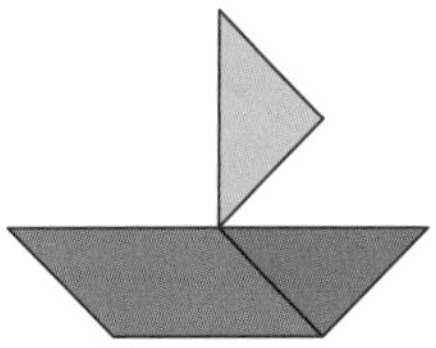

삼각형	□개
사각형	□개

(3)

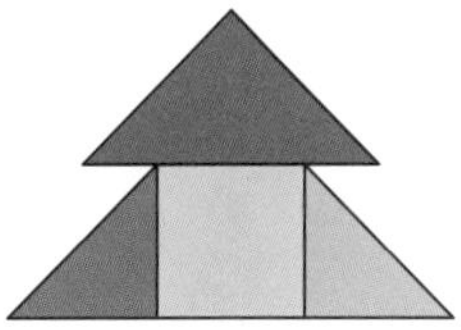

삼각형	□개
사각형	□개

(4)

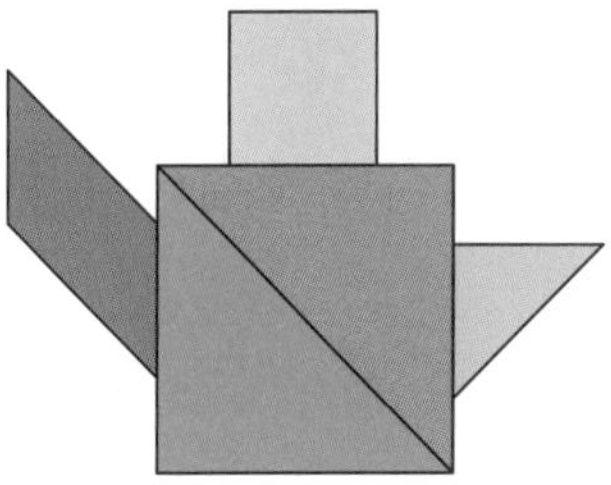

삼각형	□개
사각형	□개

개념 따라쓰기

칠교판 알아보기

삼각형	사각형

칠교판의 조각은 삼각형 조각이 5개, 사각형 조각이 2개로 모두 7개입니다.

2 다음은 칠교판의 조각으로 만든 모양입니다. 이용한 삼각형과 사각형 조각의 수를 세어 보세요.

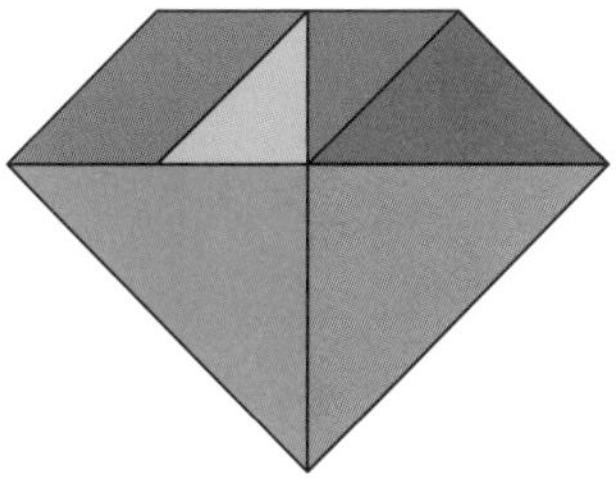

삼각형	사각형
□개	□개

1

이해

칠교판을 보고 □ 안에 알맞은 수를 써넣으세요.

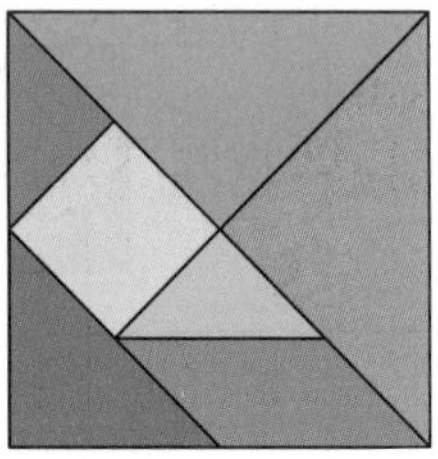

(1) 칠교판에는 삼각형 조각이 □개,

사각형 조각이 □개 있습니다.

(2) 칠교판의 조각은 모두 □개입니다.

2

이해

이용한 삼각형 조각의 수를 세어 보세요.

(1)

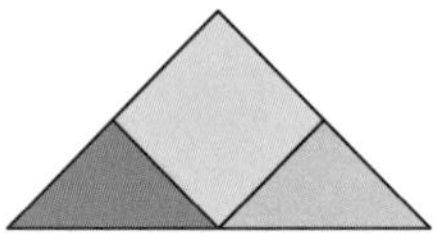

(　　　　)개

(2)

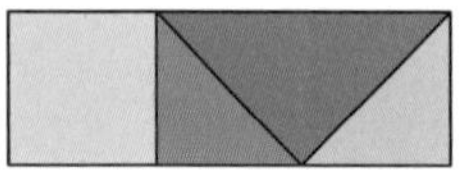

(　　　　)개

3

18쪽

추론

이용한 삼각형과 사각형 조각의 수를 세어 보세요.

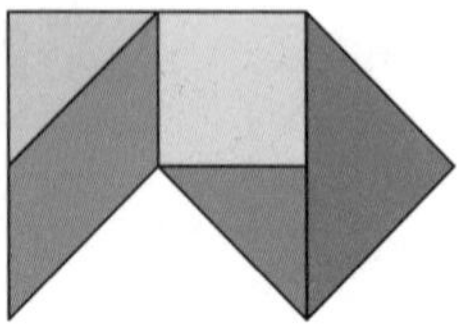

삼각형	사각형
□개	□개

4

18쪽

이해

이용한 삼각형과 사각형 조각의 수를 세어 보세요.

삼각형	사각형
□개	□개

5

18쪽

추론

이용한 삼각형 조각은 사각형 조각보다 몇 개 더 많을까요?

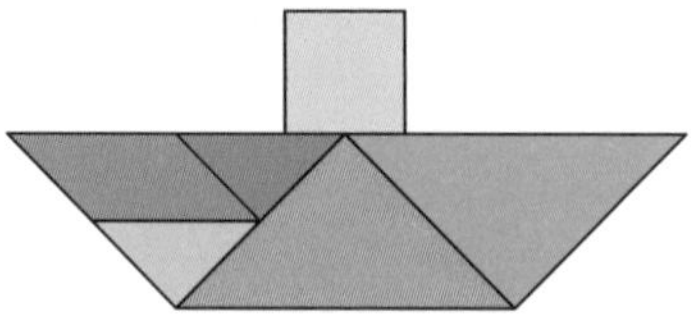

(　　　　)개

6

18쪽

이해

칠교판에 대한 설명으로 옳은 것을 찾아 기호를 쓰세요.

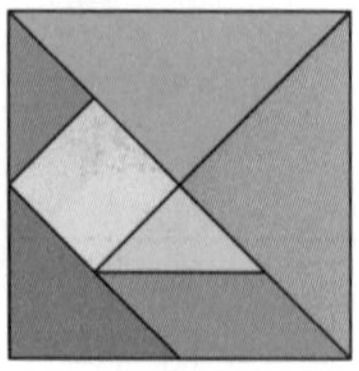

㉠ 삼각형과 원으로 이루어져 있습니다.
㉡ 칠교판의 조각 중 크기가 가장 작은 조각은 삼각형 모양입니다.
㉢ 칠교판의 조각 중 크기가 가장 큰 조각은 사각형 모양입니다.

(　　　　)

» 정답 · 풀이 10쪽

7 19쪽 추론

〈보기〉의 조각을 모두 이용하여 만들 수 있는 모양에 ○표 하세요.

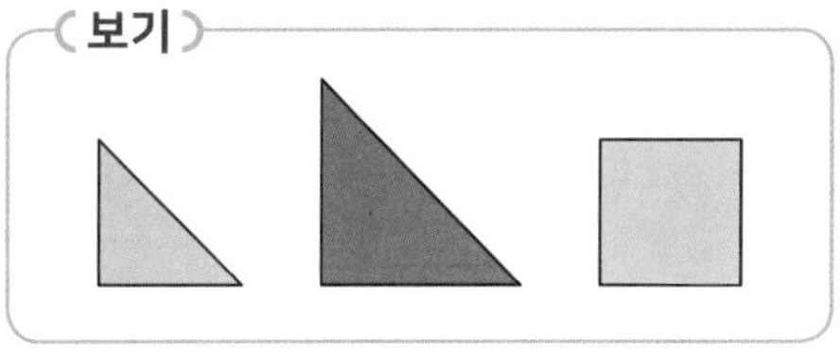

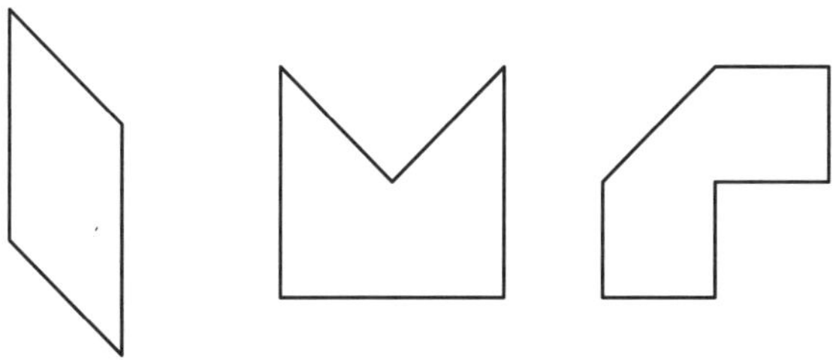

( ) ( ) ( )

8 19쪽 추론

주어진 세 조각을 모두 이용하여 만들 수 없는 모양의 기호를 쓰세요.

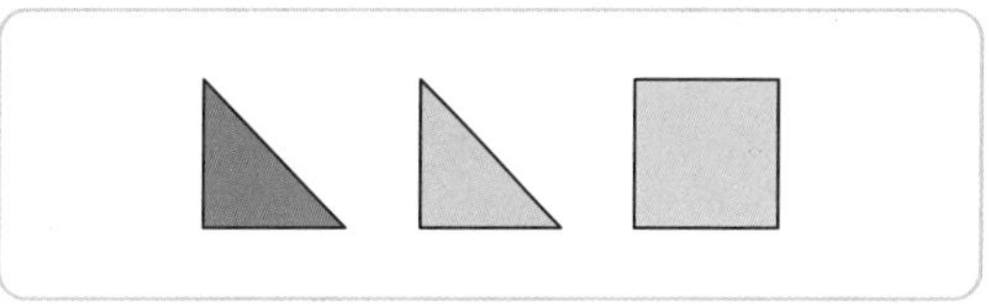

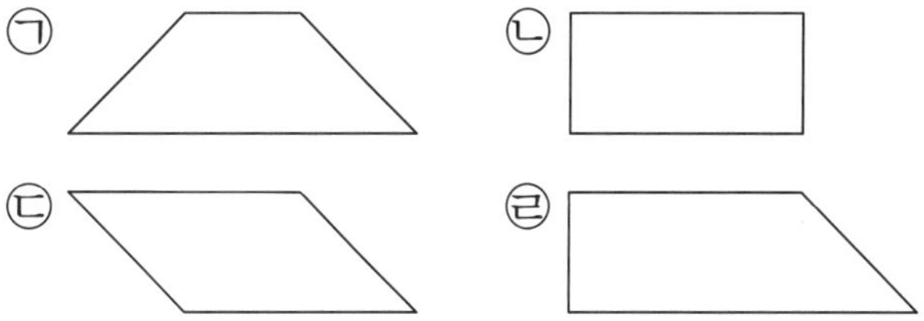

( )

+9 19쪽 수학적 독해력

칠교판의 두 조각에 한 조각을 더 이용하여 아래와 같은 삼각형을 만들려고 합니다. 더 필요한 조각에 ○표 하세요.

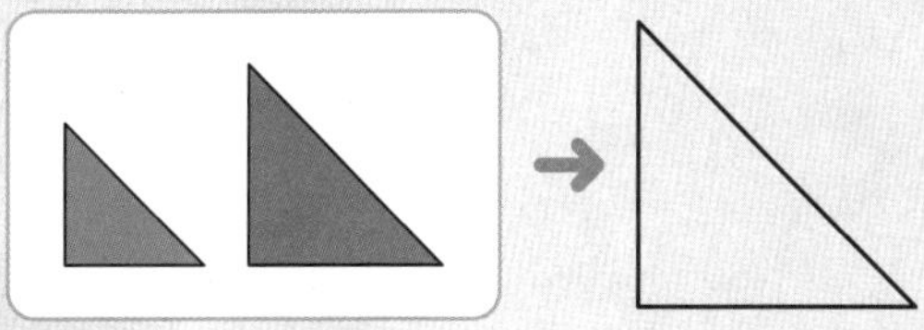

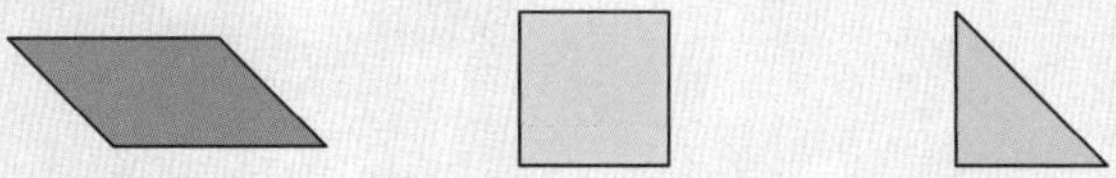

( ) ( ) ( )

독해 포인트 큰 조각부터 놓은 후 생각합니다.

+10 19쪽 수학적 표현력

이용한 삼각형 조각은 사각형 조각보다 몇 개 더 많은지 말해 보세요.

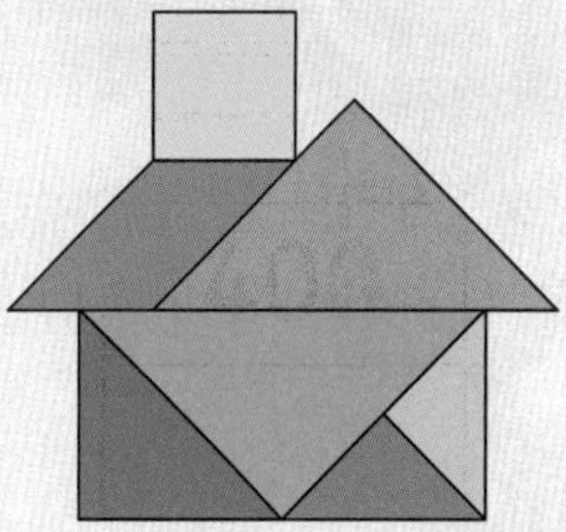

이용한 삼각형 조각은 □개이고, 사각형 조각은 □개입니다. 따라서 이용한 삼각형 조각은 사각형 조각보다 □−□=□(개) 더 많습니다.

오늘 공부 어땠나요?

10개 중 맞힌 문제 □ 개

틀린 문제는 힌트를 보고 다시 도전해 보세요.

맞힌 문제는 힌트를 보고 자신의 생각과 비교해 보세요.

공부한 날 월 일

⬠과 ⬡ 알아보기

① ⬠ 알아보기

그림과 같은 모양의 도형을 **오각형**이라고 합니다.

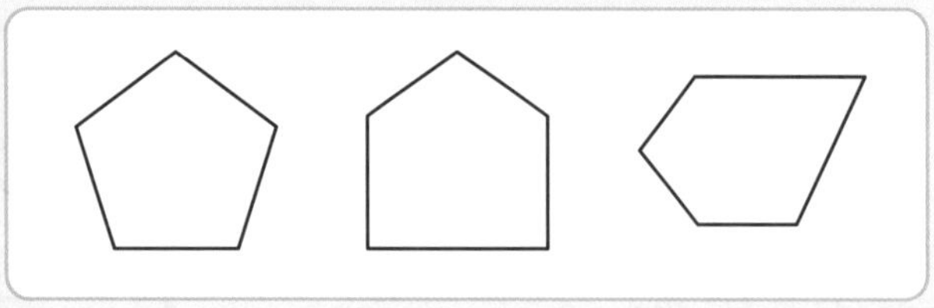

• 오각형의 특징
① 곧은 선 5개로 둘러싸여 있습니다.
② 변과 꼭짓점이 5개씩 있습니다.

◐ 주변에서 찾을 수 있는 오각형 모양

② ⬡ 알아보기

그림과 같은 모양의 도형을 **육각형**이라고 합니다.

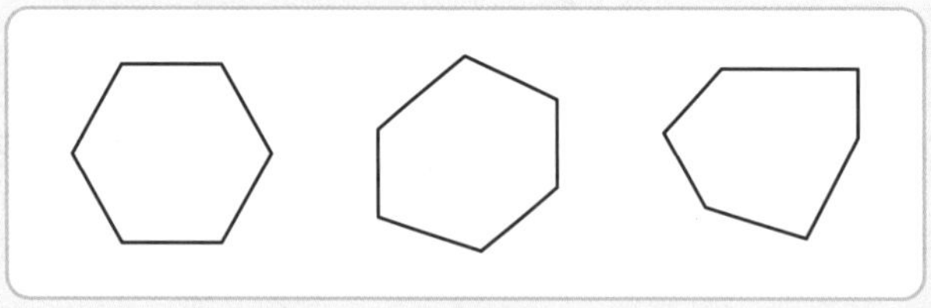

• 육각형의 특징
① 곧은 선 6개로 둘러싸여 있습니다.
② 변과 꼭짓점이 6개씩 있습니다.

◐ 주변에서 찾을 수 있는 육각형 모양

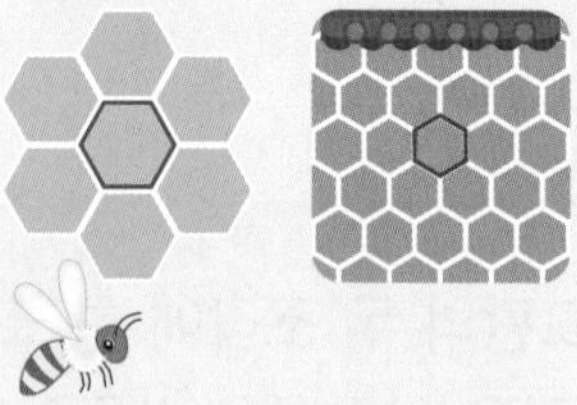

개념+ 도형의 이름과 변의 수, 꼭짓점의 수의 관계

도형	삼각형	사각형	오각형	육각형
변의 수	3	4	5	6
꼭짓점의 수	3	4	5	6

◐ ★각형
변과 꼭짓점이 각각 ★개씩인 도형

기본기 다지는 교과서 문제

» 정답 · 풀이 11쪽

1 오각형을 찾아 ○표 하세요.

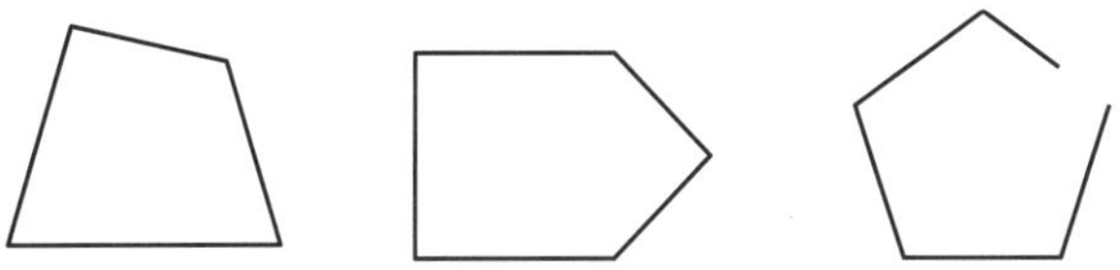

( ) ( ) ( )

2 육각형을 찾아 ○표 하세요.

( ) ( ) ( )

3 도형을 보고 빈칸에 알맞은 수나 말을 써넣으세요.

도형	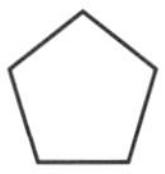	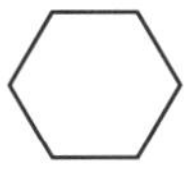
변의 수		
꼭짓점의 수		
도형의 이름		

개념 따라쓰기

오각형의 특징

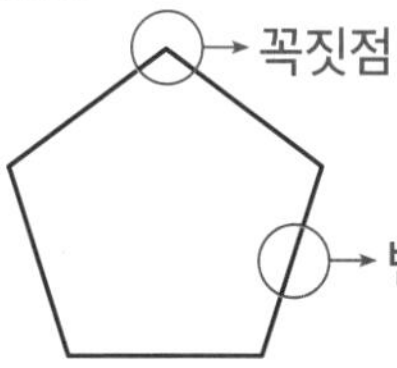

① 곧은 선 5개로 둘러싸여 있습니다.

② 변과 꼭짓점이 5개씩 있습니다.

육각형의 특징

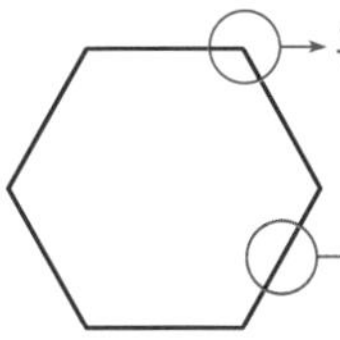

① 곧은 선 6개로 둘러싸여 있습니다.

② 변과 꼭짓점이 6개씩 있습니다.

[1~2] 그림을 보고 물음에 답하세요.

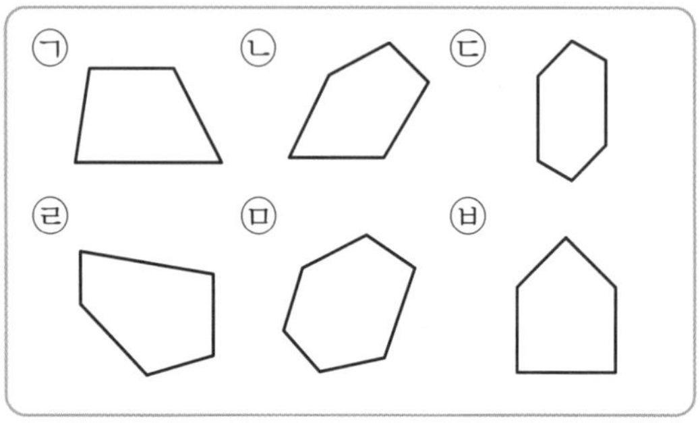

1

적용

오각형을 모두 찾아 기호를 쓰세요.

( )

2

육각형을 모두 찾아 기호를 쓰세요.

( )

3

20쪽

추론

빈칸에 알맞은 수를 써넣으세요.

	변의 수	꼭짓점의 수
오각형		
육각형		

4

20쪽

이해

주어진 선을 변으로 하는 오각형과 육각형을 각각 그려 보세요.

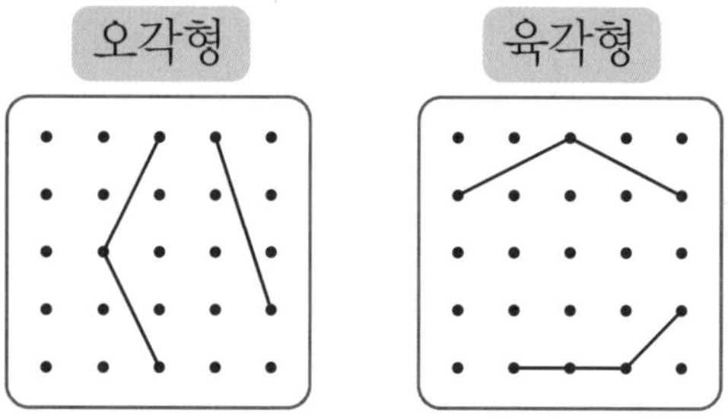

5

20쪽

추론

도형의 이름을 쓰세요.

(1) 삼각형보다 변이 3개 많은 도형입니다.

➜ [ ]

(2) 사각형보다 꼭짓점이 1개 많은 도형입니다.

➜ [ ]

6

20쪽

이해

도형에 대한 설명으로 옳은 것의 기호를 쓰세요.

㉠ 오각형은 육각형보다 변이 1개 더 많습니다.
㉡ 육각형의 변과 꼭짓점의 수를 모두 합하면 6입니다.
㉢ 육각형은 오각형보다 꼭짓점이 1개 더 많습니다.

( )

7 21쪽 추론

변의 수와 꼭짓점의 수의 합이 가장 큰 도형부터 차례로 기호를 쓰세요.

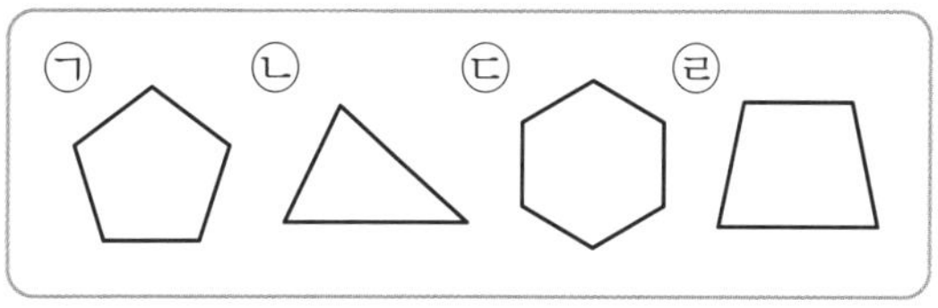

□—□—□—□

8 21쪽 이해

점선을 따라 종이를 잘랐을 때 생기는 두 도형의 꼭짓점의 수의 차를 구하세요.

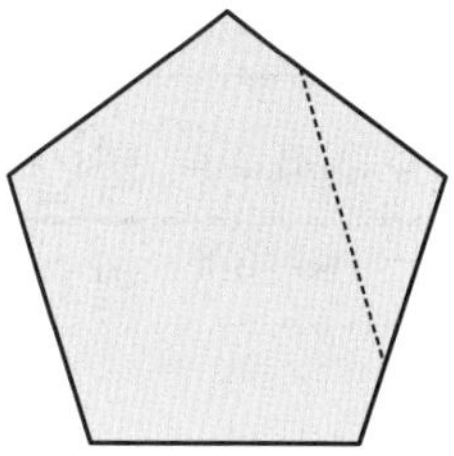

(　　　　　　)

+9 21쪽 수학적 독해력

못과 못 사이를 끈으로 이어 오각형을 만들려고 합니다. 4개의 못에 끈을 다음과 같이 연결하고, 나머지 한 개의 못에 끈을 연결하여 오각형을 만들려고 합니다. ㉠~㉣ 중 오각형을 만들 수 없는 못의 기호를 쓰세요.

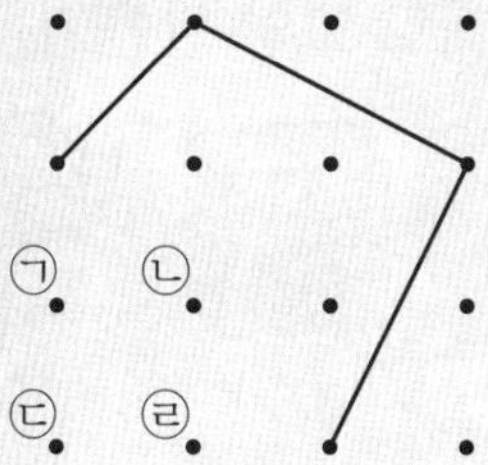

(　　　　　　)

독해 포인트 오각형은 꼭짓점이 5개입니다.

+10 21쪽 수학적 표현력

오각형의 꼭짓점의 수와 육각형의 변의 수의 합은 얼마인지 말해 보세요.

오각형의 꼭짓점의 수는 □개이고 육각형의 변의 수는 □개입니다.

따라서 오각형의 꼭짓점의 수와 육각형의 변의 수의 합은 □+□=□입니다.

오늘 공부 어땠나요? 10개 중 맞힌 문제 □개 › **틀린 문제**는 힌트를 보고 다시 도전해 보세요. › **맞힌 문제**는 힌트를 보고 자신의 생각과 비교해 보세요.

11 일 똑같은 모양으로 쌓기 / 여러 가지 모양으로 쌓기

① 똑같은 모양으로 쌓기

사용한 쌓기나무의 개수, 놓인 위치나 방향을 생각하며 똑같은 모양으로 쌓아 봅니다.

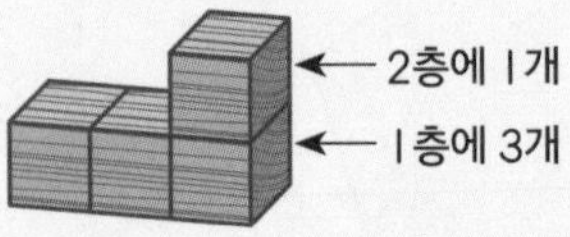

똑같은 모양으로 쌓으려면 쌓기나무 4개가 필요합니다.

> 주어진 모양을 보고 똑같이 쌓을 때 층별로 나누어 생각하면 쉽게 쌓을 수 있습니다.

개념+ 설명을 보고 똑같이 쌓기

쌓기나무 2개가 옆으로 나란히 있고, 오른쪽 쌓기나무의 위에 쌓기나무 1개가 있습니다. →

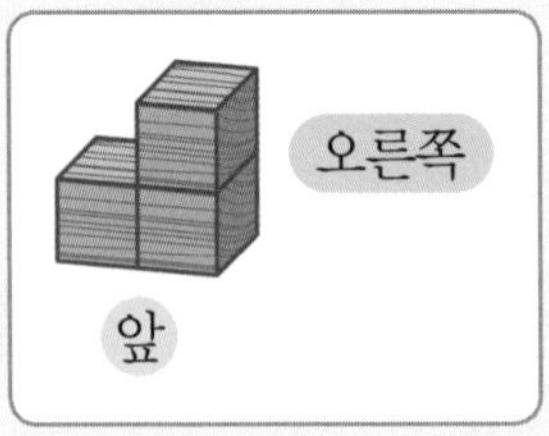

> **쌓기나무의 위치**
> 왼쪽과 오른쪽은 보는 학생의 기준에서, 앞과 뒤는 사물을 기준으로 약속합니다.

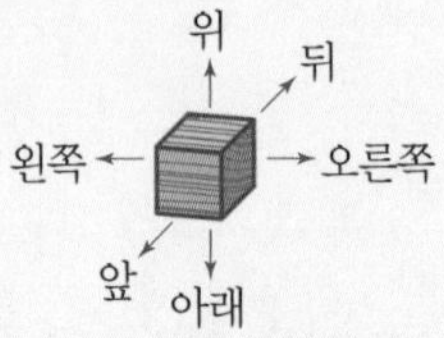

② 여러 가지 모양으로 쌓기

쌓기나무의 개수에 따라 여러 가지 모양을 만들 수 있습니다.

• 쌓기나무 3개로 모양 만들기

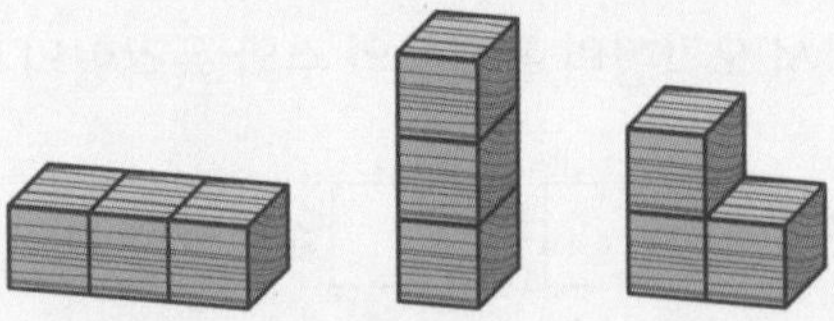

• 쌓기나무 4개로 모양 만들기

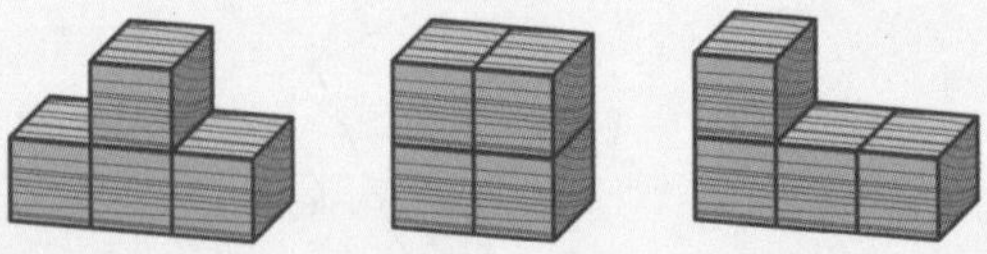

• 쌓기나무 5개로 모양 만들기

개념+ 모양을 보고 설명하기

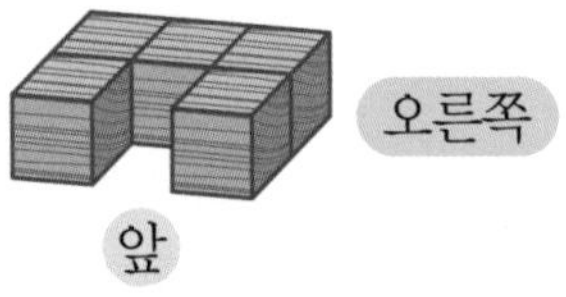

→ 쌓기나무 3개가 옆으로 나란히 있고, 왼쪽과 오른쪽 쌓기나무의 앞에 쌓기나무가 각각 1개씩 있습니다.

기본기 다지는 교과서 문제

» 정답 · 풀이 12쪽

1 똑같은 모양으로 쌓으려면 쌓기나무가 몇 개 필요할까요?

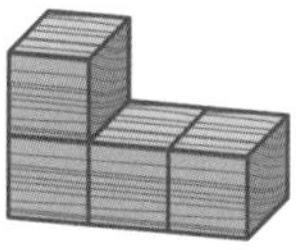
□개

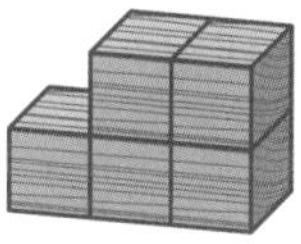
□개

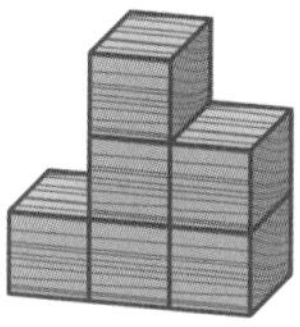
□개

2 설명하는 쌓기나무를 찾아 ○표 하세요.

(1) 빨간색 쌓기나무의 왼쪽에 있는 쌓기나무

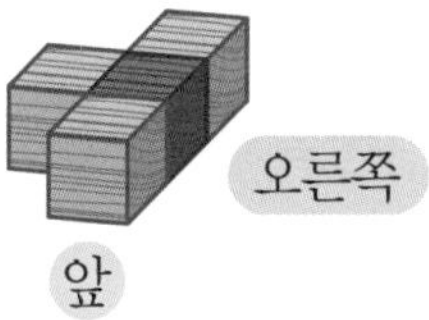

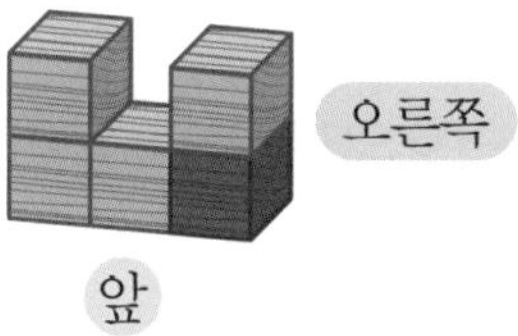

(2) 빨간색 쌓기나무의 앞쪽에 있는 쌓기나무

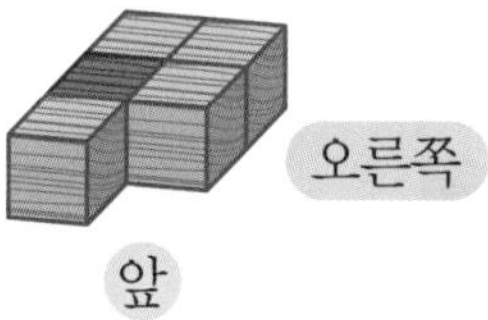

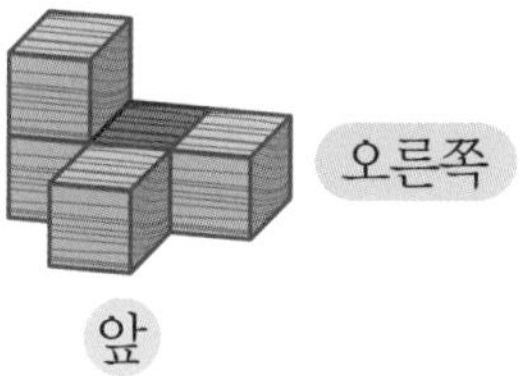

3 쌓기나무로 쌓은 모양을 보고 물음에 답하세요.

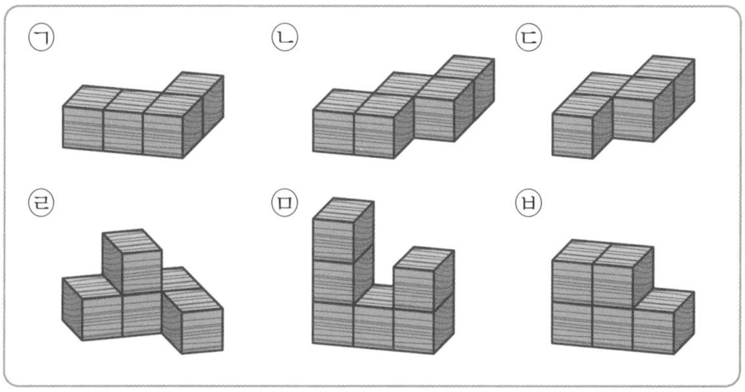

(1) 쌓기나무 4개로 만든 모양을 모두 찾아 기호를 쓰세요.

( )

(2) 쌓기나무 5개로 만든 모양을 모두 찾아 기호를 쓰세요.

( )

개념 따라쓰기

똑같은 모양으로 쌓기

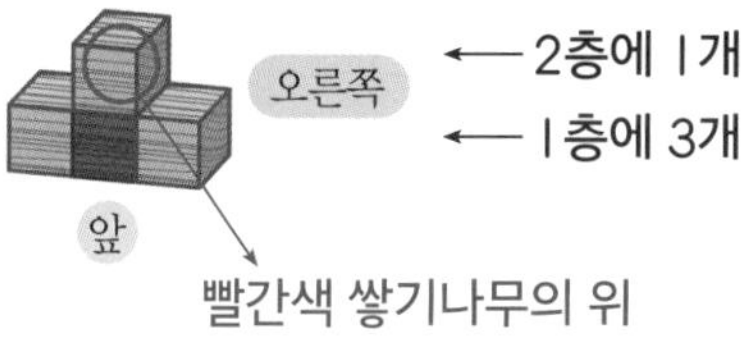

사용한 쌓기나무의 개수, 놓인 위치나 방향을 생각하며 똑같은 모양으로 쌓을 수 있습니다.

여러 가지 모양으로 쌓기

• 쌓기나무 3개로 모양 만들기

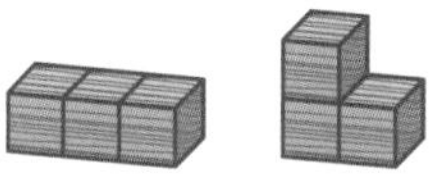

• 쌓기나무 4개로 모양 만들기

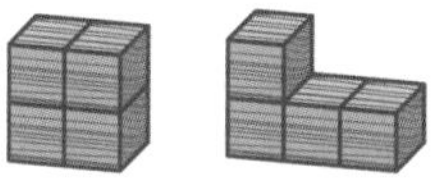

쌓기나무의 개수에 따라 여러 가지 모양을 만들 수 있습니다.

1

적용

□ 안에 알맞은 수를 써넣으세요.

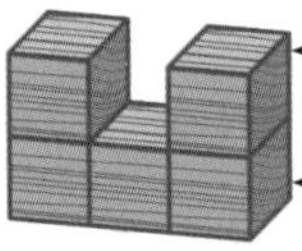

2층에 □개

1층에 □개

사용한 쌓기나무는 모두 □개입니다.

2

이해

〈보기〉와 똑같은 모양으로 쌓으려고 합니다. 어느 부분에 쌓기나무 한 개가 더 있어야 할까요?

.... (   )

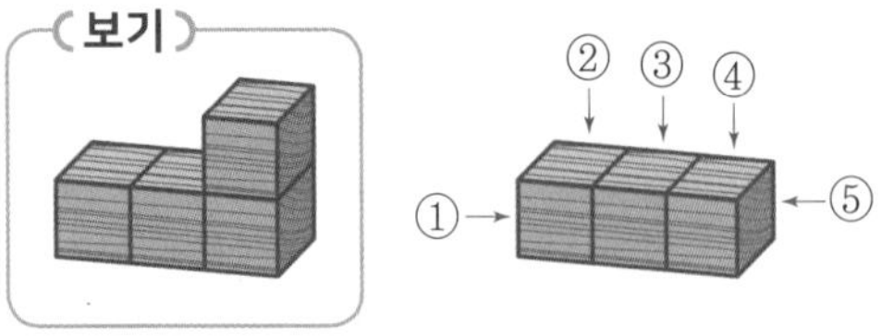

3

22쪽

추론

설명대로 쌓은 모양을 찾아 선으로 이어 보세요.

- 1층에 4개, 2층에 2개가 있습니다. •
- 1층에 3개, 2층에 1개, 3층에 1개가 있습니다. •
- 1층에 3개, 2층에 2개, 3층에 1개가 있습니다. •

• 

• 

• 

4

22쪽

이해

쌓기나무 5개로 쌓은 모양이 아닌 것을 모두 찾아 기호를 쓰세요.

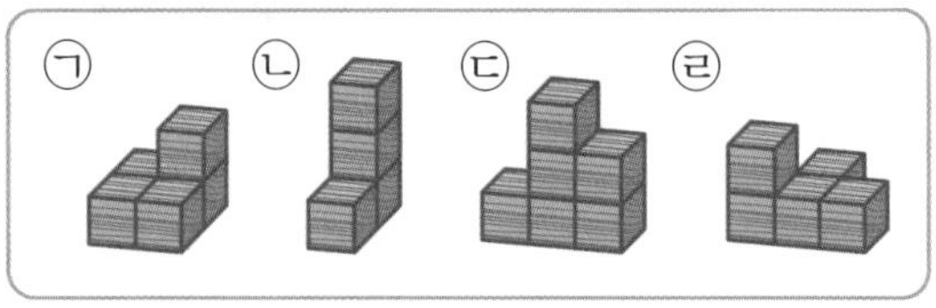

(   )

5

22쪽

추론

민호의 설명과 같이 쌓기나무를 쌓은 친구의 이름을 쓰세요.

민호: 쌓기나무 3개가 옆으로 나란히 있고 맨 왼쪽 쌓기나무 위에 쌓기나무가 1개 있습니다.

(   )

6

22쪽

적용

〈보기〉와 똑같은 모양으로 쌓은 것에 ○표 하세요.

(   ) (   ) (   )

» 정답 · 풀이 12쪽

7 23쪽 추론

사용한 쌓기나무가 많은 모양부터 차례로 기호를 쓰세요.

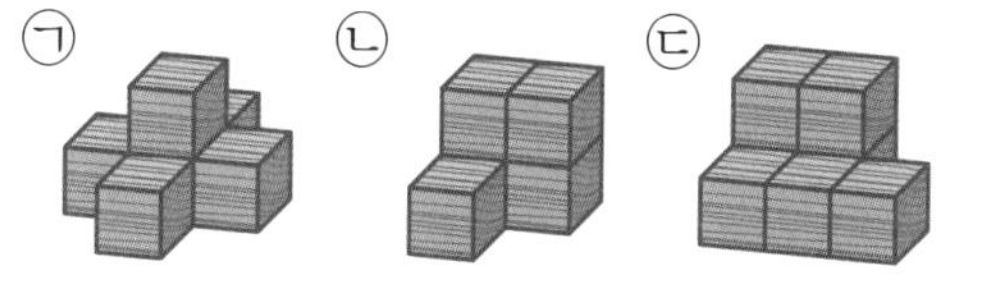

☐—☐—☐

8 23쪽 이해

왼쪽 모양에서 쌓기나무 1개를 옮겨 오른쪽과 똑같은 모양을 만들려고 합니다. 옮겨야 할 쌓기나무를 찾아 기호를 쓰세요.

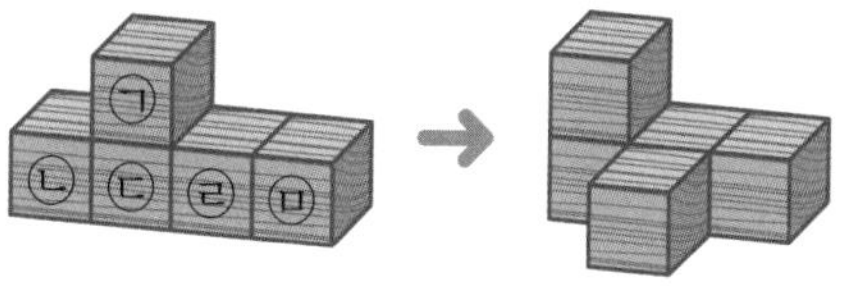

(　　　　　　)

+9 23쪽 수학적 독해력

쌓기나무로 쌓은 모양을 바르게 설명한 사람은 누구일까요?

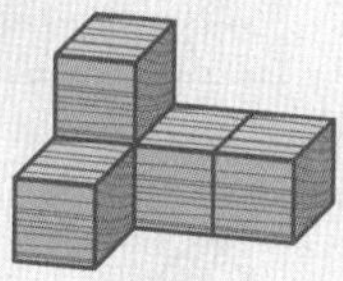

서연: 쌓기나무가 1층에 3개, 2층에 1개가 있으니까 사용한 쌓기나무는 모두 4개야.

한결: 쌓기나무 3개가 옆으로 나란히 있고, 맨 왼쪽 위와 앞에 쌓기나무가 각각 1개씩 있어.

(　　　　　　)

독해 포인트 사용한 쌓기나무의 개수, 놓인 위치나 방향을 바르게 설명했는지 살펴보세요.

+10 23쪽 수학적 표현력

쌓기나무로 쌓은 모양을 설명해 보세요.

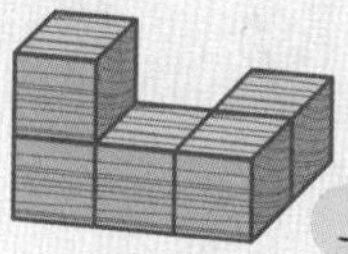

쌓기나무 3개가 옆으로 나란히 있고 맨 왼쪽 쌓기나무 (위 , 아래 , 앞 , 뒤)에 1개, 맨 오른쪽 쌓기나무 (위 , 아래 , 앞 , 뒤)에 1개가 있습니다.

오늘 공부 어땠나요? 10개 중 맞힌 문제 ☐ 개 › **틀린 문제**는 힌트를 보고 다시 도전해 보세요. › **맞힌 문제**는 힌트를 보고 자신의 생각과 비교해 보세요.

01 원에 대하여 옳게 말한 사람은 누구일까요?

( )

02 다음 중 삼각형을 모두 고르세요. ....( )

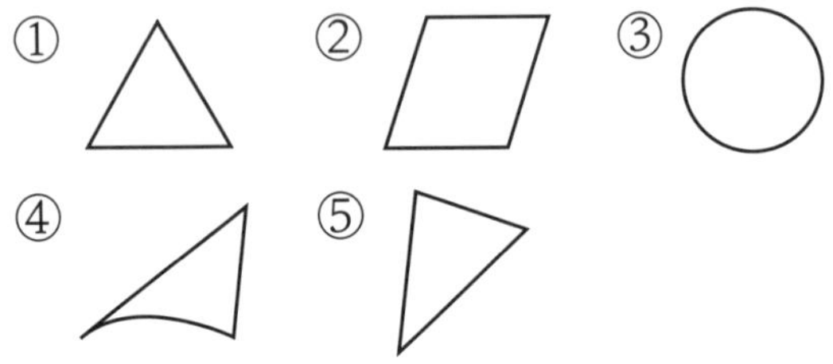

03 사각형 안에 있는 수끼리 더하면 얼마일까요?

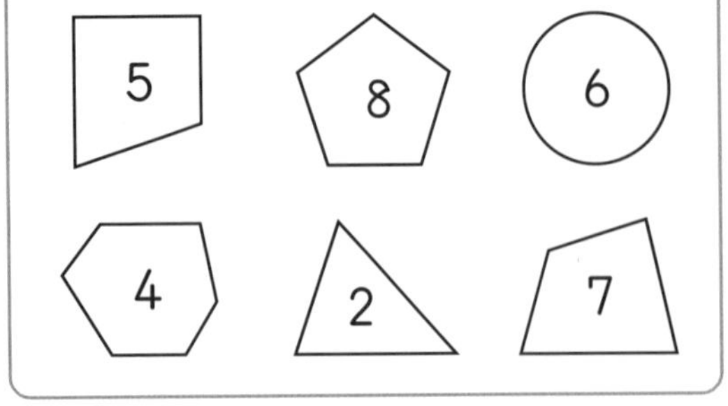

( )

04 색종이를 선을 따라 오리면 사각형은 모두 몇 개가 생길까요?

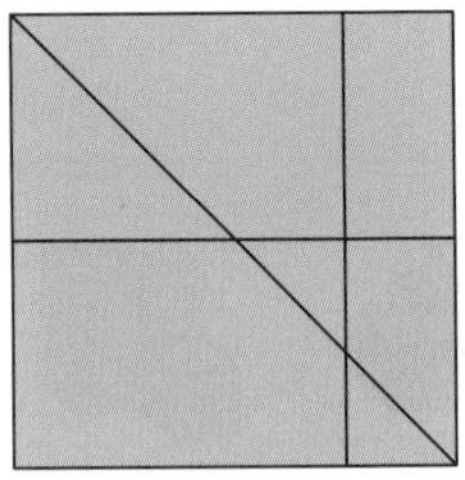

( )

05 칠교판의 세 조각을 모두 이용하여 주어진 도형을 만들어 보세요.

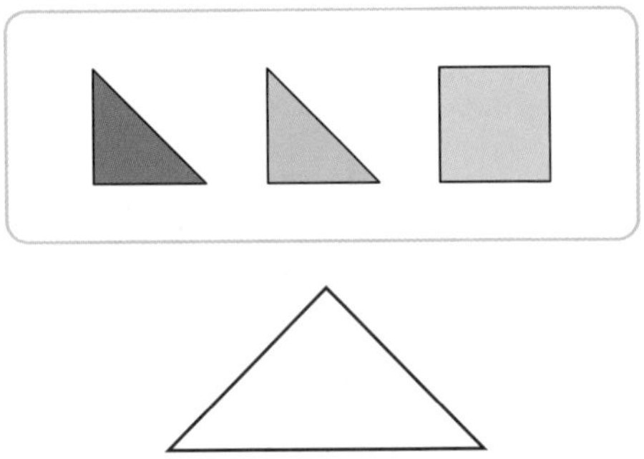

06 육각형을 모두 찾아 기호를 쓰세요.

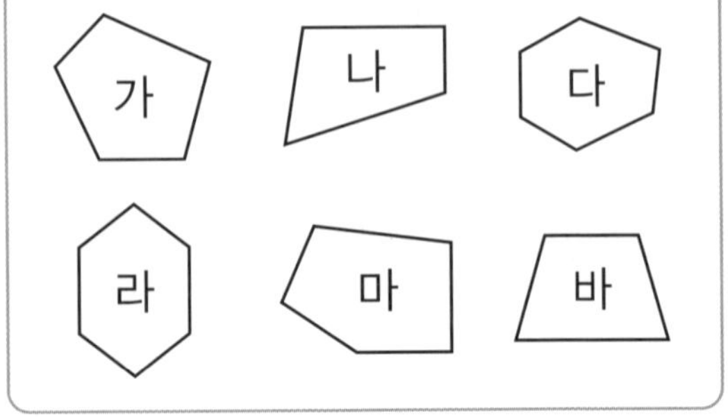

( )

07 변의 수가 가장 많은 도형을 찾아 기호를 쓰세요.

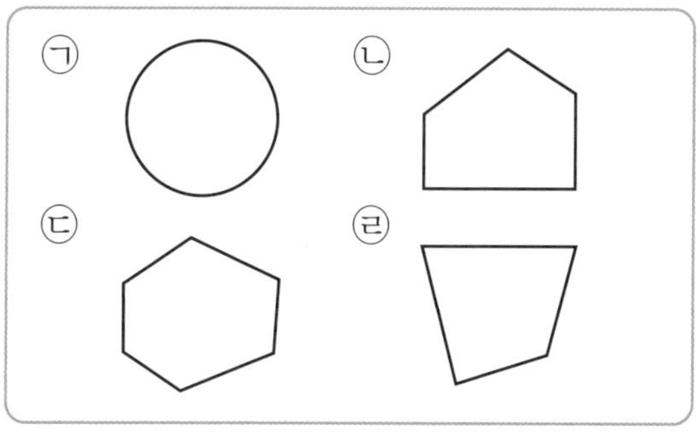

( )

08 다음 중 쌓기나무 5개로 만든 모양을 모두 고르세요. ·······························( )

①

②

③
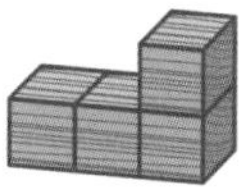

④

⑤
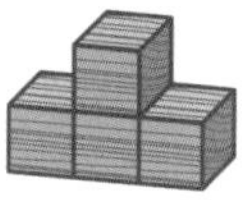

09 다음 설명에 맞는 쌓기나무를 찾아 기호를 쓰세요.

> 쌓기나무 2개가 옆으로 나란히 있고 왼쪽 쌓기나무 위에 1개, 오른쪽 쌓기나무 뒤에 1개가 있습니다.

㉠
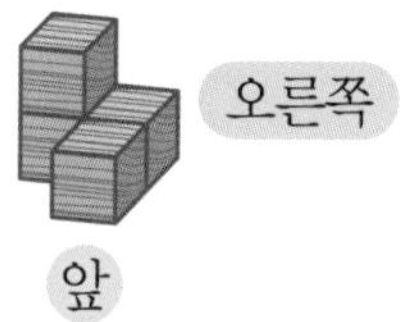

㉡
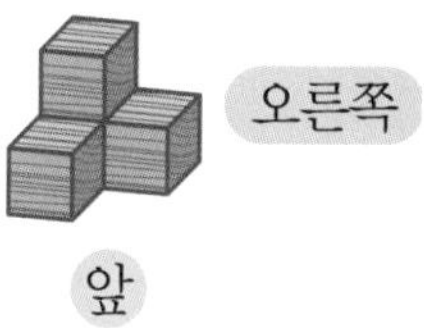

㉢
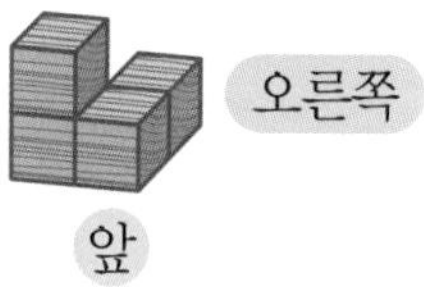

( )

서술형

10 ★과 ▲의 합은 얼마인지 풀이 과정을 쓰고, 답을 구하세요.

> • 삼각형의 꼭짓점은 ★개입니다.
> • 오각형의 변은 ▲개입니다.

[풀이] ______________________

____

____

[답] ______________________

12일 받아올림이 있는 덧셈 (1)

(두 자리 수)+(한 자리 수)

① 받아올림이 있는 (두 자리 수)+(한 자리 수)

일의 자리 수끼리의 합이 10이거나 10보다 크면 십의 자리로 1을 받아올림합니다.

예 16+7의 계산

$$\begin{array}{r} 1\ 6 \\ +\ \ \ 7 \\ \hline \end{array} \rightarrow \begin{array}{r} \scriptstyle{①}\ \ \ \\ 1\ 6 \\ +\ \ \ 7 \\ \hline 3 \end{array} \rightarrow \begin{array}{r} \scriptstyle{1}\ \ \ \\ 1\ 6 \\ +\ \ \ 7 \\ \hline 2\ 3 \end{array}$$

(① → 일의 자리에서 받아올림한 수)

» 자리를 맞추어 세로로 씁니다.

» 일의 자리 계산 6+7=13에서 10은 십의 자리로 받아올림하여 십의 자리 위에 작게 1로 나타내고, 남은 3은 일의 자리에 내려 씁니다.

» 받아올림한 1과 십의 자리 수 1을 더하여 십의 자리에 2를 내려 씁니다.

확인 1 수 모형을 보고 25+6을 계산하려고 합니다. □ 안에 알맞은 수를 써넣으세요.

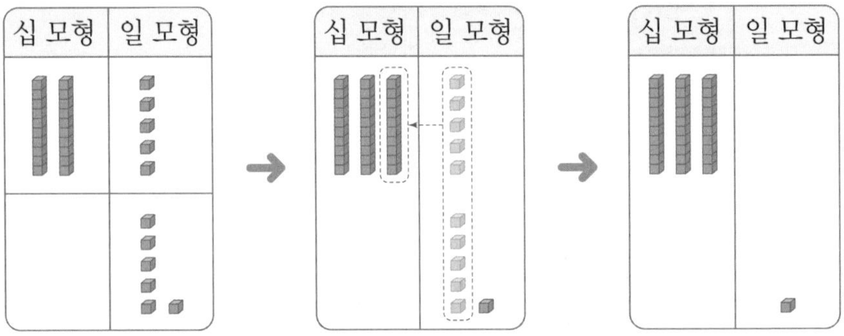

일 모형 10개를 십 모형 1개로 바꿉니다.

$$\begin{array}{r} 2\ 5 \\ +\ \ \ 6 \\ \hline \end{array} \rightarrow \begin{array}{r} \square\ \ \ \\ 2\ 5 \\ +\ \ \ 6 \\ \hline \square \end{array} \rightarrow \begin{array}{r} \square\ \ \ \\ 2\ 5 \\ +\ \ \ 6 \\ \hline \square\ \square \end{array}$$

확인 2 □ 안에 알맞은 수를 써넣으세요.

$$\begin{array}{r} 3\ 6 \\ +\ \ \ 8 \\ \hline \end{array} \rightarrow \begin{array}{r} \square\ \ \ \\ 3\ 6 \\ +\ \ \ 8 \\ \hline \square \end{array} \rightarrow \begin{array}{r} \square\ \ \ \\ 3\ 6 \\ +\ \ \ 8 \\ \hline \square\ \square \end{array}$$

기본기 다지는 교과서 문제

» 정답 · 풀이 14쪽

1 덧셈식에 맞게 ○를 그려 넣고 덧셈을 해 보세요.

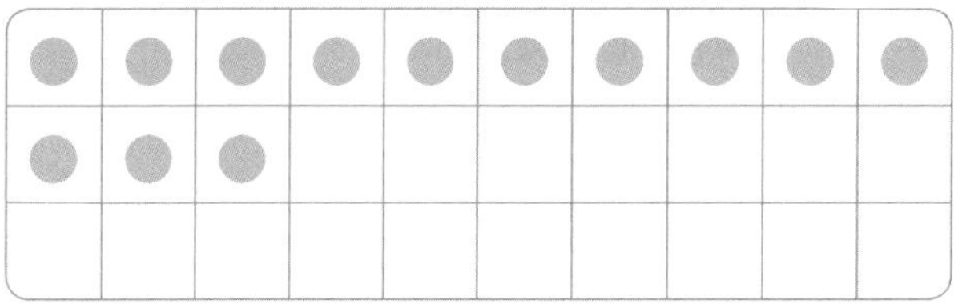

13+8=□

2 그림을 보고 덧셈을 해 보세요.

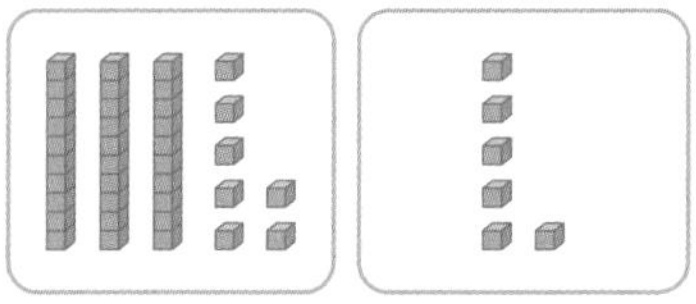

37+6=□

3 □ 안에 알맞은 수를 써넣으세요.

(1)

	□	
	2	3
+		8
	3	□

(2)

	□	
	4	6
+		4
	□	0

4 다음 계산에서 1 이 실제로 나타내는 수는 얼마일까요?

	1	
	3	4
+		8
	4	2

(　　　　　　)

개념 따라쓰기

세로로 계산하기

	2	6
+		9

세로로 계산할 때에는 자리를 맞추어 세로로 씁니다.

일의 자리에서 받아올림하기

	1	
	2	6
+		9
	3	5

→ 일의 자리에서 받아올림한 수

일의 자리 수끼리의 합이 10이거나 10보다 크면 십의 자리로 1을 받아올림합니다.

3단원

1

계산

덧셈을 해 보세요.

(1)
$$\begin{array}{r} 12 \\ +\ \ 9 \\ \hline \end{array}$$

(2)
$$\begin{array}{r} 25 \\ +\ \ 7 \\ \hline \end{array}$$

2 24쪽

계산

덧셈을 해 보세요.

(1) 18+7

(2) 39+4

3 24쪽

문제 해결

두 수의 합을 빈칸에 써넣으세요.

38	6

4 24쪽

적용

계산이 잘못된 것의 기호를 쓰세요.

㉠
$$\begin{array}{r} 28 \\ +\ \ 5 \\ \hline 23 \end{array}$$

㉡
$$\begin{array}{r} 46 \\ +\ \ 7 \\ \hline 53 \end{array}$$

( )

5 24쪽

적용

계산 결과가 더 큰 식을 가지고 있는 사람은 누구일까요?

48+5	45+9
슬기	로운

( )

6

적용

같은 것끼리 선으로 이어 보세요.

39+6 •	• 43+8
55+9 •	• 37+8
46+5 •	• 58+6

3 단원

7 25쪽

문제 해결

나무에 참새가 26마리 있었는데 참새 8마리가 나무로 날아왔습니다. 나무에 있는 참새는 모두 몇 마리일까요?

(식) ____________________

(답) ____________________

8 25쪽

추론

수 카드 중에서 2장씩 골라 합이 46이 되는 식을 만들어 보세요.

8 9 37 38

□ + □ = 46

□ + □ = 46

+9 25쪽

수학적 독해력

화살 두 개를 던져 맞힌 두 수의 합은 가운데 65와 같습니다. 맞힌 두 수에 ○표 하세요.

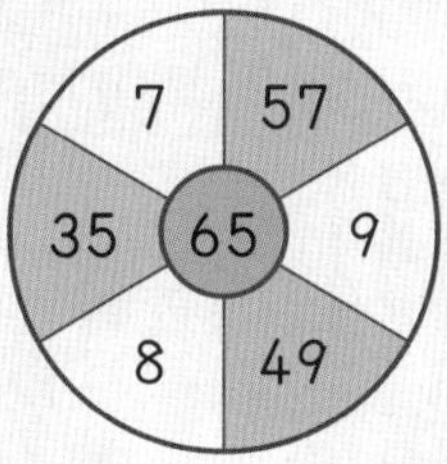

🔍 **독해 포인트** '두 수의 합'이 65이므로 일의 자리 계산에서 받아올림하고 남은 수는 5입니다.

+10 25쪽

수학적 표현력

다음 계산이 잘못된 이유를 쓰고 바르게 고쳐 계산해 보세요.

$$\begin{array}{r} 6\ 8 \\ +\quad 7 \\ \hline 6\ 5 \end{array} \rightarrow \begin{array}{r} 6\ 8 \\ +\quad 7 \\ \hline \square \end{array}$$

(잘못된 이유) □의 자리에서 받아올림한 수를 □의 자리에 더하지 않아 계산이 틀렸습니다.

오늘 공부 어땠나요? 10개 중 맞힌 문제 □ 개 > **틀린 문제**는 힌트를 보고 다시 도전해 보세요. > **맞힌 문제**는 힌트를 보고 자신의 생각과 비교해 보세요.

받아올림이 있는 덧셈 (2)

(두 자리 수)+(두 자리 수)

① 받아올림이 있는 (두 자리 수)+(두 자리 수)

- 받아올림에 주의하여 일의 자리 수끼리, 십의 자리 수끼리 더합니다.
- 일의 자리에서 받아올림한 수는 십의 자리 계산을 할 때 더합니다.

예 26+17의 계산

$$\begin{array}{r} 2\ 6 \\ +\ 1\ 7 \\ \hline \end{array} \rightarrow \begin{array}{r} 1\ \ \\ 2\ 6 \\ +\ 1\ 7 \\ \hline 3 \end{array} \rightarrow \begin{array}{r} 1\ \ \\ 2\ 6 \\ +\ 1\ 7 \\ \hline 4\ 3 \end{array}$$

(→ 일의 자리에서 받아올림한 수)

» 자리를 맞추어 세로로 씁니다.

» 일의 자리 계산 6+7=13에서 10은 십의 자리로 받아올림하여 십의 자리 위에 작게 1로 나타내고, 남은 3은 일의 자리에 내려 씁니다.

» 받아올림한 1과 십의 자리 수 2, 1을 더하여 십의 자리에 4를 내려 씁니다.

확인 1 수 모형을 보고 29+34를 계산하려고 합니다. □ 안에 알맞은 수를 써넣으세요

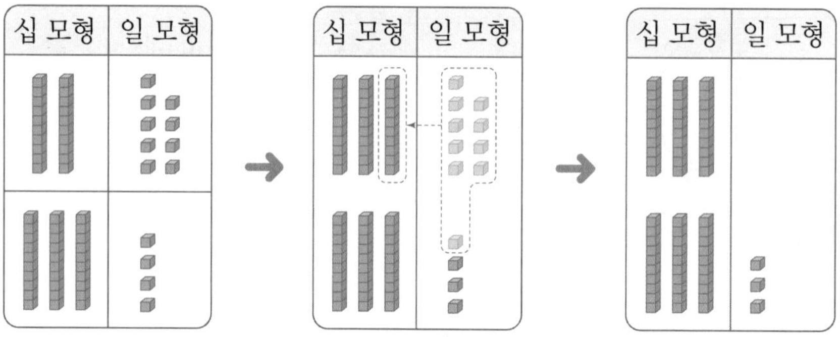

일 모형 10개를 십 모형 1개로 바꿉니다.

$$\begin{array}{r} 2\ 9 \\ +\ 3\ 4 \\ \hline \end{array} \rightarrow \begin{array}{r} \square\ \ \\ 2\ 9 \\ +\ 3\ 4 \\ \hline \square \end{array} \rightarrow \begin{array}{r} \square\ \ \\ 2\ 9 \\ +\ 3\ 4 \\ \hline \square\ \square \end{array}$$

확인 2 □ 안에 알맞은 수를 써넣으세요.

$$\begin{array}{r} 4\ 7 \\ +\ 2\ 8 \\ \hline \end{array} \rightarrow \begin{array}{r} \square\ \ \\ 4\ 7 \\ +\ 2\ 8 \\ \hline \square \end{array} \rightarrow \begin{array}{r} \square\ \ \\ 4\ 7 \\ +\ 2\ 8 \\ \hline \square\ \square \end{array}$$

기본기 다지는 교과서 문제

1 그림을 보고 덧셈을 해 보세요.

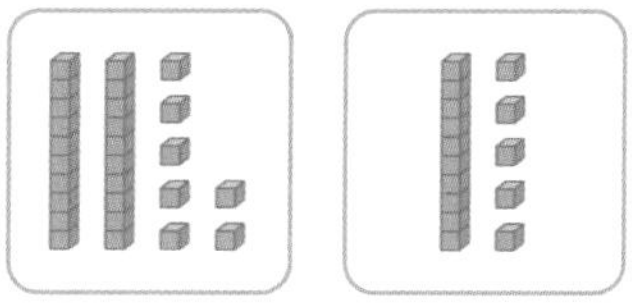

27+15=□

2 □ 안에 알맞은 수를 써넣으세요.

(1)

	□	
	3	3
+	1	8
	5	□

(2)

	□	
	4	8
+	2	2
	□	0

3 덧셈을 해 보세요.

(1)

	1	3
+	3	9

(2)

	4	6
+	2	8

4 다음 계산에서 1이 실제로 나타내는 수는 얼마일까요?

	1	
	2	5
+	1	8
	4	3

(　　　　　　)

개념 따라쓰기

두 자리 수의 덧셈

	1	
	2	6
+	1	9
	4	5

받아올림에 주의하여 일의 자리 수끼리, 십의 자리 수끼리 더합니다.

받아올림이 있는 두 자리 수의 계산

	1		
	2	6	
+	1	9	
	4	5	

→ 일의 자리에서 받아올림한 수

1+2+1

일의 자리에서 받아올림한 수는 십의 자리 계산을 할 때 더합니다.

스스로 풀어내는 도전 10 문제

1

계산

덧셈을 해 보세요.

(1)
$$\begin{array}{r} 3\ 4 \\ +\ 1\ 9 \\ \hline \end{array}$$

(2)
$$\begin{array}{r} 2\ 7 \\ +\ 3\ 7 \\ \hline \end{array}$$

2

26쪽

계산

덧셈을 해 보세요.

(1) 28＋27

(2) 36＋46

3

26쪽

적용

계산 결과를 비교하여 ◯ 안에 >, =, <를 알맞게 써넣으세요.

34＋19 ◯ 38＋13

4

이해

같은 것끼리 선으로 이어 보세요.

18＋23 •	• 54
25＋29 •	• 63
37＋26 •	• 41

5

26쪽

적용

빈칸은 선으로 연결된 두 수의 합입니다. 빈칸에 알맞은 수를 써넣으세요.

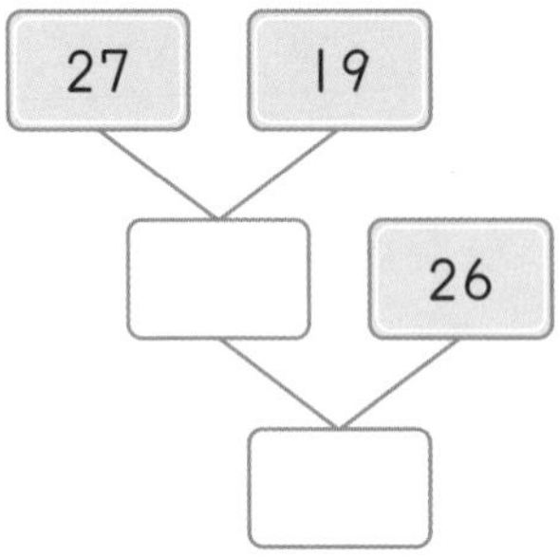

6

26쪽

문제 해결

계산에서 잘못된 곳을 찾아 바르게 고쳐 계산해 보세요.

$$\begin{array}{r} 5\ 6 \\ +\ 2\ 5 \\ \hline 7\ 1 \end{array} \rightarrow \begin{array}{r} 5\ 6 \\ +\ 2\ 5 \\ \hline \end{array}$$

» 정답 · 풀이 15쪽

조금 더 어려운 문제에 도전해 볼까요?

7 27쪽 추론

□ 안에 알맞은 수를 써넣으세요.

$$\begin{array}{r} \square\ 8 \\ +\ 1\ \square \\ \hline 4\ 3 \end{array}$$

8 27쪽 이해

□ 안에 들어갈 수 있는 수를 모두 찾아 ○표 하세요.

26+□>62

34 35 36 37 38

+9 27쪽 수학적 독해력

두 상자에서 수 카드를 각각 한 장씩 뽑아 카드에 적힌 두 수의 합을 구하려고 합니다. 합이 가장 클 때의 덧셈식을 쓰세요.

□+□=□

독해 포인트 '합이 가장 크려면' 더하는 두 수가 각각 큰 수여야 합니다.

+10 27쪽 수학적 표현력

종석이는 18분 동안 달리기를 한 후 잠시 쉬었다가 다시 35분 동안 달리기를 하였습니다. 종석이는 모두 몇 분 동안 달렸는지 말해 보세요.

종석이가 달린 시간은

(처음 달리기를 한 시간)+(다시 달리기를 한 시간)

입니다. □+□=□(분)이므로, 종석이는 모두 □분 동안 달렸습니다.

오늘 공부 어땠나요? 10개 중 맞힌 문제 □개 › 틀린 문제는 힌트를 보고 다시 도전해 보세요. › 맞힌 문제는 힌트를 보고 자신의 생각과 비교해 보세요.

14일 공부한 날 월 일

받아올림이 있는 덧셈 (3)

(두 자리 수)+(두 자리 수)

① 십의 자리에서 받아올림이 있는 (두 자리 수)+(두 자리 수)

십의 자리 수끼리의 합이 10이거나 10보다 크면 백의 자리로 1을 받아올림합니다.

예 53+75의 계산

$$\begin{array}{rrr} & 5 & 3 \\ + & 7 & 5 \\ \hline & & 8 \end{array} \rightarrow \begin{array}{rrr} \textcircled{1} & & \\ & 5 & 3 \\ + & 7 & 5 \\ \hline & 2 & 8 \end{array} \rightarrow \begin{array}{rrr} & 5 & 3 \\ + & 7 & 5 \\ \hline 1 & 2 & 8 \end{array}$$

(십의 자리에서 받아올림한 수)

» 일의 자리 계산 3+5=8을 일의 자리에 내려 씁니다.

» 십의 자리 계산 5+7=12에서 10은 백의 자리로 받아올림하여 백의 자리 위에 작게 1로 나타내고, 남은 2는 십의 자리에 내려 씁니다.

» 받아올림한 1은 백의 자리에 내려 씁니다.

개념+ 받아올림이 2번 있는 덧셈

예 85+67의 계산

$$\begin{array}{rrr} & \textcircled{1} & \\ & 8 & 5 \\ + & 6 & 7 \\ \hline & & 2 \end{array} \rightarrow \begin{array}{rrr} \textcircled{1} & 1 & \\ & 8 & 5 \\ + & 6 & 7 \\ \hline & 5 & 2 \end{array} \rightarrow \begin{array}{rrr} 1 & 1 & \\ & 8 & 5 \\ + & 6 & 7 \\ \hline 1 & 5 & 2 \end{array}$$

(일의 자리에서 받아올림한 수) 5+7=12

(십의 자리에서 받아올림한 수) 1+8+6=15

확인 1 수 모형을 보고 84+32를 계산하려고 합니다. □ 안에 알맞은 수를 써넣으세요.

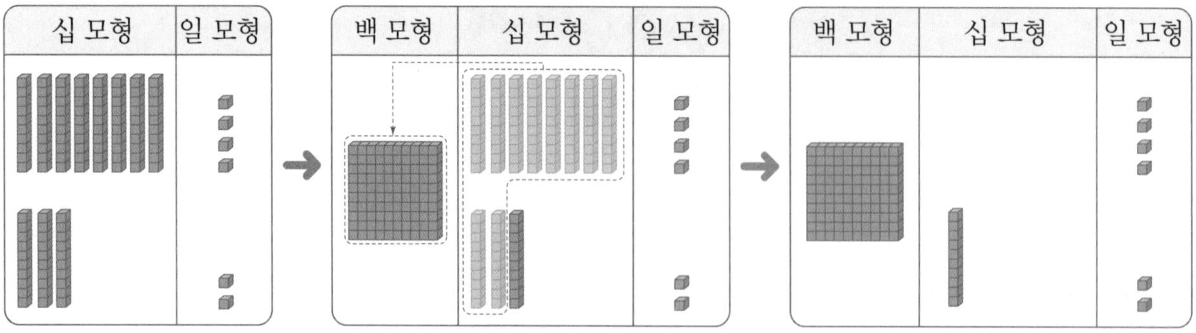

십 모형 10개를 백 모형 1개로 바꿉니다.

$$\begin{array}{rrr} & 8 & 4 \\ + & 3 & 2 \\ \hline & & \square \end{array} \rightarrow \begin{array}{rrr} \square & & \\ & 8 & 4 \\ + & 3 & 2 \\ \hline & \square & \square \end{array} \rightarrow \begin{array}{rrr} \square & & \\ & 8 & 4 \\ + & 3 & 2 \\ \hline \square & \square & \square \end{array}$$

기본기 다지는 교과서 문제

» 정답 · 풀이 16쪽

1 그림을 보고 덧셈을 해 보세요.

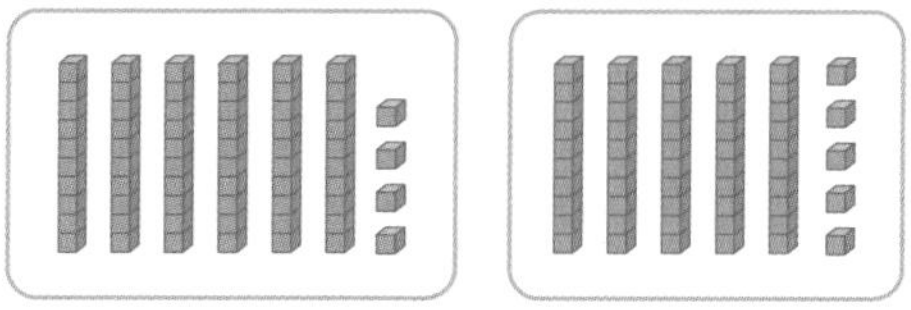

64+55=□

2 덧셈을 해 보세요.

(1)

	□		
		6	4
+		7	3
	□	□	□

(2)

	□		
		7	2
+		3	6
	□	□	□

3 □ 안에 알맞은 수를 써넣으세요.

(1)

	□	□	
		5	4
+		6	7
	□	□	□

(2)

	□	□	
		8	1
+		5	9
	□	□	□

4 다음 계산에서 [1]과 [1]이 실제로 나타내는 수는 얼마일까요?

	[1]	[1]	
		6	8
+		7	5
	1	4	3

[1] → (   )

[1] → (   )

개념 따라쓰기

십의 자리에서 받아올림이 있는 덧셈

[1] → 십의 자리에서 받아올림한 수

	[1]		
		5	4
+		6	3
	1	1	7

십의 자리 수끼리의 합이 10이거나 10보다 크면 백의 자리로 1을 받아올림합니다.

받아올림한 1이 나타내는 값

[1] → 100을 나타냄
[1] → 10을 나타냄

	[1]	[1]	
		5	7
+		6	5
	1	2	2

일의 자리에서 받아올림한 1은 10을 나타내고, 십의 자리에서 받아올림한 1은 100을 나타냅니다.

3 단원

1

계산

덧셈을 해 보세요.

(1)
$$\begin{array}{r} 72 \\ +\ 45 \\ \hline \end{array}$$

(2)
$$\begin{array}{r} 85 \\ +\ 38 \\ \hline \end{array}$$

2

계산

덧셈을 해 보세요.

(1) 62+43

(2) 49+94

3

28쪽

적용

빈칸에 알맞은 수를 써넣으세요.

(+ →)

52	65	
34	88	

4

28쪽

이해

□ 안에 알맞은 수를 써넣으세요.

(1) 67+63=30+□

(2) 25+91=16+□

5

28쪽

적용

두 수의 합은 얼마일까요?

- 10이 6개, 1이 8개인 수
- 10이 7개, 1이 6개인 수

( )

6

28쪽

적용

서준이네 집에는 그림책이 52권, 동화책이 64권 있습니다. 서준이네 집에 있는 그림책과 동화책은 모두 몇 권일까요?

( )

» 정답 · 풀이 16쪽

조금 더 **어려운 문제**에 도전해 볼까요?

7 29쪽 추론

□ 안에 알맞은 수를 써넣으세요.

```
    □ 8
 +  5 6
 -------
 1  3 □
```

8 29쪽 추론

수 카드 7, 5, 9 중에서 2장을 골라 주어진 계산 결과가 나오도록 완성해 보세요.

```
    8 □
 +  □ 6
 -------
 1  4 5
```

+9 29쪽 수학적 독해력

수 카드 중에서 2장을 골라 두 자리 수를 만들어 46과 더하려고 합니다. 계산 결과가 가장 큰 수가 되는 덧셈식을 쓰고 계산해 보세요.

5 3 7

□+46=□

독해 포인트 '계산 결과가 가장 큰 수'가 되려면 가장 큰 두 자리 수를 만들어 더해야 합니다.

+10 29쪽 수학적 표현력

빈칸은 선으로 연결된 두 수의 합입니다. ㉠에 알맞은 수를 말해 보세요.

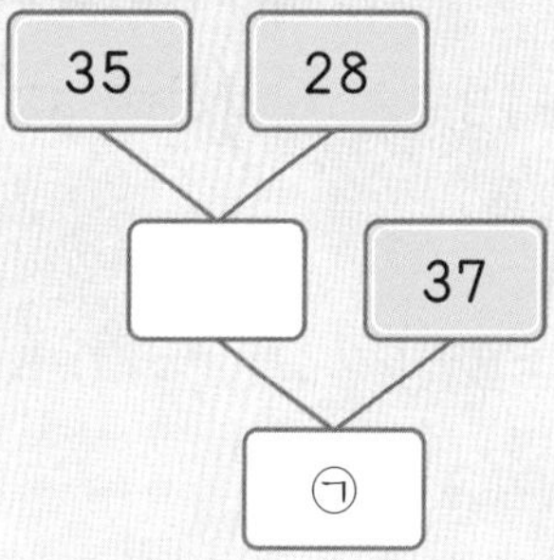

35+28=□이고 □+37=□

입니다. 따라서 ㉠에 알맞은 수는 □입니다.

오늘 공부 어땠나요? 10개 중 맞힌 문제 □개 > **틀린 문제**는 힌트를 보고 다시 도전해 보세요. > **맞힌 문제**는 힌트를 보고 자신의 생각과 비교해 보세요.

15일 여러 가지 방법으로 덧셈하기

① 37+16을 여러 가지 방법으로 계산하기

방법 1 16을 10+6으로 생각하여 37에 10을 먼저 더하고 6을 더합니다.

(10+6)

37+16=37+10+6=47+6=53

ⓘ 더하는 두 수 중 한 수를 (몇십)+(몇)으로 나타내어 계산할 수 있습니다.

방법 2 37을 40−3으로 생각하여 40에 16을 먼저 더하고 3을 뺍니다.

(40−3)

37+16=40+16−3=56−3=53

ⓘ 더하는 두 수 중 한 수를 (몇십)−(몇)으로 나타내어 계산할 수 있습니다.

방법 3 십의 자리 수끼리 더하고, 일의 자리 수끼리 더합니다.

(30+7) (10+6)

37 + 16=30+10+7+6=40+13=53

개념+ 37+16을 다른 방법으로도 계산할 수 있습니다.

16을 3+13으로 생각하여 37에 3을 먼저 더하고 13을 더합니다.

(3+13)

37+16=37+3+13=40+13=53

확인 1 25+38을 서로 다른 방법으로 계산하였습니다. □ 안에 알맞은 수를 써넣으세요.

(1) 38을 30+8로 생각하여 25에 30을 먼저 더하고 8을 더합니다.

25+38=25+□+8=□+8=□

(2) 25를 30−5로 생각하여 38에 30을 먼저 더하고 5를 뺍니다.

25+38=30+38−□=68−□=□

(3) 십의 자리 수끼리 더하고, 일의 자리 수끼리 더합니다.

25+38=20+30+5+□=50+□=□

기본기 다지는 교과서 문제

» 정답 · 풀이 17쪽

1 17+29를 여러 가지 방법으로 구해 보세요.

(1) 29를 20+9로 생각하여 계산하기

17+29=17+□+9

=□+9

=□

(2) 29를 30−1로 생각하여 계산하기

17+29=17+□−1

=□−1

=□

(3) 같은 자리 수끼리 더하여 계산하기

17+29=10+20+□+9

=30+□

=□

(4) 29를 3+26으로 생각하여 계산하기

17+29=17+3+□

=20+□

=□

개념 따라쓰기

여러 가지 방법으로 덧셈하기 ①

(30+7)
37+16=30+16+7

(10+6)
37+16=37+10+6

더하는 두 수 중 한 수를 (몇십)+(몇)으로 나타내어 계산할 수 있습니다.

여러 가지 방법으로 덧셈하기 ②

(40−3)
37+16=40+16−3

(20−4)
37+16=37+20−4

더하는 두 수 중 한 수를 (몇십)−(몇)으로 나타내어 계산할 수 있습니다.

[1~2] 26＋35를 여러 가지 방법으로 계산하려고 합니다. □ 안에 알맞은 수를 써넣으세요.

1 계산

26＋35＝26＋□＋5

＝□＋5＝□

2 계산

26＋35＝30＋35－□

＝□－□＝□

3 30쪽 이해

〈보기〉와 같은 방법으로 계산하세요.

〈보기〉
16＋29＝10＋20＋6＋9
＝30＋15＝45

35＋19＝30＋□＋5＋9

＝40＋□＝□

4 30쪽 이해

34＋28을 〈보기〉와 같은 방법으로 계산하세요.

〈보기〉
28을 20＋8로 생각하여 계산합니다.

34＋28＝34＋□＋8

＝□＋8＝□

5 30쪽 적용

석희가 설명한 방법으로 57＋26을 계산해 보세요.

석희

57＋26

6 30쪽 적용

37＋49를 여러 가지 방법으로 계산하는 과정입니다. 잘못된 것의 기호를 쓰세요.

㉠ 37＋49＝37＋40＋9＝77＋9
㉡ 37＋49＝30＋7＋49＝79＋7
㉢ 37＋49＝37＋50＋1＝87＋1

(　　　　　　)

» 정답 · 풀이 17쪽

7 31쪽

의사 소통

47＋18을 서로 다른 두 가지 방법으로 계산하세요.

방법 1 47을 40＋7로 생각하여 계산하기

47＋18

방법 2 18을 20－2로 생각하여 계산하기

47＋18

8 31쪽

추론

24＋39를 다음과 같이 계산하였습니다. ■, ▲, ★에 알맞은 수를 각각 쓰세요.

24＋39＝24＋9＋■
＝▲＋■
＝★

■ (　　　), ▲ (　　　), ★ (　　　)

+9 31쪽

수학적 독해력

나래와 민서는 17＋29를 서로 다른 방법으로 구하였습니다. 잘못 계산한 사람은 누구일까요?

나래: 17에 30을 먼저 더한 다음 1을 뺐어.
민서: 17에 3을 더한 수에 29를 더했어.

(　　　　　)

독해 포인트 더하는 두 수 중 한 수를 (몇십)＋(몇) 또는 (몇십)－(몇)으로 잘 나타냈는지 살펴보세요.

+10 31쪽

수학적 표현력

영민이가 38＋24를 잘못 계산하였습니다. 계산이 잘못된 이유를 설명하고 바르게 고쳐 보세요.

영민

38＋24＝40＋24＋2
＝64＋2＝66

[잘못된 이유] 38을 40－2로 생각하여 계산했으므로 40＋24－☐가 되어야 합니다.

[바르게 고치기]

38＋24＝40＋24－☐
＝64－☐＝☐

오늘 공부 어땠나요? 10개 중 맞힌 문제 ☐ 개 〉 **틀린 문제**는 힌트를 보고 다시 도전해 보세요. 〉 **맞힌 문제**는 힌트를 보고 자신의 생각과 비교해 보세요.

16일

받아내림이 있는 뺄셈 (1)

(두 자리 수)−(한 자리 수)

① 받아내림이 있는 (두 자리 수)−(한 자리 수)

일의 자리 수끼리 뺄 수 없으면 십의 자리에서 10을 받아내림합니다.

예 25−7의 계산

받아내림하고 남은 수 / 받아내림한 수

$$\begin{array}{r} 2\ 5 \\ -\ \ \ 7 \\ \hline \end{array} \rightarrow \begin{array}{r} ①\ ⑩ \\ \not{2}\ 5 \\ -\ \ \ 7 \\ \hline \end{array} \rightarrow \begin{array}{r} 1\ 10 \\ \not{2}\ 5 \\ -\ \ \ 7 \\ \hline 8 \end{array} \rightarrow \begin{array}{r} 1\ 10 \\ \not{2}\ 5 \\ -\ \ \ 7 \\ \hline 1\ 8 \end{array}$$

» 자리를 맞추어 세로로 씁니다.

» 5−7을 할 수 없으므로 십의 자리 수 2를 지우고 위에 1을 작게 쓴 다음 일의 자리 위에 10을 작게 씁니다.

» 15에서 7을 뺀 값인 8을 일의 자리에 내려 씁니다.

» 십의 자리에 남아 있는 1을 십의 자리에 내려 씁니다.

확인 1 수 모형을 보고 27−9를 계산하려고 합니다. □ 안에 알맞은 수를 써넣으세요.

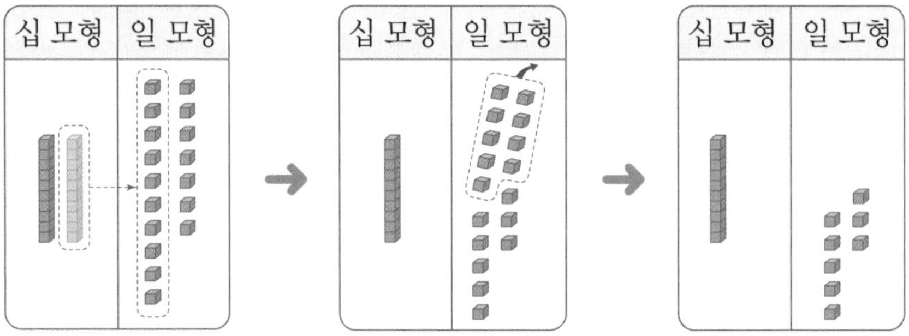

십 모형 1개를 일 모형 10개로 바꿉니다.

$$\begin{array}{r} \square\ \square \\ \not{2}\ 7 \\ -\ \ \ 9 \\ \hline \end{array} \rightarrow \begin{array}{r} \square\ \square \\ \not{2}\ 7 \\ -\ \ \ 9 \\ \hline \square \end{array} \rightarrow \begin{array}{r} \square\ \square \\ \not{2}\ 7 \\ -\ \ \ 9 \\ \hline \square\ \square \end{array}$$

확인 2 □ 안에 알맞은 수를 써넣으세요.

$$\begin{array}{r} \square\ \square \\ \not{3}\ 6 \\ -\ \ \ 8 \\ \hline \end{array} \rightarrow \begin{array}{r} \square\ \square \\ \not{3}\ 6 \\ -\ \ \ 8 \\ \hline \square \end{array} \rightarrow \begin{array}{r} \square\ \square \\ \not{3}\ 6 \\ -\ \ \ 8 \\ \hline \square\ \square \end{array}$$

기본기 다지는 교과서 문제

» 정답 · 풀이 18쪽

1 그림을 보고 뺄셈을 해 보세요.

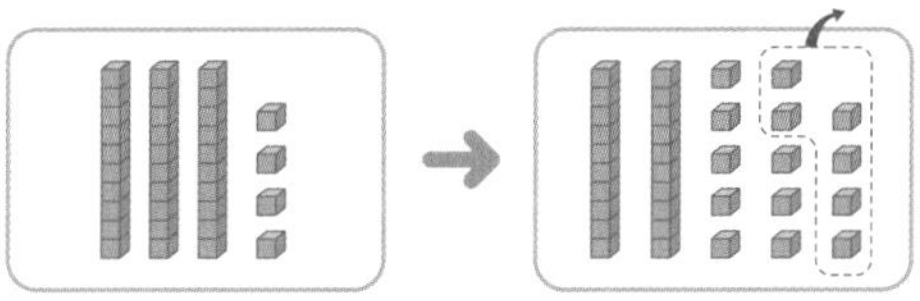

34－6＝□

2 □ 안에 알맞은 수를 써넣으세요.

(1)

	3	□
	~~4~~	2
－		5
	□	□

(2)

	□	□
	~~5~~	5
－		9
	□	□

3 〈보기〉를 보고 □ 안에 알맞은 수를 써넣으세요.

〈보기〉

	2	10
	~~3~~	4
－		8
	㉡	㉠

㉠＝□＋4－□

㉡＝□

개념 따라쓰기

세로로 계산하기

	2	6
－		9

세로로 계산할 때에는 자리를 맞추어 세로로 씁니다.

십의 자리에서 받아내림하기

받아내림하고 남은 수 → 1, 받아내림한 수 → 10

	1	10
	~~2~~	6
－		9
	1	7

7: 10＋6－9

일의 자리 수끼리 뺄 수 없으면 십의 자리에서 10을 받아내림합니다.

3 단원

스스로 풀어내는 도전 10 문제

막힐 땐 힌트북

1

계산

뺄셈을 해 보세요.

(1) $\begin{array}{r} 21 \\ -\ \ 7 \\ \hline \end{array}$

(2) $\begin{array}{r} 35 \\ -\ \ 6 \\ \hline \end{array}$

2

계산

뺄셈을 해 보세요.

(1) $52-5$

(2) $34-9$

3

32쪽

문제 해결

계산이 <u>잘못된</u> 것의 기호를 쓰세요.

㉠ $\begin{array}{r} 23 \\ -\ \ 5 \\ \hline 18 \end{array}$

㉡ $\begin{array}{r} 46 \\ -\ \ 7 \\ \hline 49 \end{array}$

(　　　　　　)

4

32쪽

이해

빈칸에 알맞은 수를 써넣으세요.

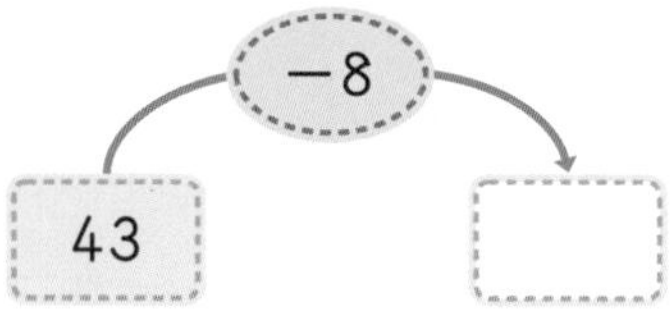

5

32쪽

적용

계산 결과를 비교하여 ◯ 안에 >, =, <를 알맞게 써넣으세요.

(1) $23-6$ ◯ $23-8$

(2) $34-7$ ◯ $36-7$

6

32쪽

적용

주차장에 자동차가 24대 있었는데 6대가 빠져나갔습니다. 주차장에 있는 자동차는 모두 몇 대일까요?

식 ____________________

답 ____________________

7 (33쪽)

의사 소통

사다리 타기를 하였습니다. 빈 곳에 알맞은 수를 써넣으세요.

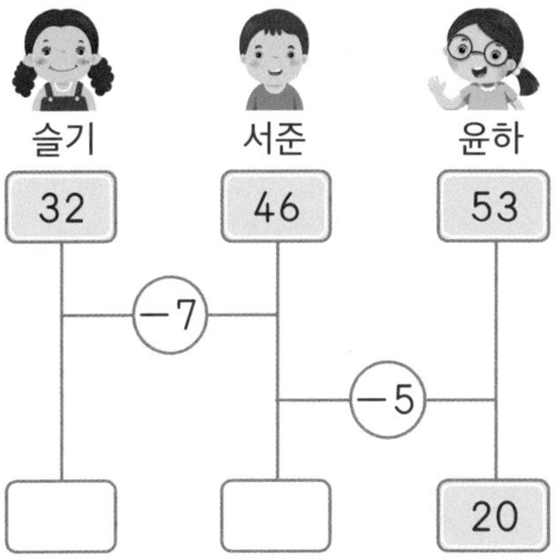

8 (33쪽)

추론

수 카드 중에서 2장씩 골라 차가 27이 되는 식을 만들어 보세요.

5 8 32 35

$\square - \square = 27$

$\square - \square = 27$

+9 (33쪽)

수학적 독해력

화살 두 개를 던져 맞힌 두 수의 차는 가운데 38과 같습니다. 맞힌 두 수에 ○표 하세요.

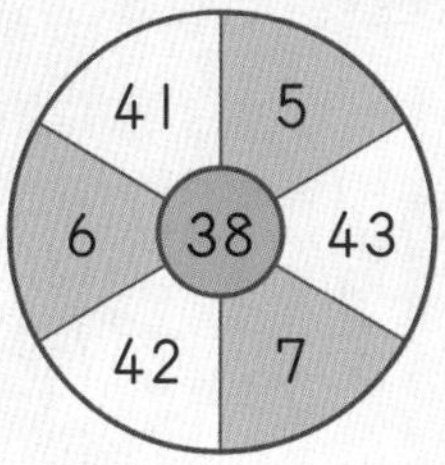

독해 포인트 받아내림을 생각하여 '두 수의 차가 38'인 경우를 찾으세요.

+10 (33쪽)

수학적 표현력

63−4를 잘못 계산하였습니다. 계산이 잘못된 이유를 쓰고 바르게 고쳐 계산해 보세요.

$$\begin{array}{r} 6\ 3 \\ -\ \ \ 4 \\ \hline 2\ 3 \end{array} \rightarrow \square$$

[잘못된 이유] 같은 자리 수끼리 □를 맞추어 계산하지 않았습니다.

오늘 공부 어땠나요? 10개 중 맞힌 문제 □개 › **틀린 문제**는 힌트를 보고 다시 도전해 보세요. › **맞힌 문제**는 힌트를 보고 자신의 생각과 비교해 보세요.

17일

받아내림이 있는 뺄셈 (2)

(몇십)−(몇십몇)

① 받아내림이 있는 (몇십)−(몇십몇)

• 일의 자리 수 0에서 몇을 뺄 수 없으므로 십의 자리에서 10을 받아내림합니다.

• 십의 자리 계산에서는 일의 자리로 받아내림한 1을 뺀 후 계산합니다.

예 30−17의 계산 (받아내림하고 남은 수: ②, 받아내림한 수: ⑩)

	3	0
−	1	7

→

	②	⑩
	~~3~~	0
−	1	7

→

	2	10
	~~3~~	0
−	1	7
		3

→

	2	10
	~~3~~	0
−	1	7
	1	3

» 자리를 맞추어 세로로 씁니다.

» 0−7을 할 수 없으므로 십의 자리 수 3을 지우고 위에 2를 작게 쓴 다음 일의 자리 위에 10을 작게 씁니다.

» 10에서 7을 뺀 값인 3을 일의 자리에 내려 씁니다.

» 십의 자리에 남아 있는 2에서 1을 뺀 값인 1을 십의 자리에 내려 씁니다.

확인 1 수 모형을 보고 40−14를 계산하려고 합니다. □ 안에 알맞은 수를 써넣으세요.

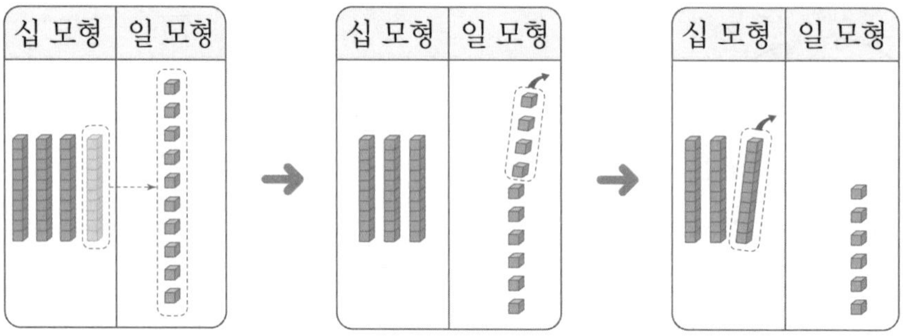

십 모형 1개를 일 모형 10개로 바꿉니다.

	□	□
	~~4~~	0
−	1	4

→

	□	□
	~~4~~	0
−	1	4
		□

→

	□	□
	~~4~~	0
−	1	4
	□	□

확인 2 □ 안에 알맞은 수를 써넣으세요.

	□	□
	~~5~~	0
−	2	8

→

	□	□
	~~5~~	0
−	2	8
		□

→

	□	□
	~~5~~	0
−	2	8
	□	□

기본기 다지는 교과서 문제

» 정답 · 풀이 19쪽

1 그림을 보고 뺄셈을 해 보세요.

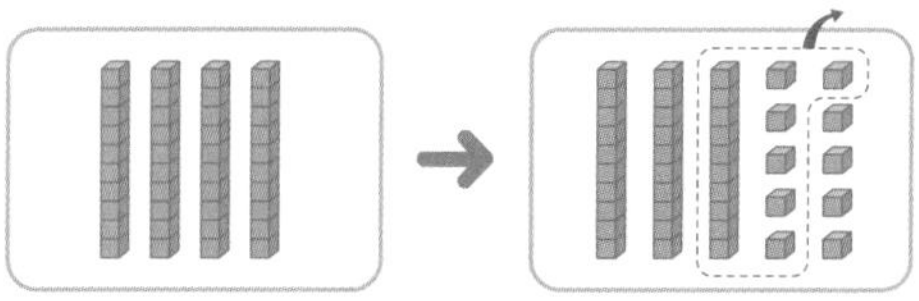

$40-16=\square$

2 □ 안에 알맞은 수를 써넣으세요.

(1)

	□	□
	~~3~~	0
−	1	3
	1	□

(2)

	□	□
	~~4~~	0
−	1	5
	□	5

3 뺄셈을 해 보세요.

(1)

$$\begin{array}{r} 50 \\ -\ 27 \\ \hline \end{array}$$

(2)

$$\begin{array}{r} 70 \\ -\ 39 \\ \hline \end{array}$$

4 〈보기〉를 보고 □ 안에 알맞은 수를 써넣으세요.

〈보기〉

	6	10
	~~7~~	0
−	2	8
	㉡	㉠

㉠=□−□

㉡=□−□

개념 따라쓰기

받아내림이 있는 (몇십)−(몇십몇)

→ 받아내림한 수

	2	10
	~~3~~	0
−	1	7

일의 자리 수 0에서 몇을 뺄 수 없으므로 십의 자리에서 10을 받아내림합니다.

(몇십)−(몇십몇)에서 십의 자리의 계산

받아내림하고 남은 수 ←

	2	10
	~~3~~	0
−	1	7
	1	3

십의 자리 계산에서는 일의 자리로 받아내림한 1을 뺀 후 계산합니다.

1

계산

뺄셈을 해 보세요.

(1)
```
   6 0
 − 1 4
```

(2)
```
   8 0
 − 3 7
```

4 34쪽

이해

다음 계산에서 ㉠에 알맞은 숫자는 실제로 얼마를 나타내는지 쓰세요.

```
     ㉠  10
     6̸   0
 −   1   4
 ---------
     □   □
```

(   )

2

계산

뺄셈을 해 보세요.

(1) 40 − 27

(2) 50 − 16

5 34쪽

적용

다음은 슬기와 로운이의 계산 결과입니다. 잘못 계산한 사람은 누구일까요?

40 − 18 = 32

슬기

50 − 27 = 23

로운

(   )

3 34쪽

적용

□ 안에 알맞은 수를 써넣으세요.

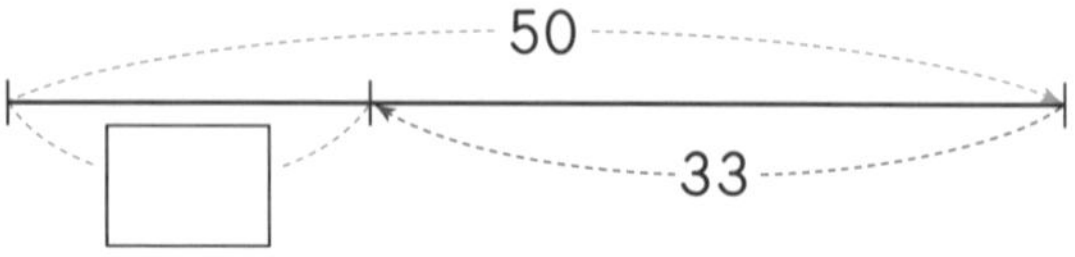

6 34쪽

적용

같은 것끼리 선으로 이어 보세요.

70 − 13 •	• 70 − 31
50 − 19 •	• 80 − 23
60 − 21 •	• 70 − 39

» 정답 · 풀이 19쪽

조금 더 **어려운 문제**에 도전해 볼까요?

7 35쪽 추론

□ 안에 들어갈 수 있는 수를 모두 찾아 ○표 하세요.

70－□＜34

33 34 35 36 37 38

8 35쪽 추론

□ 안에 알맞은 수를 써넣으세요.

$$\begin{array}{r} \square\ 0 \\ -\ 2\ 9 \\ \hline 4\ 1 \end{array}$$

+9 35쪽 수학적 독해력

다음의 뺄셈식에서 ★는 같은 수를 나타냅니다. □ 안에 알맞은 수를 써넣으세요.

$$\begin{array}{r} ★\ 0 \\ -\ \square\ 2 \\ \hline 3\ ★ \end{array}$$

독해 포인트 일의 자리에서 2를 뺄 수 없으므로 십의 자리에서 10을 받아내림하여 계산합니다.

+10 35쪽 수학적 표현력

쿠키가 40개가 있었습니다. 이 중에서 26개를 친구들에게 나누어 주었습니다. 남은 쿠키는 몇 개인지 말해 보세요.

남은 쿠키의 개수는

(처음에 있던 쿠키의 개수) — (나누어 준 쿠키의 개수)

입니다. □－□＝□이므로,

남은 쿠키는 □개입니다.

오늘 공부 어땠나요? 10개 중 맞힌 문제 □개 > **틀린 문제**는 힌트를 보고 다시 도전해 보세요. > **맞힌 문제**는 힌트를 보고 자신의 생각과 비교해 보세요.

18 일

받아내림이 있는 뺄셈 (3)

(두 자리 수)−(두 자리 수)

① 받아내림이 있는 (두 자리 수)−(두 자리 수)

- 일의 자리 수끼리 뺄 수 없으면 십의 자리에서 10을 받아내림합니다.
- 십의 자리에서 받아내림하면 십의 자리 수는 1 작아지고, 일의 자리 수는 10 커집니다.

예 52−27의 계산

	5	2
−	2	7

→

	4	10
	~~5~~	2
−	2	7

→

	4	10
	~~5~~	2
−	2	7
		5

→

	4	10
	~~5~~	2
−	2	7
	2	5

» 자리를 맞추어 세로로 씁니다.

» 2−7을 할 수 없으므로 십의 자리 수 5를 지우고 위에 4를 작게 쓴 다음 일의 자리 위에 10을 작게 씁니다.

» 12에서 7을 뺀 값인 5를 일의 자리에 내려 씁니다.

» 십의 자리에 남아 있는 4에서 2를 뺀 값인 2를 십의 자리에 내려 씁니다.

확인 1 수 모형을 보고 54−16을 계산하려고 합니다. □ 안에 알맞은 수를 써넣으세요.

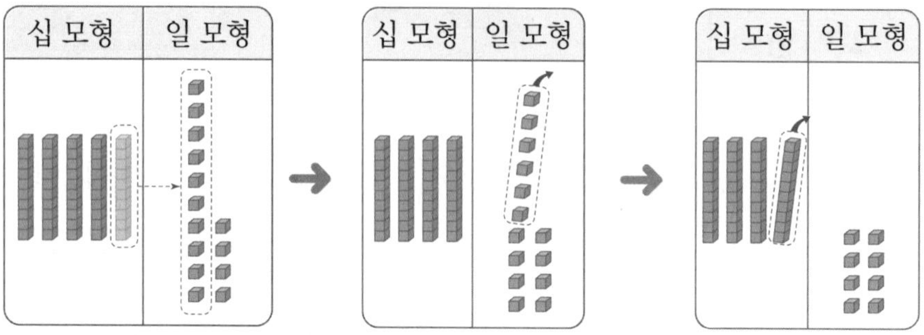

십 모형 1개를 일 모형 10개로 바꿉니다.

	□	□
	~~5~~	4
−	1	6

→

	□	□
	~~5~~	4
−	1	6
		□

→

	□	□
	~~5~~	4
−	1	6
	□	□

확인 2 □ 안에 알맞은 수를 써넣으세요.

	□	□
	~~7~~	2
−	2	8

→

	□	□
	~~7~~	2
−	2	8
		□

→

	□	□
	~~7~~	2
−	2	8
	□	□

» 정답 · 풀이 20쪽

1 그림을 보고 뺄셈을 해 보세요.

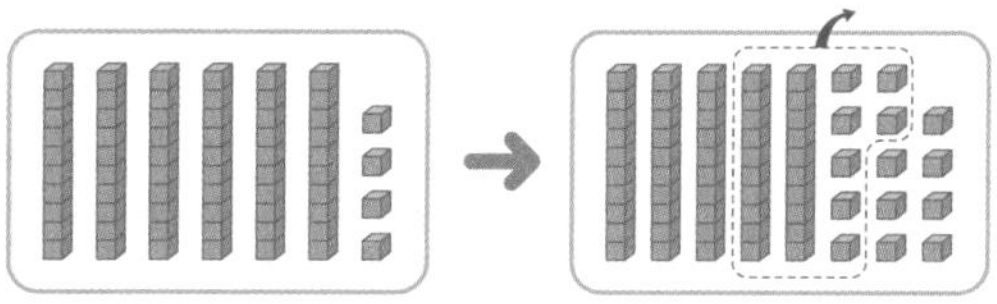

64－27＝□

2 □ 안에 알맞은 수를 써넣으세요.

(1)

	□	□
	~~8~~	3
－	2	4
	□	□

(2)

	□	□
	~~9~~	1
－	5	8
	□	□

3 뺄셈을 해 보세요.

(1)

	6	2
－	1	9

(2)

	8	3
－	4	7

4 〈보기〉를 보고 □ 안에 알맞은 수를 써넣으세요.

〈보기〉

	6	10
	~~7~~	3
－	4	6
	㉡	㉠

㉠＝□－□

㉡＝□－□

개념 따라쓰기

십의 자리에서 받아내림이 있는 뺄셈 ①

받아내림한 수

	4	10
	~~5~~	2
－	2	7

일의 자리 수끼리 뺄 수 없으면 십의 자리에서 10을 받아내림합니다.

십의 자리에서 받아내림이 있는 뺄셈 ②

1 작아짐 / 10 커짐

	4	10
	~~5~~	2
－	2	7
	2	5

십의 자리에서 받아내림하면 십의 자리 수는 1 작아지고, 일의 자리 수는 10 커집니다.

스스로 풀어내는 도전 10 문제

막힐 때 힌트북

1

계산

뺄셈을 해 보세요.

(1) $\begin{array}{r} 74 \\ -\ 45 \\ \hline \end{array}$

(2) $\begin{array}{r} 85 \\ -\ 47 \\ \hline \end{array}$

4

36쪽

이해

□ 안의 숫자 7이 실제로 얼마를 나타내는지 쓰세요.

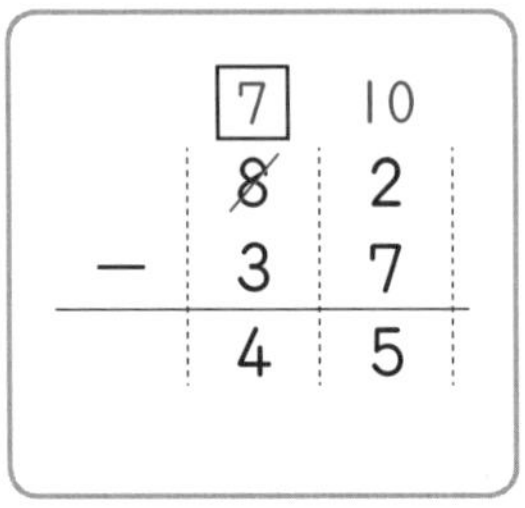

(　　　　　　　　)

2

계산

뺄셈을 해 보세요.

(1) 63−46

(2) 72−39

5

36쪽

적용

두 수의 차는 얼마일까요?

- 10이 6개, 1이 2개인 수
- 10이 3개, 1이 5개인 수

(　　　　　　　　)

3

36쪽

문제 해결

빈칸에 알맞은 수를 써넣으세요.

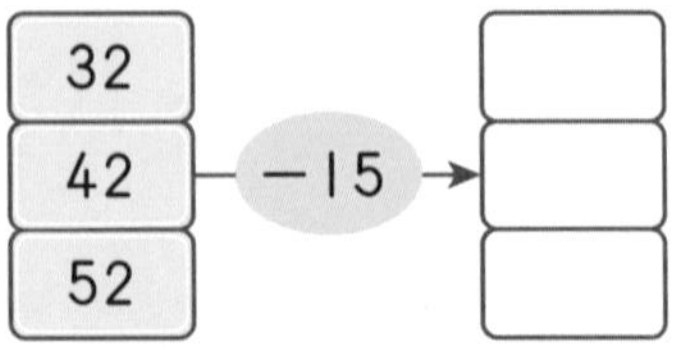

6

36쪽

적용

색연필을 윤아는 45자루 가지고 있고, 진수는 윤아보다 17자루 더 적게 가지고 있습니다. 진수가 가지고 있는 색연필은 몇 자루일까요?

(　　　　　　　　)

» 정답 · 풀이 20쪽

7 37쪽 추론

㉠+㉡의 값을 구하세요.

	㉠	2
−	3	6
	3	㉡

(   )

8 37쪽 추론

두 수의 차를 아래에 써넣을 때 ★은 얼마일까요?

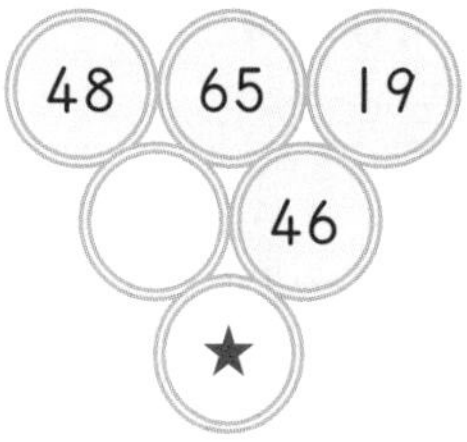

(   )

+9 37쪽 수학적 독해력

수 카드 [1], [3], [8]을 한 번씩 모두 사용하여 주어진 계산 결과가 나오도록 완성해 보세요.

	7	□
−	□	□
	5	5

독해 포인트 일의 자리 계산 결과가 5가 되는 경우를 모두 생각해 봅니다.

+10 37쪽 수학적 표현력

수 카드 2장을 골라 두 자리 수를 만들어 93에서 빼려고 합니다. 계산 결과가 가장 작은 수가 되는 뺄셈식을 쓰고, 풀이 과정을 말해 보세요.

[3] [4] [6]

93−□=□

계산 결과가 가장 작은 수가 되려면 가장 큰 수를 빼야 하므로, 카드로 만들 수 있는 가장 큰 두 자리 수는 □입니다. 따라서 93−□=□입니다.

오늘 공부 어땠나요? 10개 중 맞힌 문제 □개 › **틀린 문제**는 힌트를 보고 다시 도전해 보세요. › **맞힌 문제**는 힌트를 보고 자신의 생각과 비교해 보세요.

19일 여러 가지 방법으로 뺄셈하기

① 45－19를 여러 가지 방법으로 계산하기

방법 1 19를 10과 9로 나눈 다음 45에서 10을 먼저 빼고 9를 뺍니다.

10과 9

45－19＝45－10－9＝35－9＝26

◐ 두 수 중 한 수를 (몇십)과 (몇)으로 나누어 계산할 수 있습니다.

방법 2 19를 15와 4로 나눈 다음 45에서 15를 먼저 빼고 4를 뺍니다.

15와 4

45－19＝45－15－4＝30－4＝26

◐ 두 수 중 한 수와 일의 자리 수를 같게 하여 계산할 수 있습니다.

방법 3 45를 49－4로 생각하여 49에서 19를 먼저 빼고 4를 뺍니다.

49－4

45－19＝49－19－4＝30－4＝26

방법은 달라도 계산 결과는 모두 같아.

개념+ 45－19를 다른 방법으로도 계산할 수 있습니다.

19를 20－1로 생각하여 45에서 20을 빼고 1을 더합니다.

45－19＝45－20＋1＝25＋1＝26

확인 1 42－27을 서로 다른 방법으로 계산하였습니다. □ 안에 알맞은 수를 써넣으세요.

(1) 27을 20과 7로 나눈 다음 42에서 20을 먼저 빼고 7을 뺍니다.

42－27 ＝42－□－7＝□－7 ＝□

(2) 27을 22와 5로 나눈 다음 42에서 22를 먼저 빼고 5를 뺍니다.

42－27＝42－22－□＝20－□＝□

(3) 42를 47－5로 생각하여 47에서 27을 먼저 빼고 5를 뺍니다.

42－27＝47－27－□＝20－□＝□

기본기 다지는 교과서 문제

» 정답 · 풀이 21쪽

1 56－29를 여러 가지 방법으로 구해 보세요.

(1) 29를 20과 9로 나누어 계산하기

56－29＝56－□－9

＝□－9

＝□

(2) 56을 50과 6으로 나누어 계산하기

56－29＝50－□＋6

＝□＋6

＝□

(3) 일의 자리 수를 6으로 같게 하여 계산하기

56－29＝56－□－3

＝□－3

＝□

(4) 일의 자리 수를 9로 같게 하여 계산하기

56－29＝59－29－□

＝30－□

＝□

개념 따라쓰기

여러 가지 방법으로 뺄셈하기 ①

(40과 5)
45－19＝40－19＋5

(10과 9)
45－19＝45－10－9

두 수 중 한 수를 (몇십)과 (몇)으로 나누어 계산할 수 있습니다.

여러 가지 방법으로 뺄셈하기 ②

(49－4)
45－19＝49－19－4

(15와 4)
45－19＝45－15－4

두 수 중 한 수와 일의 자리 수를 같게 하여 계산할 수 있습니다.

3단원

[1~2] 62－34를 여러 가지 방법으로 계산하려고 합니다. □ 안에 알맞은 수를 써넣으세요.

1
계산

62－34＝62－32－□

＝30－□＝□

2
계산

62－34＝62－40＋□

＝22＋□＝□

3
38쪽 적용

〈보기〉와 같은 방법으로 계산하세요.

〈보기〉
53－18＝53－13－5
＝40－5＝35

75－57＝75－55－□

＝20－□＝□

4
38쪽 적용

74－28을 〈보기〉와 같은 방법으로 계산하세요.

〈보기〉
일의 자리 수를 8로 같게 하여 계산합니다.

74－28＝78－28－□

＝50－□＝□

5
38쪽 적용

석희가 설명한 방법으로 83－24를 계산해 보세요.

석희

83－24

6
38쪽 의사 소통

76－49를 여러 가지 방법으로 계산하는 과정입니다. 잘못된 것의 기호를 쓰세요.

㉠ 76－49＝76－50＋1＝26＋1
㉡ 76－49＝76－46＋3＝30＋3
㉢ 76－49＝79－49－3＝30－3

(　　　　　　)

조금 더 **어려운 문제**에 도전해 볼까요?

7 39쪽 적용

47－18을 서로 다른 두 가지 방법으로 계산하세요.

방법 1 일의 자리 수를 7로 같게 하여 계산하기

47－18

방법 2 일의 자리 수를 8로 같게 하여 계산하기

47－18

8 39쪽 추론

61－36을 다음과 같이 계산하였습니다. ■, ▲, ★에 알맞은 수를 각각 쓰세요.

61－36＝61－1－■
＝▲－■
＝★

■ (　　　), ▲ (　　　), ★ (　　　)

+9 39쪽 수학적 독해력

지혜와 민서는 67－29를 서로 다른 방법으로 구하였습니다. 잘못 계산한 사람은 누구일까요?

지혜: 29를 27＋2로 생각하여 67에서 27을 먼저 뺀 다음 2를 뺐어.
민서: 일의 자리 수를 9로 같게 하여 69에서 29를 먼저 뺀 다음 2를 더했어.

(　　　　　)

독해 포인트 일의 자리 수를 같게 만드는 과정이 올바른지 확인합니다.

+10 39쪽 수학적 표현력

계산이 잘못된 이유를 설명하고 바르게 계산해 보세요.

45－17＝45－15＋2
＝30＋2＝32

[잘못된 이유] 17을 15와 2로 나누어 계산하였으므로 45－15－□가 되어야 합니다.

[바르게 고치기]

45－17＝45－15－□
＝30－□＝□

오늘 공부 어땠나요? 10개 중 맞힌 문제 □개 > 틀린 문제는 힌트를 보고 다시 도전해 보세요. > 맞힌 문제는 힌트를 보고 자신의 생각과 비교해 보세요.

20일 덧셈과 뺄셈의 관계

① 덧셈식 6+3=9를 뺄셈식으로 나타내기

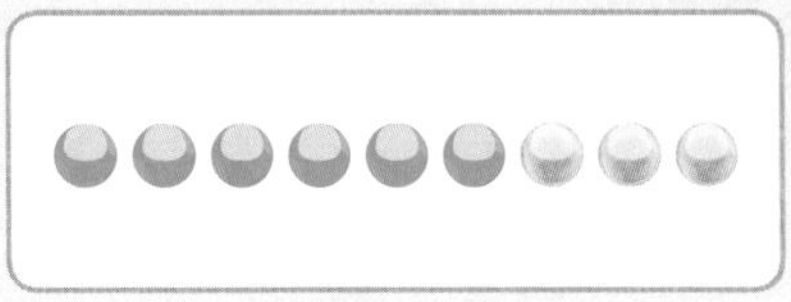

- 전체 구슬의 수: 6+3=9(개)
- 노란색 구슬의 수: 9−6=3(개)
- 파란색 구슬의 수: 9−3=6(개)

◐ 덧셈식을 뺄셈식으로 나타낼 때에는 가장 큰 수에서 작은 수를 각각 뺍니다.

6+3=9 → 9−6=3　　6+3=9 → 9−3=6

6+3=9 → 9−6=3 (●가장 큰 수), 9−3=6

하나의 덧셈식은 2개의 뺄셈식으로 나타낼 수 있습니다.

② 뺄셈식 10−3=7을 덧셈식으로 나타내기

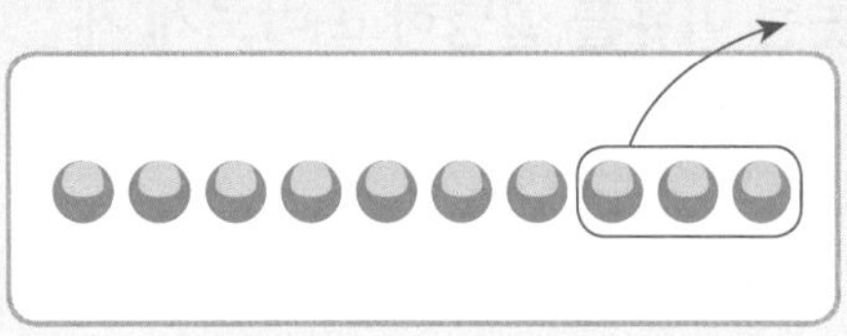

- 남은 구슬의 수: 10−3=7(개)
- 처음에 있던 구슬의 수:
  3+7=10(개), 7+3=10(개)

◐ 뺄셈식을 덧셈식으로 나타낼 때에는 가장 큰 수가 나오도록 작은 수끼리 더합니다.

10−3=7 → 3+7=10　　10−3=7 → 7+3=10

10−3=7 → 3+7=10 (●가장 큰 수), 7+3=10

하나의 뺄셈식은 2개의 덧셈식으로 나타낼 수 있습니다.

확인 1 그림을 보고 덧셈식을 뺄셈식으로 나타내어 보세요.

12	26

(전체: 38)

12+26=38 →
38 − 12 = □
38 − 26 = □

확인 2 그림을 보고 뺄셈식을 덧셈식으로 나타내어 보세요.

(전체: 38)

12	26

38−26=12 →
12 + □ = 38
26 + □ = 38

기본기 다지는 교과서 문제

» 정답 · 풀이 22쪽

1 그림을 보고 덧셈식을 뺄셈식으로 나타내어 보세요.

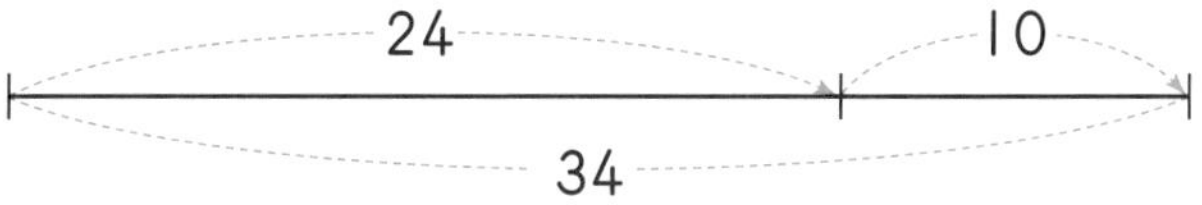

24＋10＝34 → □－24＝□, □－10＝□

2 그림을 보고 뺄셈식을 덧셈식으로 나타내어 보세요.

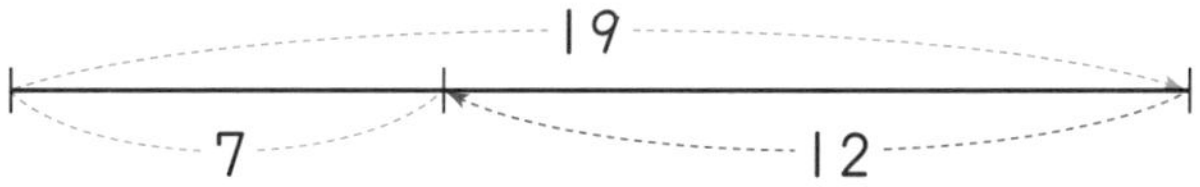

19－12＝7 → 12＋□＝□, 7＋□＝□

3 덧셈식을 뺄셈식으로 나타내어 보세요.

15＋21＝36 → □－□＝15, □－□＝21

4 뺄셈식을 덧셈식으로 나타내어 보세요.

27－13＝14 → □＋13＝□, □＋14＝□

개념 따라쓰기

덧셈식을 뺄셈식으로 나타내기

가장 큰 수

3＋5＝8 → 8－3＝5, 8－5＝3

하나의 덧셈식은 가장 큰 수에서 작은 수를 빼는 2개의 뺄셈식으로 나타낼 수 있습니다.

뺄셈식을 덧셈식으로 나타내기

가장 큰 수

8－3＝5 → 3＋5＝8, 5＋3＝8

하나의 뺄셈식은 작은 수끼리 더하여 가장 큰 수가 나오는 2개의 덧셈식으로 나타낼 수 있습니다.

스스로 풀어내는 도전 10 문제

막힐 때 힌트북

1

이해

그림을 보고 덧셈식을 뺄셈식으로 나타내어 보세요.

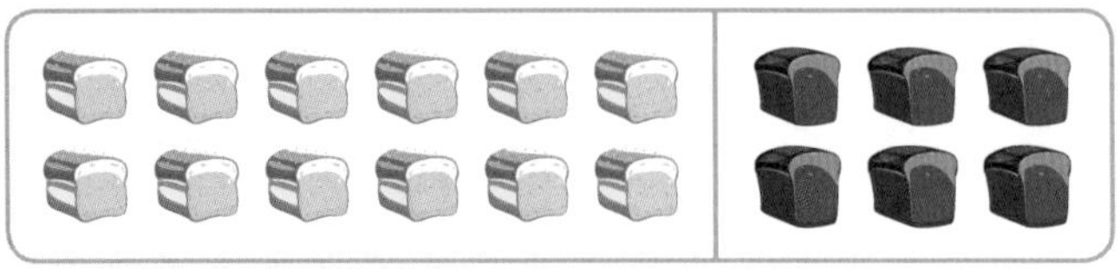

$12+6=18$

→ $\square-12=6$

→ $\square-6=12$

2

40쪽

이해

뺄셈식을 덧셈식으로 나타내어 보세요.

$73-25=48$

→ $48+\square=73$

→ $\square+48=\square$

3

40쪽

이해

덧셈식을 뺄셈식으로 나타내어 보세요.

$39+27=66$

→ $\square-\square=39$

→ $\square-\square=27$

4

적용

덧셈식 $22+19=41$ 을 뺄셈식으로 나타낸 것입니다. □ 안에 알맞은 수를 써넣으세요.

$41-19=\square$ $40-22=\square$

5

40쪽

적용

뺄셈식 $45-8=37$ 을 덧셈식으로 바르게 나타낸 것을 모두 찾아 기호를 쓰세요.

㉠ $8+37=45$ ㉡ $45+8=53$

㉢ $45+37=82$ ㉣ $37+8=45$

(　　　　　　　)

6

40쪽

적용

□ 안에 알맞은 수를 써넣으세요.

(1) $41+35=\square$ → $\square-35=41$

(2) $99-54=\square$ → $54+\square=99$

조금 더 **어려운 문제**에 도전해 볼까요?

7 41쪽   문제 해결

세 수를 이용하여 뺄셈식을 완성하고, 덧셈식으로 나타내어 보세요.

62, 29, 33

62－☐＝29

62－29＝☐

↓

☐＋☐＝☐

☐＋☐＝☐

8 41쪽   추론

수 카드 3장을 한 번씩 사용하여 덧셈식과 뺄셈식을 만들어 보세요.

48 28 76

[덧셈식] ☐＋☐＝☐

[뺄셈식] ☐－☐＝☐

+9 41쪽   수학적 독해력

다음에 알맞은 뺄셈식을 만들고, 만든 뺄셈식을 덧셈식으로 나타내어 보세요.

슬기는 색종이 21장 중에서 13장을 사용했습니다. 사용하지 않은 색종이는 몇 장일까요?

21－☐＝☐

→ ☐＋☐＝☐

☐＋☐＝☐

독해 포인트 뺄셈식을 만들 때에는 가장 큰 수가 맨 앞에 와야 합니다.

+10 41쪽   수학적 표현력

민호와 지혜가 16, 61, 45를 가지고 각각 덧셈식과 뺄셈식을 만들었습니다. 식을 잘못 만든 사람을 찾고, 그 이유를 말해 보세요.

16＋45＝61이야.

45－16＝61이야.

[잘못 만든 사람] ________

[이유] ☐식으로 나타낼 때에는 가장 ☐ 수에서 작은 수를 빼야 하는데 그렇게 하지 않았습니다.

오늘 공부 어땠나요? 10개 중 맞힌 문제 ☐개 › **틀린 문제**는 힌트를 보고 다시 도전해 보세요. › **맞힌 문제**는 힌트를 보고 자신의 생각과 비교해 보세요.

21 일

□의 값 구하기

① 덧셈식에서 □의 값 구하기

쿠키 8개가 있었는데, 몇 개를 더 받아서 12개가 되었습니다. 받은 쿠키는 몇 개인지 알아봅시다.

① 그림을 그려서 알아보기

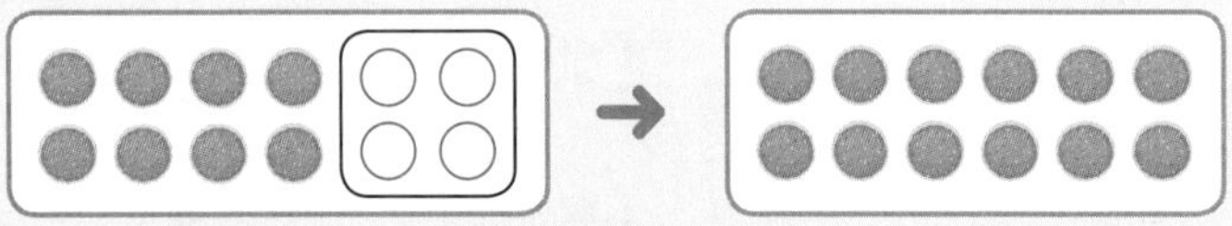

○를 4개 더 그려야 12개가 되므로, 받은 쿠키는 4개입니다.

② 덧셈과 뺄셈의 관계를 이용하여 알아보기

받은 쿠키의 수를 □라 하면 (●모르는 수)

8+□=12 ➜ 12−8=□이므로 □=4입니다.

◐ 모르는 수는 □, △, ○ 등 여러 가지 방법으로 나타낼 수 있습니다.

◐ 수직선에서 덧셈식 알아보기

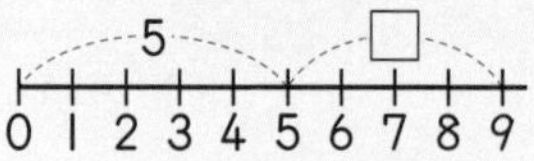

➜ 5에서 4칸만큼 더 가야 9가 되므로 □=4입니다.

② 뺄셈식에서 □의 값 구하기

과자 12개 중에서 몇 개를 먹었더니 7개가 되었습니다. 먹은 과자는 몇 개인지 알아봅시다.

① 그림을 그려서 알아보기

/으로 5개를 지워야 7개가 남으므로, 먹은 과자는 5개입니다.

② 덧셈과 뺄셈의 관계를 이용하여 알아보기

먹은 과자의 수를 □라 하면

12−□=7 ➜ 12−7=□이므로 □=5입니다.

◐ 수직선에서 뺄셈식 알아보기

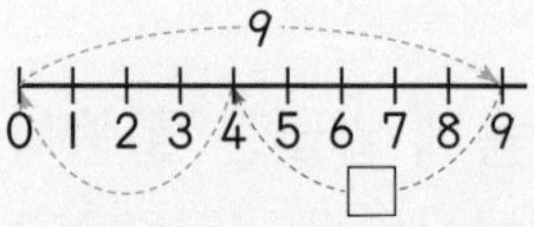

➜ 9에서 5칸만큼 되돌아 와야 4가 되므로 □=5입니다.

확인 1 그림을 보고 □ 안에 알맞은 수를 써넣으세요.

(1)

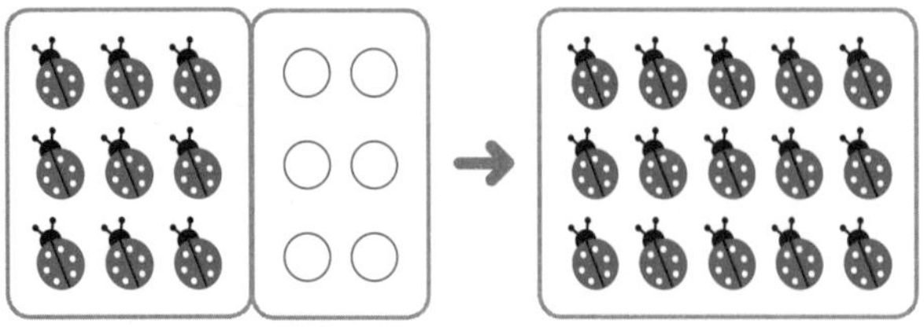

9+□=15

(2)

13−□=9

기본기 다지는 교과서 문제

» 정답 · 풀이 23쪽

1 그림을 보고 □를 사용하여 알맞은 덧셈식을 써 보세요.

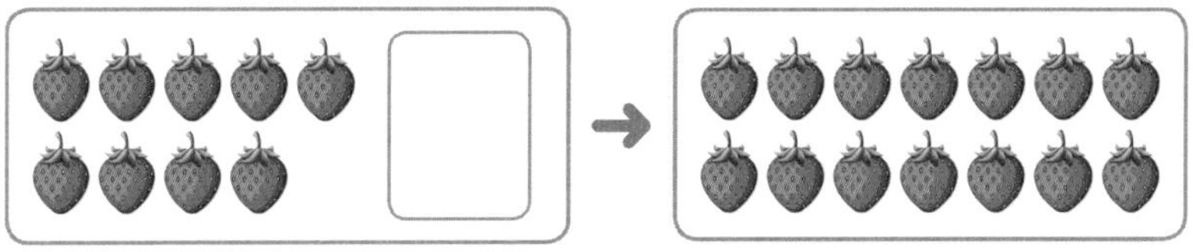

[식] ______________________

2 그림을 보고 □ 안에 알맞은 수를 써넣으세요.

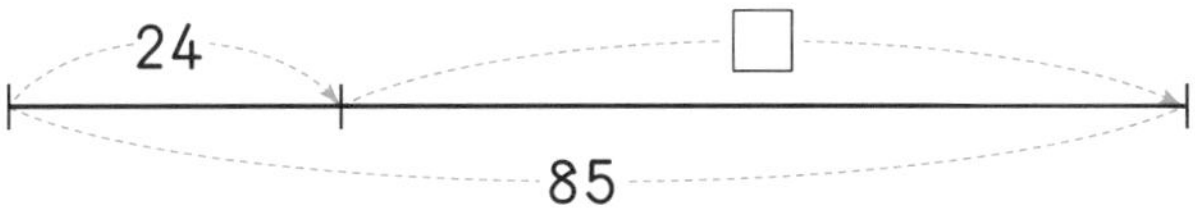

24+□=85

3 그림을 보고 □를 사용하여 알맞은 뺄셈식을 써 보세요.

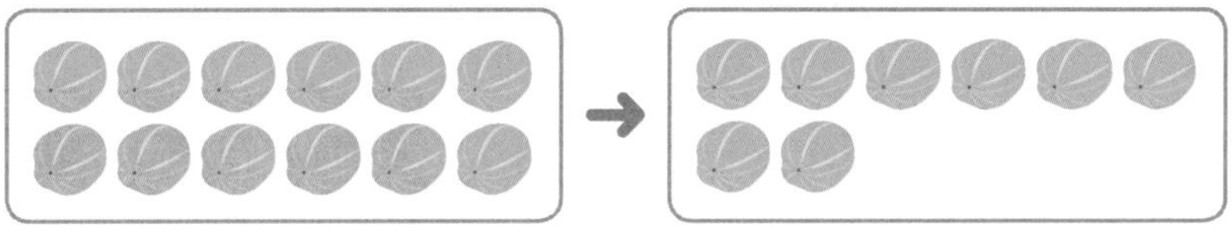

[식] ______________________

4 그림을 보고 □ 안에 알맞은 수를 써넣으세요.

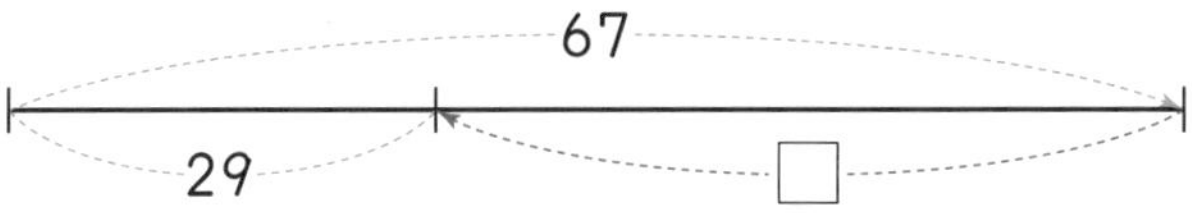

67−□=29

개념 따라쓰기

모르는 수 구하기

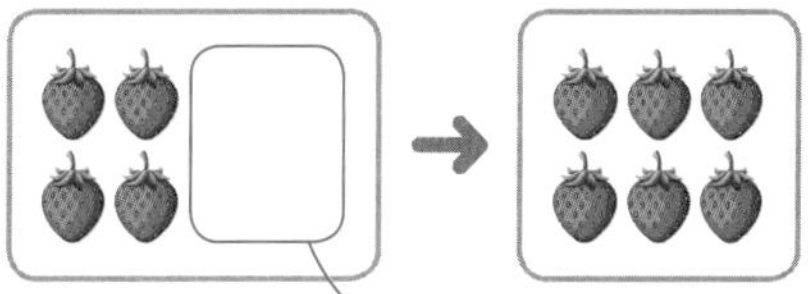

4+□=6

모르는 수를 □로 나타내어 값을 구할 수 있습니다.

□의 값 구하기

가장 큰 수

4+□=6

6−4=□ → □=2

덧셈과 뺄셈의 관계를 이용하여 □의 값을 구할 수 있습니다.

스스로 풀어내는 도전 10 문제

막힐 때 힌트북

1

이해

빈 곳에 알맞은 수만큼 ○를 그리고, □ 안에 알맞은 수를 써넣으세요.

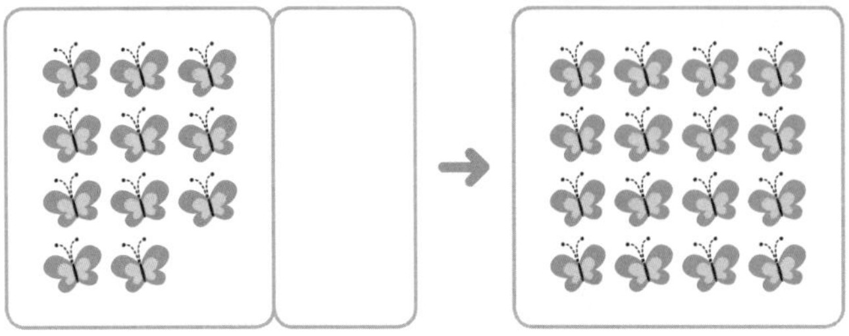

$11+\square=16$

2

이해

남은 값이 13개가 되도록 /으로 지우고, □ 안에 알맞은 수를 써넣으세요.

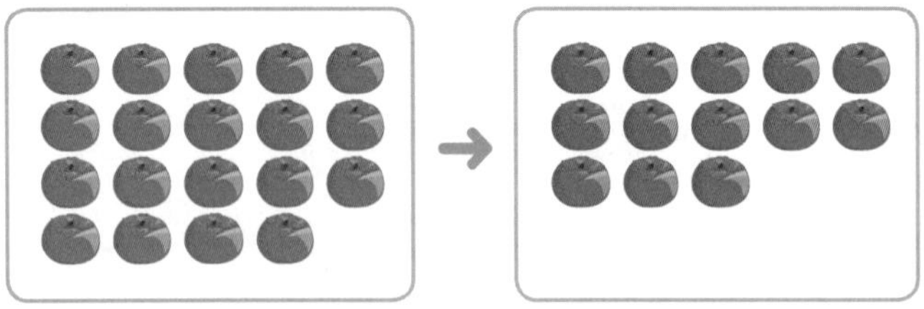

$19-\square=13$

3 42쪽

적용

그림을 보고 □ 안에 알맞은 수를 써넣으세요.

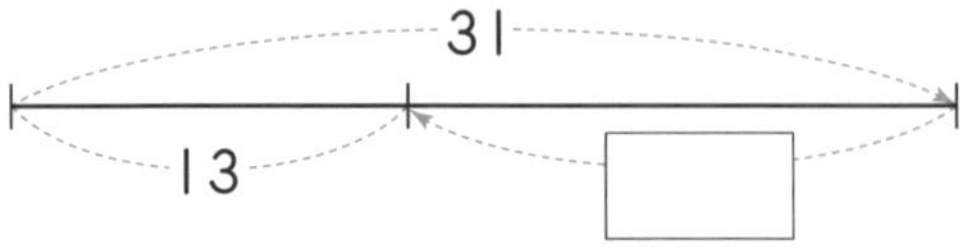

4 42쪽

추론

□를 사용하여 알맞은 식을 써 보세요.

윤주는 색종이를 50장 가지고 있었습니다. 몇 장을 친구에게 주었더니 35장이 남았습니다.

[식] ____________________

5 42쪽

이해

□ 안에 들어갈 수를 찾아 선으로 이어 보세요.

$\square+16=51$ •	• 24
$72-\square=48$ •	• 35
	• 66

6 42쪽

문제 해결

어떤 수에서 25를 빼었더니 38이 되었습니다. 어떤 수를 □로 하여 식을 만들고, 어떤 수를 구하세요.

[식] ____________________

[답] ____________________

조금 더 **어려운 문제**에 도전해 볼까요?

7 43쪽 적용

□ 안의 수가 더 큰 것의 기호를 쓰세요.

㉠ □+32=51

㉡ 53+□=70

(　　　　　　　)

8 43쪽 적용

㉠에 알맞은 수를 구하세요.

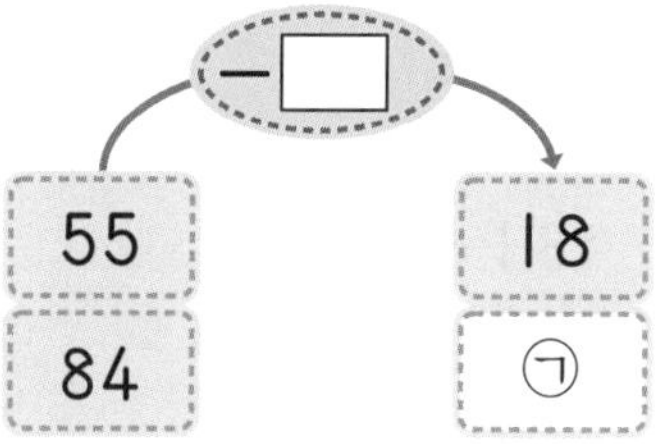

(　　　　　　　)

+9 43쪽 수학적 독해력

슬기가 구하려는 수와 로운이가 구하려는 수가 서로 같을 때 어떤 수는 얼마일까요?

(　　　　　　　)

독해 포인트 '39보다 28만큼 더 큰 수'='17과 어떤 수의 합'

+10 43쪽 수학적 표현력

영민이는 스티커를 29장 모았습니다. 40장이 되려면 몇 장을 더 모아야 하는지 설명해 보세요.

더 모아야 하는 스티커의 수를 □라 하면 29+□=40입니다. 덧셈식 29+□=40을 뺄셈식으로 나타내면 □−29=□이므로 □=□입니다. 따라서 영민이가 더 모아야 하는 스티커는 □장입니다.

오늘 공부 어땠나요? 10개 중 맞힌 문제 □개 〉 **틀린 문제**는 힌트를 보고 다시 도전해 보세요. 〉 **맞힌 문제**는 힌트를 보고 자신의 생각과 비교해 보세요.

공부한 날 월 일

세 수의 계산

① 세 수의 덧셈

세 수의 덧셈은 앞에서부터 차례로 계산합니다.

예 13+6+9의 계산

13+6+9=28

① 13+6=19

② 19+9=28

$$\begin{array}{r} 13 \\ +\ \ 6 \\ \hline 19 \end{array} \rightarrow \begin{array}{r} 19 \\ +\ \ 9 \\ \hline 28 \end{array}$$

◐ 세 수의 덧셈은 순서를 바꾸어 계산해도 계산 결과가 같습니다.

13+6+9=28

6+9=15, 13+15=28

② 세 수의 뺄셈

세 수의 뺄셈은 앞에서부터 차례로 계산합니다.

예 35−9−8의 계산

35−9−8=18

① 35−9=26

② 26−8=18

$$\begin{array}{r} 35 \\ -\ \ 9 \\ \hline 26 \end{array} \rightarrow \begin{array}{r} 26 \\ -\ \ 8 \\ \hline 18 \end{array}$$

◐ 세 수의 뺄셈은 순서를 바꾸어 계산하면 계산 결과가 달라집니다.

35−9−8=34 (×)

9−8=1, 35−1=34

③ 세 수의 덧셈과 뺄셈이 같이 있는 계산

세 수의 덧셈과 뺄셈이 같이 있는 계산은 앞에서부터 차례로 계산합니다.

예 27−7+5의 계산

27−7+5=25

① 27−7=20

② 20+5=25

$$\begin{array}{r} 27 \\ -\ \ 7 \\ \hline 20 \end{array} \rightarrow \begin{array}{r} 20 \\ +\ \ 5 \\ \hline 25 \end{array}$$

◐ 세 수의 덧셈과 뺄셈이 같이 있는 계산은 순서를 바꾸어 계산하면 계산 결과가 달라집니다.

27−7+5=15 (×)

7+5=12, 27−12=15

뺄셈이 섞여 있는 식은 계산 순서를 바꾸면 절대 안 돼!

확인 1 세 수의 계산을 하는 과정입니다. □ 안에 알맞은 수를 써넣으세요.

(1) 40+6+7의 계산

40+6+7=□

① 40+6=□

② □+7=□

(2) 57−8−3의 계산

57−8−3=□

① 57−8=□

② □−3=□

(3) 32−6+7의 계산

32−6+7=□

① 32−6=□

② □+7=□

기본기 다지는 교과서 문제

1 세 수의 계산을 하는 과정입니다. □ 안에 알맞은 수를 써넣으세요.

(1) 27＋12＋22의 계산

27＋12＋22＝□

(27＋12 → □, □＋22 → □)

(2) 50－21－13의 계산

50－21－13＝□

(50－21 → □, □－13 → □)

2 세 수의 계산을 하는 과정입니다. □ 안에 알맞은 수를 써넣으세요.

(1) 65－36＋15의 계산

```
  6 5         □
－3 6      ＋ 1 5
 ────      ─────
  □           □
```

(2) 48＋17－33의 계산

```
  4 8         □
＋1 7      － 3 3
 ────      ─────
  □           □
```

3 계산 순서를 바르게 나타낸 것에 ○표 하세요.

52－16＋23 (① 52－16, ② ＋23)	52－16＋23 (① 16＋23, ② 52－)
(　　　)	(　　　)

개념 따라쓰기

세 수의 계산

■＋▲＋● (❶ ■＋▲, ② ＋●)　■－▲－● (❶ ■－▲, ② －●)

세 수의 계산은 앞에서부터 차례로 계산합니다.

덧셈만 있는 세 수의 계산

5＋7＋2＝14 (❶ 5＋7, ② ＋2) ⋮ 5＋7＋2＝14 (❶ 7＋2, ② 5＋)

덧셈만 있는 계산은 순서를 바꾸어 계산해도 계산 결과가 같습니다.

뺄셈이 섞인 세 수의 계산

13－6＋2＝9 (❶ 13－6, ② ＋2) (○) ⋮ 13－6＋2＝5 (❶ 6＋2, ② 13－) (×)

뺄셈이 섞인 계산은 순서를 바꾸면 계산 결과가 달라집니다.

3 단원

1

이해

53－27＋16을 계산하려고 합니다. □ 안에 알맞은 수를 써넣으세요.

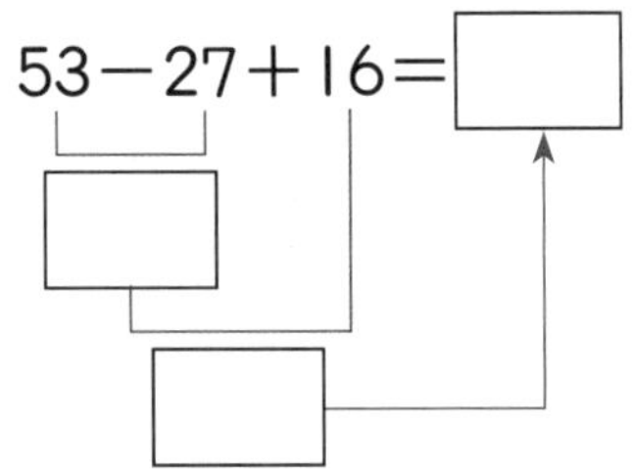

2

이해

36＋33－17을 계산하려고 합니다. □ 안에 알맞은 수를 써넣으세요.

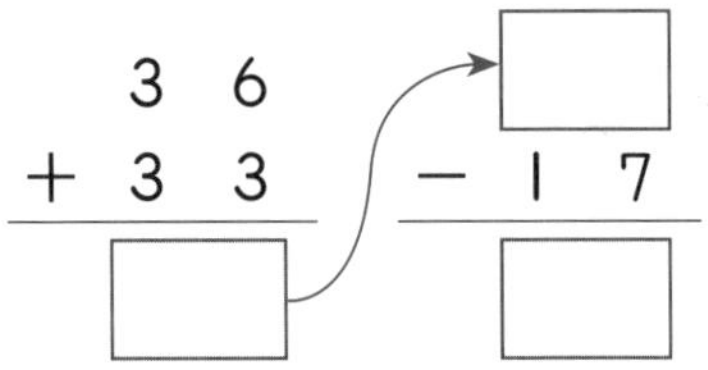

3

44쪽

적용

빈칸에 알맞은 수를 써넣으세요.

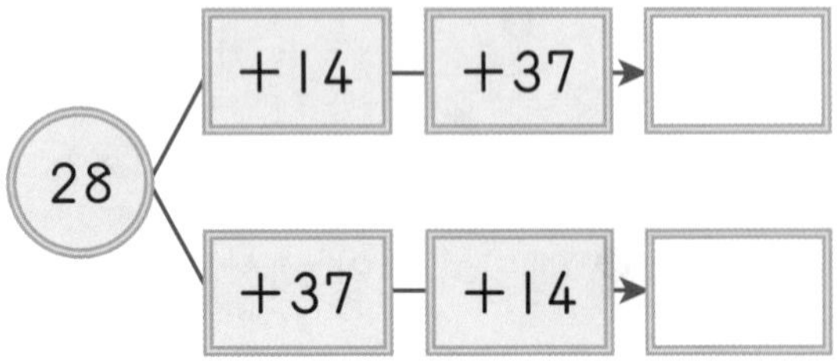

4

44쪽

적용

계산이 옳으면 ○표, 옳지 않으면 ×표를 하세요.

(1) 44－17－6＝44－11＝33 (　　　)

(2) 53－28＋9＝25＋9＝34 (　　　)

5

44쪽

적용

계산 결과가 다른 하나를 찾아 기호를 쓰세요.

㉠ 37＋29－41
㉡ 60－17＋18
㉢ 74－38－11

(　　　)

6

44쪽

문제 해결

가장 큰 수와 가장 작은 수를 더한 후 나머지 한 수를 뺀 값은 얼마일까요?

19　58　77

(　　　)

» 정답 · 풀이 24쪽

7 45쪽

의사 소통

다음 식을 계산하여 각각의 글자를 빈칸에 알맞게 써넣으세요.

70－21－12＝☐ — 은

41＋18－23＝☐ — 좋

35－19＋27＝☐ — 날

36	37	43

8 45쪽

문제 해결

수 카드 중에서 한 장을 골라 〈보기〉와 같이 세 수를 계산하려고 합니다. 계산식을 만들어 보세요.

15 11 19

〈보기〉

33＋22－15＝40

33＋18－☐＝40

33－12＋☐＝40

+9 45쪽

수학적 독해력

같은 기호는 같은 수를 나타냅니다. ■＝7일 때 ♥의 값은 얼마일까요?

■＋■＋■＝▲

▲＋▲＝★

★－▲＋■＝♥

(　　　　　　　)

독해 포인트 '같은 기호는 같은 수'이므로 모든 ■는 7을 나타냅니다.

+10 45쪽

수학적 표현력

버스에 42명이 타고 있습니다. 아름마을에서 14명이 내리고 햇살마을에서 9명이 탔습니다. 지금 버스에 타고 있는 사람은 모두 몇 명인지 설명해 보세요.

버스에 타고 있던 사람 수에서 내린 사람 수를 빼고, 탄 사람 수를 더하면 42－☐＋☐＝☐입니다. 따라서 지금 버스에 타고 있는 사람은 ☐명입니다.

오늘 공부 어땠나요? 10개 중 맞힌 문제 ☐개 > **틀린 문제**는 힌트를 보고 다시 도전해 보세요. > **맞힌 문제**는 힌트를 보고 자신의 생각과 비교해 보세요.

단원평가

01 계산해 보세요.

(1) $\begin{array}{r} 57 \\ +\ \ 6 \\ \hline \end{array}$　　(2) $\begin{array}{r} 75 \\ -\ \ 9 \\ \hline \end{array}$

02 빈칸에 알맞은 수를 써넣으세요.

(+ →)

36	28	
74	45	

03 승아는 줄넘기를 어제 57번, 오늘 85번 했습니다. 승아가 어제와 오늘 한 줄넘기는 모두 몇 번일까요?

(　　　　　　)

04 다음 계산을 보고 바르게 설명한 사람의 이름을 쓰시오.

$37+25=37+3+22$
$=40+22=62$

(　　　　　　)

05 같은 것끼리 선으로 이어 보세요.

50−26 •	• 24
70−36 •	• 32
50−18 •	• 34

» 정답 · 풀이 25쪽

06 계산 결과를 비교하여 ○ 안에 $>$, $=$, $<$를 알맞게 써넣으세요.

80−63 ○ 34−8

07 수 카드 3장을 사용하여 덧셈식과 뺄셈식을 만들어 보시오.

25 43 18

[덧셈식] □+□=□

[뺄셈식] □−□=□

08 23과 어떤 수의 합은 28입니다. 어떤 수를 □로 하여 식을 만들고, 어떤 수를 구해 보세요.

[식] ____________________

[답] ____________________

09 빈칸에 알맞은 수를 써넣으세요.

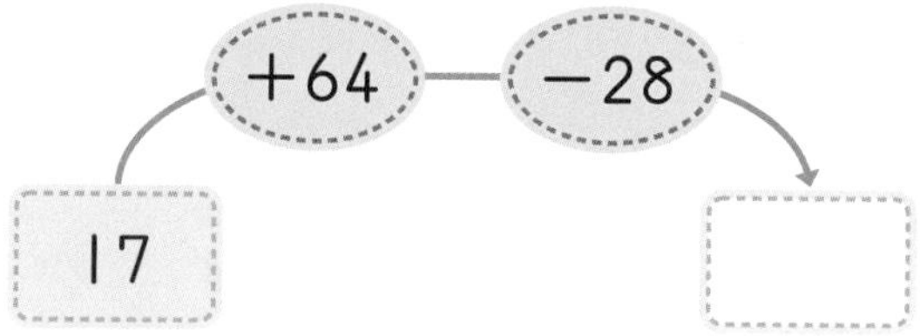

서술형

10 어떤 수에 27을 더해야 하는데 잘못하여 빼었더니 46이 되었습니다. 바르게 계산한 답은 얼마인지 풀이 과정을 쓰고, 답을 구하세요.

[풀이] ____________________

____

____

[답] ____________________

23일 여러 가지 단위로 길이 재기

❶ 길이를 잴 때 사용되는 여러 가지 단위

몸의 일부분이나 물건 등 여러 가지 단위를 사용하여 길이를 잴 수 있습니다.

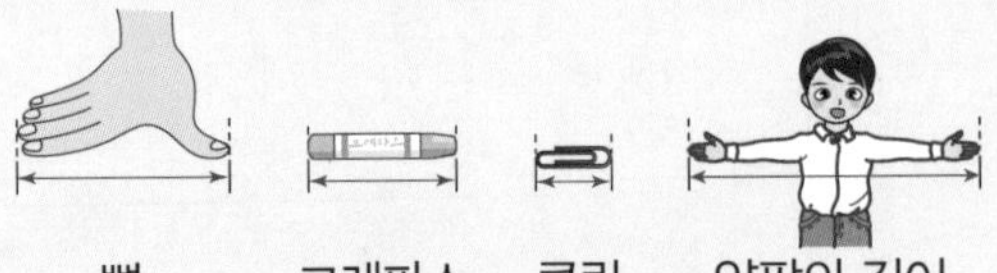

◐ 뼘은 엄지손가락과 다른 손가락을 완전히 펴서 벌렸을 때 두 끝 사이의 거리를 말하며, 다음과 같이 여러 종류가 있습니다.

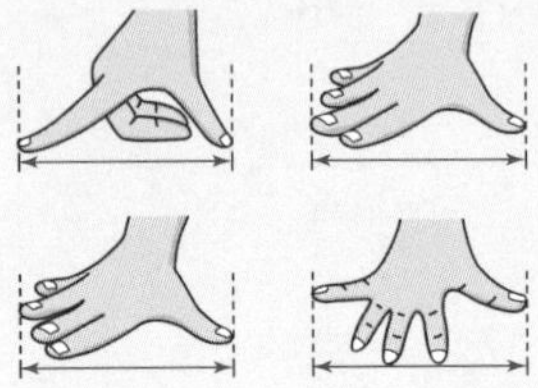

❷ 여러 가지 단위로 물통의 길이 재기

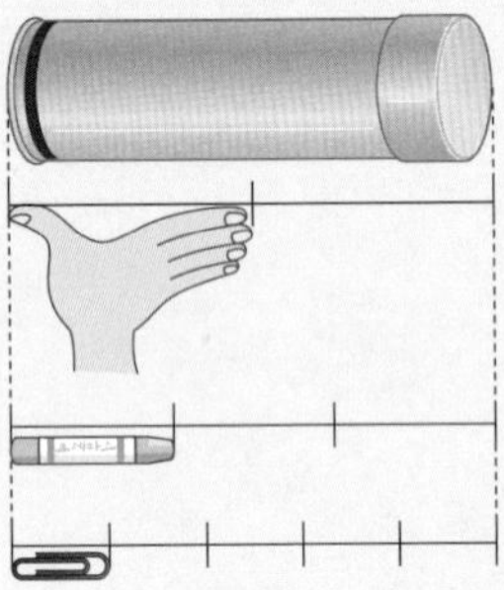

물통의 길이는

- 뼘으로 2번입니다.
- 크레파스로 3번입니다.
- 클립으로 5번입니다.

같은 물건의 길이를 잴 때 단위의 길이에 따라 재는 횟수가 달라집니다.

◐ 긴 길이는 긴 단위, 짧은 길이는 짧은 단위를 사용하는 것이 편리합니다.

확인 1 그림을 보고 □ 안에 알맞은 수를 써넣으세요.

(1)

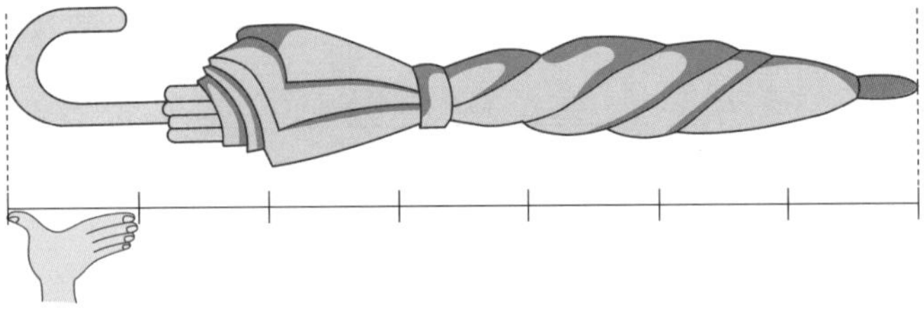

우산의 길이를 뼘으로 재면 □번 재어야 합니다.

→ 우산의 길이는 □뼘입니다.

(2)

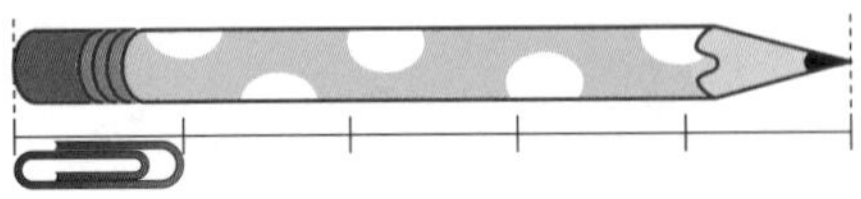

연필의 길이를 클립으로 재면 □번 재어야 합니다.

→ 연필의 길이는 클립으로 □번입니다.

기본기 다지는 교과서 문제

» 정답 · 풀이 25쪽

1 클립으로 연필의 길이를 재어 보세요.

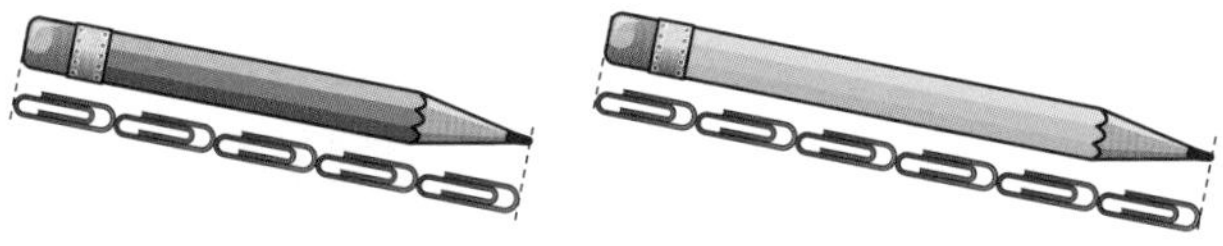

빨간 연필	클립으로 □ 번
노란 연필	클립으로 □ 번

2 여러 가지 단위로 과자의 길이를 재어 보세요.

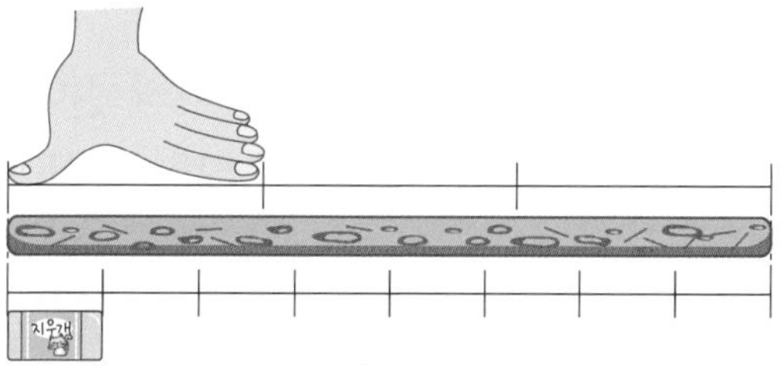

과자	뼘으로 □ 번
	지우개로 □ 번

3 필통의 길이를 딱풀과 못으로 재어 본 것입니다. 알맞은 말에 ○표 하세요.

딱풀의 길이가 못의 길이보다 (짧으므로 , 길므로)
딱풀로 잰 횟수가 못으로 잰 횟수보다 (적습니다 , 많습니다).

개념 따라쓰기

길이를 재는 단위

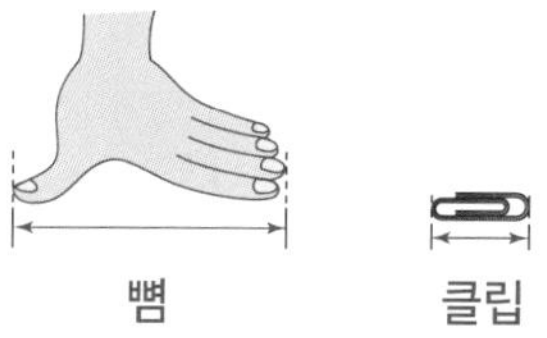

길이를 잴 때에는 여러 가지 단위를 사용할 수 있습니다.

단위의 길이와 잰 횟수의 관계

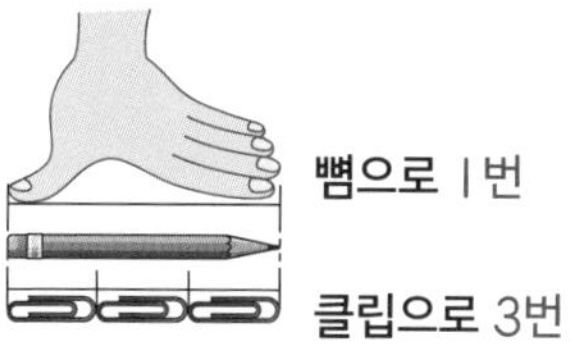

단위의 길이에 따라 재는 횟수가 달라집니다.

스스로 풀어내는 도전 10 문제

막힐 땐 힌트북

1

이해

길이를 잴 때 사용되는 단위 중 가장 긴 것에 ○표, 가장 짧은 것에 △표 하세요.

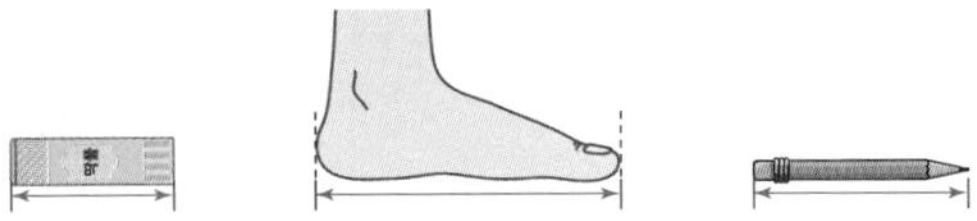

(　　　) (　　　) (　　　)

2

이해

수학책의 길이를 집게로 재었습니다. □ 안에 알맞은 수를 써넣으세요.

➜ 수학책의 긴 쪽의 길이는 집게로 □번이고, 짧은 쪽의 길이는 집게로 □번입니다.

3 46쪽

이해

우산의 길이는 연필과 붓으로 각각 몇 번인가요?

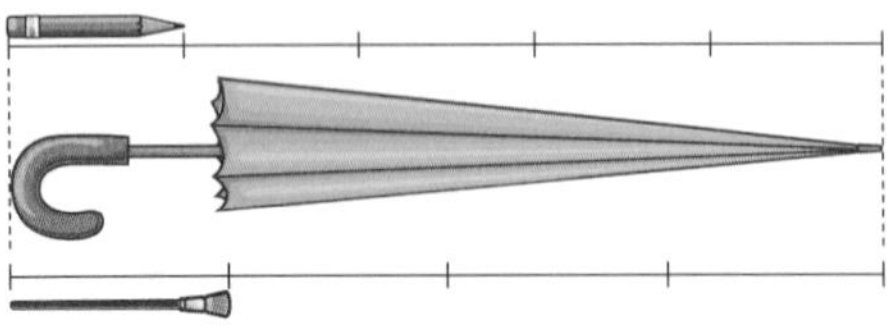

연필로 (　　　)

붓으로 (　　　)

4 46쪽

적용

슬기가 뼘으로 물건의 길이를 재어 보았습니다. 길이가 가장 긴 물건은 무엇일까요?

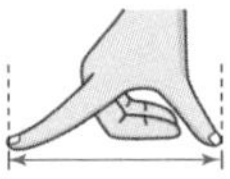

자	3뼘
휴대폰	1뼘
공책	2뼘
리코더	4뼘

(　　　)

5 46쪽

적용

가위와 지우개로 지팡이의 길이를 재려고 합니다. 어느 것으로 잴 때 더 많이 재어야 할까요?

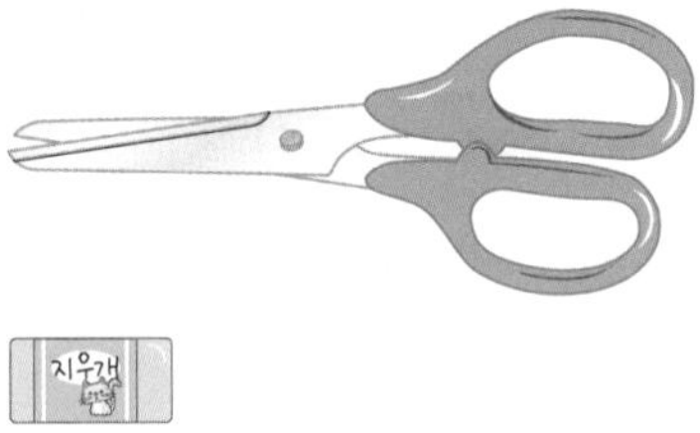

(　　　)

6 46쪽

추론

영민, 서연, 종욱이는 모형으로 모양 만들기를 하였습니다. 가장 길게 연결한 사람은 누구일까요?

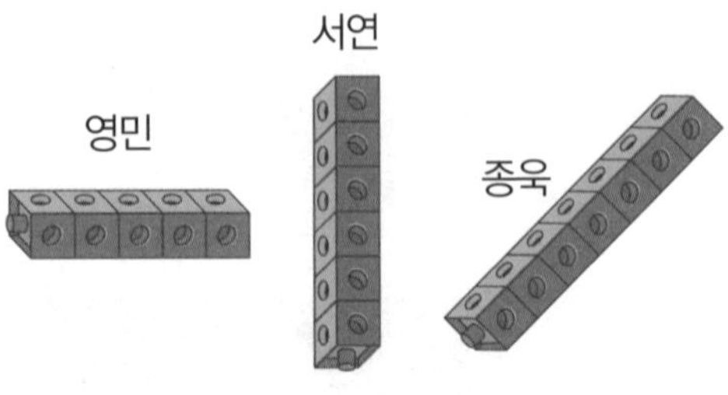

(　　　)

» 정답 · 풀이 25쪽

7 47쪽 문제 해결

여러 가지 단위로 의자의 높이를 재어 보았습니다. 잰 횟수가 가장 많은 것부터 차례로 기호를 쓰세요.

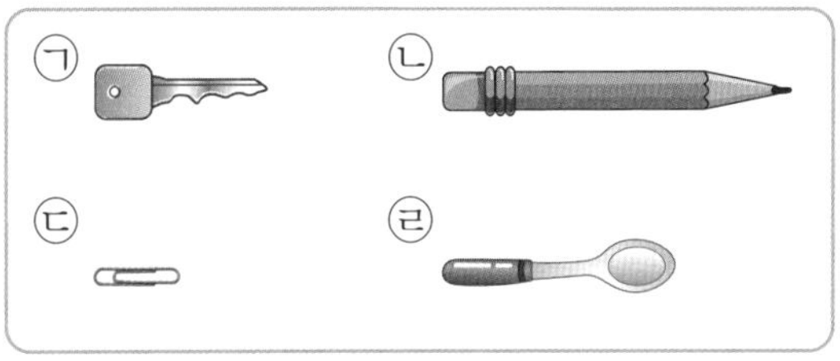

□ - □ - □ - □

8 47쪽 의사 소통

가장 긴 바지를 입고 있는 사람은 누구일까요?

(　　　　　　　)

+9 47쪽 수학적 독해력

지혜, 윤하, 슬기가 각자의 물건으로 책상의 긴 쪽의 길이를 재어 나타낸 것입니다. 물건의 길이가 가장 긴 사람은 누구일까요?

지혜	윤하	슬기
6번	8번	7번

(　　　　　　　)

독해 포인트 '물건의 길이가 길수록' 책상을 잰 횟수는 어떻게 될지 생각해 보세요.

+10 47쪽 수학적 표현력

못을 이용하여 길이를 잴 수 없는 것을 고르고, 그 이유를 말해 보세요.

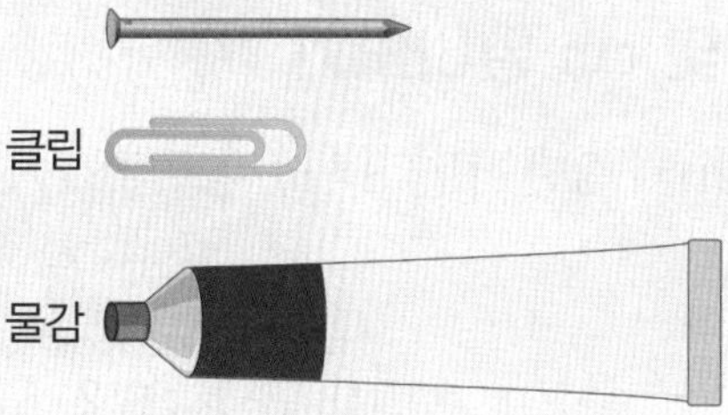

[잴 수 없는 것] ____________________

[이유] (클립 , 물감)의 길이는 못의 길이보다 (길기 , 짧기) 때문에 길이를 잴 수 없습니다.

4단원

오늘 공부 어땠나요? 10개 중 맞힌 문제 □ 개 > **틀린 문제**는 힌트를 보고 다시 도전해 보세요. > **맞힌 문제**는 힌트를 보고 자신의 생각과 비교해 보세요.

24일 1 cm 알아보기

① 두 명의 뼘으로 막대의 길이 재기

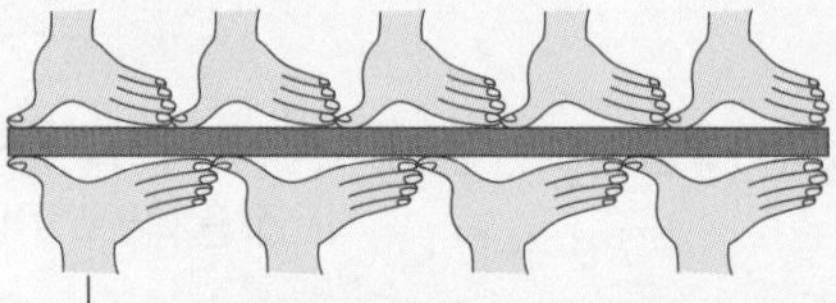

→ 슬기의 뼘: 5번

→ 지혜의 뼘: 4번

• 사람마다 뼘의 길이가 다르기 때문에 정확한 길이를 알 수 없습니다.

길이를 재는 단위의 길이가 다르면 정확한 길이를 알 수 없으므로 같은 단위가 필요합니다.

◐ cm는 길이가 일정하므로 누가 재어도 정확한 길이를 잴 수 있습니다.

◐ 1 cm가 ■번이면 ■ cm입니다.

② 1 cm 알아보기

━의 길이를 1 cm 라 쓰고 **1 센티미터**라고 읽습니다.

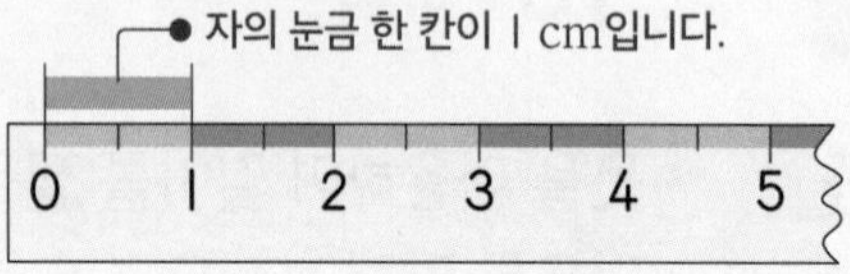

◐ cm 앞에 있는 수는 일, 이, 삼……과 같이 읽습니다.

③ 몇 cm 알아보기

1 cm가 3번이면 **3 cm**라고 쓰고 **3 센티미터**라고 읽습니다.

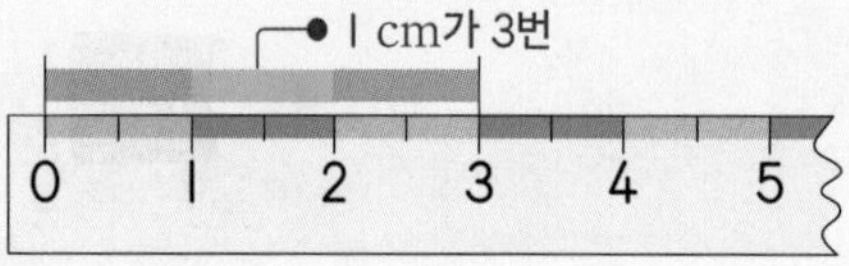

확인 1 수현이와 민호가 막대의 길이를 엄지손톱으로 재었습니다. 알맞은 말에 ○표 하세요.

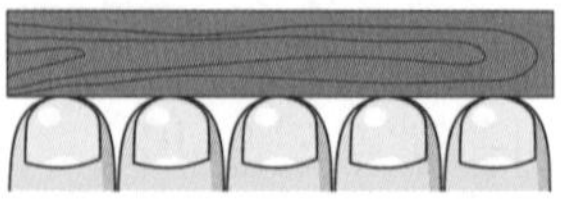

수현

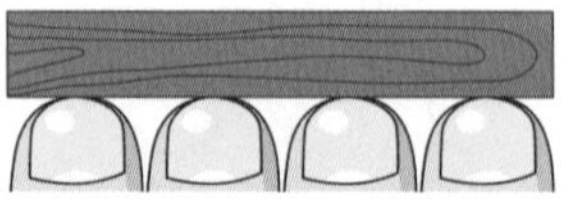

민호

(1) 수현이와 민호가 잰 횟수는 서로 (같습니다 , 다릅니다).

(2) 잰 횟수가 다른 이유는 두 사람의 엄지손톱의 크기가 (같기 , 다르기) 때문입니다.

(3) 정확한 길이를 알기 위해서는 (같은 , 다른) 단위가 필요합니다.

확인 2 그림을 보고 □ 안에 알맞은 말을 써넣으세요.

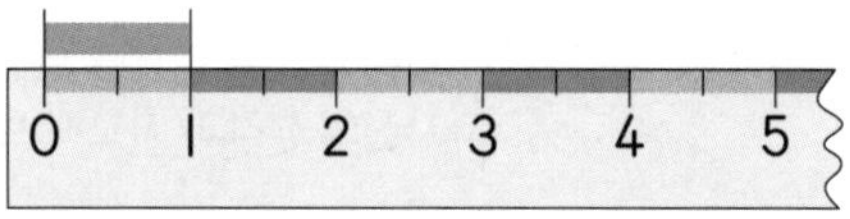

━의 길이를 1 cm 라 쓰고 [　　　　] 라고 읽습니다.

기본기 다지는 교과서 문제

» 정답 · 풀이 26쪽

1 ▬의 길이가 몇 cm인지 쓰세요.

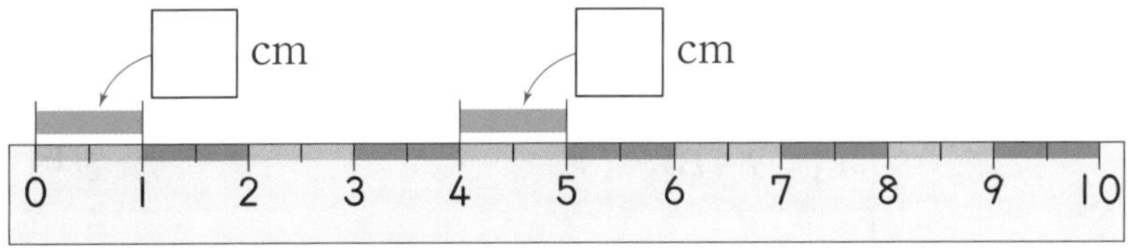

2 바르게 써 보세요.

1 cm 1 cm 1 cm

2 cm 2 cm 2 cm

3 주어진 길이를 쓰고 읽어 보세요.

(1)

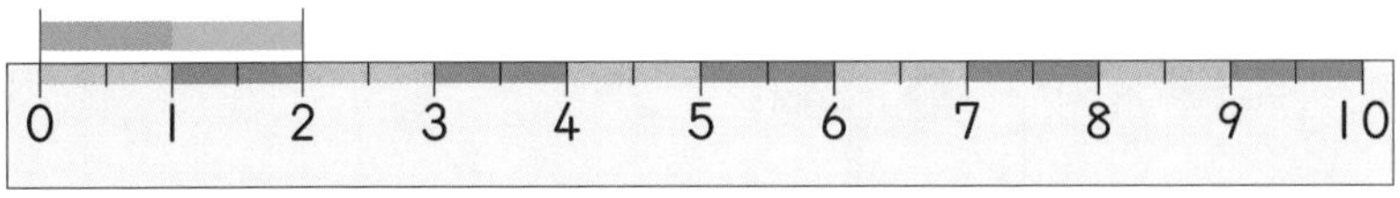

1 cm가 □번 → [쓰기] 2 cm
[읽기] □

(2)

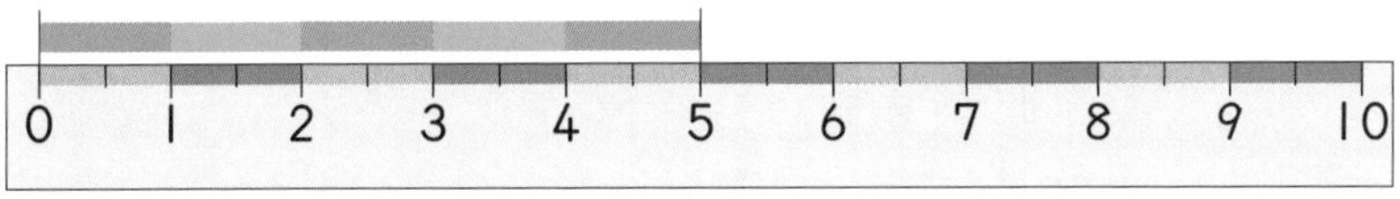

1 cm가 □번 → [쓰기]
[읽기] □

개념 따라쓰기

▬의 길이

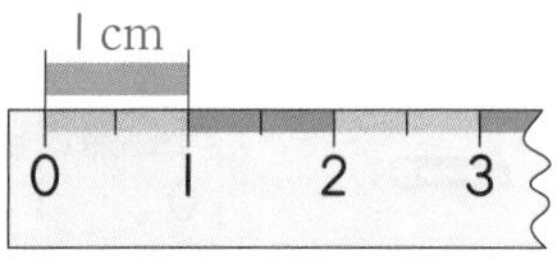

▬(자의 눈금 한 칸)의 길이를 1 cm라 쓰고 1 센티미터라고 읽습니다.

몇 cm 알아보기

1 cm가 1번 → 1 cm

1 cm가 2번 → 2 cm

1 cm가 3번 → 3 cm

⋮

1 cm가 ■번 → ■ cm

1

이해

길이를 잴 때 가장 정확하게 잴 수 있는 단위를 찾아 ○표 하세요.

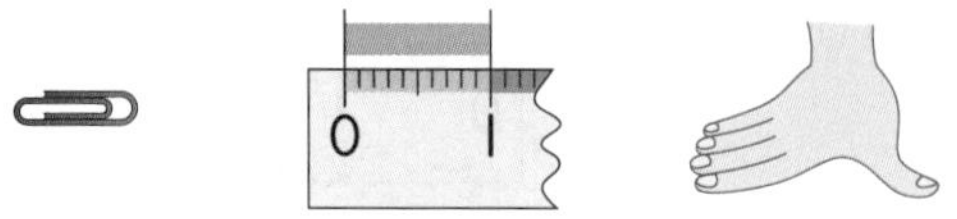

클립 1 cm 뼘

( ) ( ) ( )

2

48쪽

이해

주어진 길이는 몇 cm인지 □ 안에 알맞은 수를 써넣으세요.

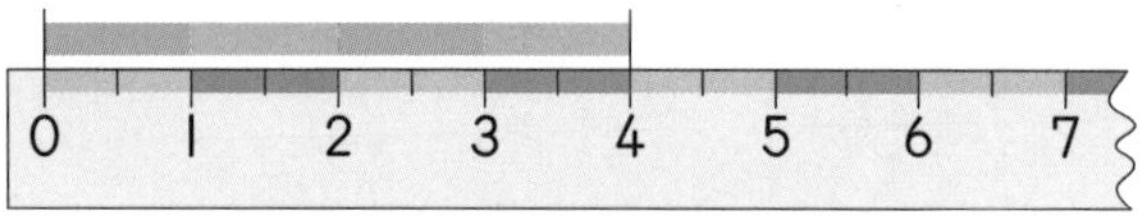

1 cm가 □번 ➜ □ cm

3

48쪽

적용

주어진 길이는 몇 cm인지 쓰세요.

(1)

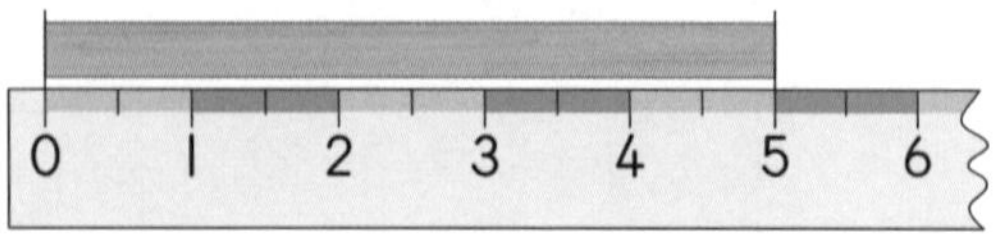

□ cm

(2)

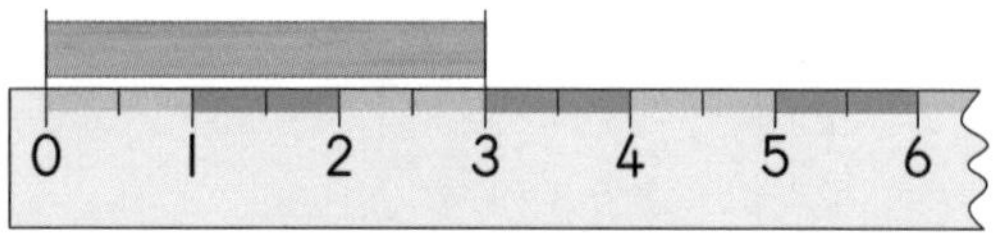

□ cm

4

적용

길이를 바르게 읽은 것을 찾아 선으로 이어 보세요.

7 cm •	• 5 센티미터
5 cm •	• 1 센티미터
1 cm •	• 7 센티미터

5

48쪽

적용

한 칸의 길이가 1 cm일 때, 주어진 길이만큼 점선을 따라 선을 그어 보세요.

(1) 3 cm

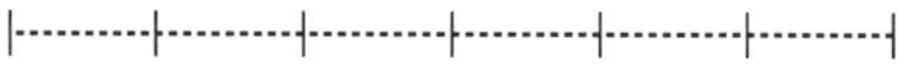

(2) 5 cm

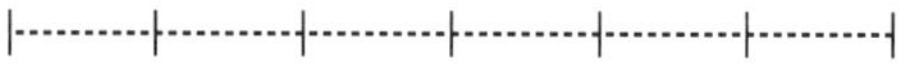

6

48쪽

의사 소통

□ 안에 알맞은 수를 써넣으세요.

(1) 2 cm는 1 cm가 □번입니다.

(2) 7 cm는 □ cm가 7번입니다.

» 정답 · 풀이 26쪽

7 49쪽 적용

같은 길이끼리 선으로 이어 보세요.

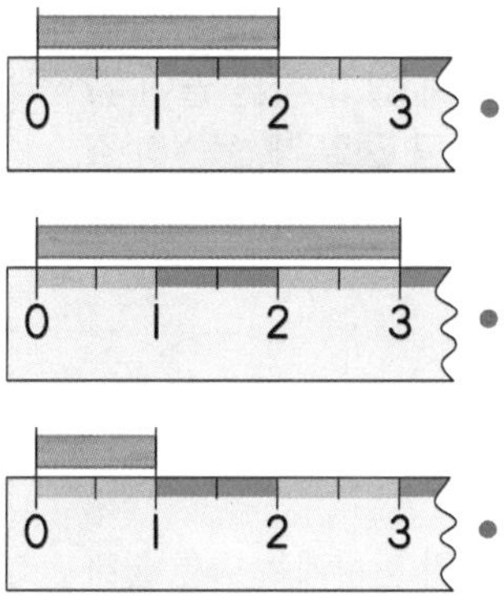

• 1 cm

• 2 cm

• 3 cm

8 49쪽 창의 융합

1 cm, 2 cm 막대가 있습니다. 이 막대들을 여러 번 사용하여 서로 다른 방법으로 6 cm를 색칠해 보세요.

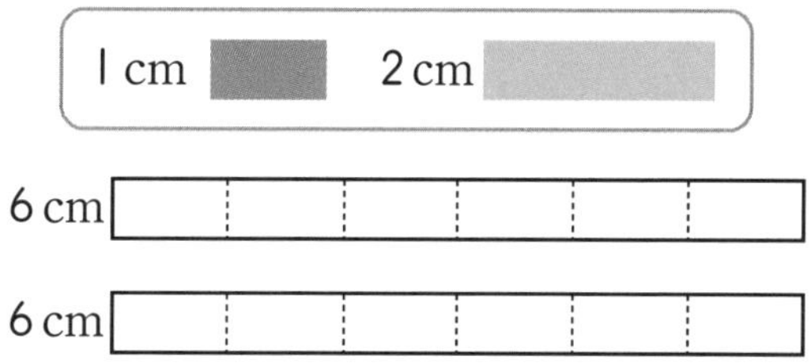

+9 49쪽 수학적 독해력

길이가 긴 것부터 차례로 기호를 쓰세요.

㉠ 13 센티미터
㉡ 11 cm
㉢ 1 cm가 10번

☐ – ☐ – ☐

독해 포인트 1 cm가 ☐번이면 ☐ cm입니다.

+10 49쪽 수학적 표현력

스케치북의 길이를 뼘과 cm로 잰 것입니다. cm로 나타내면 어떤 점이 좋은지 말해 보세요.

스케치북의 길이

긴 쪽 — 3뼘 짧은 쪽 — 2뼘	긴 쪽 — 50 cm 짧은 쪽 — 30 cm

☐으로 나타내면 사람마다 길이가 달라 스케치북의 길이를 정확하게 알 수 없지만, ☐로 나타내면 스케치북의 길이를 정확하게 알 수 있습니다.

오늘 공부 어땠나요? 10개 중 맞힌 문제 ☐개 › 틀린 문제는 힌트를 보고 다시 도전해 보세요. › 맞힌 문제는 힌트를 보고 자신의 생각과 비교해 보세요.

25일 자로 길이 재기 (1)

① 눈금 0에 맞추어 자로 길이 재기

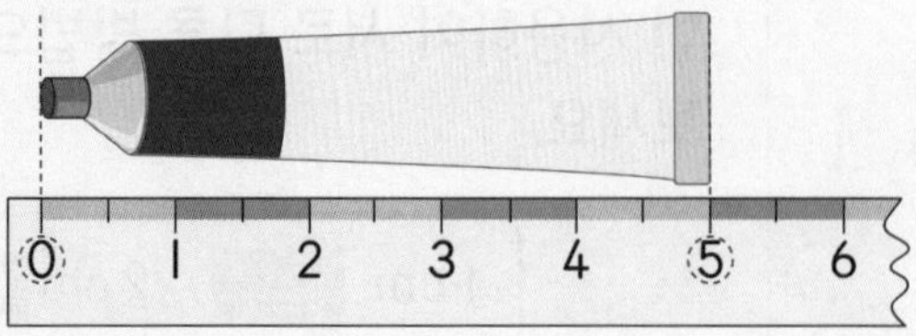

① 물감의 한끝을 자의 눈금 0에 맞춥니다.
② 물감의 다른 끝에 있는 자의 눈금을 읽습니다.
→ 물감의 길이는 5 cm입니다.

◐ 물건의 한끝이 자의 0에 맞추어져 있고 다른 끝이 자의 눈금 ■일 때, 물건의 길이는 ■cm입니다.

② 0이 아닌 눈금에 맞추어 자로 길이 재기

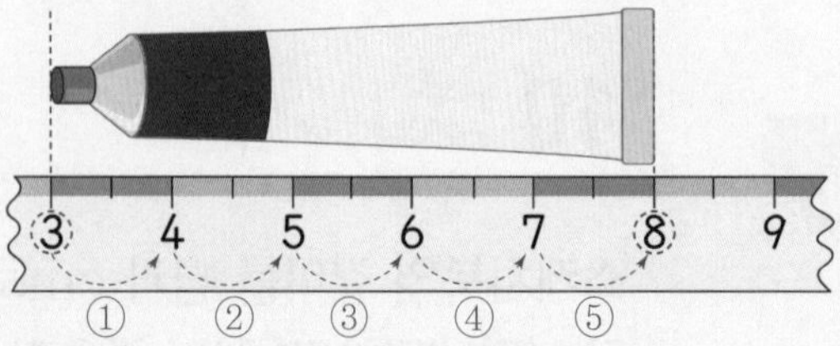

① 물감의 한끝을 자의 한 눈금에 맞춥니다.
② 그 눈금에서 다른 끝까지 1 cm가 몇 번 들어가는지 셉니다.
→ 물감의 길이는 5 cm입니다.

◐ 물건의 한끝에서 다른 끝까지 1 cm가 ▲번 들어가면, 물건의 길이는 ▲cm입니다.

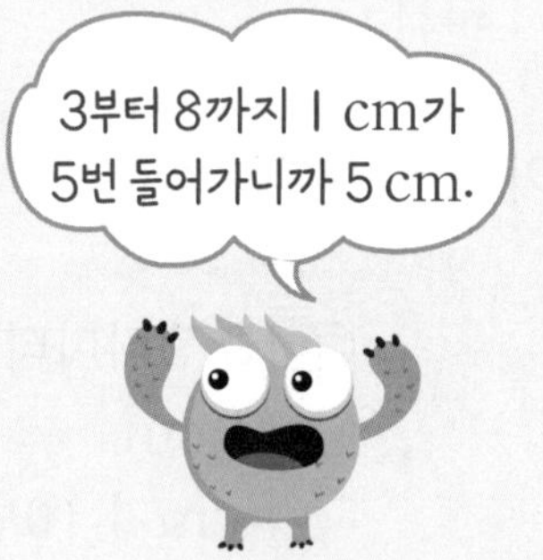

개념+ 자를 잘못 사용한 경우

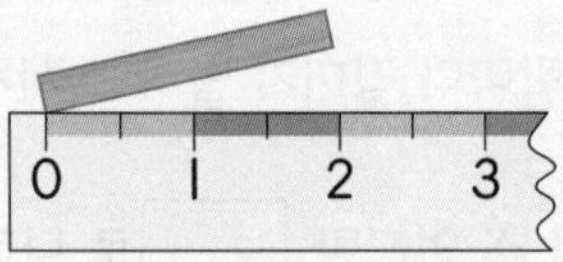

자에 물건을 반듯하게 놓아야 합니다.

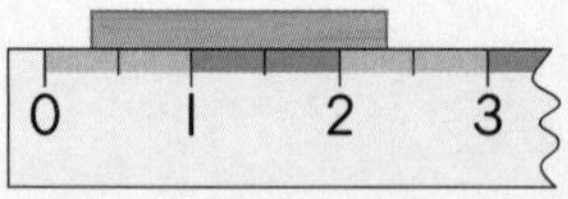

물건의 한끝을 자의 한 눈금에 맞추어야 합니다.

확인 1 그림을 보고 □ 안에 알맞은 수를 써넣으세요.

(1)

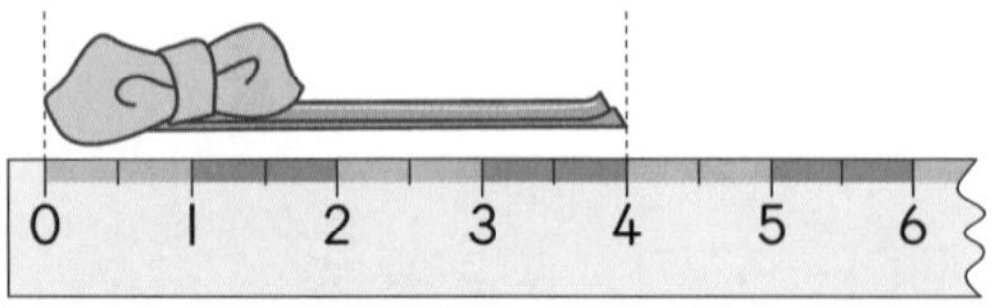

① 머리핀의 한끝을 자의 눈금 □에 맞춥니다.
② 머리핀의 다른 끝에 있는 자의 눈금은 □입니다.
→ 머리핀의 길이는 □cm입니다.

(2)

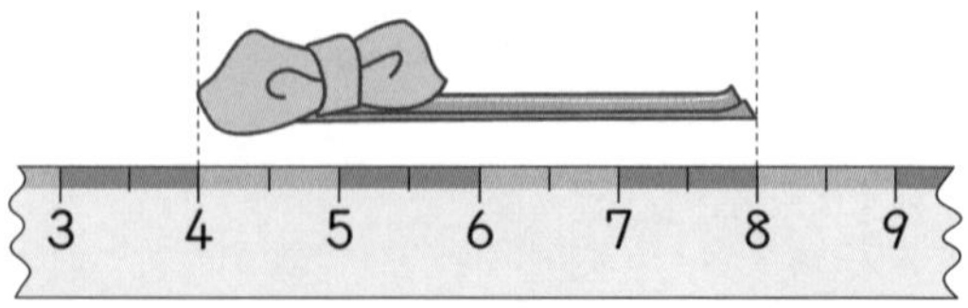

① 머리핀의 한끝을 자의 한 눈금 □에 맞춥니다.
② 머리핀의 왼쪽 끝에서부터 1 cm가 □번 들어갑니다.
→ 머리핀의 길이는 □cm입니다.

» 정답 · 풀이 27쪽

기본기 다지는 교과서 문제

1 재는 방법이 바른 것에 ○표 하세요.

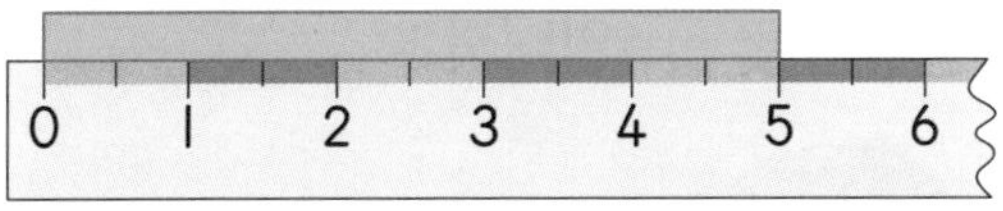

( )

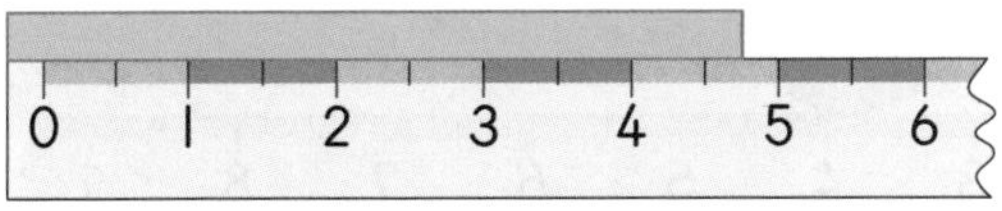

( )

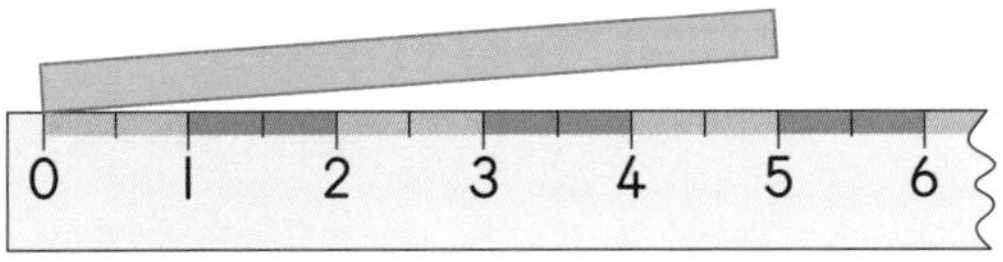

( )

2 젤리 과자의 길이를 재어 보세요.

(1)

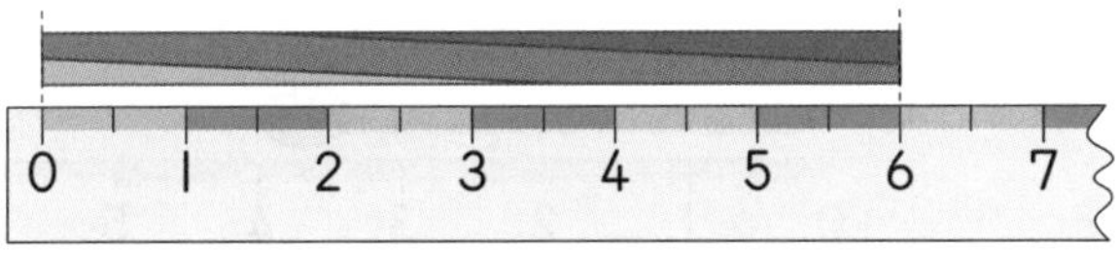

□ cm

(2)

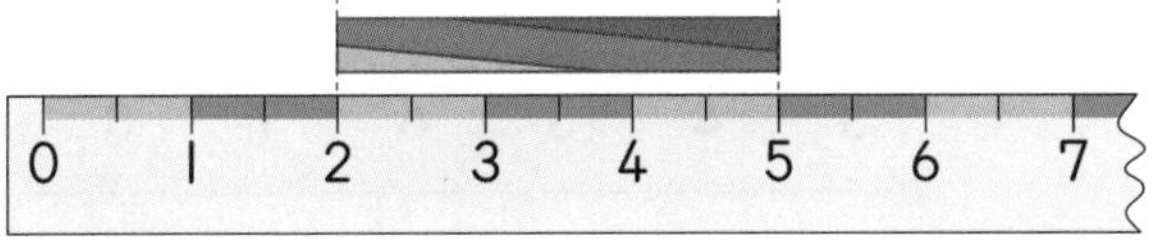

□ cm

3 연필의 길이가 더 긴 것은 어느 것일까요?

가

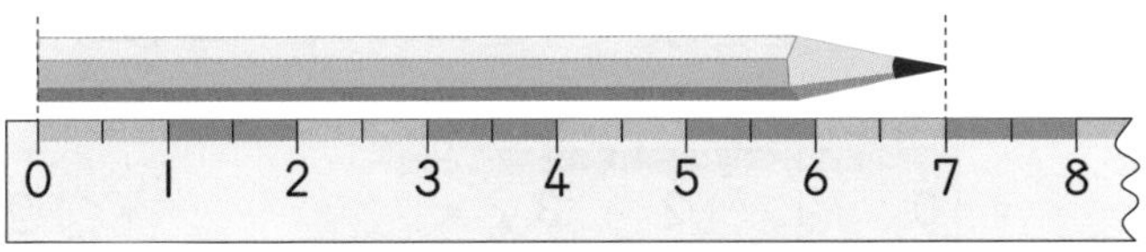

나

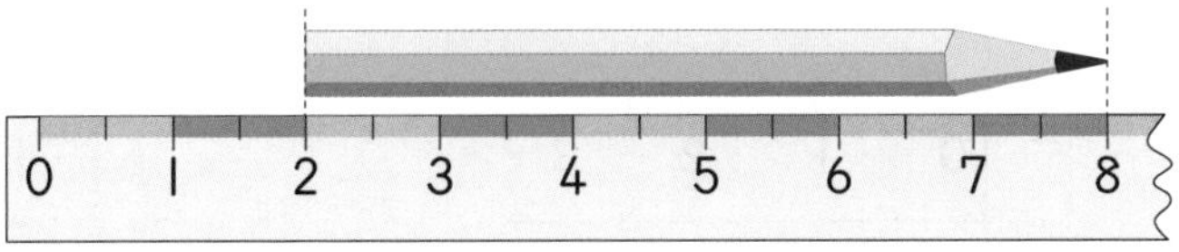

( )

개념 따라쓰기

눈금 0에 맞추어 자로 길이 재기

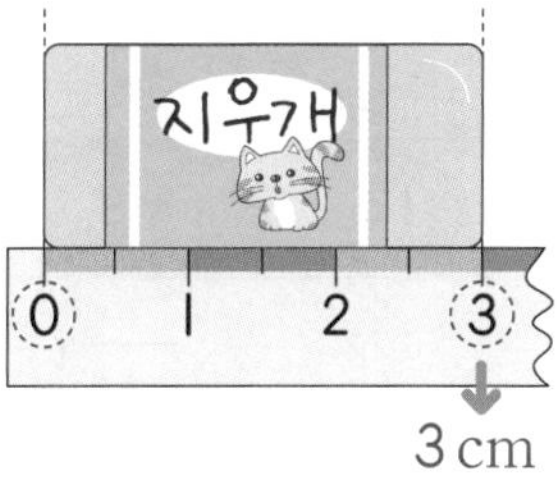

물건의 한끝을 자의 0에 맞추고 다른 끝에 있는 자의 눈금을 읽습니다.

0이 아닌 눈금에 맞추어 자로 길이 재기

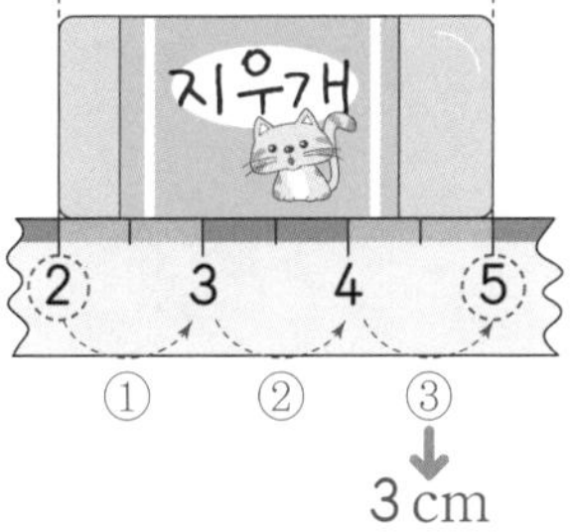

물건의 한끝을 자의 한 눈금에 맞추고, 그 눈금에서 다른 끝까지 1 cm가 몇 번 들어가는지 셉니다.

4단원

1

이해

땅콩의 길이는 몇 cm입니까?

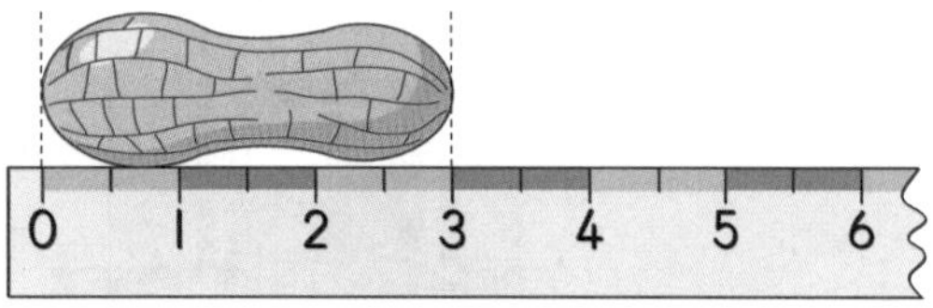

☐ cm

2

이해

빨대의 길이는 몇 cm입니까?

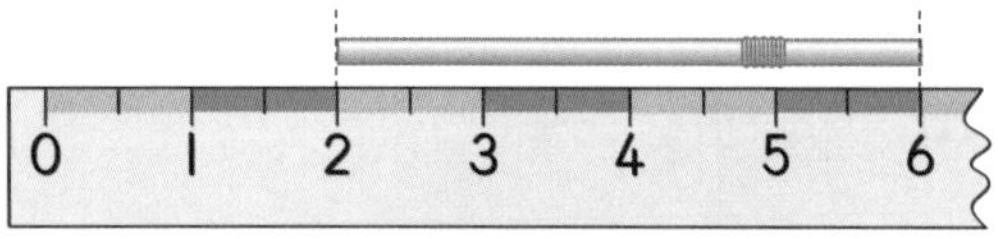

☐ cm

3

50쪽

적용

빨간색 선의 길이는 몇 cm입니까?

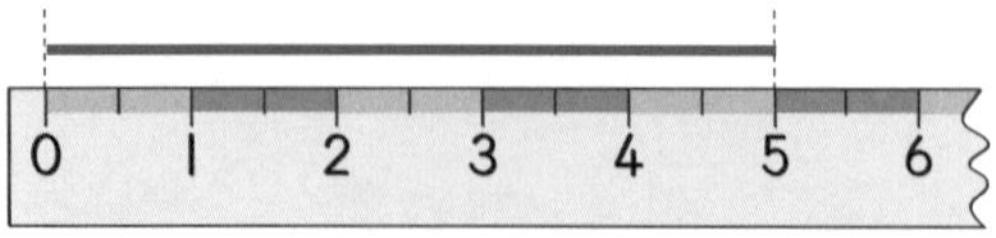

(　　　　　　)

4

50쪽

적용

열쇠의 길이는 몇 cm입니까?

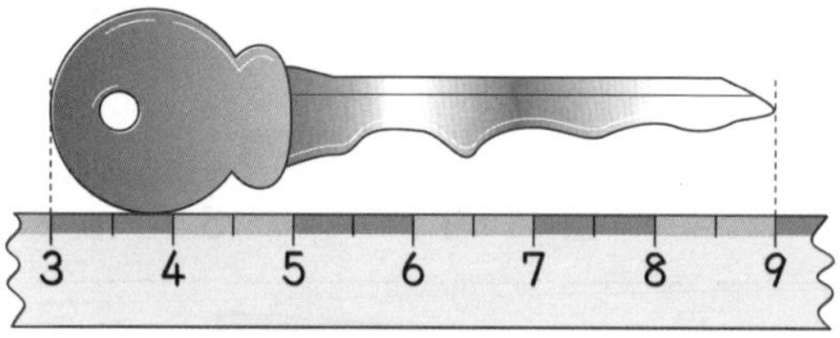

(　　　　　　)

5

50쪽

문제 해결

성냥개비의 길이가 더 짧은 것의 기호를 쓰세요.

가

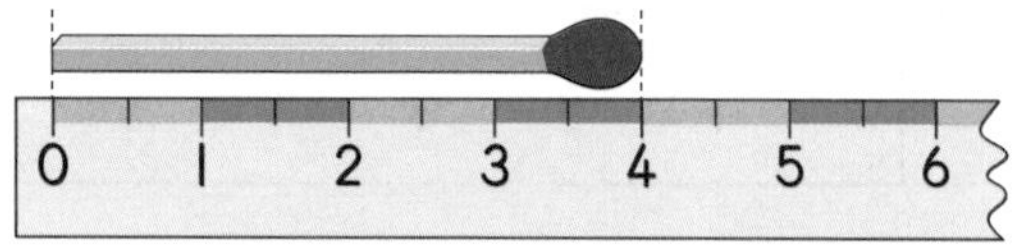

나

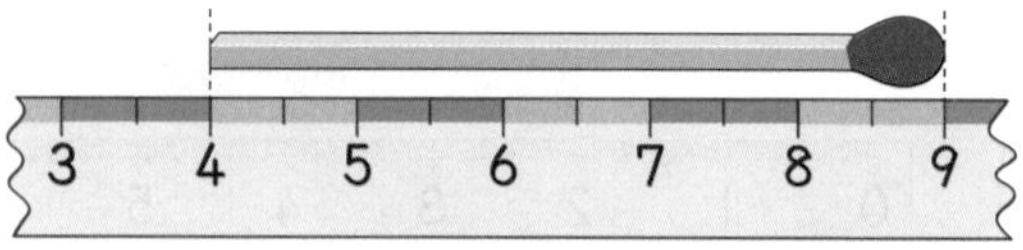

(　　　　　　)

6

50쪽

적용

길이가 같은 것끼리 선으로 이어 보세요.

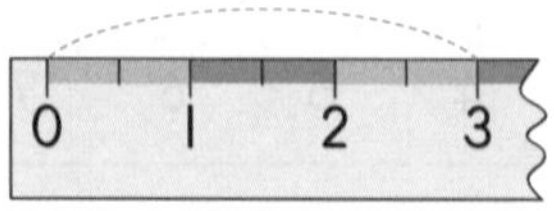

• 2 cm

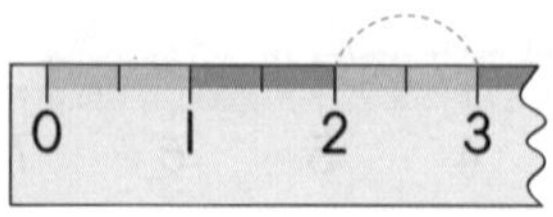

• 1 cm

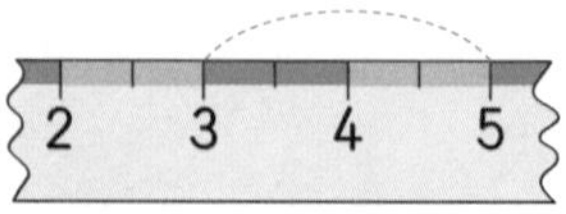

• 3 cm

» 정답 · 풀이 27쪽

7 51쪽 의사 소통

재는 방법이 바른 것의 기호를 모두 찾아 쓰세요.

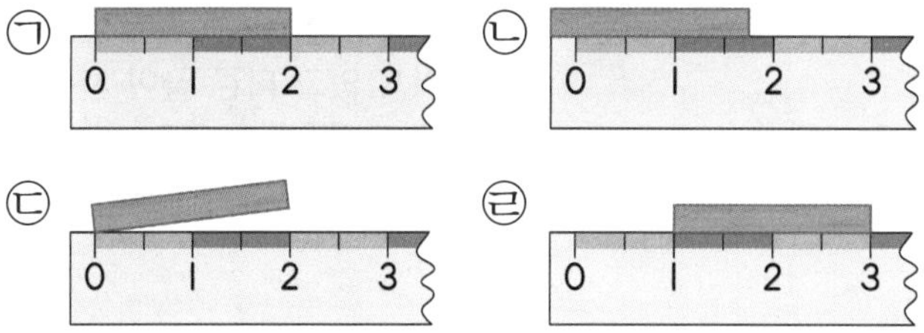

(　　　　　　　　)

8 51쪽 창의 융합

색 테이프의 길이가 다른 하나를 찾아 기호를 쓰세요.

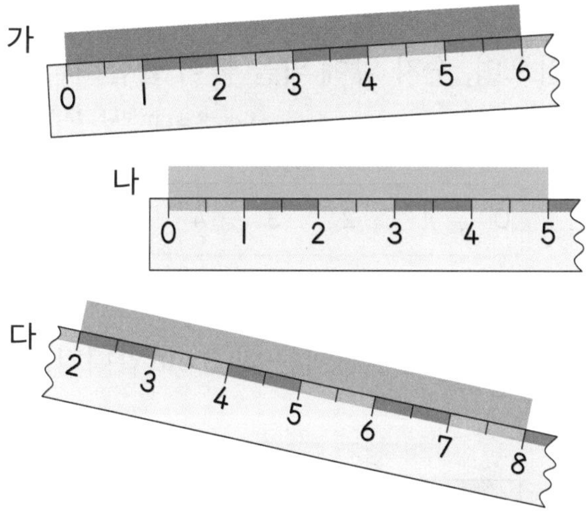

(　　　　　　　　)

+9 51쪽 수학적 독해력

크레파스의 길이가 더 긴 것은 무엇인지 기호를 쓰세요.

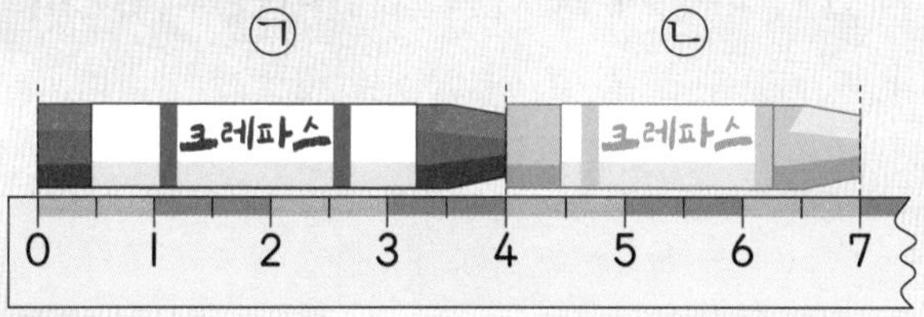

(　　　　　　　　)

독해 포인트 1 cm 눈금이 많이 들어갈수록 길이가 더 깁니다.

+10 51쪽 수학적 표현력

㉠과 ㉡ 중 어느 것이 더 긴지 설명해 보세요.

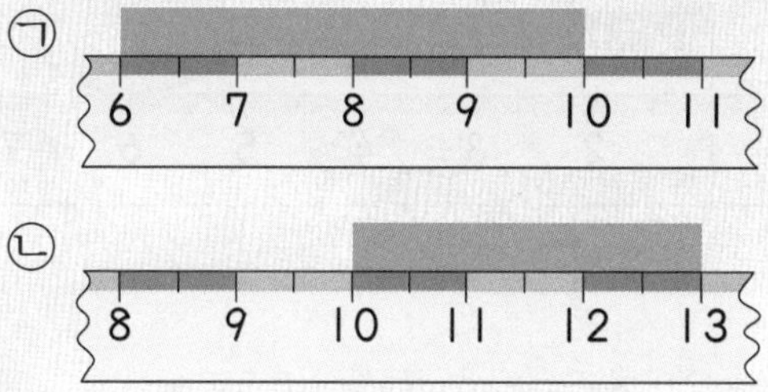

㉠은 1 cm가 ☐번 있으므로 ☐ cm이고, ㉡은 1 cm가 ☐번 있으므로 ☐ cm입니다. 따라서 ☐의 길이가 더 깁니다.

오늘 공부 어땠나요? 10개 중 맞힌 문제 ☐개 > **틀린 문제**는 힌트를 보고 다시 도전해 보세요. > **맞힌 문제**는 힌트를 보고 자신의 생각과 비교해 보세요.

26일 자로 길이 재기 (2)

① 자로 길이를 재어 약 몇 cm로 나타내기

길이가 자의 눈금 사이에 있을 때에는 가까이에 있는 쪽의 숫자를 읽으며, 숫자 앞에 **약**을 붙여 말합니다.

◐ 물건의 한끝이 자의 0에 맞추어져 있고 다른 끝이 자의 눈금 ▒에 가까울 때, 물건의 길이는 약 ▒ cm입니다.

①

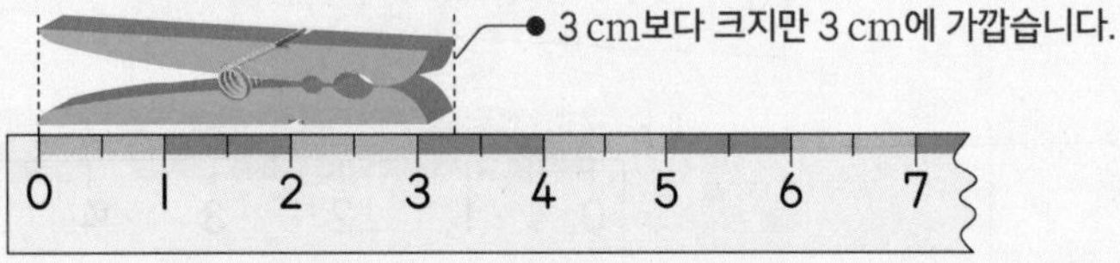

집게의 오른쪽 끝이 3 cm에 가깝습니다.

➔ 집게의 길이는 **약 3 cm**입니다.

②

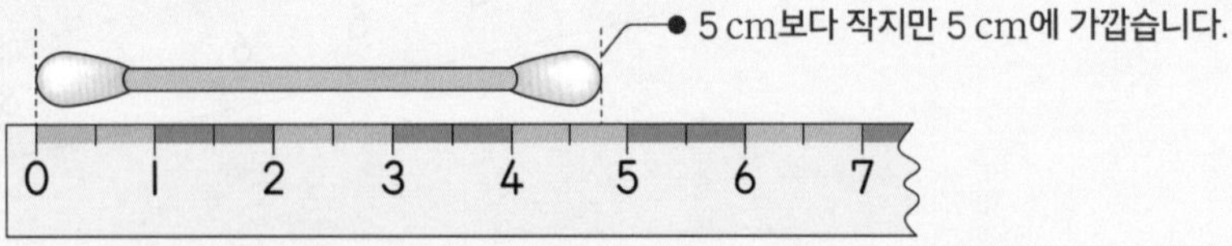

면봉의 오른쪽 끝이 5 cm에 가깝습니다.

➔ 면봉의 길이는 **약 5 cm**입니다.

개념+ 0부터 길이를 재지 않은 경우

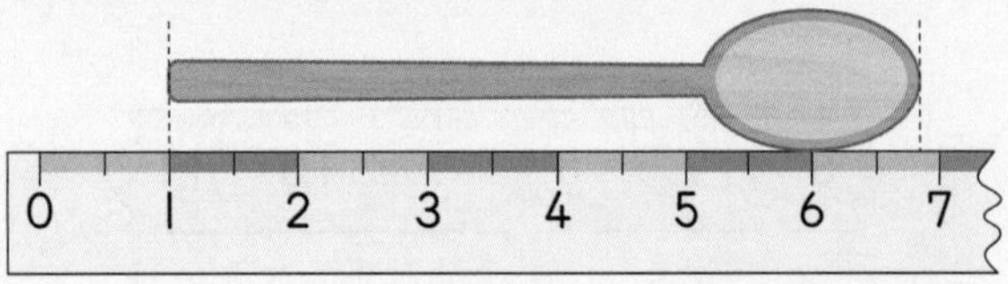

숟가락의 오른쪽 끝이 7 cm에 가깝지만 1 cm부터 재었기 때문에 숟가락의 길이는 **약 6 cm**입니다.

확인 1 그림을 보고 □ 안에 알맞은 수를 써넣으세요.

(1)

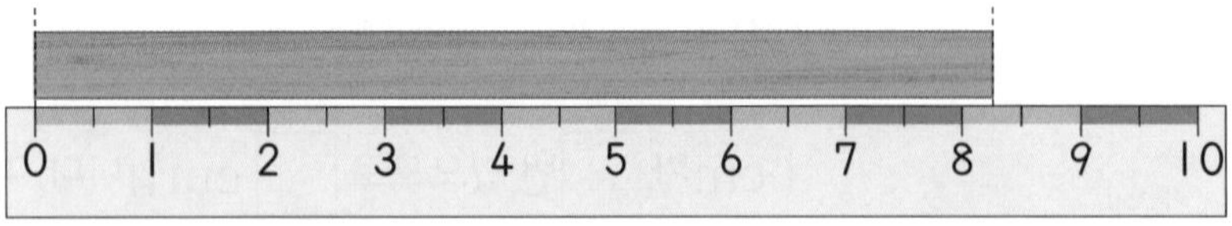

막대의 오른쪽 끝이 □ cm에 가깝습니다. ➔ 막대의 길이는 약 □ cm입니다.

(2)

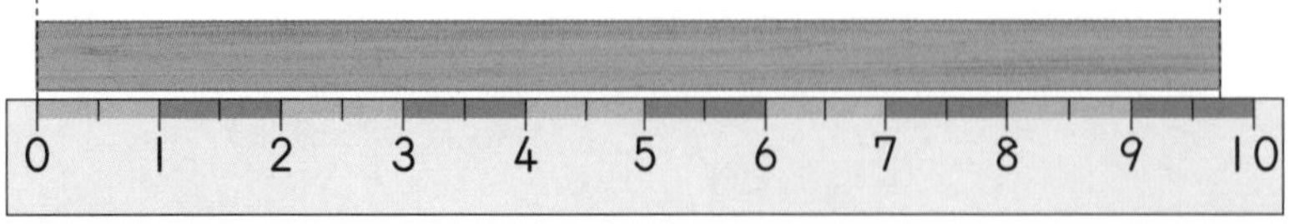

막대의 오른쪽 끝이 □ cm에 가깝습니다. ➔ 막대의 길이는 약 □ cm입니다.

기본기 다지는 교과서 문제

» 정답 · 풀이 28쪽

1 색연필의 길이를 알아보세요.

(1)

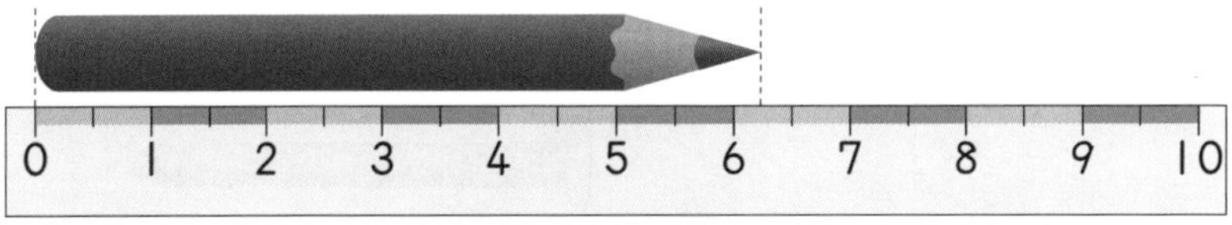

약 ☐ cm

(2)

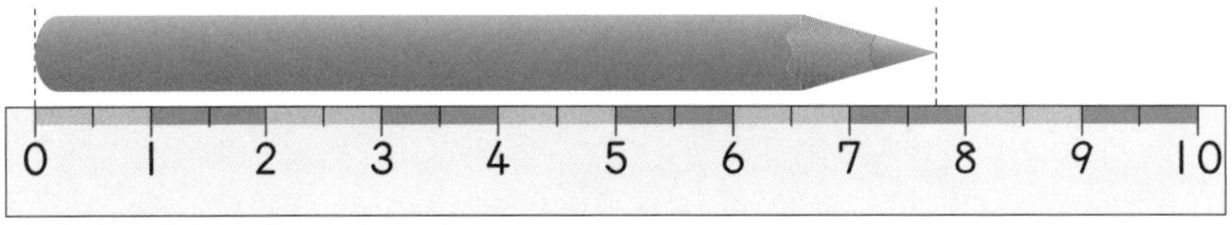

약 ☐ cm

2 리본의 길이를 알아보세요.

(1)

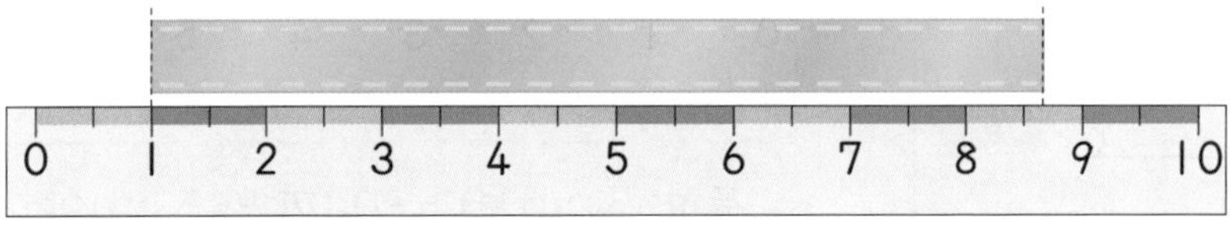

약 ☐ cm

(2)

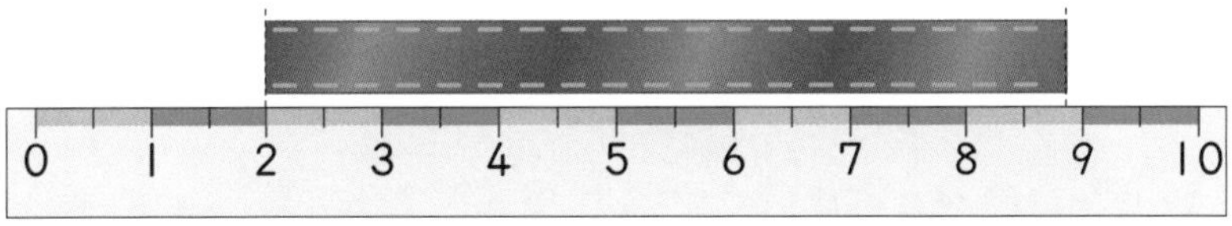

약 ☐ cm

3 자석의 길이는 약 몇 cm입니까?

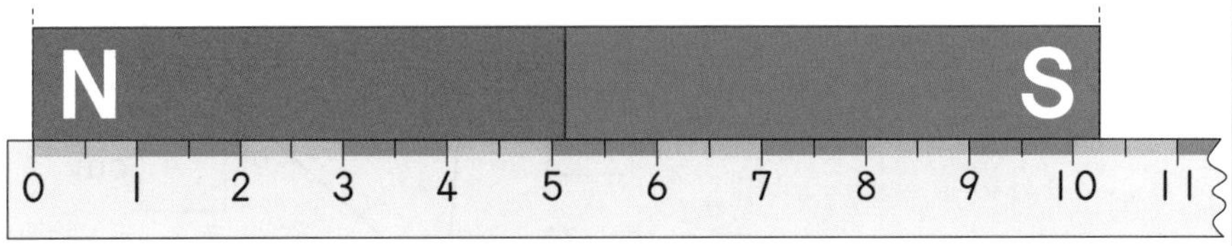

약 ☐ cm

개념 따라쓰기

길이가 자의 눈금 사이에 있을 때 길이 재기

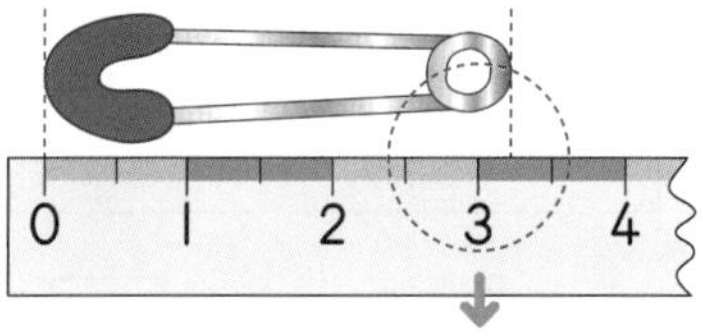

약 3 cm

길이가 자의 눈금 사이에 있을 때 가까이에 있는 쪽의 숫자를 읽으며, 숫자 앞에 '약'을 붙여 말합니다.

4단원

스스로 풀어내는 도전 10 문제

막힐 때 힌트북

1

이해

☐ 안에 알맞은 수를 써넣으세요.

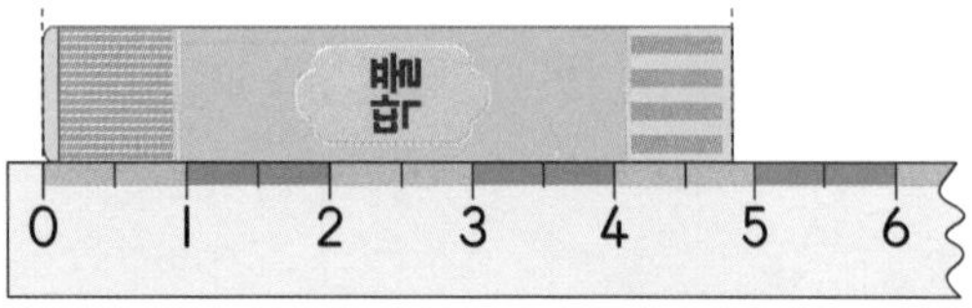

• 딱풀의 한쪽 끝이 ☐ cm 눈금에 가깝습니다.

• 딱풀의 길이는 약 ☐ cm입니다.

2

52쪽

적용

☐ 안에 알맞은 수를 써넣으세요.

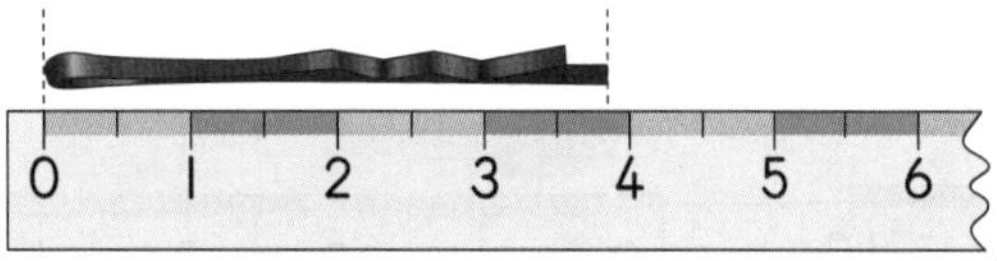

➔ 머리핀의 길이는 약 ☐ cm입니다.

3

52쪽

적용

클립의 길이는 약 몇 cm입니까?

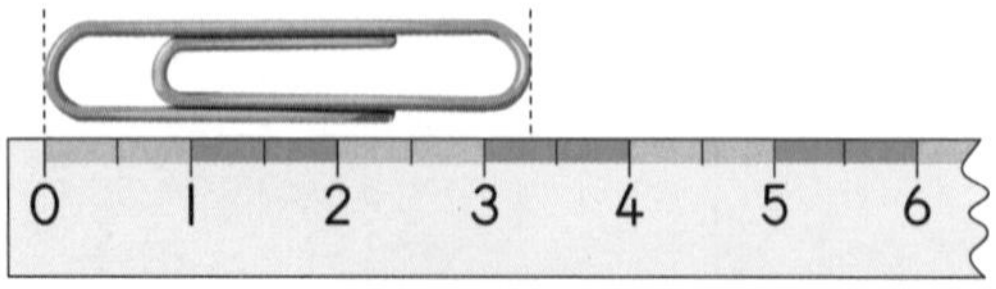

약 ☐ cm

4

52쪽

적용

못의 길이는 약 몇 cm입니까?

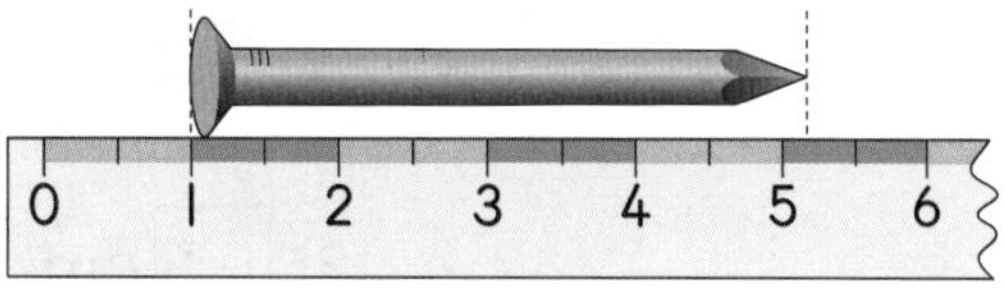

약 ☐ cm

5

52쪽

추론

장난감의 길이를 바르게 잰 사람은 누구일까요?

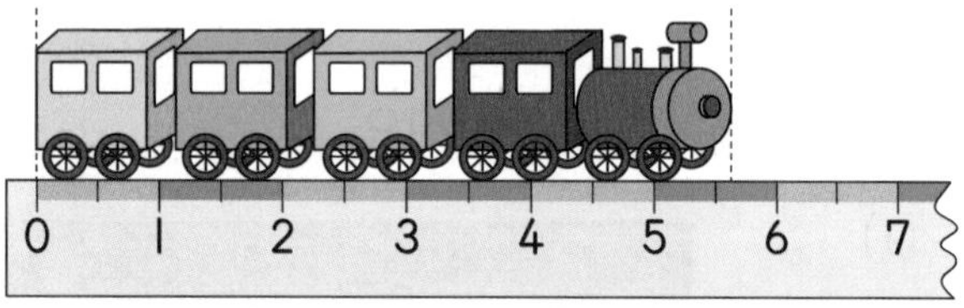

윤하: 5 cm보다 크니까 약 5 cm야.
민호: 6 cm에 가까우니까 약 6 cm야.

(   )

6

창의 융합

삼각형의 세 변의 길이를 재어, ☐ 안에 알맞은 수를 써넣으세요.

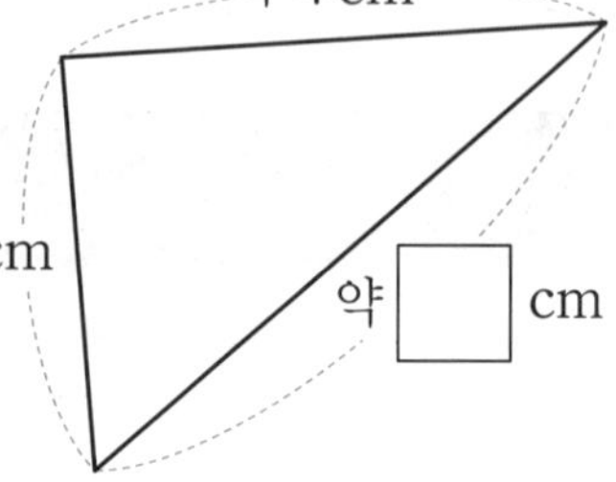

약 4 cm

약 ☐ cm

약 ☐ cm

» 정답 · 풀이 28쪽

조금 더 **어려운 문제**에 도전해 볼까요?

7 53쪽 적용

과자의 길이는 약 몇 cm입니까?

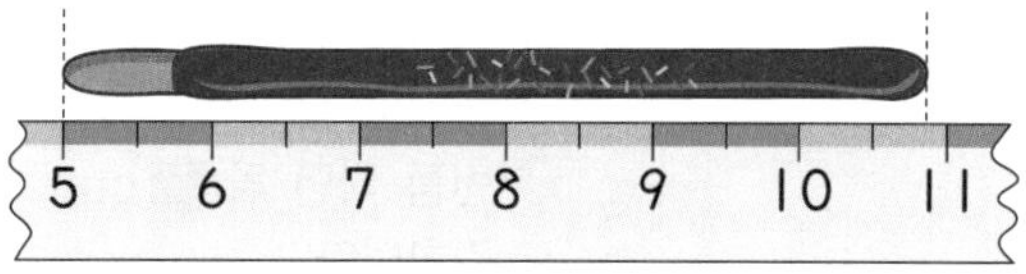

(　　　　　　　　)

8 53쪽 의사 소통

두 개의 색 테이프의 길이를 잰 것입니다. ㉠과 ㉡의 합을 구하세요.

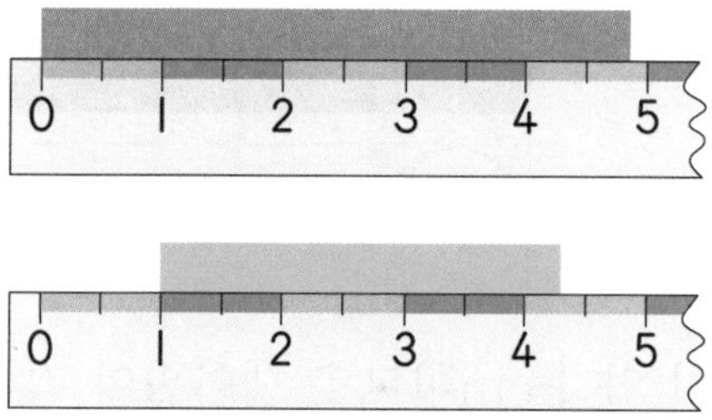

(　　　　　　　　)

4 단원

+9 53쪽 수학적 독해력

길이가 1 cm쯤 되는 막대로 사탕의 길이를 재었습니다. 사탕의 길이가 막대로 4번 잰 것과 같을 때 사탕의 길이는 약 몇 cm일까요?

(　　　　　　　　)

독해 포인트 '1 cm쯤'은 '약 1 cm'로 나타낼 수 있습니다.

+10 53쪽 수학적 표현력

지혜는 길이가 약 7 cm인 색연필을 모았습니다. 색연필의 길이가 조금씩 다른 이유를 말해 보세요.

'☐'이라고 나타낸 길이는 정확한 길이가 아니라 자의 센티미터 눈금에 가장 가깝게 나타낸 값입니다. 따라서 길이가 ☐ 7 cm인 연필이라도 실제 길이는 다를 수 있습니다.

오늘 공부 어땠나요? 10개 중 맞힌 문제 ☐ 개 › **틀린 문제**는 힌트를 보고 다시 도전해 보세요. › **맞힌 문제**는 힌트를 보고 자신의 생각과 비교해 보세요.

27일 길이 어림하기

① 길이 어림하기

어림한 길이를 말할 때에는 숫자 앞에 **약**을 붙여 말합니다.

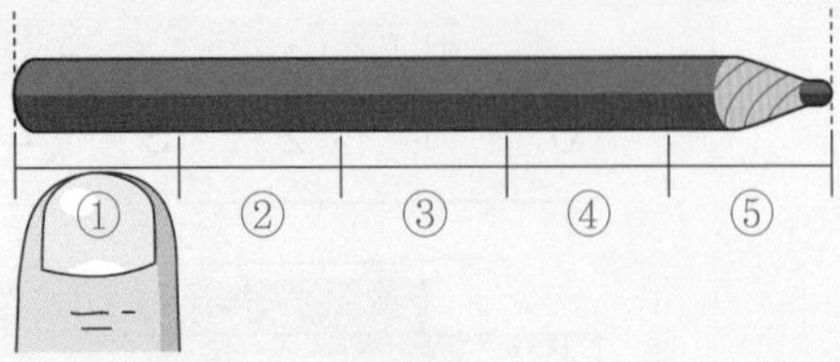

엄지손톱이 약 1 cm이므로 색연필의 길이를 손가락을 옮겨가며 어림합니다. → 엄지손톱이 5번이므로 어림한 길이는 **약 5 cm**입니다.

1 cm로 어림하기
물건의 길이가 1 cm가 ■번쯤 되면 약 ■ cm로 어림합니다.

1 cm, 5 cm, 10 cm의 길이를 어림하면, 자가 없어도 물건의 길이를 비교적 정확하게 어림할 수 있습니다.

② 자로 재어 어림한 길이와 비교하기

어림한 길이와 자로 잰 길이가 가까울수록 더 잘 어림한 것입니다.

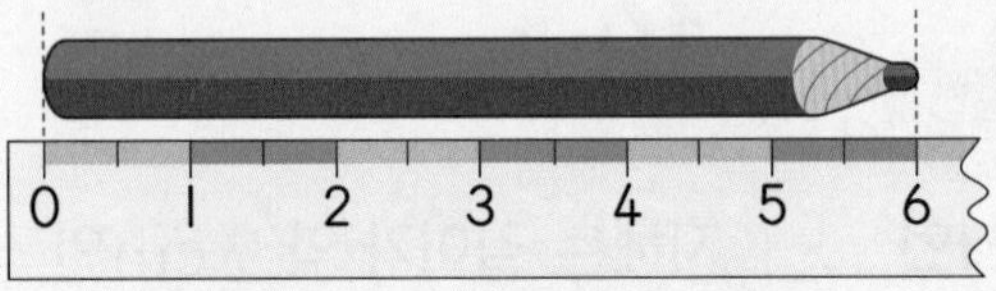

물건	사람	어림한 길이	자로 잰 길이
색연필	슬기	약 5 cm	6 cm
	윤하	약 6 cm	

→ 더 잘 어림한 사람은 윤하입니다.

확인 1 그림을 보고 □ 안에 알맞은 수를 써넣으세요.

(1)

껌의 길이는 1 cm가 7번쯤 될 것 같습니다.

→ 껌의 길이는 약 □ cm라고 어림했습니다.

(2)

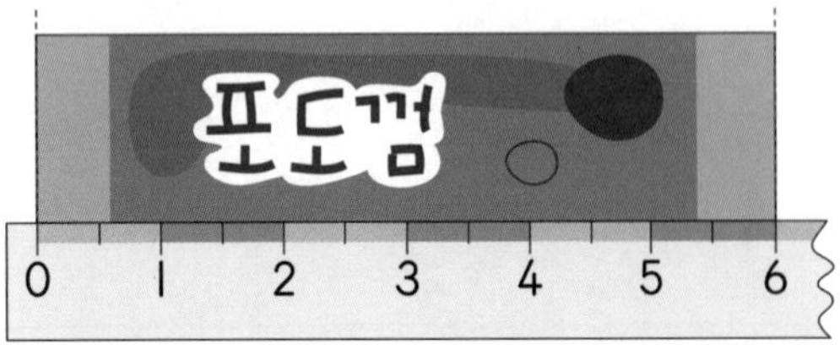

→ 껌의 길이를 자로 재어 보면 □ cm입니다.

(3) 어림한 길이와 자로 잰 길이는 □ cm만큼 차이가 납니다.

기본기 다지는 교과서 문제

» 정답 · 풀이 29쪽

1 선의 길이를 어림하고 자로 재어 확인해 보세요.

선	어림한 길이	자로 잰 길이
	약 cm	cm
	약 cm	cm
	약 cm	cm

2 물건의 길이를 어림하고 자로 재어 확인해 보세요.

(1)

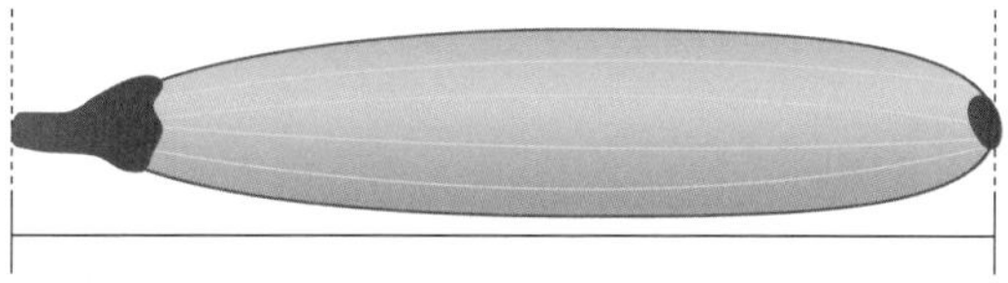

어림한 길이	약 cm
자로 잰 길이	cm

(2)

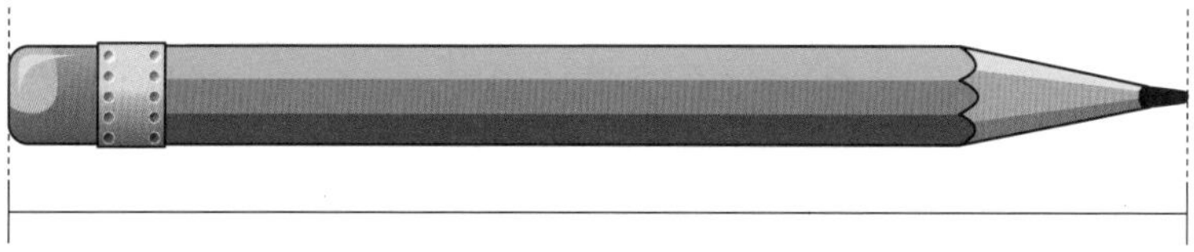

어림한 길이	약 cm
자로 잰 길이	cm

3 알맞은 길이를 찾아 선으로 이어 보세요.

급식판의 긴 쪽의 길이 •	• 180 cm
클립의 길이 •	• 40 cm
냉장고의 긴 쪽의 길이 •	• 3 cm

개념 따라쓰기

어림한 길이 말하기

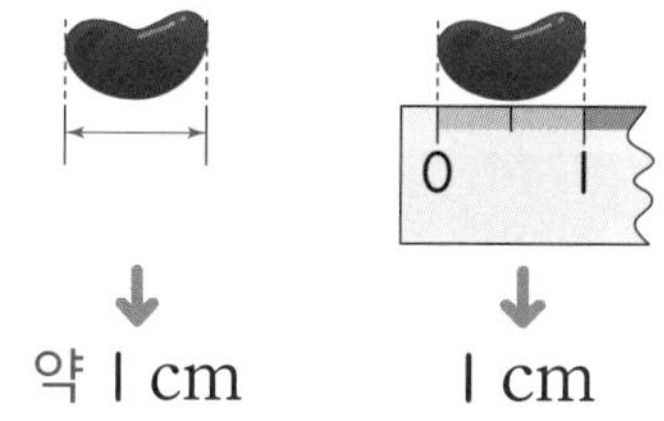

어림한 길이를 말할 때에는 숫자 앞에 '약'을 붙여 말합니다.

길이 어림하기

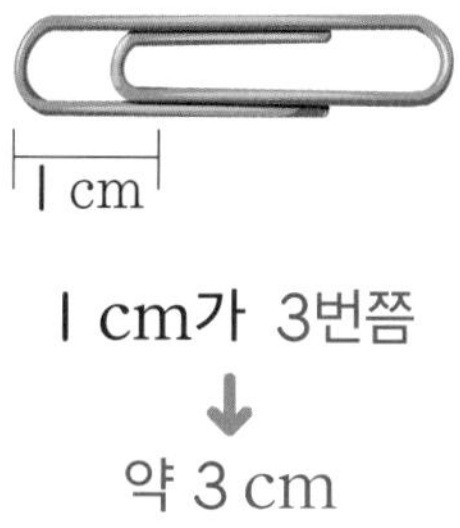

물건의 길이가 1 cm가 ■번쯤 되면 약 ■ cm로 어림합니다.

4단원

스스로 풀어내는 도전 10 문제

막힐 때 힌트북

1 이해

막대의 길이를 1 cm의 막대와 비교하여 어림하고 자로 재어 확인하세요.

- 어림한 길이는 약 ☐ cm입니다.
- 자로 잰 길이는 ☐ cm입니다.

2 54쪽 이해

건전지의 길이를 어림하고 자로 재어 확인하세요.

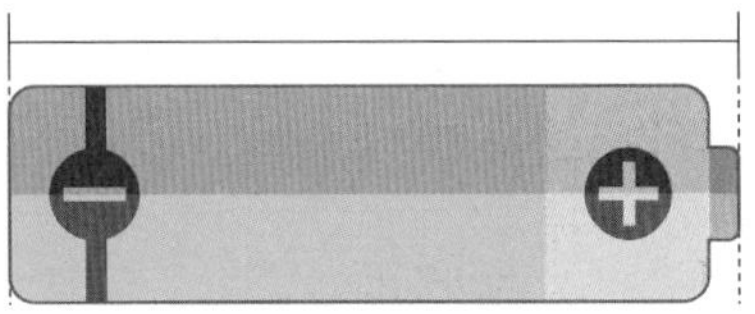

어림한 길이: ☐ cm

자로 잰 길이: ☐ cm

3 적용

길이를 어림하여 선을 그어 보세요.

1 cm ├┄┄┄┄┄┄┄┄┄┄┄┄┄┄┄┄

5 cm ├┄┄┄┄┄┄┄┄┄┄┄┄┄┄┄┄

4 54쪽 적용

젓가락의 길이를 어림하고 자로 재어 보았습니다. ☐ 안에 알맞은 수를 쓰고, 알맞은 말에 ○표 하세요.

어림한 길이	약 16 cm
자로 잰 길이	20 cm

➜ 어림한 길이는 실제 길이보다 약 ☐ cm 더 (깁니다 , 짧습니다).

5 54쪽 문제 해결

☐ 안에 들어갈 알맞은 길이를 골라 문장을 완성하세요.

1 cm　　30 cm　　180 cm

(1) 콩의 길이는 약 ☐ 입니다.

(2) 아빠의 키는 약 ☐ 입니다.

6 54쪽 적용

실제 길이가 8 cm인 가위를 다음과 같이 어림하였습니다. 더 가깝게 어림한 사람은 누구일까요?

민호	약 7 cm
영민	약 10 cm

(　　　　　　)

» 정답 · 풀이 29쪽

7 55쪽 추론

초록색 테이프의 길이가 2 cm일 때 노란색 테이프의 길이는 약 몇 cm인지 어림하여 보세요.

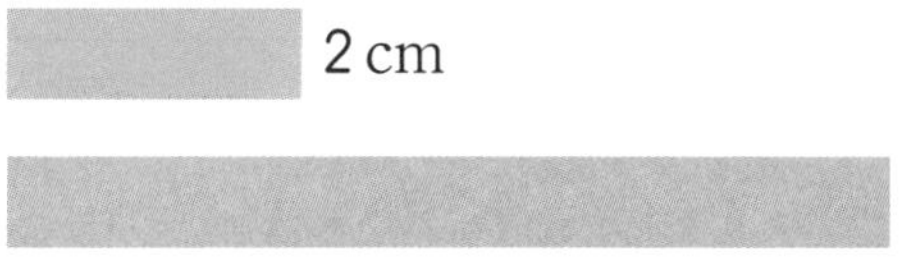

(   )

8 55쪽 창의 융합

과자의 길이를 어림하여 빨간색 선을 그었습니다. 실제 길이에 더 가깝게 어림한 것의 기호를 쓰세요.

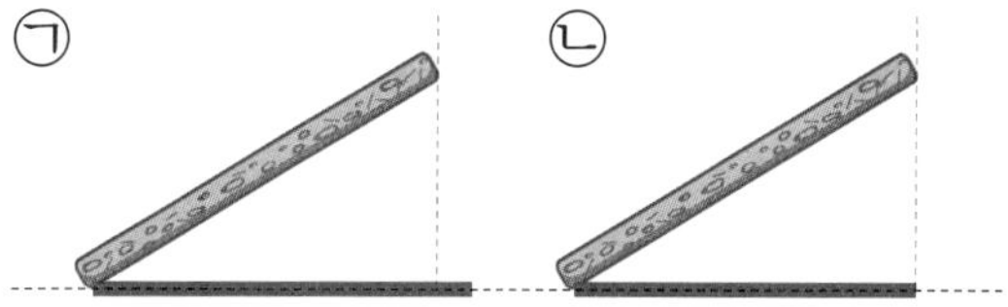

(   )

+9 55쪽 수학적 독해력

리코더의 길이를 지혜는 약 45 cm로 어림하였고, 슬기는 지혜보다 4 cm 더 길게 어림하였습니다. 리코더의 실제 길이는 슬기가 어림한 길이보다 3 cm 길었습니다. 리코더의 실제 길이는 몇 cm일까요?

(   )

🔍 **독해 포인트** 리코더의 실제 길이는 '슬기가 어림한 길이보다 3 cm 더' 깁니다.

+10 55쪽 수학적 표현력

빨간색 선과 파란색 선의 길이를 어림하여 비교하고 자로 재어 확인해 보세요.

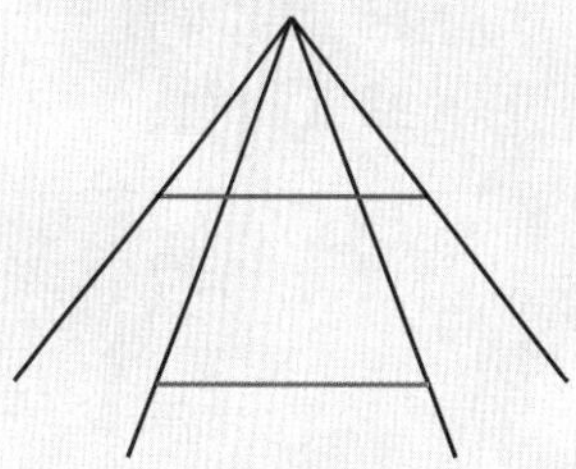

어림하면 ☐색 선이 ☐색 선보다 더 길어 보입니다. 그러나 실제로 자로 재어 보면 빨간색 선과 파란색 선 모두 ☐ cm로 길이가 똑같습니다.

오늘 공부 어땠나요? 10개 중 맞힌 문제 ☐ 개 〉 **틀린 문제**는 힌트를 보고 다시 도전해 보세요. 〉 **맞힌 문제**는 힌트를 보고 자신의 생각과 비교해 보세요.

4단원

01 책상의 긴 쪽의 길이는 몇 뼘인지 재어 보세요.

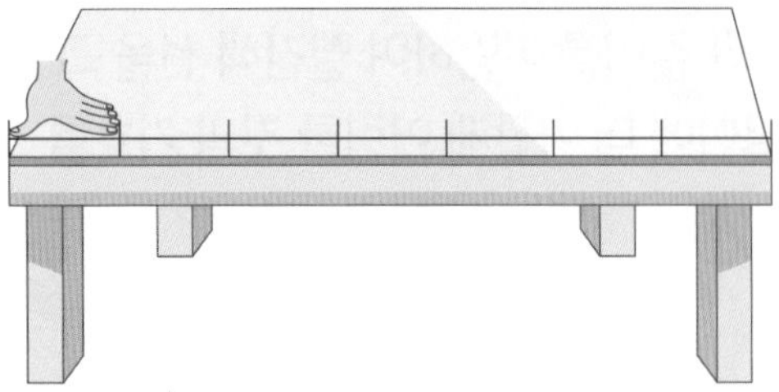

( )뼘

02 종욱이가 뼘으로 물건의 길이를 잰 것입니다. 길이가 가장 긴 것은 무엇일까요?

- 쟁반의 긴 쪽: 6뼘
- 숟가락: 4뼘
- 포크: 1뼘

( )

03 색 테이프의 길이는 딱풀과 성냥개비로 각각 몇 번인지 쓰세요.

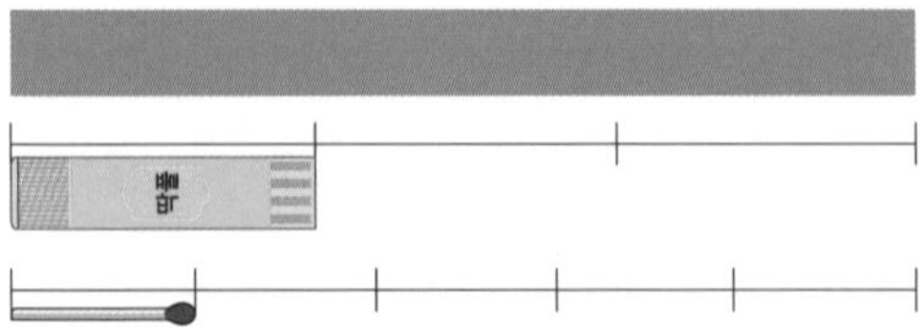

딱풀로 ( )번
성냥개비로 ( )번

04 □ 안에 알맞은 수를 써넣으세요.

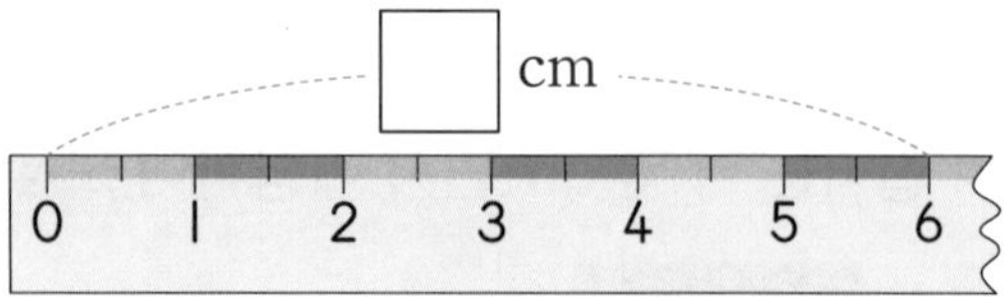

05 그림을 보고 □ 안에 알맞은 수를 써넣으세요.

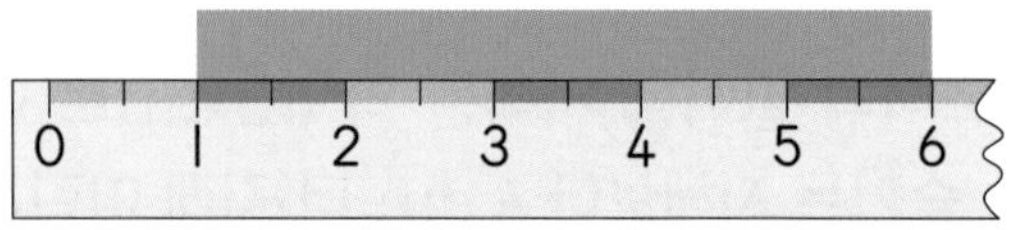

➜ 끈의 길이는 □ cm입니다.

06 과자의 길이는 약 몇 cm입니까?

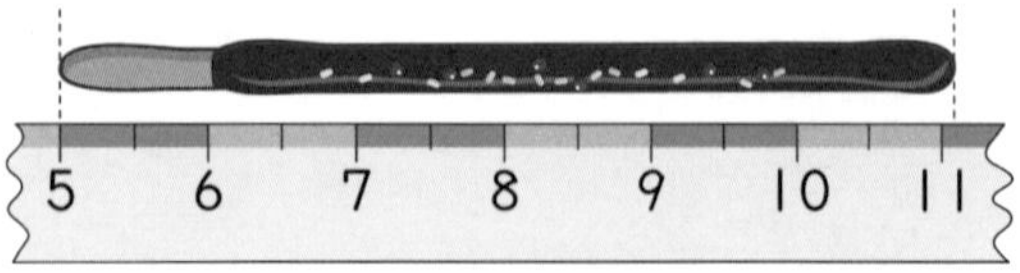

약 □ cm

07 개미가 과일을 먹으러 가려고 합니다. 빨간색 선을 따라갈 때 개미가 지나간 길은 몇 cm일까요? (단, 그림에서 작은 사각형의 한 변의 길이는 1 cm로 모두 같습니다.)

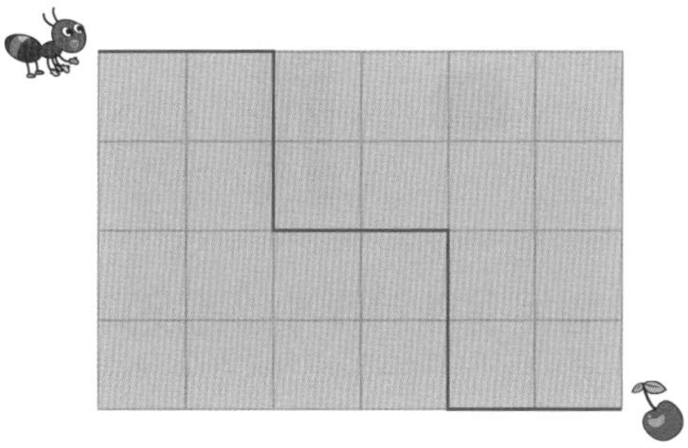

(   )

08 학교에서 가장 가까운 곳은 누구네 집일까요?

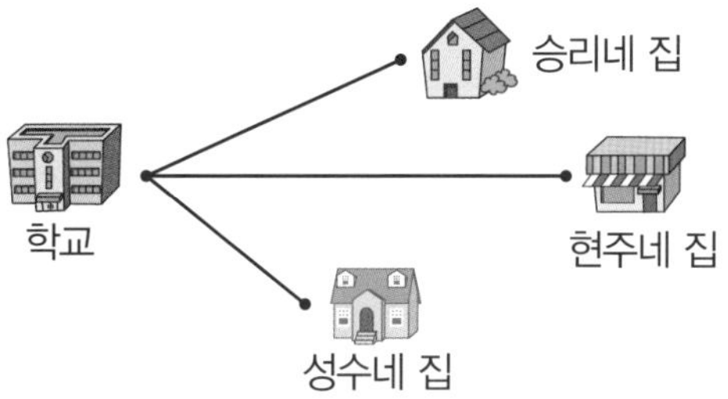

(   )

09 길이가 28 cm인 화분의 길이를 어림한 것입니다. 실제 길이에 가장 가깝게 어림한 사람은 누구일까요?

서준	슬기	로운
약 30 cm	약 25 cm	약 27 cm

(   )

서술형

10 물감의 길이를 재는 모습입니다. 잘못 잰 이유를 설명해 보세요.

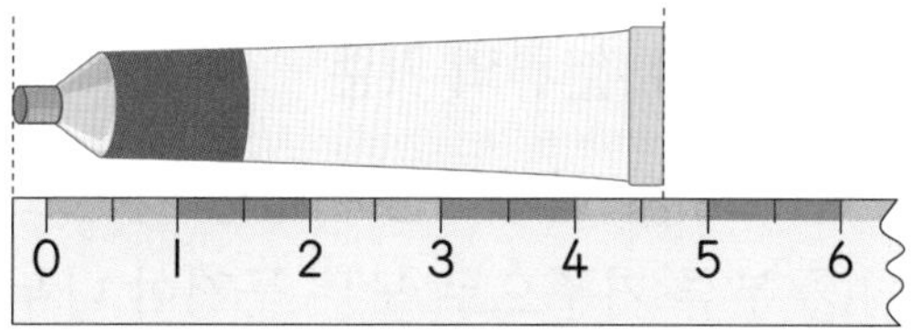

[이유] ______________________________

____

____

28일 분류하는 방법 알아보기

① 분류 알아보기

어떤 기준을 정해서 나누는 것을 분류라고 합니다.

① 예쁜 옷과 예쁘지 않은 옷으로 분류하기

예쁜 옷	예쁘지 않은 옷

➜ 분류하는 사람에 따라 결과가 다를 수 있습니다.

② 위에 입는 옷과 아래에 입는 옷으로 분류하기

위에 입는 옷	아래에 입는 옷

➜ 누가 분류해도 결과가 같습니다.

분류할 때에는 분명한 기준을 정하여 분류해야 합니다.

개념+ 분류의 기준

① 모두가 인정하는 분명한 기준으로 분류합니다.
② 분류 기준으로 모든 물건이 나누어져야 합니다.

확인 1 과일을 두 가지 기준으로 분류한 것입니다. 알맞은 것에 ○표 하세요.

㉮ 색깔에 따라 분류하기

빨간색 과일	노란색 과일

㉯ 맛있는 것과 맛없는 것으로 분류하기

맛있는 과일	맛없는 과일

(1) 누가 분류해도 결과가 같은 것은 (㉮ , ㉯)입니다.

(2) 분류한 기준으로 과일을 찾을 때 정확하게 찾을 수 있는 것은 (㉮ , ㉯)입니다.

» 정답 · 풀이 31쪽

기본기 다지는 교과서 문제

1 분류 기준으로 알맞은 것에 ○표 하세요.

날 수 있는 것과 날 수 없는 것	좋아하는 것과 좋아하지 않는 것
( )	( )

2 분류 기준으로 알맞은 것을 모두 찾아 ○표 하세요.

(   ) 동그란 모양과 하트 모양
(   ) 예쁜 것과 예쁘지 않은 것
(   ) 빨간색과 파란색
(   ) 맛있는 것과 맛없는 것

개념 따라쓰기

분류 알아보기

색깔에 따라 나누기

분류는 어떤 기준을 정해서 나누는 것을 말합니다.

분류하는 방법

맛있는 것과 맛없는 것으로 나누기

? | ?

분류한 사람에 따라 결과가 다릅니다.

분류할 때에는 분명한 기준을 정하여 분류해야 합니다.

5단원

1 이해

분류 기준으로 알맞은 것을 모두 찾아 ○표 하세요.

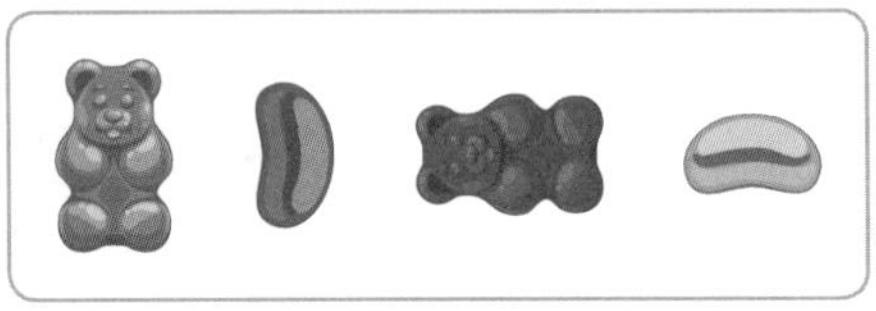

(   ) 빨간색과 보라색
(   ) 곰돌이 모양과 강낭콩 모양
(   ) 귀여운 것과 귀엽지 않은 것

2 56쪽 적용

모양을 기준으로 분류할 수 있는 것에 ○표 하세요.

(   )

(   )

3 이해

양말을 분류하려고 할 때 분류 기준으로 알맞은 것을 찾아 이어 보세요.

- 긴 것과 짧은 것
- 편한 것과 불편한 것
- 분홍색과 갈색

4 56쪽 적용

빈칸에 알맞은 말을 〈보기〉에서 찾아 쓰세요.

〈보기〉 머리   다리   꼬리

→ 동물을 [   ]가 있는 것과 없는 것으로 분류하였습니다.

5 56쪽 적용

탈 것을 다음과 같이 분류하였습니다. 분류 기준으로 알맞은 것에 ○표 하세요.

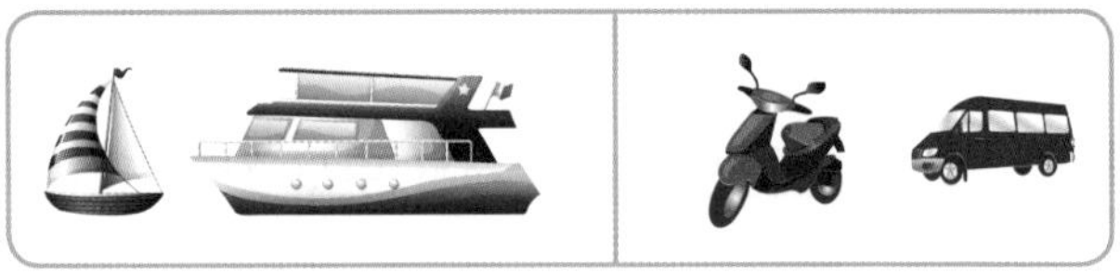

(   ) 빠른 것과 빠르지 않은 것
(   ) 땅에서 다니는 것과 바다에서 다니는 것

6 56쪽 의사 소통

사탕을 다음과 같이 분류하였습니다. 바르게 말한 사람은 누구일까요?

좋아하는 사탕	좋아하지 않는 사탕
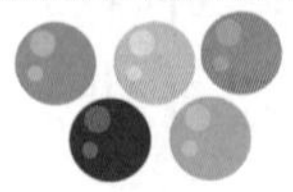	

(   )

7 57쪽 창의 융합

분류 기준으로 알맞은 것을 찾아 기호를 쓰세요.

㉠ 무늬가 있는 것과 없는 것
㉡ 크기가 큰 것과 작은 것
㉢ 손잡이가 있는 것과 없는 것

(　　　　　　)

8 57쪽 추론

분류 기준으로 알맞은 것을 모두 찾아 기호를 쓰세요.

㉠ 맛있는 것과 맛없는 것
㉡ 좋아하는 것과 싫어하는 것
㉢ 초록색과 보라색
㉣ 과일과 채소

(　　　　　　)

+9 57쪽 수학적 독해력

우산을 두 개의 통에 정리하려고 합니다. 어떻게 분류하여 정리할지 바르게 설명한 사람은 누구일까요?

슬기: 긴 것과 짧은 것으로 분류할 거야.
로운: 손잡이가 고리 모양인 것과 아닌 것으로 분류할 거야.

(　　　　　　)

독해 포인트 '두 개의 통'에 우산을 모두 정리할 수 있어야 합니다.

+10 57쪽 수학적 표현력

영민이가 모아둔 재활용품을 2개의 상자에 정리하려고 합니다. 상자에 어떻게 정리하면 좋을지 말해 보세요.

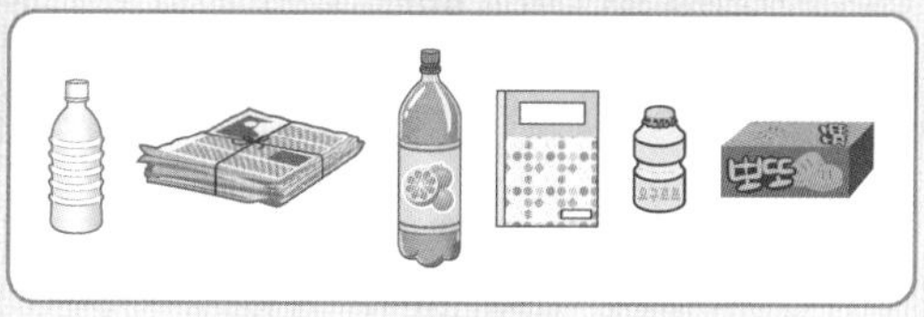

페트병, 주스 통, 요구르트 통은 플라스틱이고, 신문, 공책, 과자 상자는 종이므로 [　　] 과 [　　] 로 분류합니다.

오늘 공부 어땠나요? 10개 중 맞힌 문제 [　　] 개 > **틀린 문제**는 힌트를 보고 다시 도전해 보세요. > **맞힌 문제**는 힌트를 보고 자신의 생각과 비교해 보세요.

29일 기준에 따라 분류하기

❶ 기준에 따라 분류하기

분류할 때에는 기준을 정하여 그 기준에 따라 분류합니다.

① 색깔을 기준으로 분류하기

파란색	빨간색	노란색

② 모양을 기준으로 분류하기

○ 모양	△ 모양	□ 모양

◐ 분류 기준은 모양, 색깔, 크기 등 여러 가지로 정할 수 있습니다.

◐ 색깔에 따라 분류할 때에는 크기나 모양은 생각하지 않습니다.

◐ 모양에 따라 분류할 때에는 크기나 색깔은 생각하지 않습니다.

확인 1 주어진 기준에 따라 분류해 보세요.

(1) 분류 기준 색깔

노란색	초록색

(2) 분류 기준 종류

승용차	버스	트럭

기본기 다지는 교과서 문제

» 정답 · 풀이 32쪽

1 다리의 수에 따라 동물을 분류하여 이름을 쓰세요.

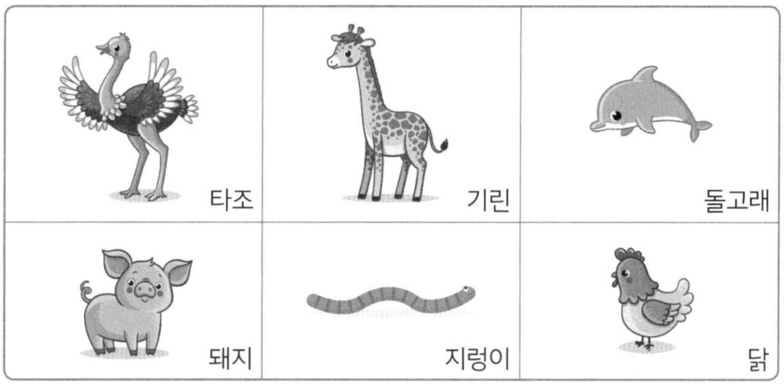

다리가 없는 동물	
다리가 2개인 동물	
다리가 4개인 동물	

개념 따라쓰기

기준에 따라 분류하기

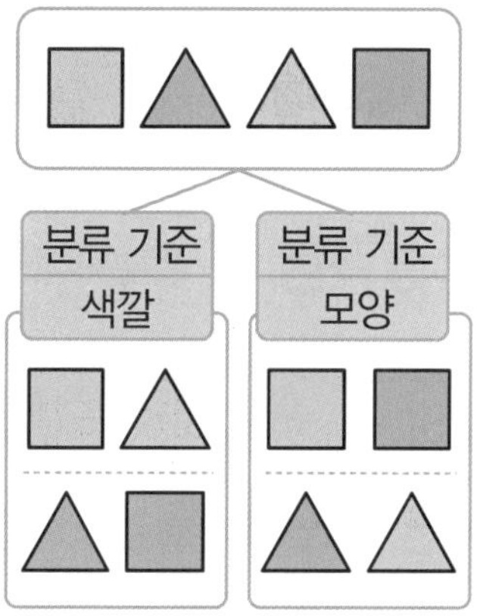

분류할 때에는 기준을 정하여 그 기준에 따라 분류합니다.

5단원

2 분류 기준에 따라 조각을 분류해 보세요.

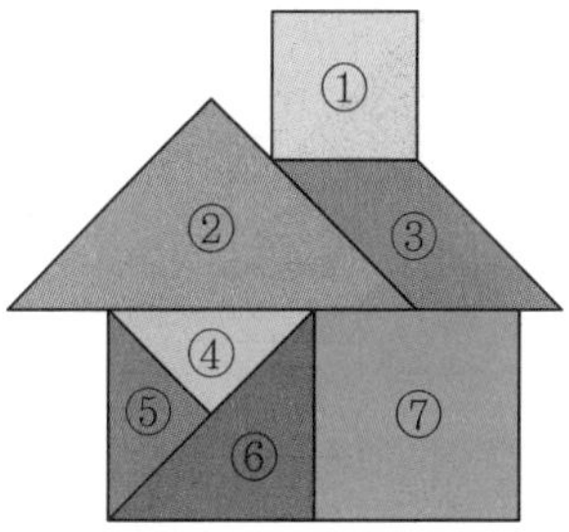

분류 기준 ______________

모양	삼각형	사각형
조각 번호		

3 사탕을 분류할 수 있는 기준으로 알맞은 것에 모두 ○표 하세요.

모양	맛	색깔
(　　　)	(　　　)	(　　　)

1

이해

바퀴의 수에 따라 탈 것을 분류해 보세요.

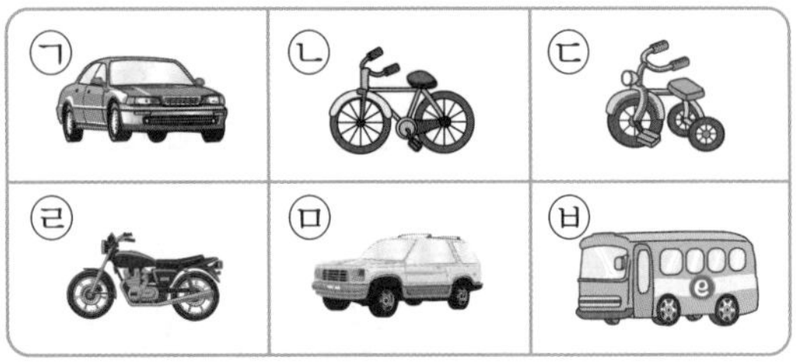

바퀴가 2개인 것	
바퀴가 3개인 것	
바퀴가 4개인 것	

[2~3] 여러 가지 종류의 우유가 있습니다. 물음에 답하세요.

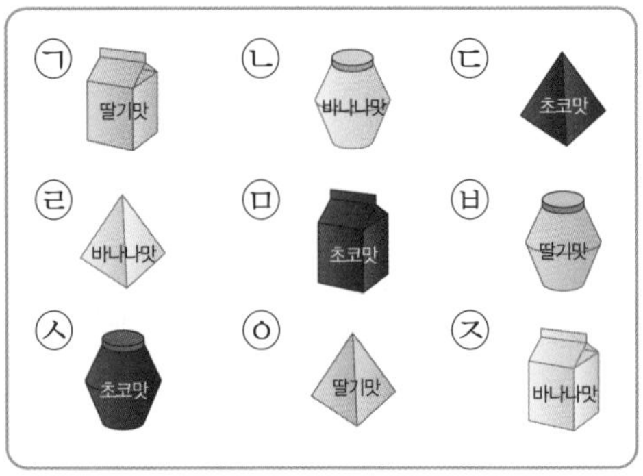

2

58쪽

적용

우유를 모양에 따라 분류해 보세요.

모양	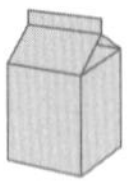	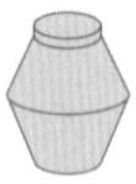	
기호			

3

적용

우유를 맛에 따라 분류해 보세요.

맛	딸기	바나나	초콜릿
기호			

4

58쪽

적용

도형을 분류할 수 있는 기준을 두 가지 쓰세요.

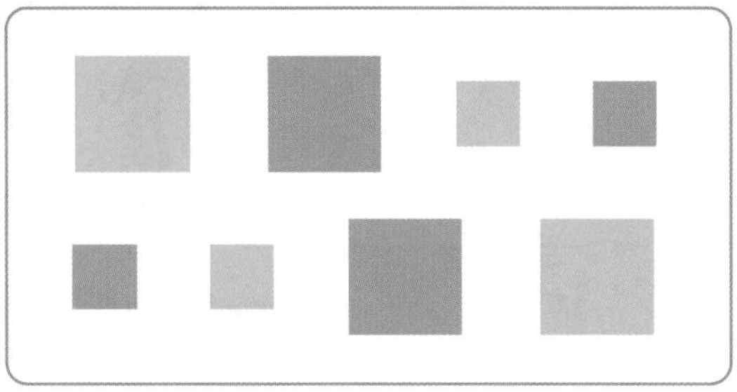

분류 기준 1 ______________

분류 기준 2 ______________

5

58쪽

창의 융합

칠교판 조각을 모양을 기준으로 분류해 보세요.

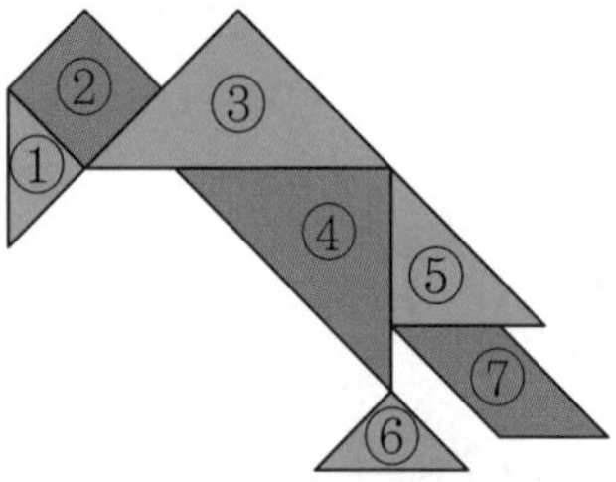

모양		
조각 번호		

6

58쪽

추론

수 카드를 다음과 같이 분류하였습니다. 분류 기준은 무엇일까요?

8 4 6 2	3 9 1 5 7

분류 기준 [　　]와 [　　]

» 정답 · 풀이 32쪽

7 59쪽 적용

지혜가 쿠키를 한 봉지 사서 접시에 담아 보니 다음과 같았습니다. 쿠키를 분류할 수 있는 기준을 두 가지 쓰세요.

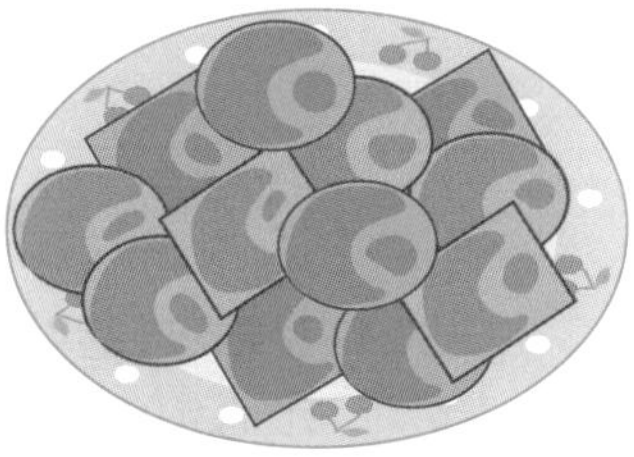

분류 기준 1 ____________________

분류 기준 2 ____________________

8 59쪽 문제 해결

칠판에 여러 가지 자석이 붙어 있습니다. 기준을 정하여 분류해 보세요.

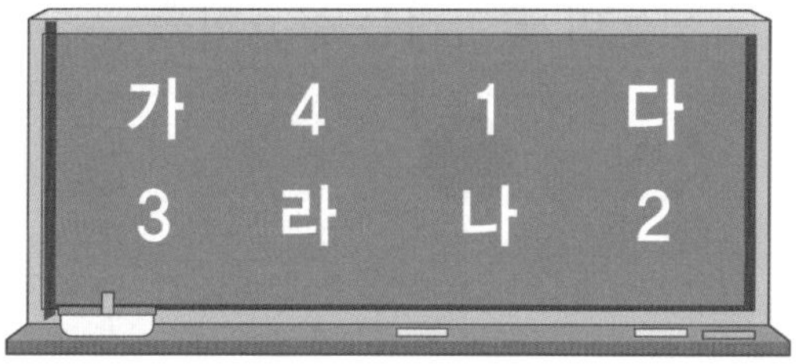

분류 기준 ____________________

종류		
자석		

+9 59쪽 수학적 독해력

단추를 분류할 때 기준으로 알맞지 않은 것의 기호를 쓰세요.

㉠ 색깔　　㉡ 모양
㉢ 구멍의 크기　　㉣ 구멍의 개수

(　　　　)

독해 포인트 '기준'에 따라 모든 단추를 나눌 수 있어야 합니다.

+10 59쪽 수학적 표현력

정리함에서 잘못 분류된 것을 찾고, 바르게 옮겨 보세요.

인형 칸
책 칸
공 칸

[잘못 분류된 것] ____________________

[바르게 옮기기]

☐을 ☐ 칸으로 옮겨야 합니다.

오늘 공부 어땠나요? 10개 중 맞힌 문제 ☐ 개 > 틀린 문제는 힌트를 보고 다시 도전해 보세요. > 맞힌 문제는 힌트를 보고 자신의 생각과 비교해 보세요.

30일 분류하여 세기 / 분류한 결과 말하기

① 분류하여 세기

분류하여 수를 셀 때에는 여러 번 세거나 빠뜨리지 않도록 합니다.

예 학생들이 좋아하는 공놀이를 분류하여 세기

축구	농구	배구	야구	배구	축구
야구	배구	축구	배구	축구	배구

종류	축구	농구	야구	배구
세면서 표시하기	////	/	//	卌
학생 수(명)	4	1	2	5

- 빠뜨리거나 겹치지 않도록 그림 위에 ○, □, △, ∨, / 등으로 표시하면서 셉니다.

분류하면 편리한 점

① 종류에 따라 많고 적음을 한눈에 알 수 있습니다.

② 준비해야 하는 물건, 적합한 장소를 정할 수 있습니다.

다음 체육 시간에는 배구를 하는 것이 좋겠어.

② 분류한 결과 말하기

- 가장 많은 학생들이 좋아하는 공놀이는 배구입니다.
- 가장 적은 학생들이 좋아하는 공놀이는 농구입니다.

확인 1 학생들이 좋아하는 꽃을 조사하였습니다. 물음에 답하세요.

장미	튤립	국화	장미	튤립	장미	장미
튤립	국화	튤립	국화	튤립	튤립	국화

(1) 꽃을 종류에 따라 분류하고 그 수를 세어 보세요.

종류	장미	튤립	국화
세면서 표시하기	////		
학생 수(명)			

(2) 가장 많은 학생들이 좋아하는 꽃은 ☐이고, 학생은 ☐명입니다.

» 정답 · 풀이 33쪽

기본기 다지는 교과서 문제

[1~4] 슬기네 반 학생들이 좋아하는 체육 활동을 조사하였습니다. 물음에 답하세요.

줄넘기	공놀이	훌라후프	태권도	태권도	공놀이
공놀이	태권도	태권도	공놀이	훌라후프	줄넘기
줄넘기	공놀이	태권도	줄넘기	공놀이	훌라후프

1 체육 활동을 종류에 따라 분류하고 그 수를 세어 보세요.

종류	줄넘기	공놀이	훌라후프	태권도
세면서 표시하기				
학생 수(명)				

2 가장 많은 학생들이 좋아하는 체육 활동은 무엇입니까?

( )

3 가장 적은 학생들이 좋아하는 체육 활동은 무엇입니까?

( )

4 다음 체육 시간에 선생님은 어떤 체육 활동을 준비하는 것이 좋을까요?

( )

개념 따라쓰기

분류하여 세기

딸기 맛	포도 맛	사과 맛
사과 맛	딸기 맛	딸기 맛

↓

종류	딸기 맛	포도 맛	사과 맛
수(개)	3	1	2

분류하여 수를 셀 때에는 여러 번 세거나 빠뜨리지 않도록 합니다.

분류한 결과 말하기

종류	딸기 맛	포도 맛	사과 맛
수(개)	3	1	2

↓

- 딸기 맛 사탕이 가장 많습니다.
- 포도 맛 사탕이 가장 적습니다.

분류하면 종류에 따라 많고 적음을 한눈에 알 수 있습니다.

5 단원

스스로 풀어내는 도전 10 문제

[1~2] 민호네 반 학생들의 장래 희망을 조사하였습니다. 물음에 답하세요.

가수	의사	요리사	운동선수
의사	요리사	가수	의사
운동선수	의사	운동선수	요리사

1 이해

장래 희망에 따라 분류하여 그 수를 세어 보세요.

종류	가수	의사	요리사	운동선수
세면서 표시하기				
학생 수 (명)				

2 추론

가장 많은 학생들이 선택한 장래 희망은 무엇입니까?

(　　　　　　)

3 60쪽 적용

돈을 정리한 것입니다. 분류 기준에 따라 그 수를 세어 보세요.

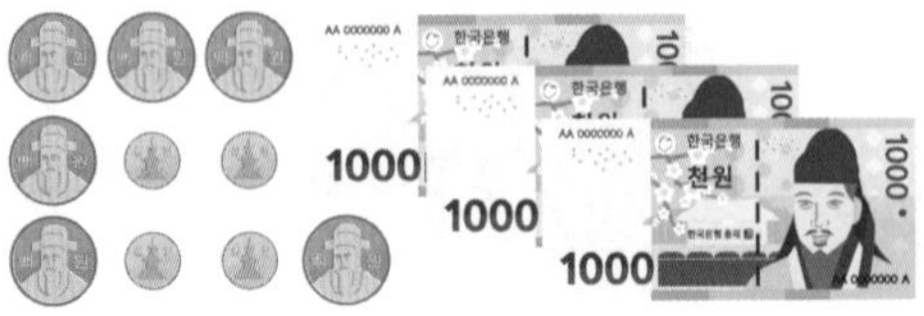

종류	천 원	백 원	십 원
수(개)			

[4~5] 그림 카드를 보고 물음에 답하세요.

4 60쪽 적용

그림 카드를 색깔에 따라 분류하고 그 수를 세어 보세요.

색깔	파란색	빨간색
카드 수(장)		

5 60쪽 문제 해결

다음 (기준)에 알맞은 카드는 모두 몇 개일까요?

(기준)
- 눈이 2개입니다.
- 뿔이 있습니다.

(　　　　　　)

6 60쪽 문제 해결

모자가 있고 단추는 없는 옷은 몇 개일까요?

(　　　　　　)

7 61쪽
창의 융합

종욱이네 집에 있는 책을 종류별로 조사한 것입니다. 가장 많은 책과 가장 적은 책의 수가 같아지려면 무엇을 몇 권 더 사야 할까요?

종류	동화책	만화책	역사책
책 수(권)	15	17	11

→ ☐을 ☐권 더 사야 합니다.

8 61쪽
의사 소통

5월의 날씨를 조사하여 분류한 것입니다. 잘못 설명한 것의 기호를 쓰세요.

날씨	맑음(해)	흐림(구름)	비(우산)
날 수(일)	17	8	6

㉠ 흐린 날은 8일입니다.
㉡ 맑은 날이 가장 많습니다
㉢ 비 온 날이 흐린 날보다 많습니다.

( )

5 단원

+9 61쪽
수학적 독해력

지혜네 반 회장 선거 결과입니다. 표를 가장 많이 얻은 학생은 두 번째로 얻은 학생보다 몇 표를 더 얻었을까요?

김슬기	이로운	박지혜	박지혜
김슬기	이로운	김슬기	김슬기
이로운	김슬기	박지혜	이로운

( )

독해 포인트 누가 '몇 표' 차이로 회장이 되었는지 세어 보세요.

+10 61쪽
수학적 표현력

꽃 가게에서 오늘 팔린 꽃을 조사하였습니다. 내일 꽃을 많이 팔기 위해 가장 많이 준비해야 할 꽃은 무엇인지 말해 보세요.

종류	백합	장미	튤립	국화	수국
꽃 수(송이)	5	12	10	11	9

가장 많이 팔린 꽃은 ☐이므로, 내일 꽃을 많이 팔기 위해 가장 많이 준비해야 할 꽃은 ☐입니다.

오늘 공부 어땠나요? 10개 중 맞힌 문제 ☐개 > 틀린 문제는 힌트를 보고 다시 도전해 보세요. > 맞힌 문제는 힌트를 보고 자신의 생각과 비교해 보세요.

01 분류할 수 있는 것에 ○표 하세요.

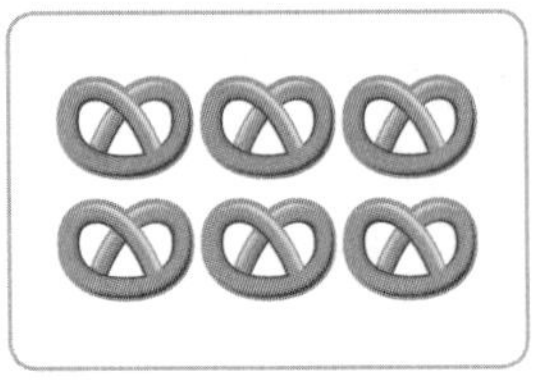

( )

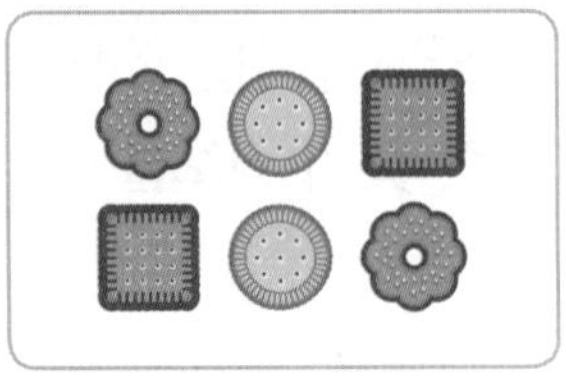

( )

02 분류할 수 있는 기준 2가지를 쓰세요.

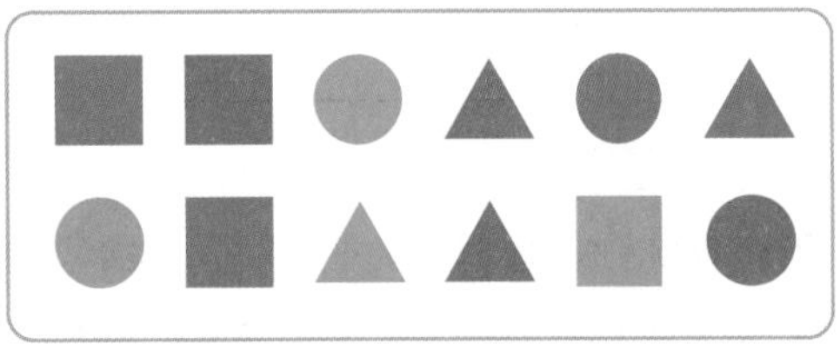

( ), ( )

03 칠교판의 조각을 모양에 따라 분류하세요.

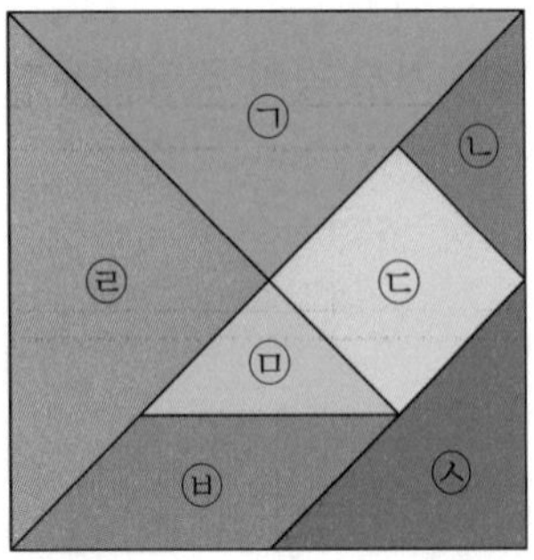

삼각형	사각형

04 종이를 오린 모양을 2개의 바구니에 정리하려고 합니다. 분류할 수 있는 기준을 쓰세요.

( )

05 민호가 색종이를 접어 만든 모양입니다. 색깔에 따라 분류하고 그 수를 세어 보세요.

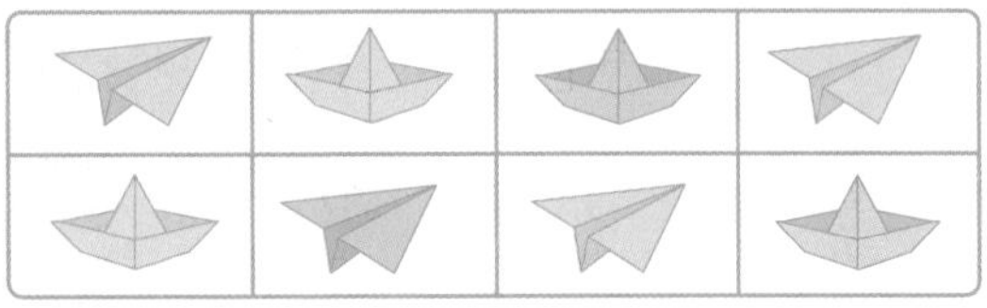

종류	하늘색	초록색	노란색
수(개)			

[06~08] 5월의 날씨를 조사하였습니다. 물음에 답하세요.

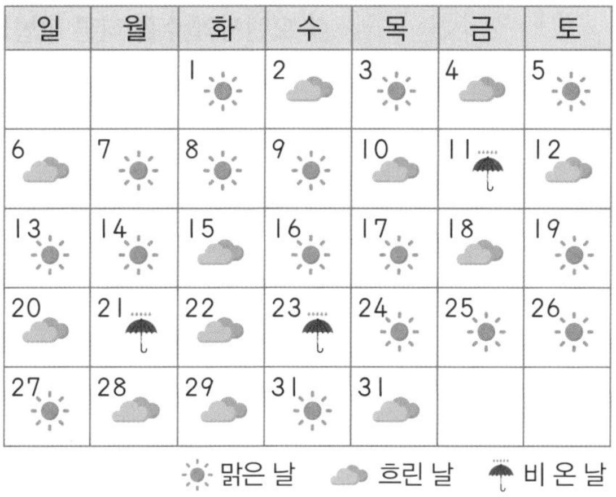

06 5월을 날씨에 따라 분류하고 그 수를 세어 보세요.

날씨	맑은 날	흐린 날	비 온 날
날 수 (일)			

07 5월은 어떤 날이 가장 많았나요?

( )

08 맑은 날은 흐린 날보다 몇 일이 더 많았나요?

( )

09 수현이네 집에서 오늘 하루 동안 버린 재활용품입니다. 수현이네 집에서 오늘 하루 동안 가장 적게 발생한 재활용품은 무엇일까요?

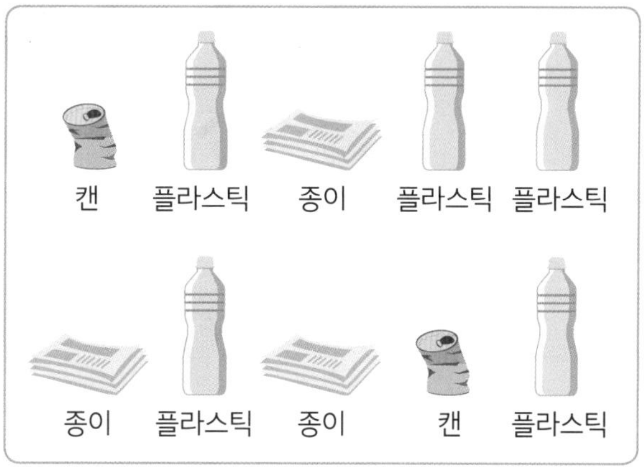

( )

서술형

10 영민이네 반 학생들이 좋아하는 악기를 조사하였습니다. 가장 많은 학생이 좋아하는 악기는 무엇인지 풀이 과정을 쓰고, 답을 구하세요.

풀이

답

5단원

31일 여러 가지 방법으로 세기

① 오렌지의 수를 여러 가지 방법으로 세기

방법 1 하나씩 세기

1, 2, 3……으로 하나씩 세면 모두 12개입니다.

방법 2 뛰어 세기

2, 4, 6, 8, 10, 12로 2씩 뛰어 세면 모두 12개입니다.

방법 3 묶어 세기

4개씩 묶어 세면 3묶음으로 모두 12개입니다.

하나씩 세면 시간이 오래 걸리므로 묶어 세는 것이 더 편리합니다.

오렌지의 수를 다른 방법으로 세어 보기

- 3, 6, 9, 12로 3씩 뛰어 세면 모두 12개입니다.
- 5개씩 묶어 세면 2묶음에 낱개 2개를 더하면 모두 12개입니다.

확인 1 딸기는 모두 몇 개인지 세어 보려고 합니다. □ 안에 알맞은 수를 써넣으세요.

(1) 하나씩 세면 1, 2, 3, 4, 5, 6, □, □이므로 모두 □개입니다.

(2) 2씩 뛰어 세면 2, 4, □, □이므로 모두 □개입니다.

(3) 4개씩 묶어 세면 □묶음으로 모두 □개입니다.

기본기 다지는 교과서 문제

1 선물 상자는 모두 몇 개인지 하나씩 세어 보세요.

(1) — (2) — ( ) — ( ) — ( ) — ( ) — ( ) — ( ) — ( ) — ( )

2 축구공은 모두 몇 개인지 2씩 뛰어 세어 보세요.

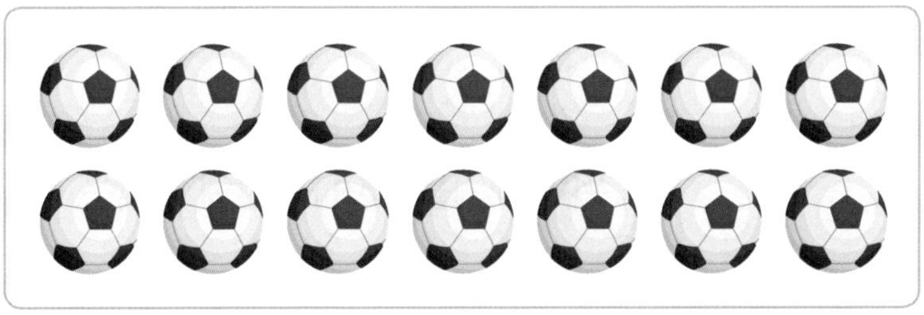

(2) — (4) — ( ) — ( ) — ( ) — ( ) — ( )

3 사과는 모두 몇 개인지 5씩 묶어 세어 보세요.

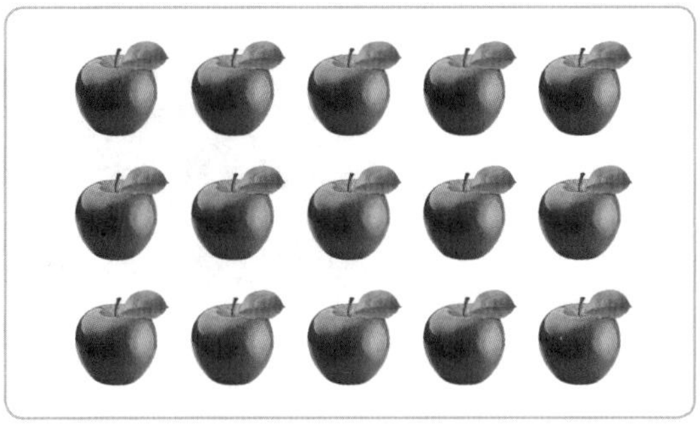

5씩 [ ] 묶음 → [ ] 개

개념 따라쓰기

여러 가지 방법으로 세기

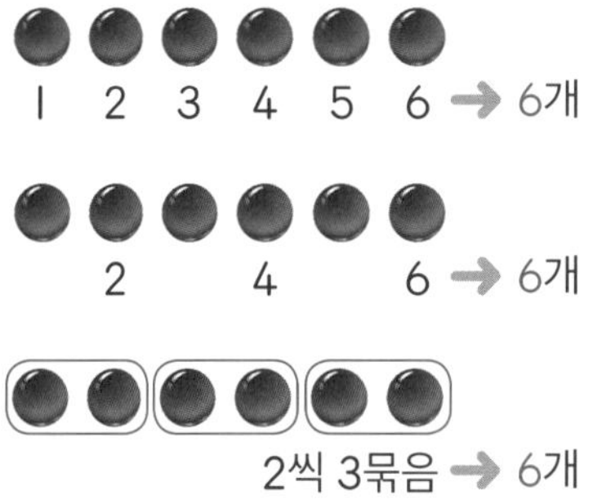

물건의 수를 하나씩 세거나 뛰어 세거나 묶어 셀 수 있습니다.

수를 편리한 방법으로 세기

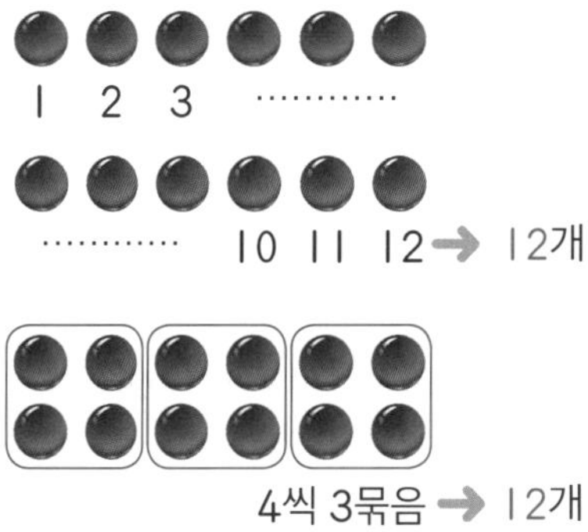

하나씩 세면 시간이 오래 걸리므로 묶어서 세는 것이 더 편리합니다.

6 단원

스스로 풀어내는 도전 10 문제

1 이해

사탕은 모두 몇 개인지 하나씩 세어 보세요.

(　　　　　　)

2 이해

우유는 모두 몇 개인지 2씩 뛰어 세어 보세요.

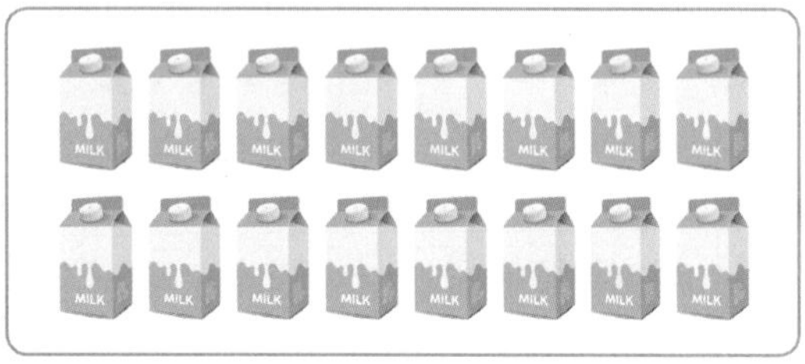

(　　　　　　)

3 62쪽 이해

인형은 모두 몇 개인지 5씩 묶어 세어 보세요.

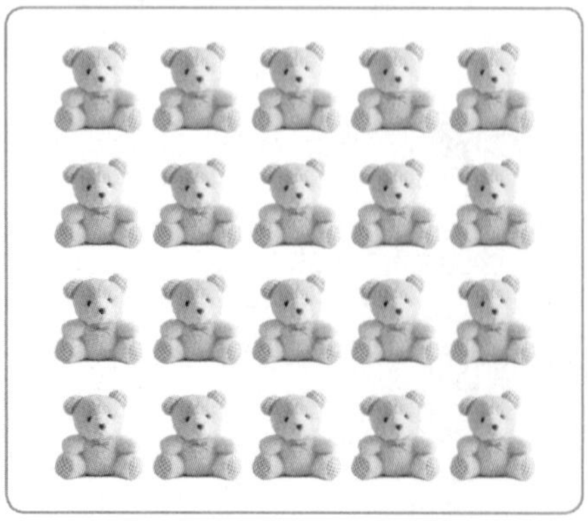

(　　　　　　)

4 62쪽 적용

지우개는 모두 몇 개인지 세어 보세요.

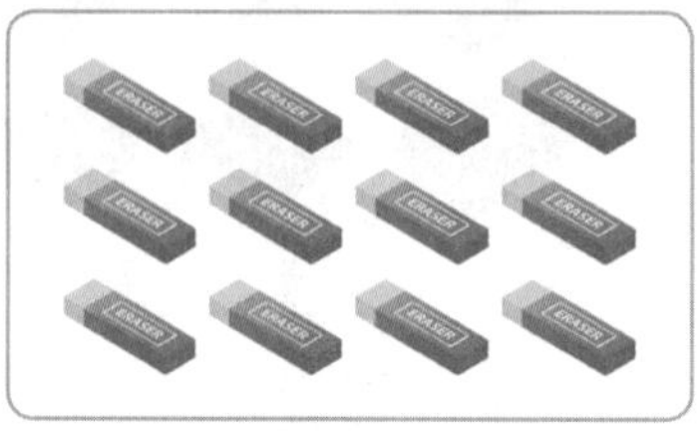

(1) 3씩 뛰어 세어 보세요.

3 — ○ — ○ — ○ → □개

(2) 4씩 묶어 세어 보세요.

4씩 □묶음 → □개

5 62쪽 추론

4씩 뛰어 세기를 하여 □ 안에 알맞은 수를 써넣으세요.

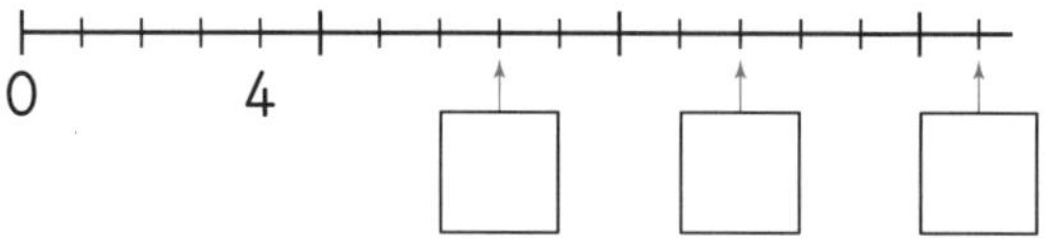

6 62쪽 적용

달걀은 모두 몇 개인지 묶어 세어 보세요.

□씩 □묶음, □씩 □묶음

→ 달걀은 모두 □개입니다.

» 정답 · 풀이 34쪽

조금 더 어려운 문제에 도전해 볼까요?

7 63쪽 추론

구슬은 모두 몇 개인지 묶어 세어 보세요.

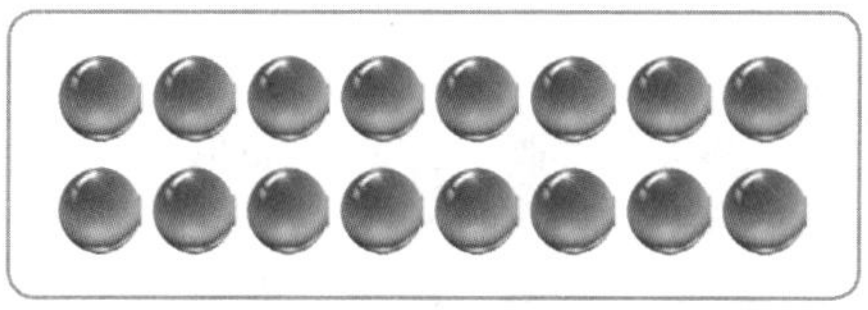

☐씩 ☐묶음, ☐씩 ☐묶음

☐씩 ☐묶음

→ 구슬은 모두 ☐개입니다.

8 63쪽 창의 융합

토끼가 7씩 몇 번 뛰었더니 다음 위치에 도착했습니다. 토끼는 모두 몇 번 뛰었을까요?

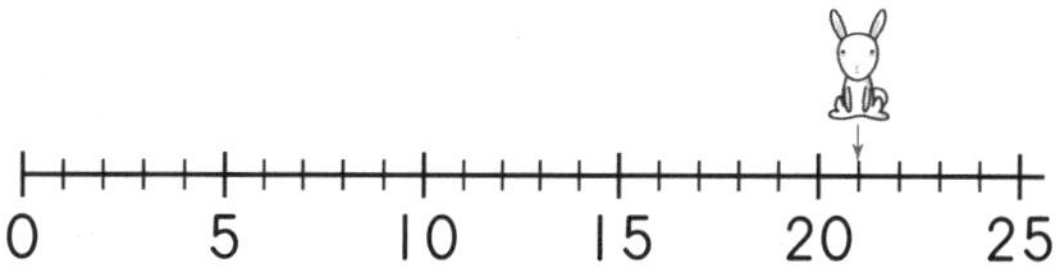

(　　　　　)

+9 63쪽 수학적 독해력

야구공을 여러 가지 방법으로 세었습니다. 잘못 센 사람은 누구일까요?

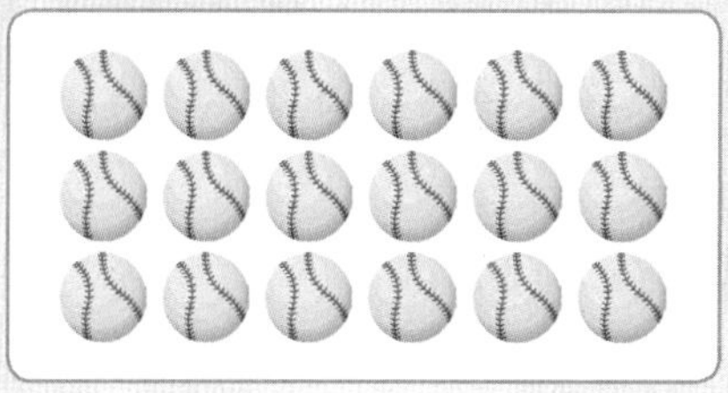

수현: 2, 4, 6……으로 2씩 뛰어서 세었어.

민호: 3씩 묶어 세었더니 6묶음이야.

지혜: 6씩 묶어 세었더니 4묶음이야.

(　　　　　)

독해 포인트 몇씩 묶는지에 따라 묶음의 수가 달라집니다.

+10 63쪽 수학적 표현력

고양이를 4씩 묶어 세고 모두 몇 마리인지 말해 보세요.

4씩 묶어 세면 ☐묶음이므로 고양이는 모두 ☐마리입니다.

6 단원

오늘 공부 어땠나요? 10개 중 맞힌 문제 ☐개 > **틀린 문제**는 힌트를 보고 다시 도전해 보세요. > **맞힌 문제**는 힌트를 보고 자신의 생각과 비교해 보세요.

32일 묶어 세기

① 도넛의 수를 묶어 세기

예 3씩 묶어 세기

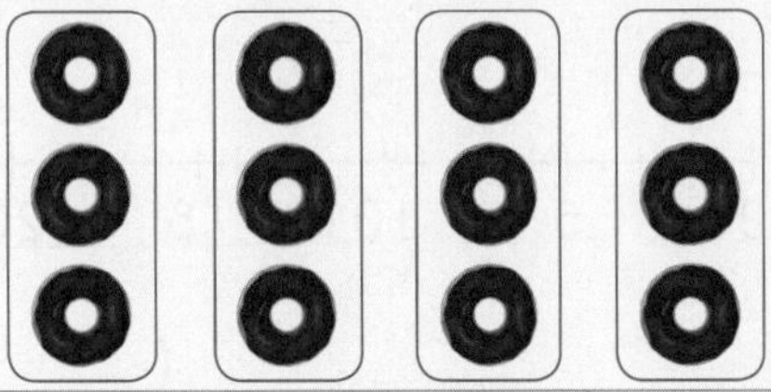

3	3	3	3

3씩 4묶음

3 — 6 — 9 — 12

➜ 도넛은 모두 12개입니다.

예 4씩 묶어 세기

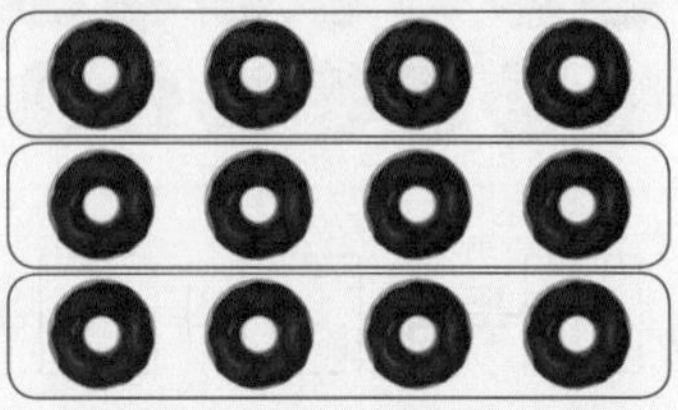

4	4	4

4씩 3묶음

4 — 8 — 12

➜ 도넛은 모두 12개입니다.

개념+ 여러 가지 방법으로 묶어 세기

도넛을 2개씩 묶으면 모두 6묶음이 됩니다. ➜ 2씩 6묶음
도넛을 6개씩 묶으면 모두 2묶음이 됩니다. ➜ 6씩 2묶음

■씩 묶어 세기
➜ ■씩 뛰어 세기

같은 수라도 몇씩 묶어 세는지에 따라 묶음의 수가 달라집니다.

확인 1 오리는 모두 몇 마리인지 묶어 세어 보려고 합니다. □ 안에 알맞은 수를 써넣으세요.

(1) 3씩 몇 묶음일까요?

3	3	3	3	3

3씩 □ 묶음

3 — 6 — □ — □ — □

➜ 오리는 모두 □ 마리입니다.

(2) 5씩 몇 묶음일까요?

5	5	5

5씩 □ 묶음

5 — □ — □

➜ 오리는 모두 □ 마리입니다.

기본기 다지는 교과서 문제

» 정답 · 풀이 35쪽

1 오렌지는 모두 몇 개인지 묶어 세어 보세요.

(1) 2씩 묶어 세어 보세요.

[2]–[ ]–[ ]

(2) 오렌지는 모두 [ ] 개입니다.

2 과자는 모두 몇 개인지 묶어 세어 보세요.

(1) 4씩 [ ] 묶음입니다.

(2) 4씩 묶어 세어 보세요.

[4]–[ ]–[ ]–[ ]

(3) 과자는 모두 [ ] 개입니다.

3 다람쥐는 모두 몇 마리인지 묶어 세어 보세요.

(1) 3씩 [ ] 묶음입니다.

(2) 6씩 [ ] 묶음입니다.

(3) 다람쥐는 모두 [ ] 마리입니다.

개념 따라쓰기

묶어 세기

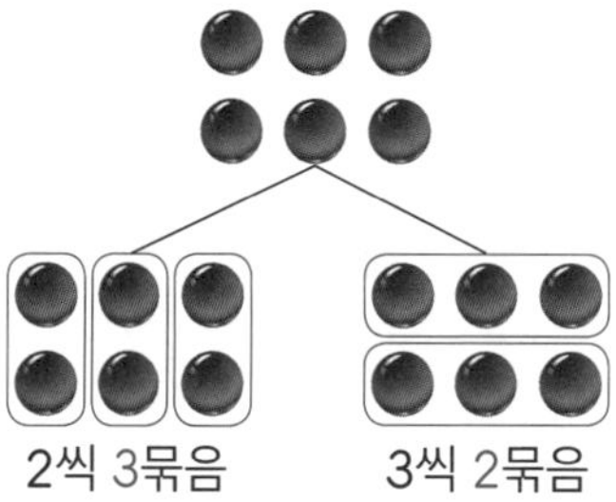

같은 수라도 몇씩 묶어 세는지에 따라 묶음의 수가 달라집니다.

1 이해

초는 모두 몇 개인지 3씩 묶어 세어 보세요.

(1)

3	3		

3 — 6 — □ — □

(2) 초는 모두 □ 개입니다.

2 이해

컵은 모두 몇 개인지 6씩 묶어 세어 보세요.

6 — □ — □

( )

3 64쪽 이해

축구공은 모두 몇 개인지 묶어 세어 보세요.

(1) 3씩 묶어 세어 보세요.

□ — □ — □ — □ — □ — □ — □

(2) 7씩 묶어 세어 보세요.

7 — □ — □

(3) 축구공은 모두 몇 개일까요?

( )

4 64쪽 적용

케이크는 모두 몇 개인지 묶어 세어 보세요.

(1) 4씩 몇 묶음일까요? ( )

(2) 5씩 몇 묶음일까요? ( )

(3) 케이크는 모두 몇 개일까요?

( )

5 64쪽 적용

그림을 보고 □ 안에 알맞은 수를 써넣으세요.

2씩 □ 묶음

3씩 □ 묶음

4씩 □ 묶음

6씩 □ 묶음

6 64쪽 추론

□ 안에 알맞은 수를 써넣으세요.

2씩 5묶음=5씩 □ 묶음

조금 더 **어려운 문제**에 도전해 볼까요?

7 65쪽
문제 해결

지우개 15개를 남지 않게 묶어 셀 수 있는 방법을 모두 찾아 ○표 하세요.

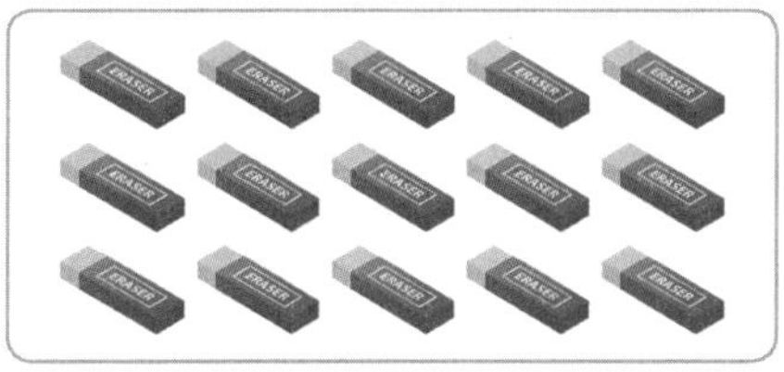

2씩	3씩	4씩	5씩
(　　)	(　　)	(　　)	(　　)

8 65쪽
추론

아이스크림 14개를 2가지 방법으로 묶어 세어 보세요.

☐씩 ☐묶음, ☐씩 ☐묶음

+9 65쪽
수학적 독해력

밤이 18개 있습니다. 밤의 수를 잘못 설명한 사람은 누구일까요?

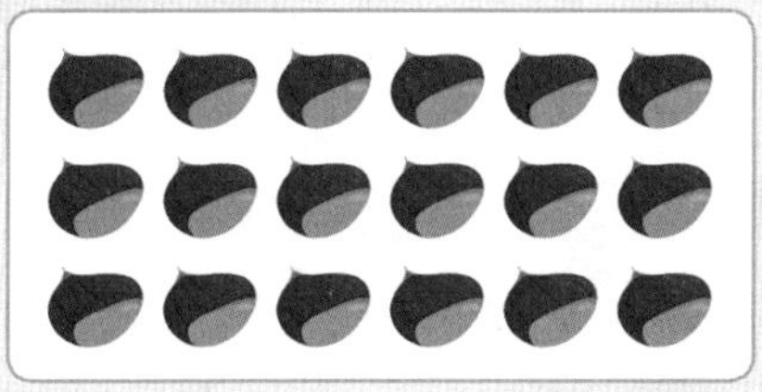

(　　　　)

독해 포인트 각 사람이 설명하는 밤의 수가 18개인지 확인합니다.

+10 65쪽
수학적 표현력

사탕이 3개씩 4줄이 있습니다. 사탕을 4개씩 묶으면 몇 줄인지 말해 보세요.

사탕이 3씩 4묶음이므로 모두 ☐개입니다. 이것은 4씩 ☐묶음이므로 사탕을 4개씩 묶으면 ☐줄입니다.

6 단원

오늘 공부 어땠나요? 10개 중 맞힌 문제 ☐개 › **틀린 문제**는 힌트를 보고 다시 도전해 보세요. › **맞힌 문제**는 힌트를 보고 자신의 생각과 비교해 보세요.

33일 몇의 몇 배 알아보기

① 2의 몇 배 알아보기

- 2씩 3묶음은 6입니다.
- 2씩 3묶음은 2의 3배입니다.
- 2의 3배는 6입니다.
- 2의 3배를 덧셈식으로 나타내면 2+2+2=6입니다.
- 빨간색 사과의 수는 초록색 사과의 수의 3배입니다.

2의 몇 배 알아보기
2씩 1묶음을 기준으로
2씩 2묶음 → 2의 2배
2씩 3묶음 → 2의 3배
2씩 4묶음 → 2의 4배
⋮
2씩 ▲묶음 → 2의 ▲배

② 몇의 몇 배 알아보기

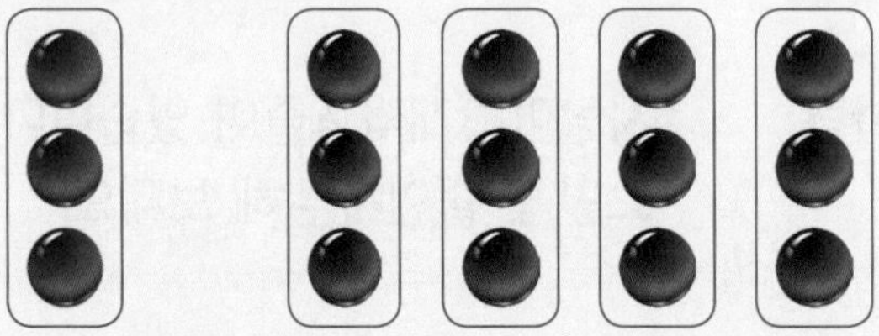

- 3씩 4묶음은 12입니다.
- 3씩 4묶음은 3의 4배입니다.
- 3의 4배는 12입니다.
- 3의 4배를 덧셈식으로 나타내면 3+3+3+3=12입니다.
- 빨간색 구슬의 수는 파란색 구슬의 수의 4배입니다.

■씩 ▲묶음
→ ■의 ▲배
→ ■+■+……+■ (▲번)

확인 1 사탕은 모두 몇 개인지 알아보려고 합니다. □ 안에 알맞은 수를 써넣으세요.

(1) 2씩 5묶음이므로 2의 □배입니다.

(2) 2의 □배를 덧셈식으로 나타내면 □+□+□+□+□=□입니다.

(3) 사탕은 모두 □개입니다.

» 정답 · 풀이 36쪽

기본기 다지는 교과서 문제

1 그림을 보고 □ 안에 알맞은 수를 써넣으세요.

(1) 2씩 7묶음은 □입니다.

(2) 2씩 7묶음은 2의 □배입니다.

(3) 2의 □배는 □입니다.

2 윤하가 가진 인형의 수는 영민이가 가진 인형의 수의 몇 배일까요?

(　　　　　　)

3 그림을 보고 □ 안에 알맞은 수를 써넣으세요.

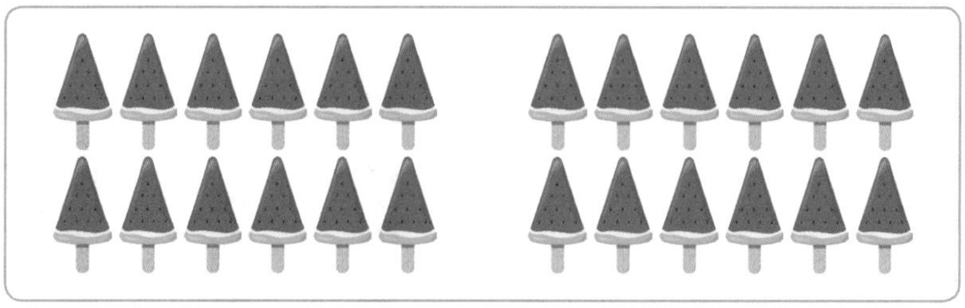

6씩 4묶음은 6의 □배이고,

□+□+□+□=□입니다.

개념 따라쓰기

2의 몇 배 알아보기

2씩 1묶음을 기준으로

2씩 2묶음 → 2의 2배

2씩 3묶음 → 2의 3배

2씩 4묶음 → 2의 4배

⋮

2씩 ▲묶음 → 2의 ▲배

몇의 몇 배 알아보기

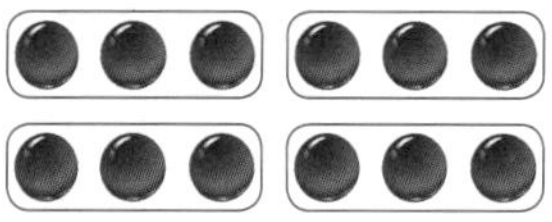

3씩 4묶음

→ 3의 4배

→ 3+3+3+3

1

이해

서준이가 가진 젤리의 수는 지혜가 가진 젤리의 수의 몇 배일까요?

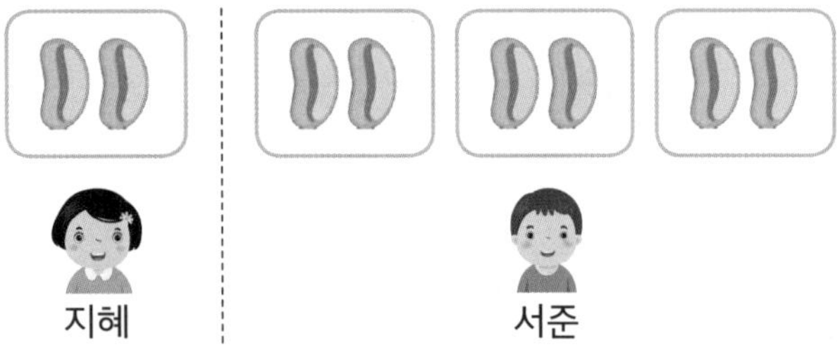

(   )배

2

적용

□ 안에 알맞은 수를 써넣으세요.

 의 □ 배는 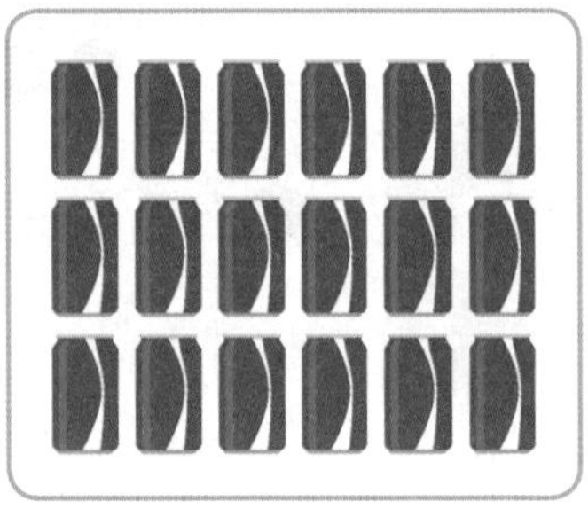

입니다.

3

66쪽

이해

연필의 수는 필통의 수의 몇 배일까요?

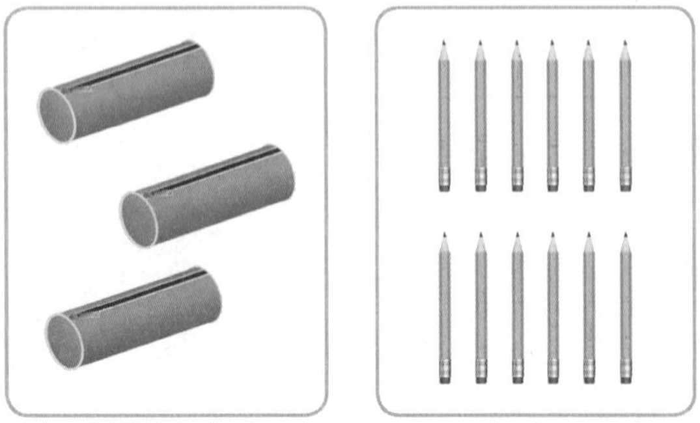

(   )배

4

66쪽

추론

20은 4의 몇 배인지 구하려고 합니다. □ 안에 알맞은 수를 써넣으세요.

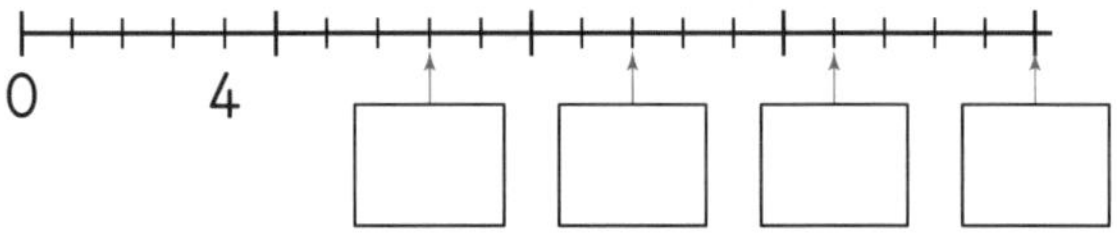

→ 20은 4의 □배입니다.

5

66쪽

적용

같은 것끼리 선으로 이어 보세요.

5씩 3묶음 •	• 7의 4배
7씩 4묶음 •	• 6의 5배
6씩 5묶음 •	• 5의 3배

6

66쪽

창의 융합

친구들이 쌓은 모형의 수는 진수가 쌓은 모형의 수의 몇 배인지 각각 구하세요.

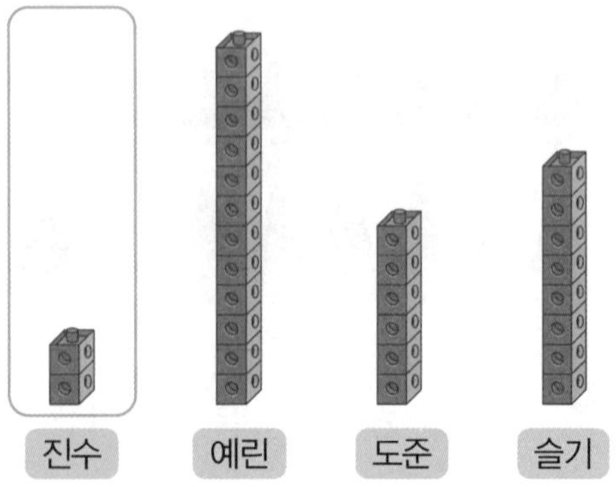

□배 □배 □배

» 정답 · 풀이 36쪽

7 67쪽 의사 소통

나타내는 수가 다른 사람을 찾아 이름을 쓰세요.

수현	민호	윤하
8의 6배	8+8+8+8+8	8씩 6묶음

(　　　　　　　　)

8 67쪽 창의 융합

㉠과 ㉡에 알맞은 수를 각각 쓰세요.

- 3의 ㉠배는 12입니다.
- 12는 4의 ㉡배입니다.

㉠ (　　　　　　　　)

㉡ (　　　　　　　　)

+9 67쪽 수학적 독해력

현수의 나이는 9살입니다. 이모의 나이는 현수의 나이의 3배입니다. 이모의 나이는 몇 살일까요?

(　　　　　　　　)

독해 포인트 ■의 ▲배는 ■를 ▲번 더한 것입니다.

+10 67쪽 수학적 표현력

당근의 수는 토끼의 수의 몇 배인지 말해 보세요.

토끼는 3 마리이고 당근은 24개입니다. 당근의 수는 3씩 ☐묶음이므로 토끼의 수의 ☐배입니다.

오늘 공부 어땠나요? 10개 중 맞힌 문제 ☐개 > **틀린 문제**는 힌트를 보고 다시 도전해 보세요. > **맞힌 문제**는 힌트를 보고 자신의 생각과 비교해 보세요.

34일 곱셈식 알아보기

① 곱셈식 알아보기

- 케이크의 수는 4씩 5묶음입니다.
- 4씩 5묶음은 4의 5배입니다.
- 4의 5배를 **4×5**라고 씁니다.
- 4×5는 **4 곱하기 5**라고 읽습니다.

◐ ■씩 ▲묶음
→ ■의 ▲배
→ ■×▲
→ ■ 곱하기 ▲

② 도넛의 수를 곱셈식으로 알아보기

- 도넛의 수는 4의 5배입니다.
- 4+4+4+4+4는 4×5와 같습니다.
- 4×5=20
- 4×5=20은 **4 곱하기 5는 20과 같습니다**라고 읽습니다.
- 4와 5의 곱은 20입니다.

◐ ■의 ▲배
→ ■+■+⋯+■=●
(▲번)
→ ■×▲=●

확인 1 그림을 보고 □ 안에 알맞은 수를 써넣으세요.

(1) 토마토는 3씩 □ 묶음입니다.

(2) 토마토의 수는 3의 □ 배입니다.

(3) 덧셈식으로 나타내면 3+3+3+3+3+3=□ 입니다.

(4) 곱셈식으로 나타내면 3×□=□ 입니다.

기본기 다지는 교과서 문제

» 정답 · 풀이 37쪽

1 다음을 읽어 보세요.

(1) 7×5 ➔ 7 [ ] 5

(2) 9×4=36 ➔ 9 [ ] 4는 36과 [ ].

2 농구공의 수를 덧셈식과 곱셈식으로 나타내어 보세요.

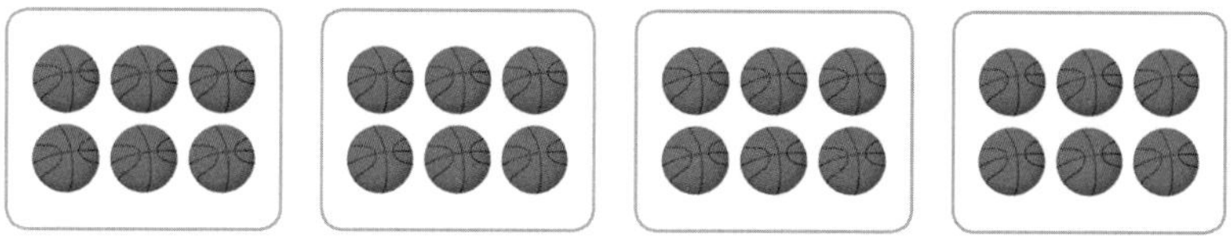

(1) 6의 [ ]배

(2) 덧셈식: [ ]+[ ]+[ ]+[ ]=[ ]

(3) 곱셈식: [ ]×[ ]=[ ]

3 빈 곳에 알맞은 곱셈식을 써넣으세요.

3×1=3	3×2=6		

개념 따라쓰기

곱셈식 알아보기

■씩 ▲묶음
↓
■의 ▲배
↓
■×▲

구슬의 수를 곱셈식으로 알아보기

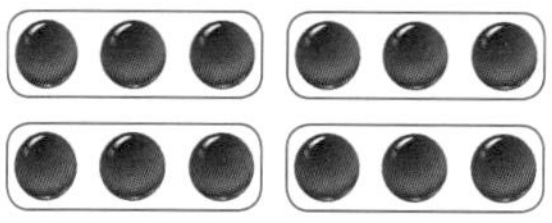

구슬의 수는 3의 4배
➔ 3+3+3+3=12
➔ 3×4=12

스스로 풀어내는 도전 10 문제

막힐 때 힌트북

1

이해

(보기)와 같은 방법으로 나타내어 보세요.

(보기)

4의 5배 → 4×5

→ 4 곱하기 5

6의 8배 → ____________

→ ____________

2

이해

다음을 곱셈식으로 나타내어 보세요.

(1) 7 곱하기 5는 35와 같습니다.

→ ____________

(2) 3과 9의 곱은 27입니다.

→ ____________

3 68쪽

적용

사탕의 수를 덧셈식과 곱셈식으로 나타내어 보세요.

[덧셈식] ____________

[곱셈식] ____________

4 68쪽

적용

그림을 보고 곱셈식으로 나타내어 보세요.

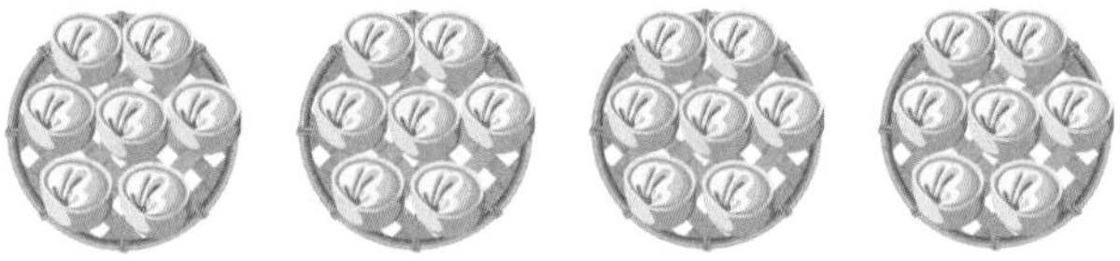

7×□=□

5 68쪽

적용

같은 것끼리 선으로 이어 보세요.

4의 5배 •	• 6×7
5의 6배 •	• 4×5
6의 7배 •	• 5×6

6 68쪽

적용

나타내는 수가 다른 하나를 찾아 기호를 쓰세요.

㉠ 8의 3배　㉡ 8씩 3묶음

㉢ 8+3　㉣ 8+8+8

(　　　　　　)

» 정답 · 풀이 37쪽

7 (69쪽) 추론

수직선을 보고 알맞은 곱셈식을 쓰세요.

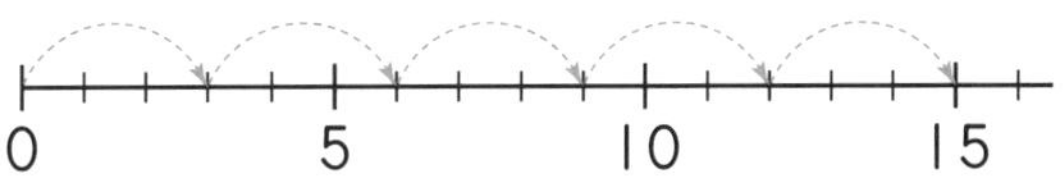

3 × □ = □

8 (69쪽) 창의 융합

통조림 캔이 모두 몇 개인지 여러 가지 곱셈식으로 나타내어 보세요.

2 × □ = □

3 × □ = □

4 × □ = □

6 × □ = □

+9 (69쪽) 수학적 독해력

아래의 쌓기나무 수의 7배만큼 쌓기나무를 쌓으려고 합니다. 쌓으려는 쌓기나무는 모두 몇 개일까요?

(　　　　　　　　)

독해 포인트 쌓기나무 수의 7배
→ (쌓기나무 수) × 7

+10 (69쪽) 수학적 표현력

종욱이가 읽은 책은 모두 몇 권일까요?

서연이는 책을 4권 읽었으므로 종욱이가 읽은 책의 수는 4의 □배입니다.

4 × □ = 4 + 4 + 4 = □이므로

종욱이가 읽은 책은 모두 □권입니다.

오늘 공부 어땠나요? 10개 중 맞힌 문제 □개 > **틀린 문제**는 힌트를 보고 다시 도전해 보세요. > **맞힌 문제**는 힌트를 보고 자신의 생각과 비교해 보세요.

35일 곱셈식으로 나타내기

① 곱셈식으로 나타내기

딸기가 접시 1개에 3개씩 놓여 있습니다. 딸기는 모두 몇 개인지 알아보세요.

- 딸기의 수는 3의 4배입니다.
- 덧셈식으로 나타내면 3+3+3+3=12입니다.
- 곱셈식으로 나타내면 3×4=12입니다.
- 딸기는 모두 12개입니다.

다음과 같은 표현은 곱셈으로 나타낼 수 있습니다.

■씩 ▲묶음
■의 ▲배
■ 곱하기 ▲
■와 ▲의 곱
■명에게 ▲씩

↓

■×▲

개념+ 여러 가지 표현을 곱셈식으로 나타내기

3씩 4묶음은 12입니다.
3의 4배는 12입니다.
3+3+3+3=12

→ 3×4=12

확인 1 떡은 모두 몇 개인지 알아보려고 합니다. 그림을 보고 □ 안에 알맞은 수를 써넣으세요.

(1) 떡의 수는 5의 □배입니다.

(2) 덧셈식으로 나타내면 5+□+□=□입니다.

(3) 곱셈식으로 나타내면 5×□=□입니다.

(4) 떡은 모두 □개입니다.

» 정답 · 풀이 38쪽

기본기 다지는 교과서 문제

1 별은 모두 몇 개인지 구해 보세요.

(1) 6개씩 □ 묶음입니다.

(2) 덧셈식으로 나타내어 보세요.

□+□+□+□=□

(3) 곱셈식으로 나타내어 보세요.

6×□=□

2 우유의 수를 곱셈식으로 나타내어 보세요.

3의 □배 → □×□=□

3 단춧구멍은 모두 몇 개일까요?

[식] □×□=□ [답] □개

개념 따라쓰기

곱셈식으로 나타내기

■의 ▲배
↓
[덧셈식] ■+■+……+■ (▲번)
[곱셈식] ■×▲

여러 가지 표현을 곱셈으로 나타내기

■씩 ▲묶음
■의 ▲배
■ 곱하기 ▲
■와 ▲의 곱
■명에게 ▲씩
↓
■×▲

6단원

스스로 풀어내는 도전 10 문제

막힐 때 힌트북

1

이해

3개의 사과가 놓인 접시가 5개가 있습니다. 사과는 모두 몇 개인지 곱셈식으로 나타내어 보세요.

3의 □배 → □×□=□

2

이해

양말은 모두 몇 개일까요?

(식) □×□=□ (답) □개

3 70쪽

이해

세발자전거가 6대가 있습니다. 바퀴는 모두 몇 개인지 곱셈식으로 나타내어 보세요.

(식) □×□=□ (답) □개

4 70쪽

문제 해결

문제에 알맞은 곱셈식을 쓰고 답을 구하세요.

호두과자가 한 봉지에 8개씩 6봉지 있습니다. 호두과자는 모두 몇 개일까요?

(식) □×□=□ (답) □개

5 70쪽

적용

성냥개비를 사용하여 다음 그림과 같은 도형을 5개 만들었습니다. 사용한 성냥개비는 모두 몇 개인지 곱셈식으로 나타내어 보세요.

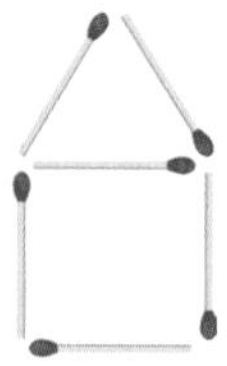

(식) □×□=□ (답) □개

6 70쪽

창의 융합

(보기)와 같이 □ 안에 알맞은 수를 써넣으세요.

(보기)

8			
2	2	2	2
4		4	

→ 2×4=8
4×2=8

20				
4	4	4	4	4
5	5	5	5	

→ □×□=□
□×□=□

» 정답 · 풀이 38쪽

7 71쪽 창의 융합

네잎클로버의 잎의 수를 식으로 바르게 나타낸 것을 모두 고르세요.

㉠ $3+3+3=9$
㉡ $4\times3=12$
㉢ $4+4+4=12$
㉣ $4\times4=16$

(   )

8 71쪽 추론

지우개가 18개가 있습니다. 지우개의 수를 곱셈으로 잘못 나타낸 것에 ×표 하세요.

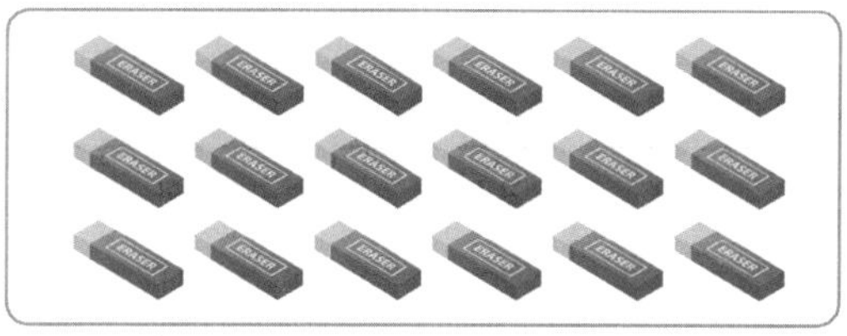

3×6	4×4	6×3	9×2
( )	( )	( )	( )

+9 71쪽 수학적 독해력

원 모양이 규칙적으로 그려진 쟁반에 케이크가 놓여 있습니다. 쟁반에 그려진 원은 모두 몇 개일까요?

(   )

독해 포인트 원 모양이 규칙적으로 그려져 있으므로 한 줄에 그려진 원 모양의 수는 같습니다.

+10 71쪽 수학적 표현력

게시물 1개를 부착하는 데 누름 못이 4개 필요합니다. 게시물 7개를 부착하려면 누름 못이 모두 몇 개 필요한지 말해 보세요.

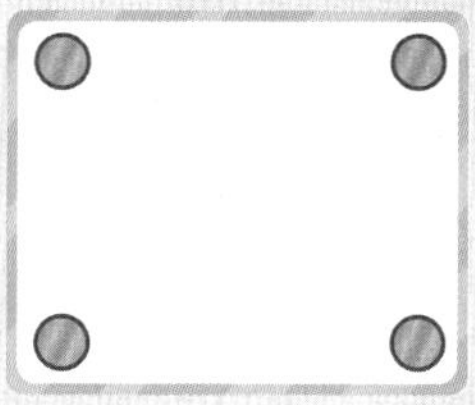

게시물 7개를 부착하려면 누름 못은 4개의 □배가 필요합니다. $4\times$□$=4+4+4+4+4+4+4=$□이므로 필요한 누름 못은 모두 □개입니다.

오늘 공부 어땠나요? 10개 중 맞힌 문제 □개 › **틀린 문제**는 힌트를 보고 다시 도전해 보세요. › **맞힌 문제**는 힌트를 보고 자신의 생각과 비교해 보세요.

31~35일

단원평가

6. 곱셈

시험 시간 **20분** | 문제 수 **10개**

01 단추는 모두 몇 개인지 3씩 뛰어 세어 보세요.

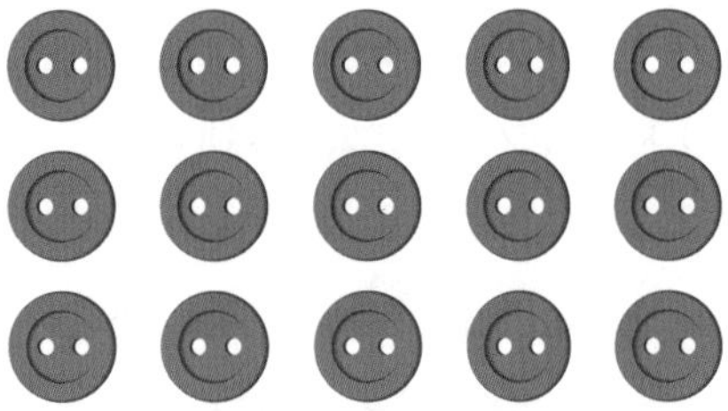

□—□—□—□—□

(　　　　　　)

02 도토리는 모두 몇 개인지 4개씩 세어 보세요.

(　　　　　　)

03 그림을 보고 □ 안에 알맞은 수를 써넣으세요.

10은 2의 □ 배입니다.

04 12는 3의 몇 배일까요?

(　　　　　　)

05 나타내는 수가 다른 것을 찾아 기호를 쓰세요.

㉠ 9의 4배
㉡ 9+9+9+9
㉢ 6씩 6묶음
㉣ 4+4+4+4+4+4+4+4

(　　　　　　)

06 고깔모자의 수를 덧셈식과 곱셈식으로 나타내어 보세요.

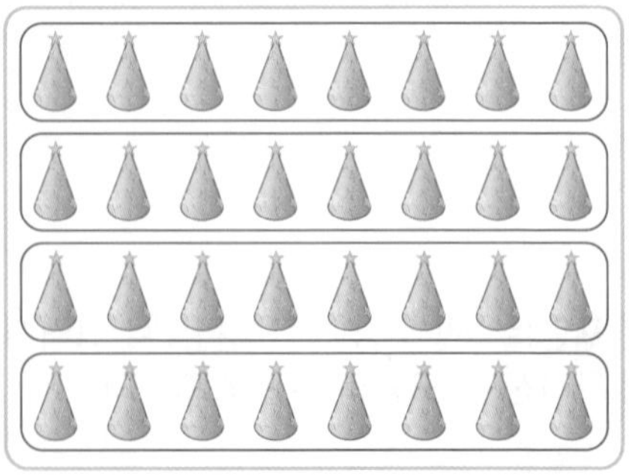

덧셈식 ______________________

곱셈식 ______________________

07 곱셈식을 덧셈식으로 잘못 나타낸 것을 찾아 기호를 쓰세요.

㉠ $3\times5=15$
→ $3+3+3+3+3=15$
㉡ $6\times4=24$
→ $6+6+6+6+6=24$
㉢ $9\times4=36$
→ $9+9+9+9=36$

( )

08 별 모양이 규칙적으로 그려진 이불 위에 인형이 놓여 있습니다. 이불에 그려진 별은 모두 몇 개일까요?

( )

09 배추가 모두 몇 포기인지 여러 가지 곱셈식으로 나타내어 보세요.

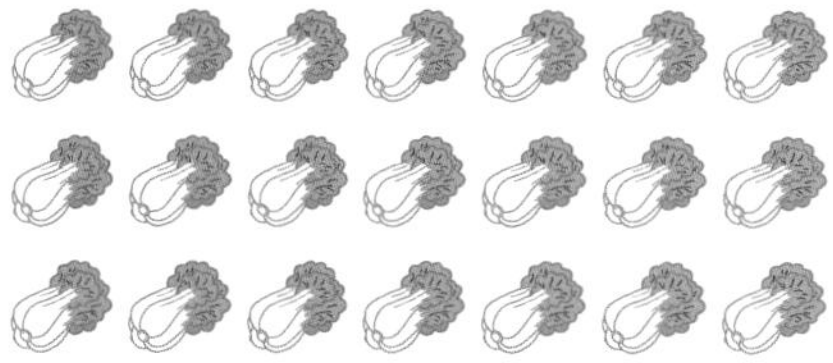

□ × □ = □

□ × □ = □

서술형

10 수호는 구슬을 6개 가지고 있습니다. 정우는 수호가 가지고 있는 구슬 수의 3배보다 4개 더 많이 가지고 있습니다. 정우가 가지고 있는 구슬은 몇 개인지 풀이 과정을 쓰고, 답을 구하세요.

〔풀이〕

〔답〕

memo

모든 문제의 첫 번째 힌트는
문제를 다시 읽는 것입니다.

새 교과서 분석 반영
초등 1등
공부 비법

막힐 땐

힌트북

초등수학 2-1

막힐 때 찾아보는 **힌트북**

슬기로운 공부

힌트 = 개념

막힐 땐

힌트북

초등수학 2-1

막힐 때 찾아보는 힌트북

01 일 백 알아보기

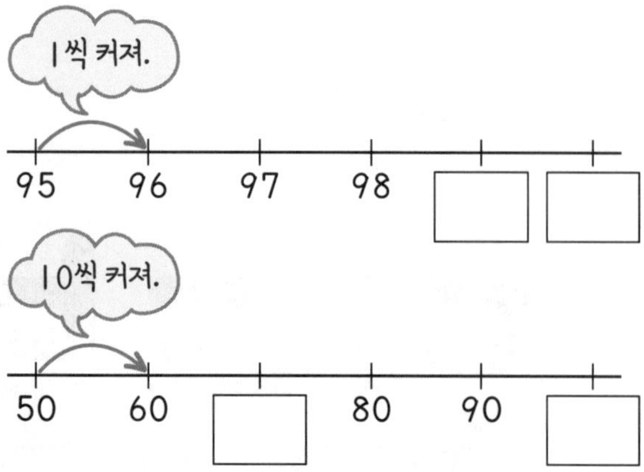

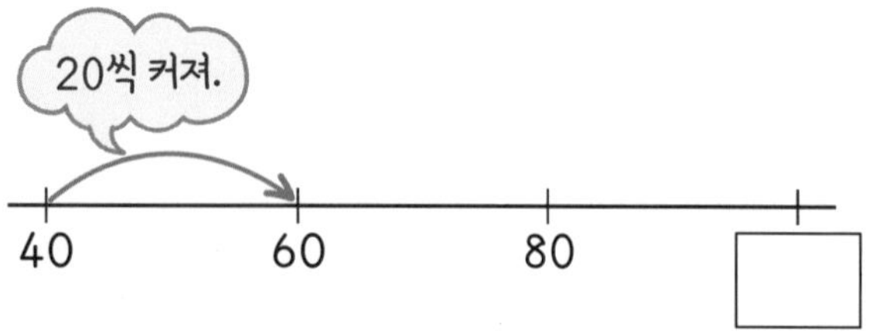

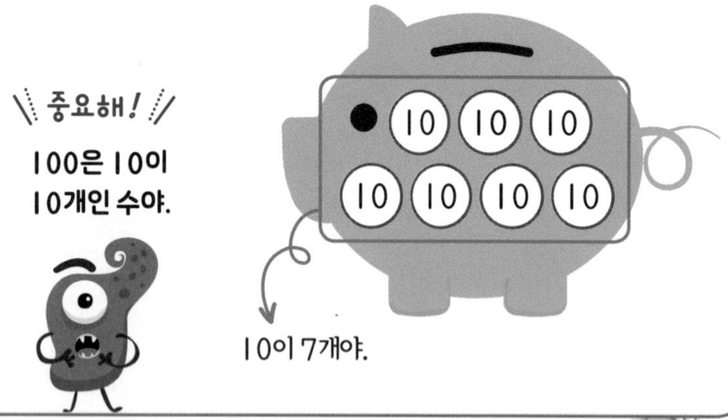

3 □ 안에 알맞은 수를 써넣으세요.

(1)

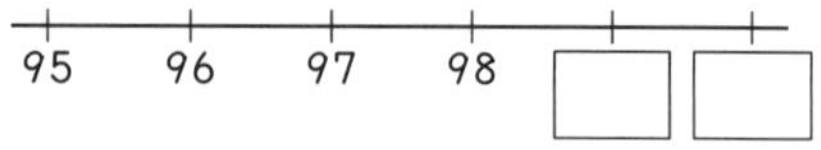

(2)

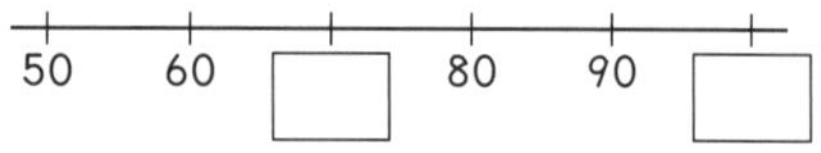

4 □ 안에 알맞은 수를 써넣으세요.

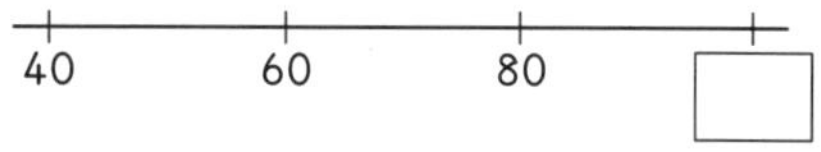

80보다 □ 큰 수는 □ 입니다.

5 저금통에 10원짜리 동전 7개가 들어 있습니다. 100원이 되려면 10원짜리 동전을 몇 개 더 저금해야 할까요?

6 마스크가 한 상자에 20개씩 들어 있습니다. 마스크는 모두 몇 개일까요?

7 100을 나타내는 것에 모두 ◯표 하세요.

90보다 10 큰 수	90 바로 다음의 수
(　　　)	(　　　)
10이 10개인 수	99보다 10 큰 수
(　　　)	(　　　)

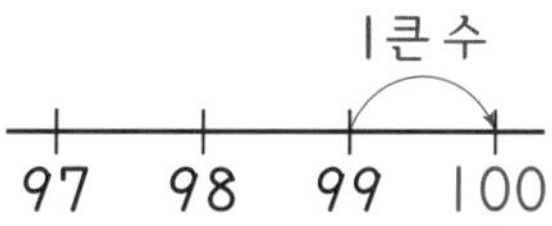

100은 < 99보다 1 큰 수 / 99 바로 다음의 수

8 돈을 가장 많이 가지고 있는 친구는 누구일까요?

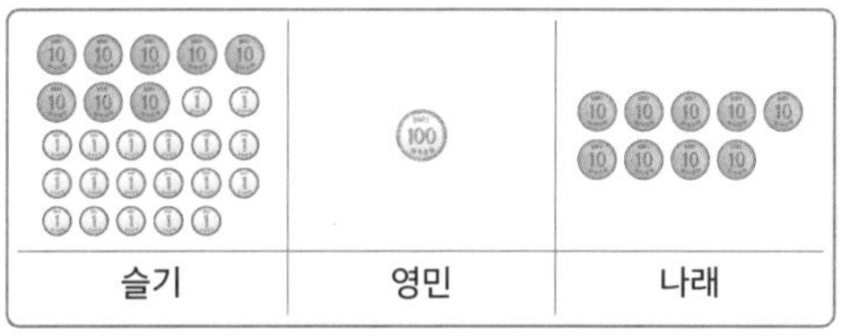

① 10개는 ⑩ 1개와 같아.

주의해!

동전의 개수가 많다고 돈이 많은 것은 아니야.

수학적 독해력

+9 사과 100개를 한 상자에 10개씩 담으려고 합니다. 상자가 8개 있다면 상자는 몇 개 더 필요할까요?

100은 10이 10개인 수

사과 100개는 10개씩 10상자에 담을 수 있어.

수학적 표현력

+10 서준이의 할아버지 연세는 95세입니다. 서준이의 할아버지는 몇 년 후에 100세가 될지 말해 보세요.

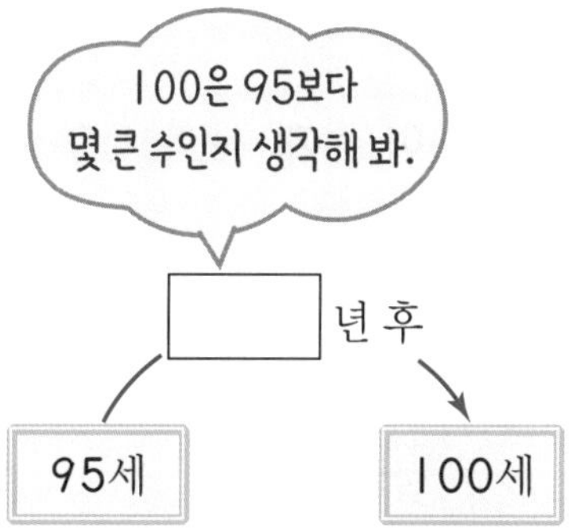

02일 몇백 알아보기

100이 □개 → □00

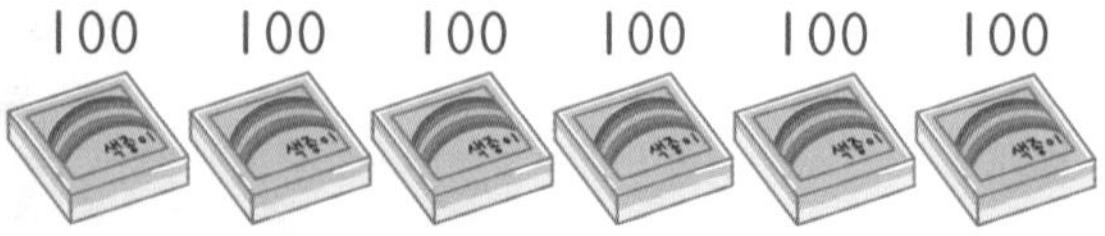

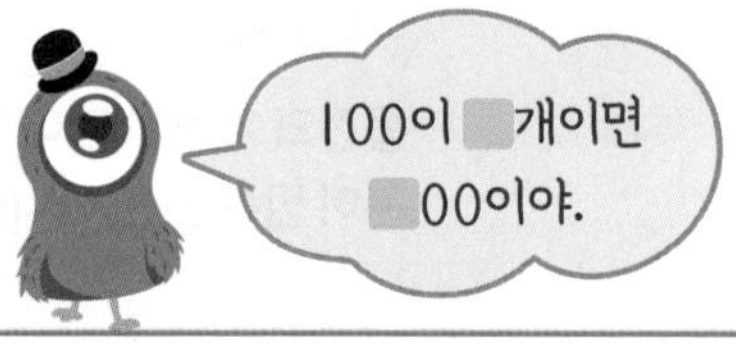

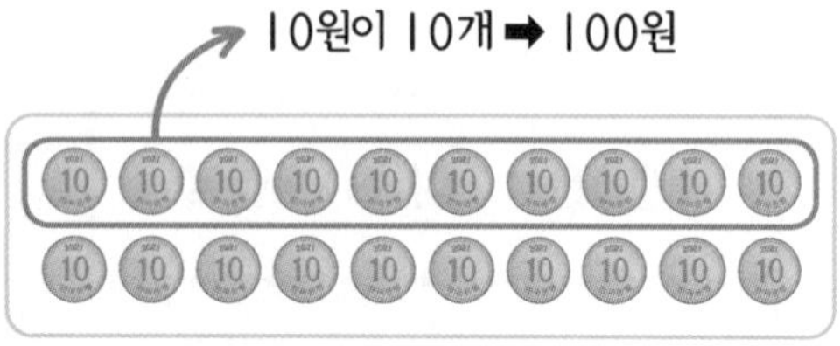

100이 □개 → □00

□00 → 100이 □개

2 □ 안에 알맞은 수를 써넣으세요.

(1) 100이 3개이면 [　　]입니다.

(2) 100이 [　]개이면 500입니다.

4 색종이가 한 상자에 100장씩 들어 있습니다. 색종이는 모두 몇 장일까요?

5 동전은 모두 얼마인지 수로 쓰고 읽어 보세요.

쓰기	읽기

6 잘못 말한 사람은 누구일까요?

7 □ 안에 들어갈 수를 동전으로 나타내려면 100원 짜리 동전이 몇 개 필요할까요?

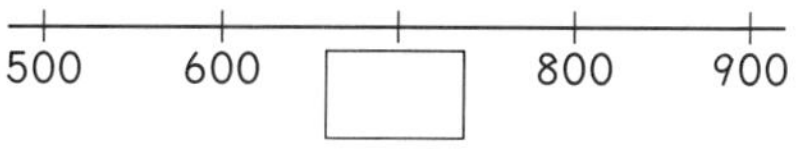

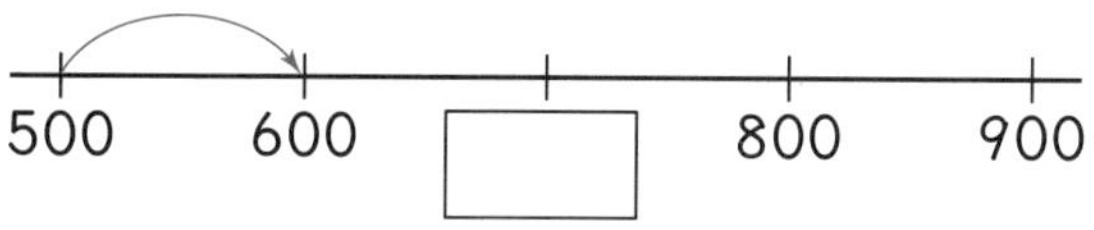

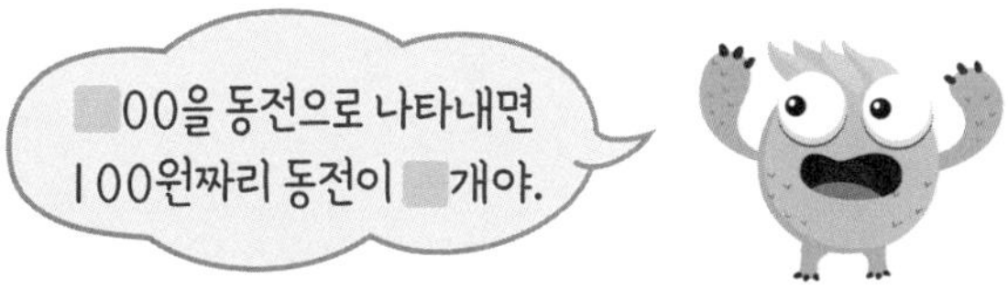

8 다음 중 옳은 것의 기호를 모두 쓰세요.

㉠ 100이 5개이면 오십입니다.
㉡ 400은 100이 4개인 수입니다.
㉢ 800은 팔영영이라고 읽습니다.
㉣ 육백은 100이 6개인 수입니다.

100이 ■개 → ■00

■00 → 100이 ■개

수학적 독해력

9 나래는 100원짜리 동전 5개와 10원짜리 동전 12개를 가지고 있습니다. 나래가 가진 동전으로 100원짜리 사탕을 몇 개까지 살 수 있을까요?

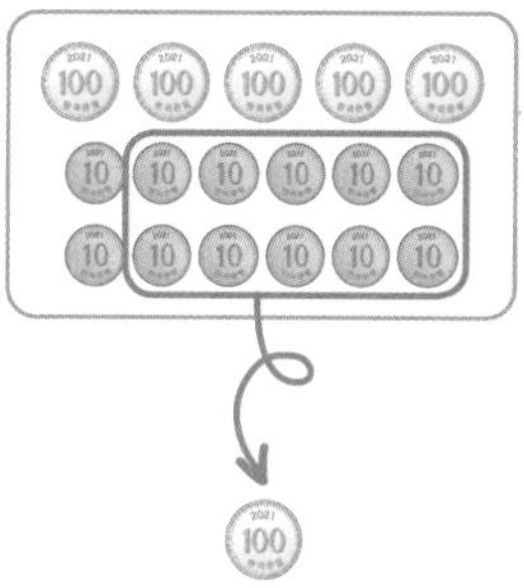

10원짜리 동전 10개는
100원짜리 동전 1개와 같아.

수학적 표현력

10 서준이는 한 권에 100장씩 들어 있는 공책을 4권 샀습니다. 서준이가 산 공책은 모두 몇 장인지 구해 보세요.

서준이는 한 권에 100장씩 들어 있는 공책을 4권 샀습니다.

100이 ■개 → ■00

03일 세 자리 수 알아보기

100이 ■개	10이 ▲개	1이 ●개

→ ■ ▲ ●
백 십 일

■ ▲ ●
백 십 일

- 100이 ■개
- 10이 ▲개
- 1이 ●개

\ 주의해! /
자리의 숫자가
0일 때에는 읽지 않아.

100이 ■개 → ■ 0 0
10이 ▲개 → ▲ 0
1이 ●개 → ●
■ ▲ ●

\ 주의해! /
자리의 숫자가
1일 때에는 숫자는 읽지
않고 자릿값만 읽어.

100이 ■개 → ■ 0 0
10이 ▲개 → ▲ 0
1이 ●개 → ●
■ ▲ ●

1 □ 안에 알맞은 수를 써넣으세요.

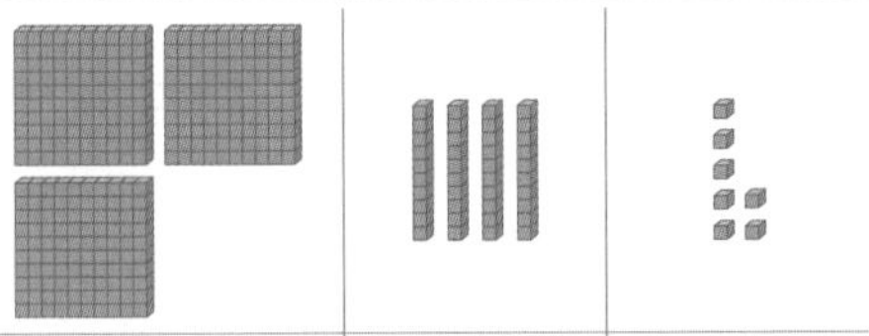

100이 □개	10이 □개	1이 □개

→ □

2 □ 안에 알맞은 수를 써넣으세요.

539는
- 100이 □개
- 10이 □개
- 1이 □개

5 100이 5개, 10이 0개, 1이 8개인 수를 바르게 말한 사람은 누구일까요?

6 사과 100개짜리 4상자와 10개짜리 1봉지가 있습니다. 사과의 수를 쓰고 읽어 보세요.

〔쓰기〕 (   )

〔읽기〕 (   )

7 수 모형이 나타내는 수를 쓰고 읽어 보세요.

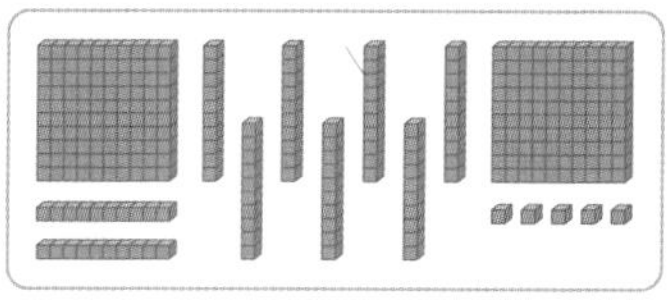

[쓰기] (   )

[읽기] (   )

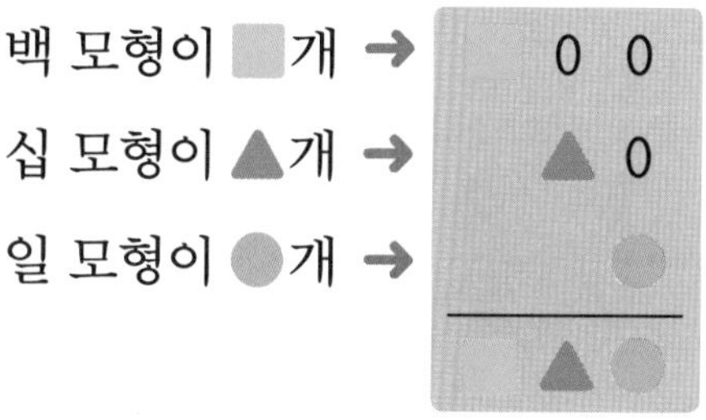

8 동전은 모두 얼마일까요?

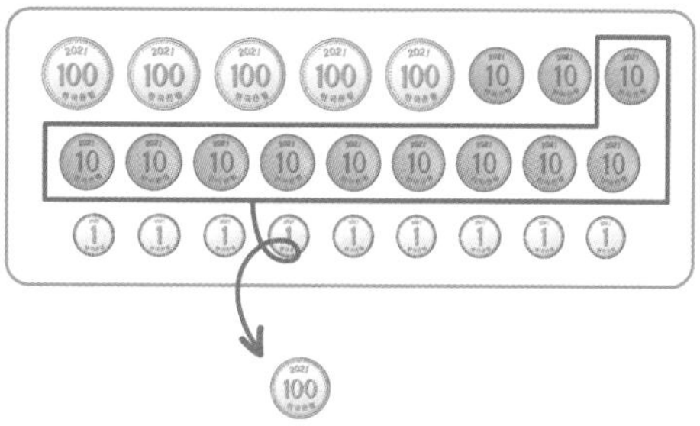

수학적 독해력

9 수 모형 4개 중 3개를 사용하여 나타낼 수 있는 세 자리 수를 모두 쓰세요.

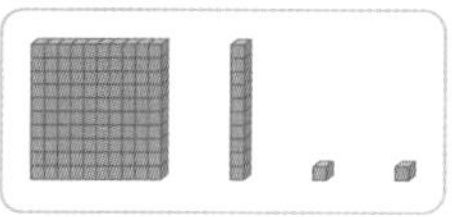

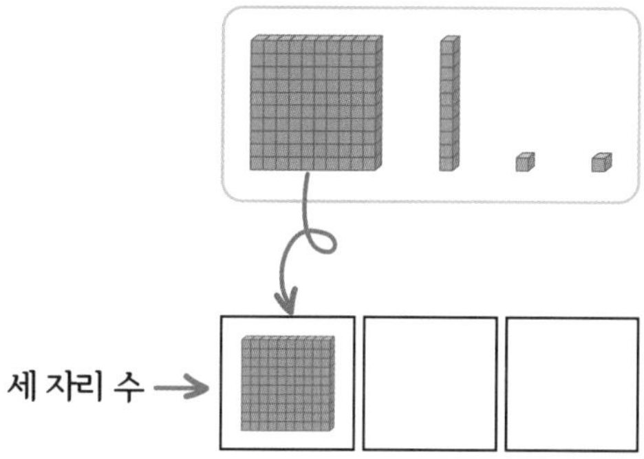

수학적 표현력

10 슬기는 문구점에서 색종이를 사왔습니다. 색종이는 모두 몇 장인지 설명해 보세요.

100장씩 5개, 10장씩 14개

100장씩 5개, 10장씩 14개

100장씩 1개 | 10장씩 4개

04 일 각 자리의 숫자가 나타내는 값

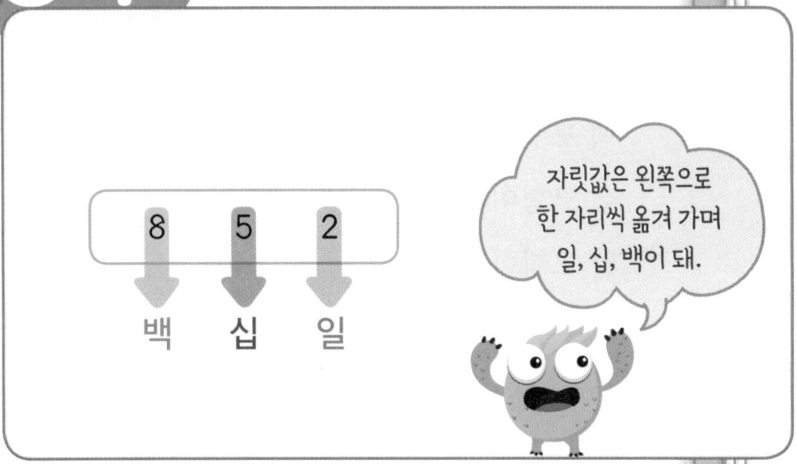

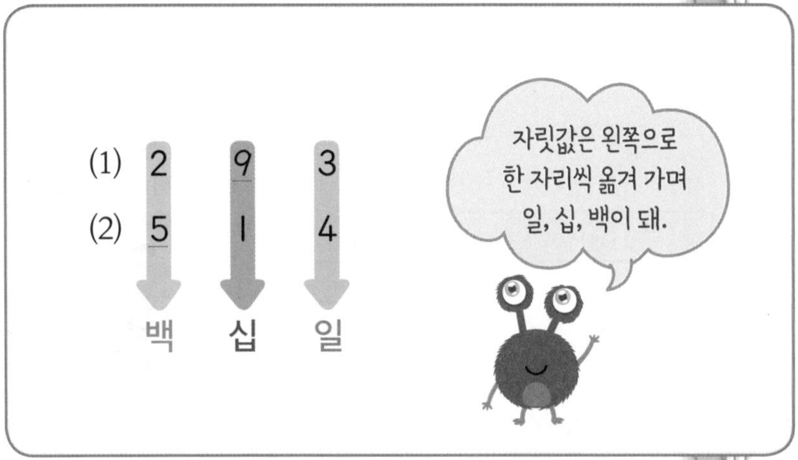

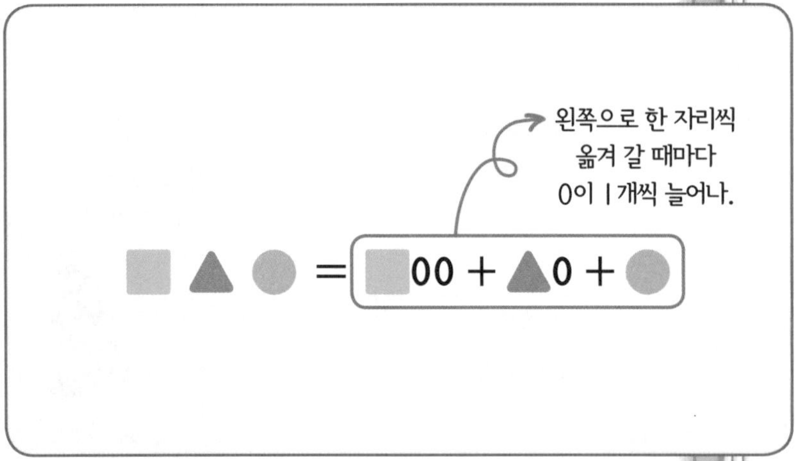

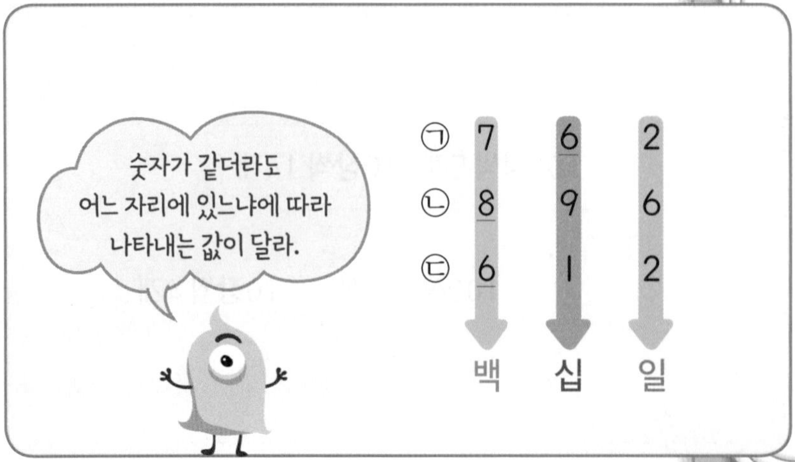

2 □ 안에 알맞은 수를 써넣으세요.

852
- 8은 □을 나타냅니다.
- 5는 □을 나타냅니다.
- 2는 □를 나타냅니다.

3 밑줄 친 숫자는 얼마를 나타내는지 쓰세요.

(1) 293 → □

(2) 514 → □

4 □ 안에 알맞은 수를 써넣으세요.

(1) 513=500+□+□

(2) 794=□+□+4

5 숫자 6이 나타내는 값이 가장 큰 것부터 차례로 기호를 쓰세요.

㉠ 762 ㉡ 896 ㉢ 612

7 밑줄 친 숫자와 나타내는 값이 잘못 짝지어진 것을 찾아 기호를 쓰세요.

㉠ 376 — 6	㉡ 264 — 60
㉢ 508 — 500	㉣ 833 — 30

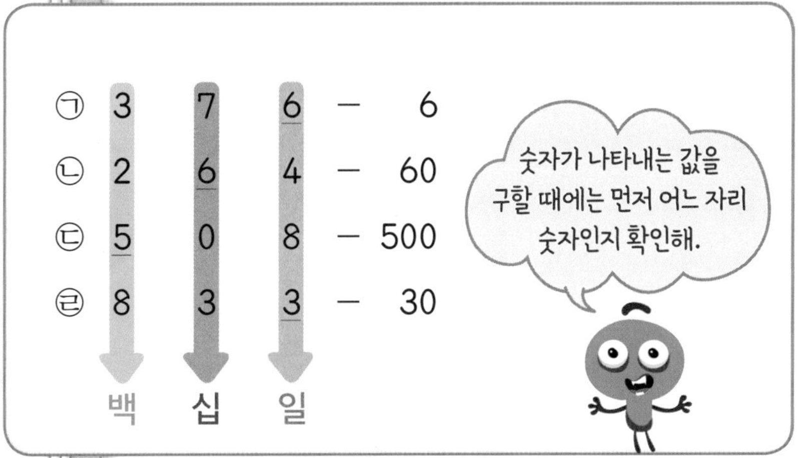

8 사과 243개를 〈보기〉와 같이 기호로 나타냈습니다. 사과 314개를 〈보기〉와 같은 방법으로 나타내 보세요.

〈보기〉
243 ◆◆●●●●■■■

314

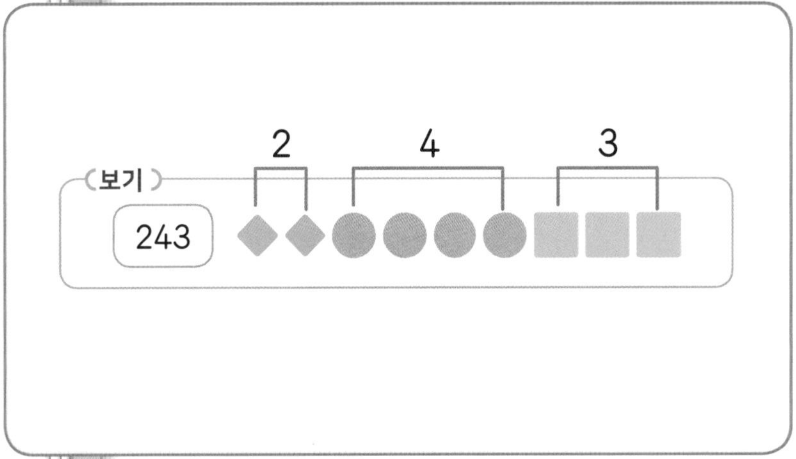

수학적 독해력

+9 다음에서 말하는 세 자리 수를 쓰세요.

• 637과 십의 자리 숫자가 같습니다.
• 215와 백의 자리 숫자가 같습니다.
• 184와 일의 자리 숫자가 같습니다.

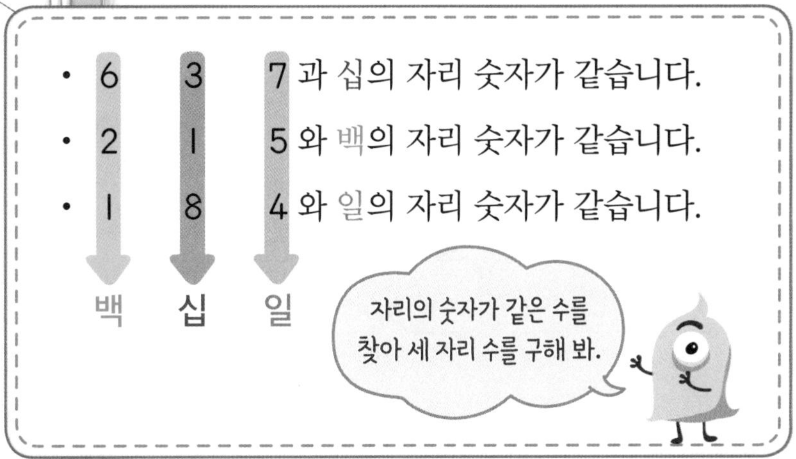

수학적 표현력

+10 ㉠과 ㉡의 다른 점을 설명해 보세요.

4 2 4
㉠   ㉡

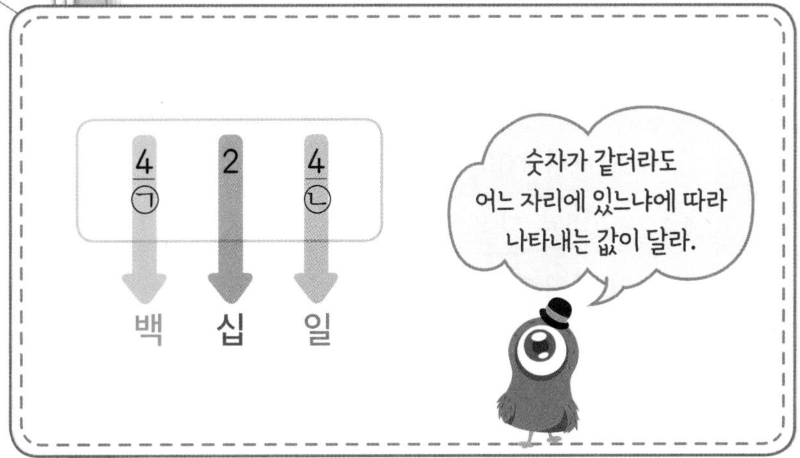

05일 뛰어서 세기

163 – 164 – 165 – ☐ – ☐

599 – 699 – ☐ – 899 – ☐

397보다
- 1 큰 수는 ☐ (일의 자리 숫자가 1 커져.)
- 10 큰 수는 ☐ (십의 자리 숫자가 1 커져.)
- 100 큰 수는 ☐ (백의 자리 숫자가 1 커져.)

321 – ☐ – ☐ – ☐ – ☐ – ☐ – ☐ – ?

㉠ 900보다 100 큰 수

㉡ 999 바로 다음의 수 → 1 큰 수

㉢ 990에서 10씩 10번 뛰어서 센 수 → 100 큰 수

3 빈칸에 알맞은 수를 써넣으세요.

(1) 163 – 164 – 165 – ☐ – ☐

(2) 599 – 699 – ☐ – 899 – ☐

4 □ 안에 알맞은 수를 써넣으세요.

397보다
- 1 큰 수는 ☐
- 10 큰 수는 ☐
- 100 큰 수는 ☐

5 다음 수에서 1씩 7번 뛰어서 센 수는 얼마일까요? ( )

321

① 327 ② 328 ③ 329
④ 330 ⑤ 391

6 1000에 대한 설명으로 잘못된 것의 기호를 쓰세요.

㉠ 900보다 100 큰 수
㉡ 999 바로 다음의 수
㉢ 990에서 10씩 10번 뛰어서 센 수

7 10씩 뛰어서 세어 785가 되도록 빈칸에 알맞은 수를 써넣으세요.

☐ — ☐ — ☐ — 785

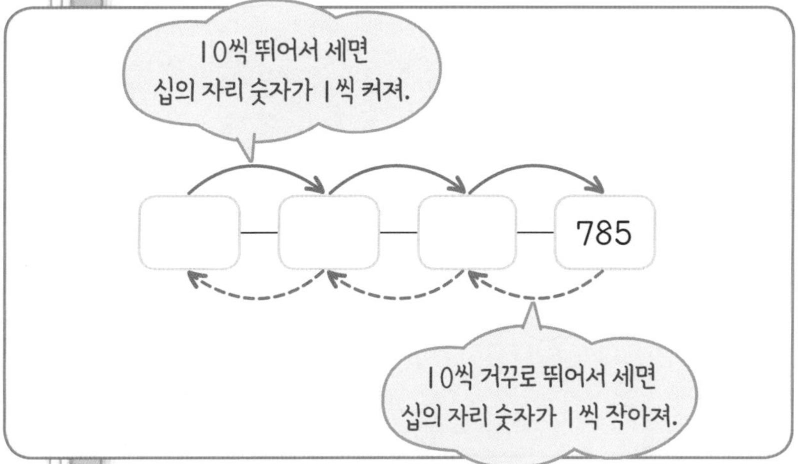

8 슬기의 방법으로 뛰어서 세려고 합니다. ★에 알맞은 수를 구하세요.

슬기: 710에서 시작해서 100씩 거꾸로 뛰어서 세었어.

710 — ☐ — ☐ — ☐ — ★

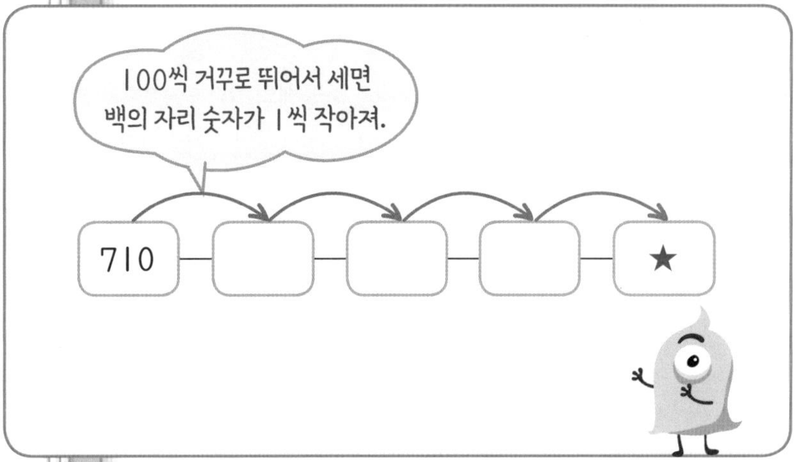

수학적 독해력

9 어떤 수보다 100 큰 수는 637입니다. 어떤 수보다 10 작은 수는 얼마일까요?

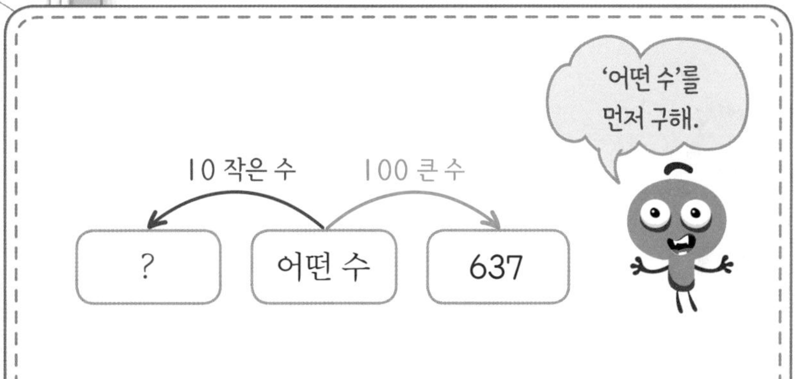

수학적 표현력

10 725에서 10씩 거꾸로 3번 뛰어서 센 수는 얼마인지 말해 보세요.

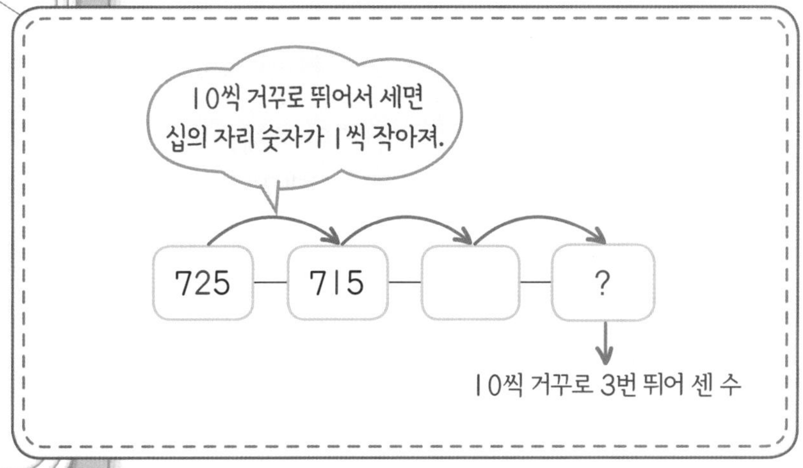

06 일 수의 크기 비교하기

(1) 512 ◯ 498

(2) 623 ◯ 643

(3) 373 ◯ 375

높은 자리일수록 큰 수를 나타내므로 높은 자리 숫자가 큰 쪽이 더 커.

3 두 수의 크기를 비교하여 ◯ 안에 > 또는 <를 알맞게 써넣으세요.

(1) 512 ◯ 498

(2) 623 ◯ 643

(3) 373 ◯ 375

백의 자리 숫자부터 비교하고, 백의 자리 숫자가 같으면 십의 자리 숫자끼리 비교해.

473	534	458

4 수의 크기를 비교하여 가장 큰 수부터 차례로 쓰세요.

473	534	458

슬기: 우리 집에는 책이 이백오십육 권 있어.

로운: 우리 집에는 이백오십구 권 있어.

백의 자리와 십의 자리 숫자가 모두 같으면 일의 자리 숫자가 큰 수가 더 커.

5 슬기와 로운이는 집에 있는 책을 세어 보았습니다. 두 사람 중 집에 책이 더 많은 사람은 누구일까요?

슬기: 우리 집에는 책이 이백오십육 권 있어.

로운: 우리 집에는 이백오십구 권 있어.

사백팔십육 ◯ 100이 4개, 10이 7개인 수

모두 수로 나타낸 다음 높은 자리 숫자부터 차례로 비교해.

알아둬!

100이 ■개, 10이 ▲개, 1이 ●개인 수는 ■▲●야.

6 두 수의 크기를 비교하여 ◯ 안에 > 또는 <를 알맞게 써넣으세요.

(1) 사백팔십육 ◯ 100이 4개, 10이 7개인 수

(2) 100이 6개, 1이 7개인 수 ◯ 육백십이

7 □ 안에 들어갈 수 있는 수를 모두 찾아 ○표 하세요.

63□ > 635

1 2 3 4 5 6 7 8 9

63□ > 635

↓

□ > 5

\\ 주의해! //

백의 자리 숫자와 십의 자리 숫자가 모두 같으면 일의 자리 숫자가 큰 수가 더 커.

8 수 카드 3장을 한 번씩만 사용하여 세 자리 수를 만들려고 합니다. 만들 수 있는 세 자리 수 중 가장 작은 수는 얼마일까요?

5 6 4

5 6 4

□ □ □

백 십 일

수학적 독해력

9 다음을 만족하는 수 중에서 가장 큰 수를 쓰세요.

- 세 자리 수입니다.
- 백의 자리 숫자는 5보다 크고 7보다 작습니다.
- 십의 자리 숫자는 90을 나타냅니다.
- 일의 자리 숫자는 4보다 작은 수입니다.

백 십 일

□ □ □

4보다 작은 수

90을 나타내는 수

5보다 크고 7보다 작은 수

수학적 표현력

10 세 자리 수의 일의 자리 숫자에 얼룩이 묻었습니다. 왼쪽과 오른쪽의 수 중에서 어느 쪽의 수가 더 큰 수인지 설명해 보세요.

42 ◯ 43

42 ◯ 43

07일 ○ 알아보기

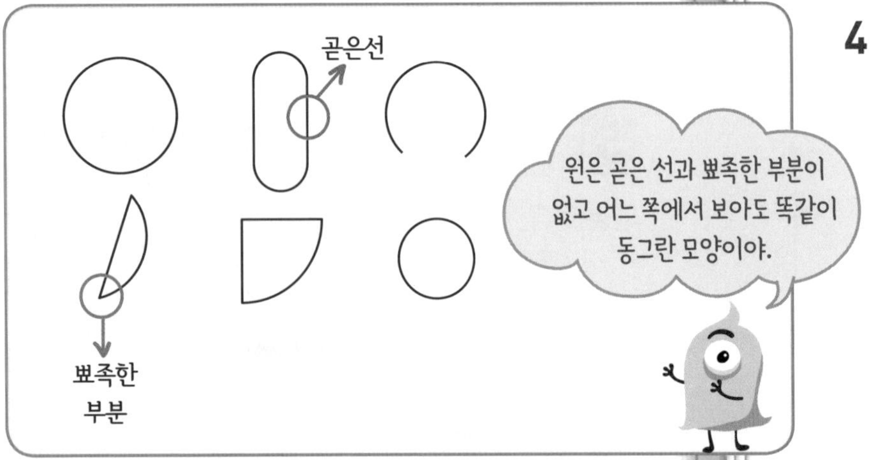

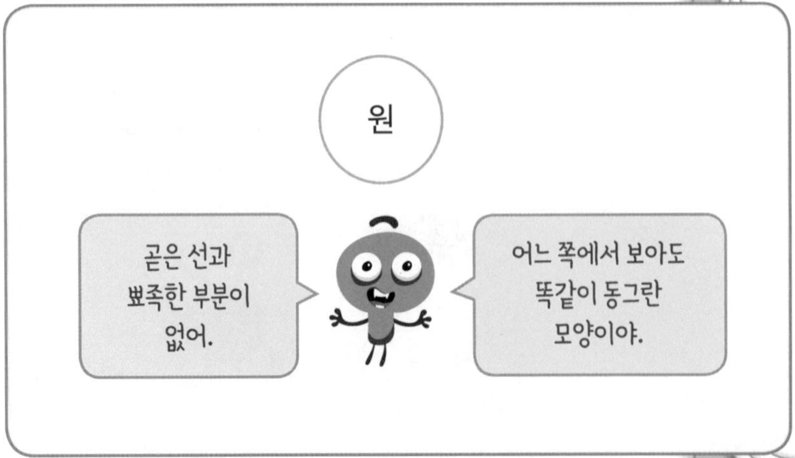

3 동전의 테두리를 따라 그린 모양에 ○표 하세요.

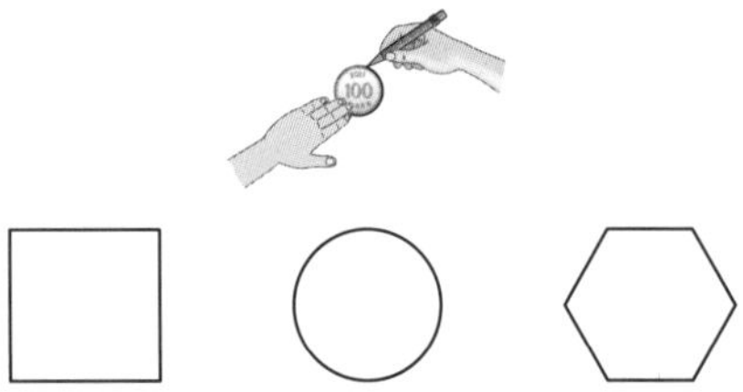

( )　( )　( )

4 원은 모두 몇 개일까요?

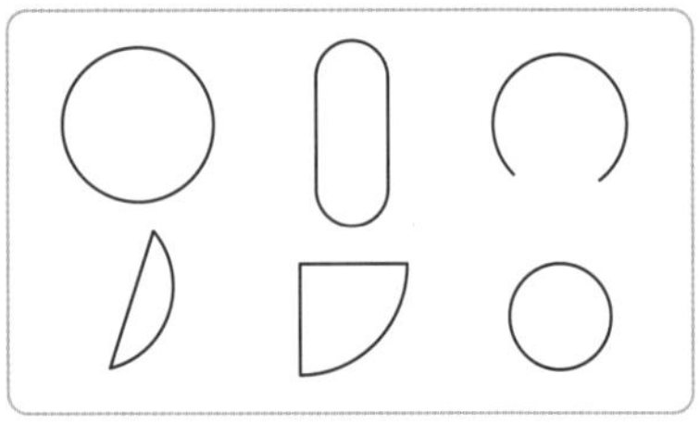

5 원 모양이 아닌 것을 모두 찾아 기호를 쓰세요.

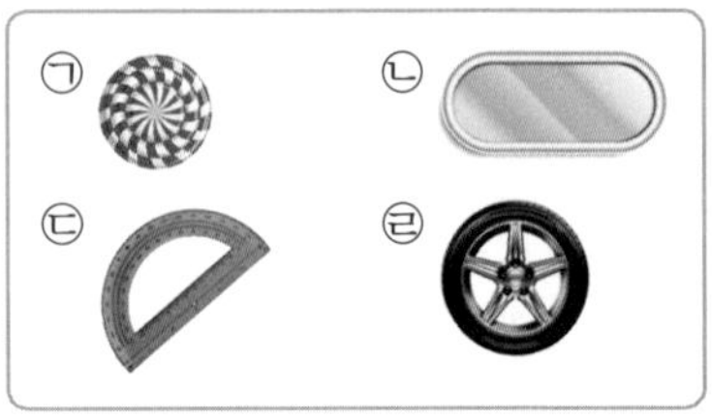

6 원에 대한 설명이 맞으면 ○표, 틀리면 ×표 하세요.

(1) 동그란 모양입니다. ( )

(2) 곧은 선으로 되어 있습니다. ( )

(3) 뾰족한 부분이 없습니다. ( )

7 원 안에 있는 수끼리 더하면 얼마일까요?

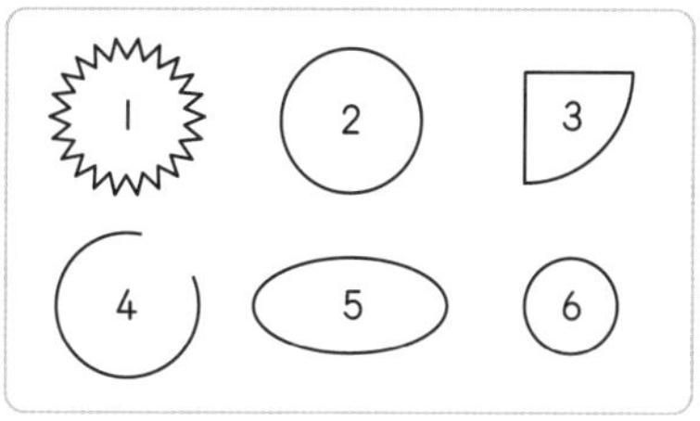

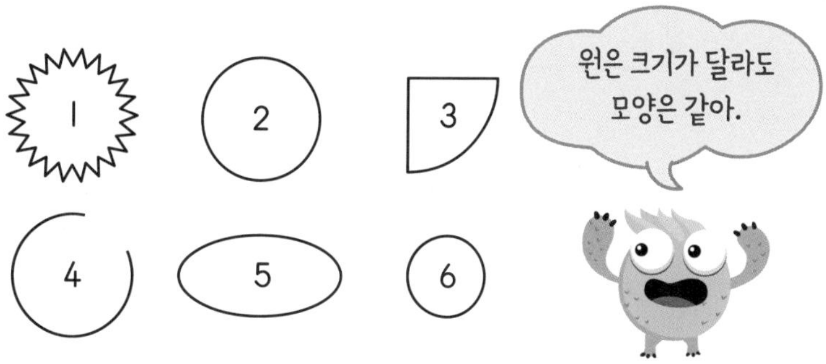

주의해!

모양이 동그랗지만 끊어져 있으면 원이 아니야.

8 원은 모두 몇 개일까요?

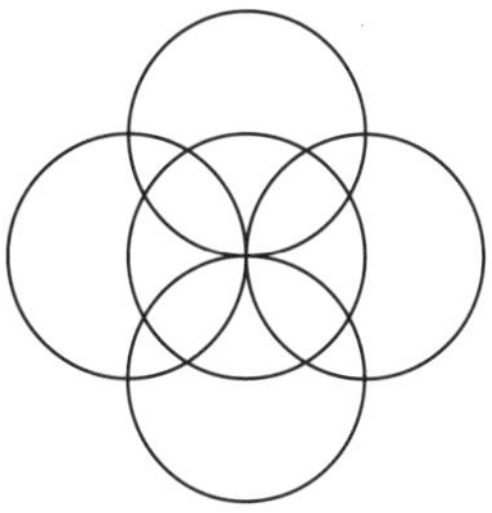

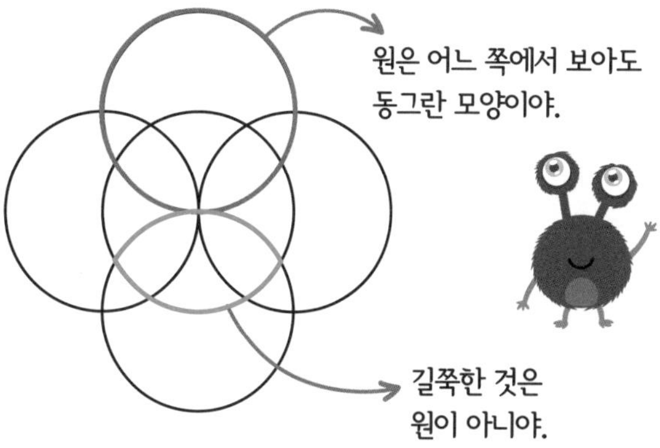

수학적 독해력

9 원에 대하여 잘못 말한 사람은 누구일까요?

수학적 표현력

10 다음 도형이 원이 아닌 이유를 설명한 것입니다. 알맞은 것을 찾아 ○표 하세요.

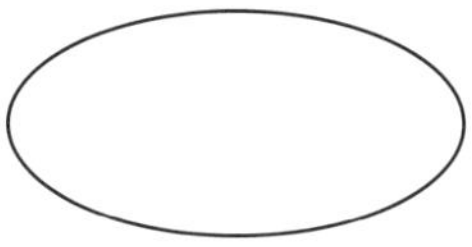

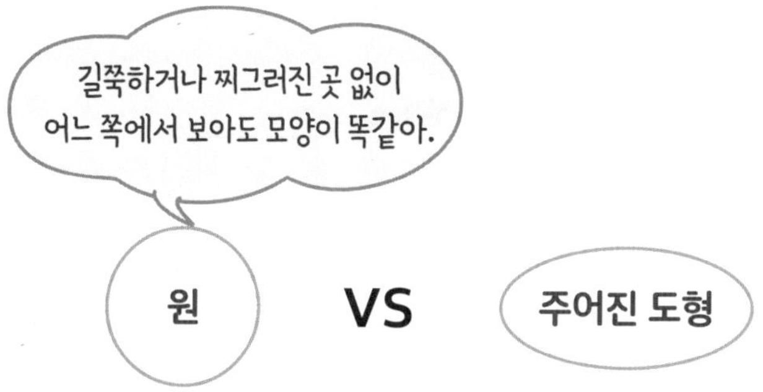

08일 △과 □ 알아보기

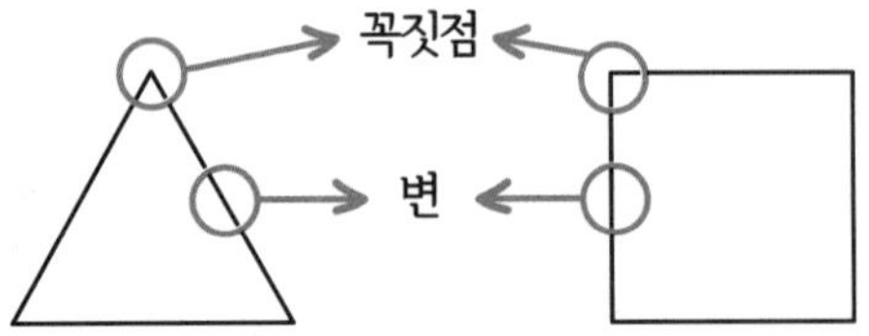

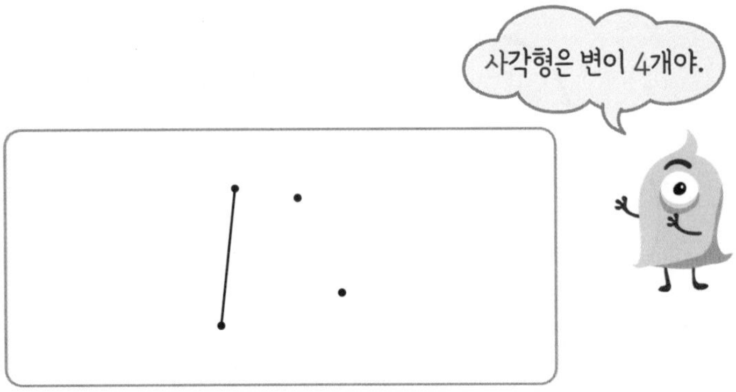

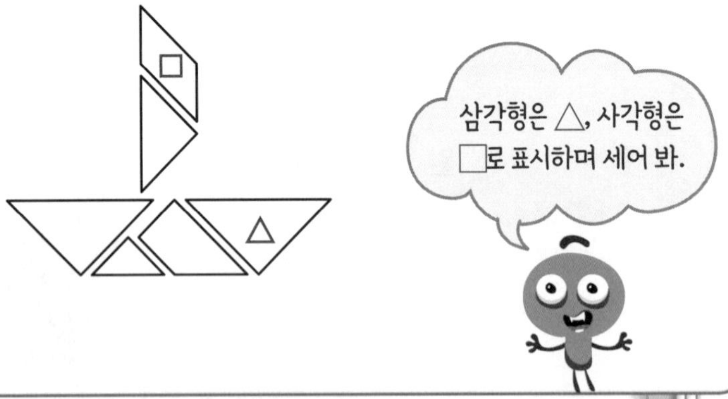

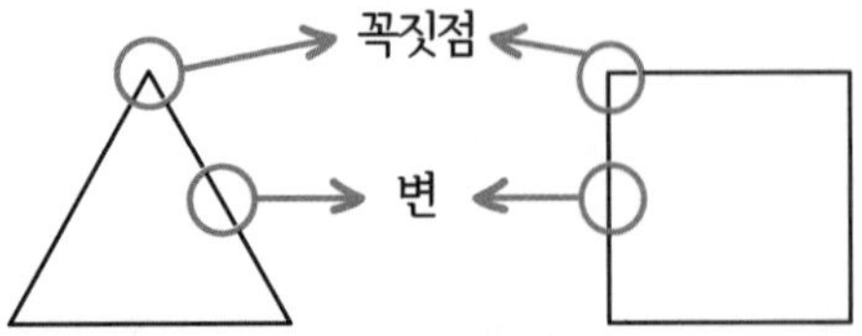

3 도형을 보고 □ 안에 알맞은 수를 써넣으세요.

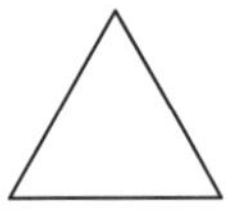

→ 변 □개, 꼭짓점 □개

→ 변 □개, 꼭짓점 □개

4 점과 점을 이어 사각형을 그리려고 합니다. 사각형이 되기 위해서는 몇 개의 변을 더 그려야 할까요?

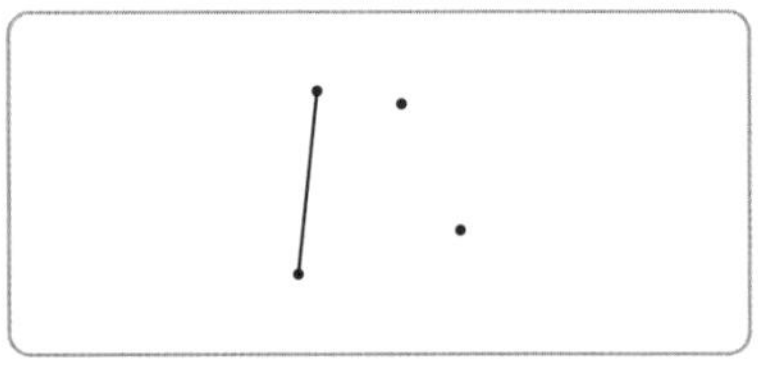

5 다음 모양을 만드는 데 사용한 삼각형과 사각형은 각각 몇 개일까요?

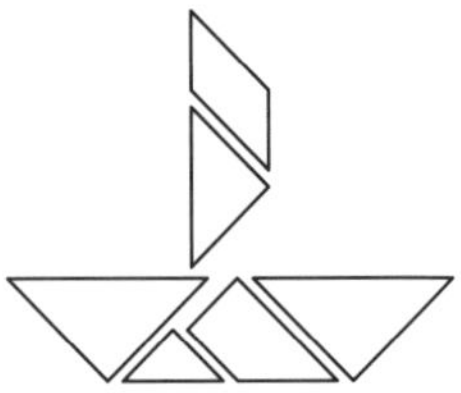

삼각형 □개, 사각형 □개

6 삼각형과 사각형의 공통점을 모두 찾아 기호로 쓰세요.

㉠ 꼭짓점이 3개 있습니다.
㉡ 곧은 선으로 둘러싸여 있습니다.
㉢ 뾰족한 부분이 없습니다.
㉣ 둥근 부분이 없습니다.

7 삼각형과 사각형의 꼭짓점의 수의 차는 얼마일까요?

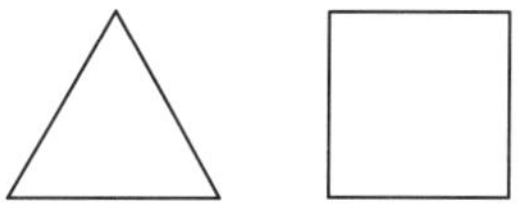

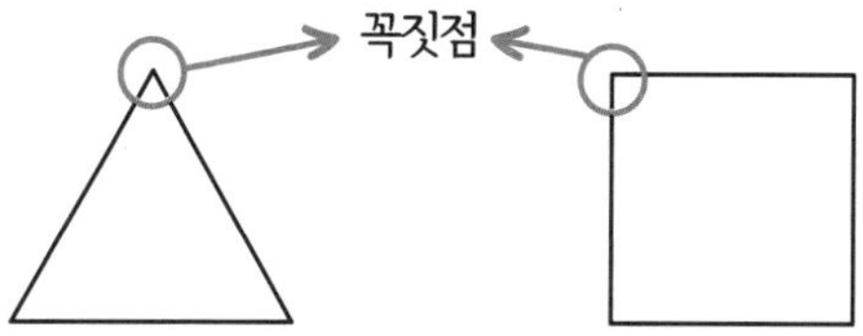

8 색종이를 점선을 따라 자르면 어떤 도형이 몇 개 생기는지 구하세요.

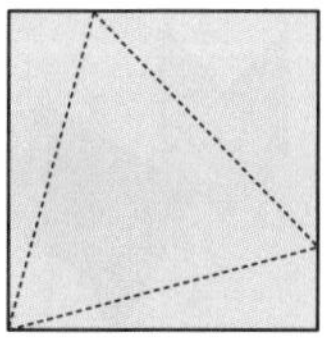

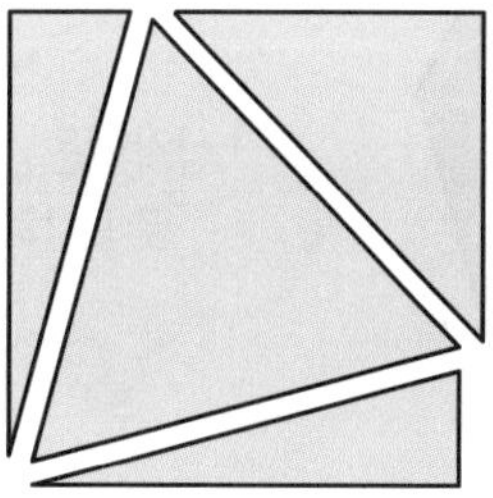

수학적 독해력

+9 크고 작은 사각형은 모두 몇 개인지 세어 보세요.

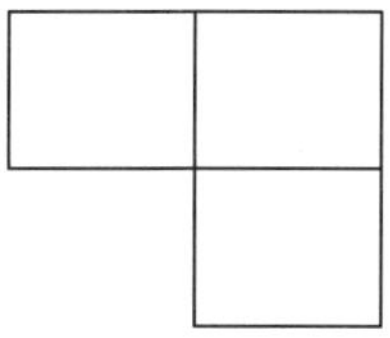

1개짜리

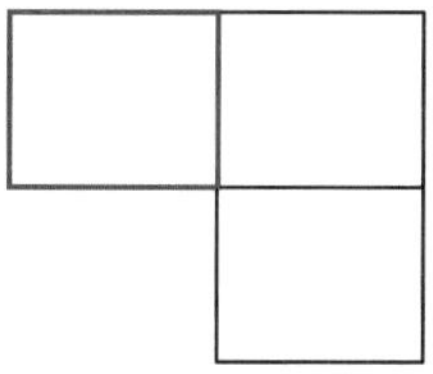

2개짜리

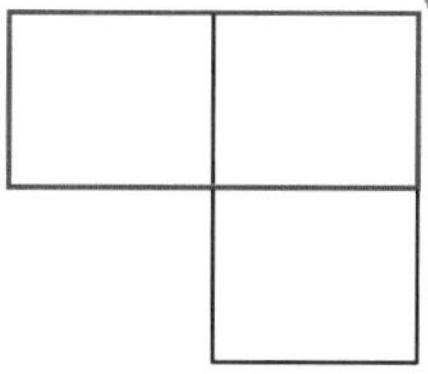

□개 + □개

수학적 표현력

+10 다음 도형이 삼각형이 아닌 이유를 설명해 보세요.

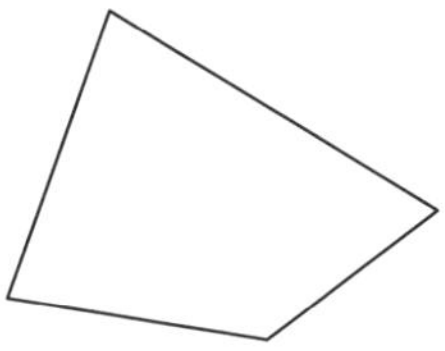

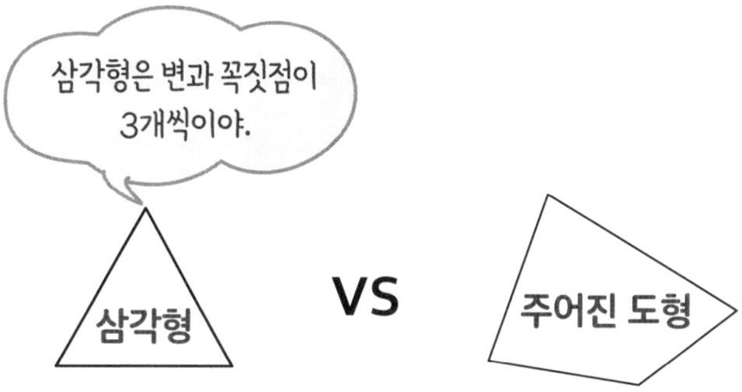

칠교판으로 모양 만들기

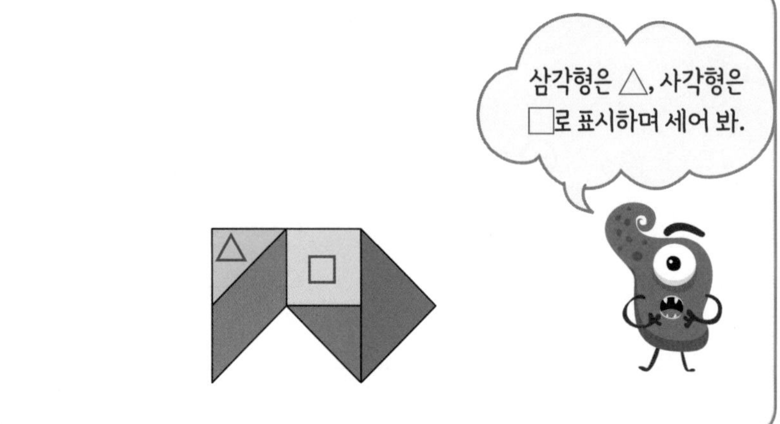

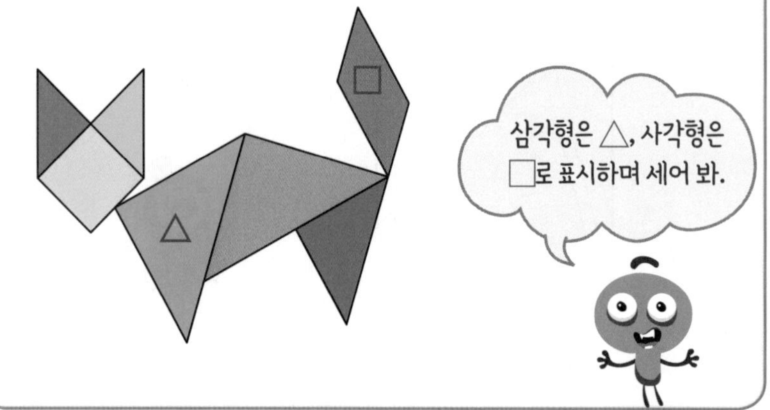

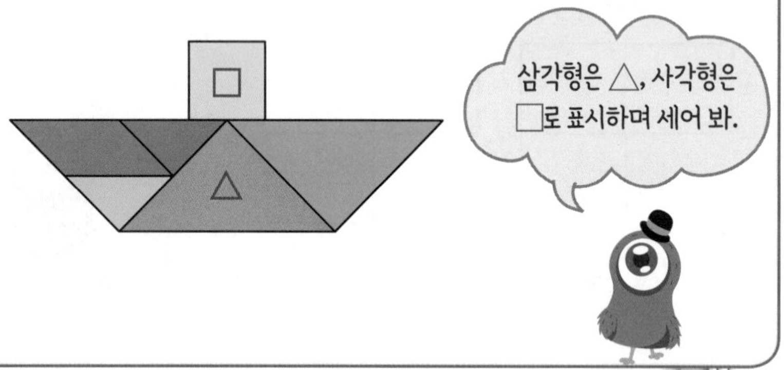

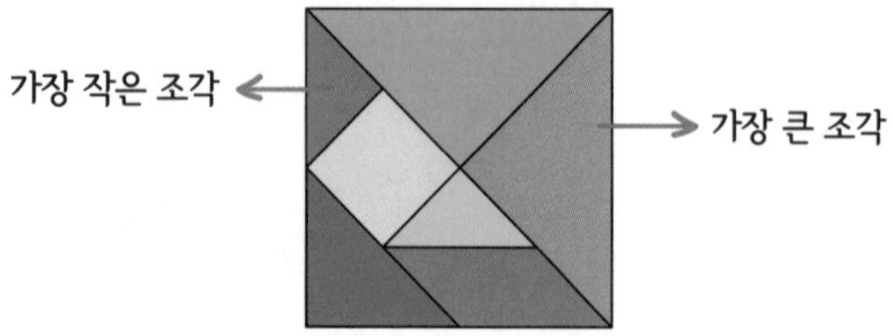

3 이용한 삼각형과 사각형 조각의 수를 세어 보세요.

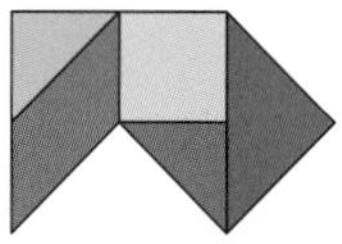

삼각형	사각형
□개	□개

4 이용한 삼각형과 사각형 조각의 수를 세어 보세요.

삼각형	사각형
□개	□개

5 이용한 삼각형 조각은 사각형 조각보다 몇 개 더 많을까요?

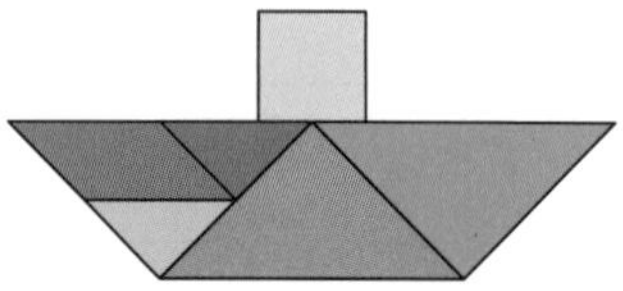

6 칠교판에 대한 설명으로 옳은 것을 찾아 기호를 쓰세요.

㉠ 삼각형과 원으로 이루어져 있습니다.
㉡ 칠교판의 조각 중 크기가 가장 작은 조각은 삼각형 모양입니다.
㉢ 칠교판의 조각 중 크기가 가장 큰 조각은 사각형 모양입니다.

7 〈보기〉의 조각을 모두 이용하여 만들 수 있는 모양에 ○표 하세요.

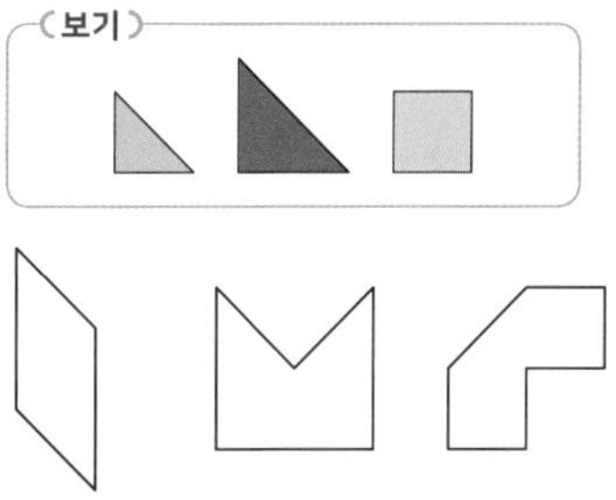

(　　　) (　　　) (　　　)

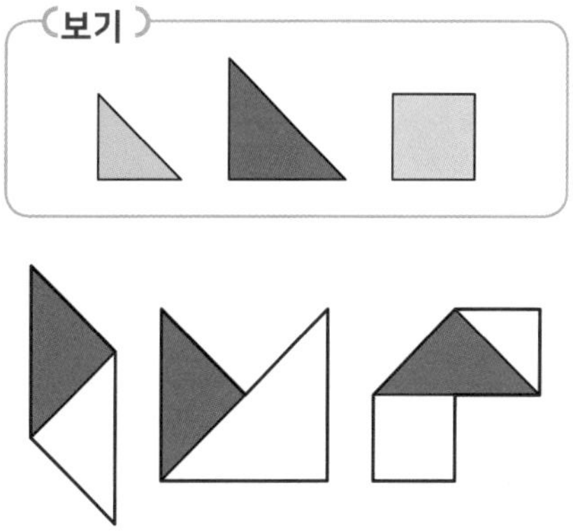

8 주어진 세 조각을 모두 이용하여 만들 수 없는 모양의 기호를 쓰세요.

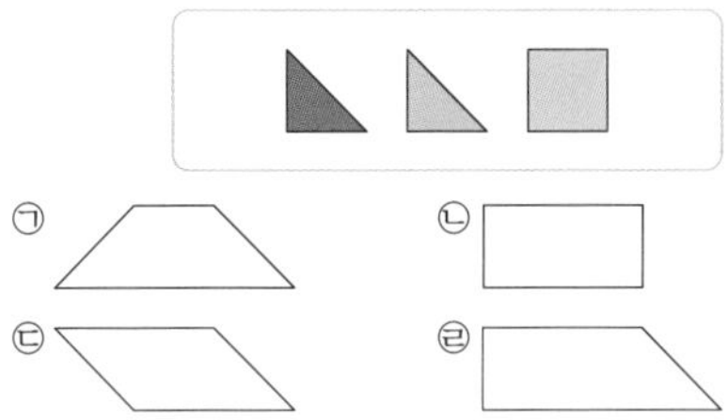

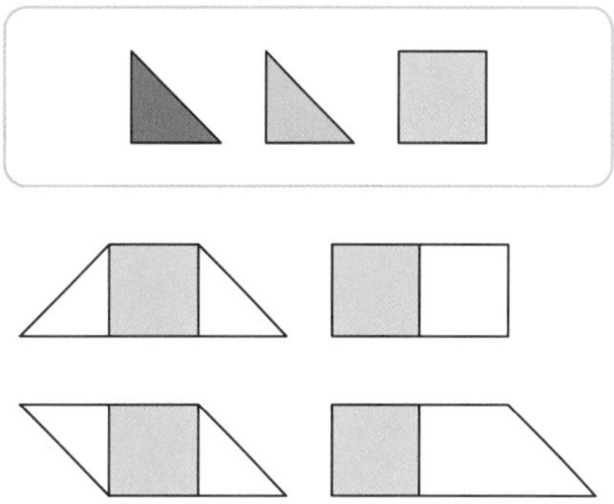

수학적 독해력

9 칠교판의 두 조각에 한 조각을 더 이용하여 아래와 같은 삼각형을 만들려고 합니다. 더 필요한 조각에 ○표 하세요.

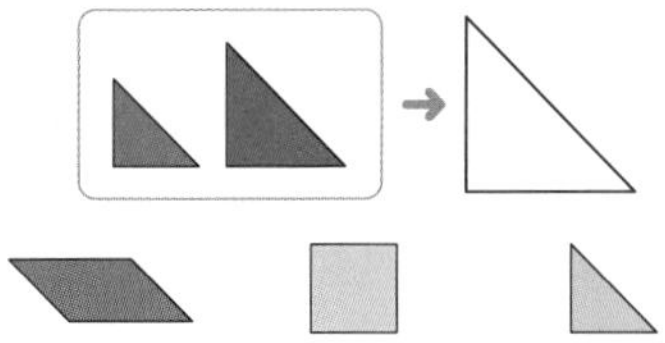

(　　　) (　　　) (　　　)

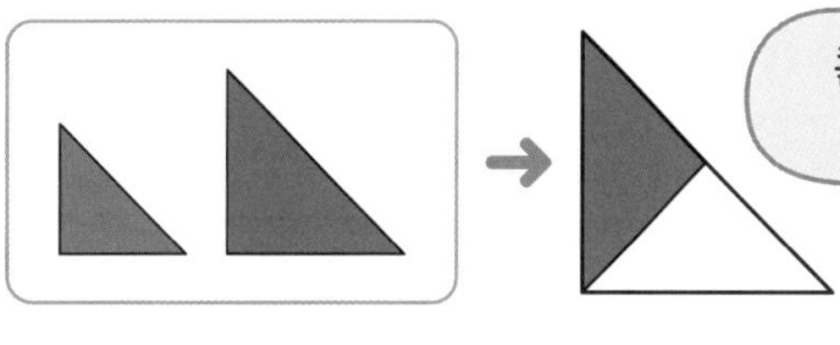

수학적 표현력

10 이용한 삼각형 조각은 사각형 조각보다 몇 개 더 많은지 말해 보세요.

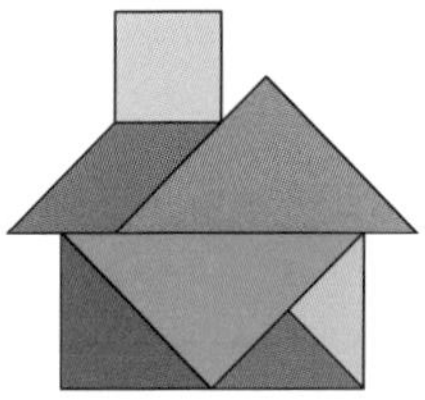

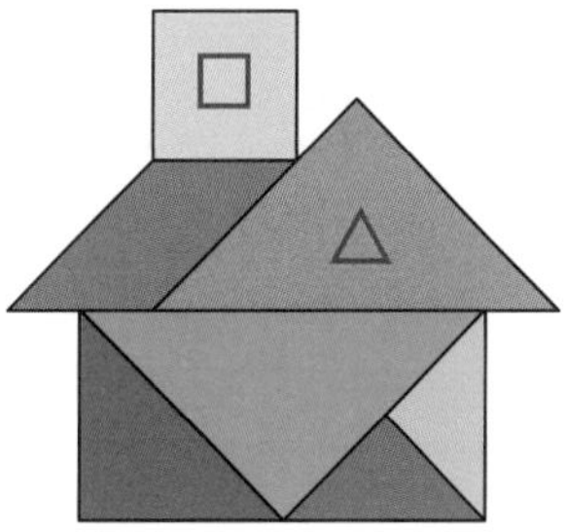

10일 ⬠과 ⬡ 알아보기

	변의 수	꼭짓점의 수
★각형	★	★

곧은선 5개로 둘러싸인 도형

오각형

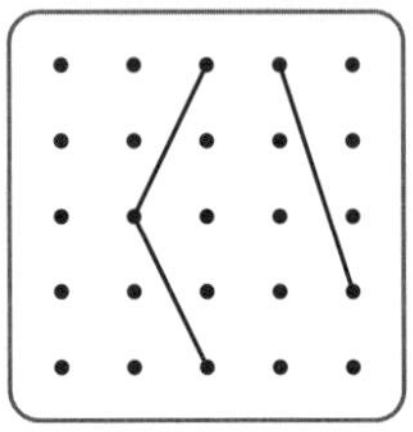

곧은선 6개로 둘러싸인 도형

육각형

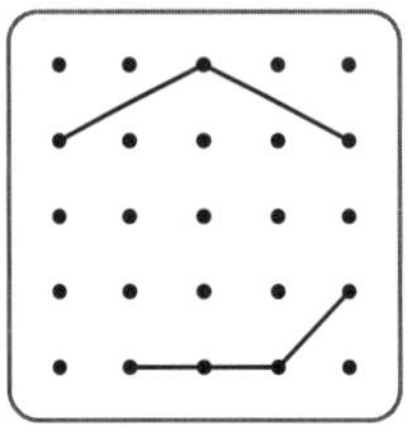

★각형

↓

변과 꼭짓점이 각각 ★개인 도형

★각형 ⇄ 변과 꼭짓점이 각각 ★개인 도형

3 빈칸에 알맞은 수를 써넣으세요.

	변의 수	꼭짓점의 수
오각형		
육각형		

4 주어진 선을 변으로 하는 오각형과 육각형을 각각 그려 보세요.

오각형

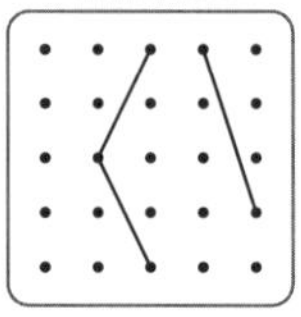

육각형

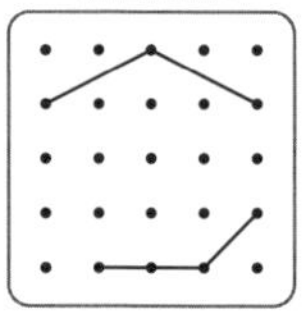

5 도형의 이름을 쓰세요.

(1) 삼각형보다 변이 3개 많은 도형입니다.

➜ ☐

(2) 사각형보다 꼭짓점이 1개 많은 도형입니다.

➜ ☐

6 도형에 대한 설명으로 옳은 것의 기호를 쓰세요.

㉠ 오각형은 육각형보다 변이 1개 더 많습니다.
㉡ 육각형의 변과 꼭짓점의 수를 모두 합하면 6입니다.
㉢ 육각형은 오각형보다 꼭짓점이 1개 더 많습니다.

7 변의 수와 꼭짓점의 수의 합이 가장 큰 도형부터 차례로 기호를 쓰세요.

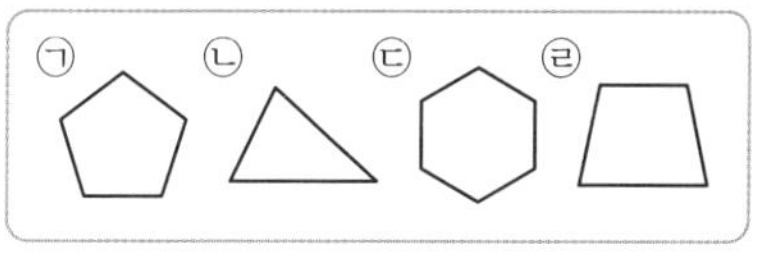

★이 클수록 변의 수와 꼭짓점의 수의 합도 커.

★각형

↓

변과 꼭짓점이 각각 ★개인 도형

8 점선을 따라 종이를 잘랐을 때 생기는 두 도형의 꼭짓점의 수의 차를 구하세요.

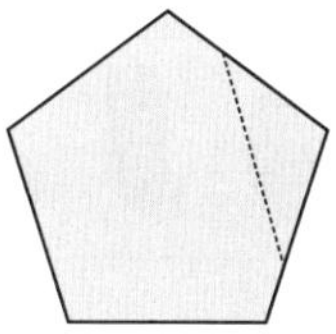

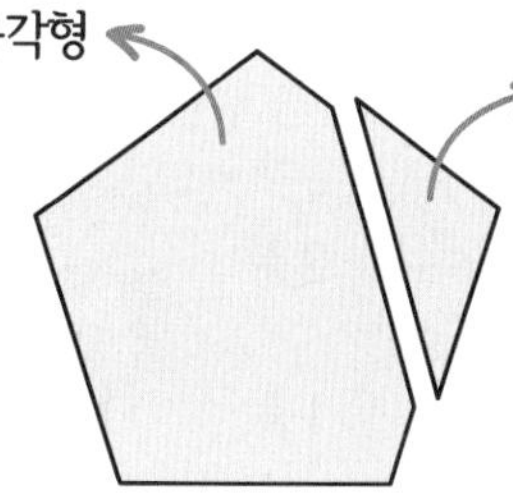

★각형의 꼭짓점은 ★개야.

수학적 독해력

9 못과 못 사이를 끈으로 이어 오각형을 만들려고 합니다. 4개의 못에 끈을 다음과 같이 연결하고, 나머지 한 개의 못에 끈을 연결하여 오각형을 만들려고 합니다. ㉠~㉣ 중 오각형을 만들 수 없는 못의 기호를 쓰세요.

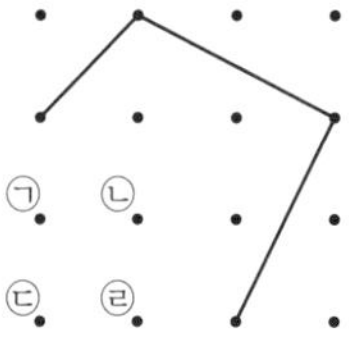

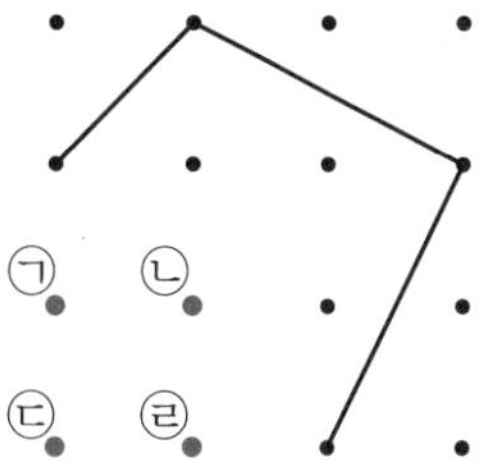

㉠~㉣ 중 연결했을 때 변이 5개가 되지 않는 경우를 찾아.

알아둬!

일직선상의 못을 연결하면 변은 1개만 생겨.

수학적 표현력

10 오각형의 꼭짓점의 수와 육각형의 변의 수의 합은 얼마인지 말해 보세요.

★각형

변이 ★개 꼭짓점이 ★개

도형의 이름을 보면 변의 수와 꼭짓점의 수를 알 수 있어.

똑같은 모양으로 쌓기 / 여러 가지 모양으로 쌓기

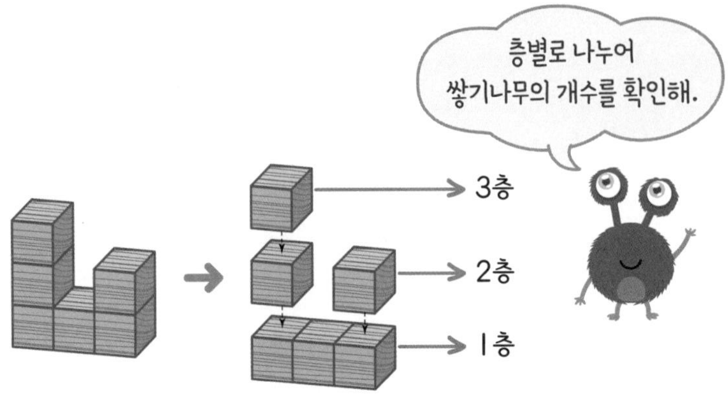

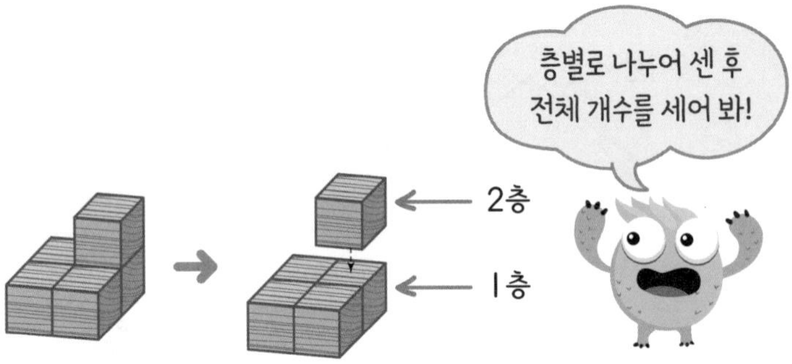

쌓기나무 3개가 옆으로 나란히 있고
맨 왼쪽 쌓기나무 위에 쌓기나무가 1개
있습니다.

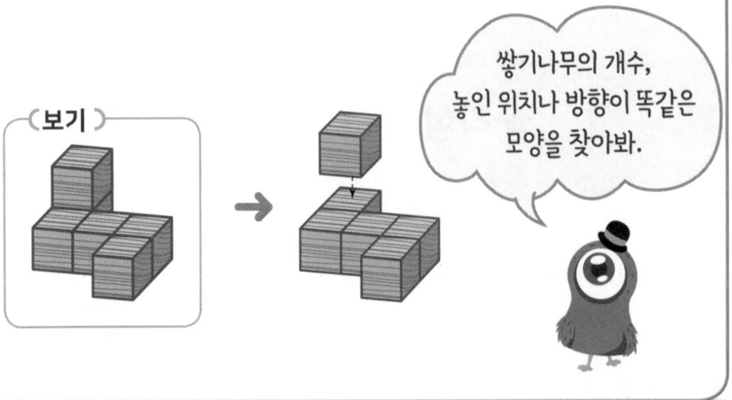

3 설명대로 쌓은 모양을 찾아 선으로 이어 보세요.

1층에 4개, 2층에 2개가 있습니다. •

1층에 3개, 2층에 1개, 3층에 1개가 있습니다. •

1층에 3개, 2층에 2개, 3층에 1개가 있습니다. •

4 쌓기나무 5개로 쌓은 모양이 아닌 것을 모두 찾아 기호를 쓰세요.

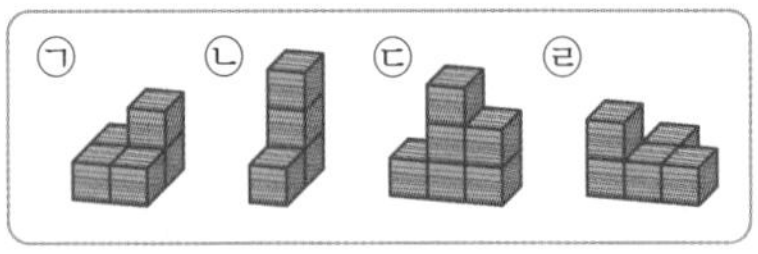

5 민호의 설명과 같이 쌓기나무를 쌓은 친구의 이름을 쓰세요.

민호: 쌓기나무 3개가 옆으로 나란히 있고 맨 왼쪽 쌓기나무 위에 쌓기나무가 1개 있습니다.

6 〈보기〉와 똑같은 모양으로 쌓은 것에 ○표 하세요.

(　　) (　　) (　　)

7 사용한 쌓기나무가 많은 모양부터 차례로 기호를 쓰세요.

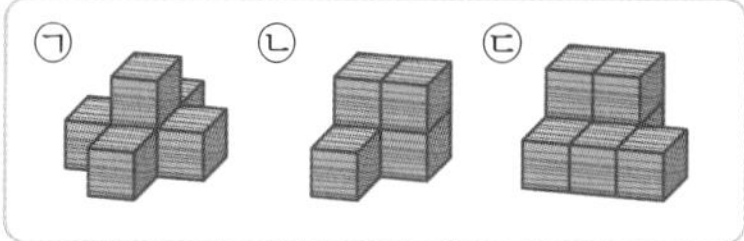

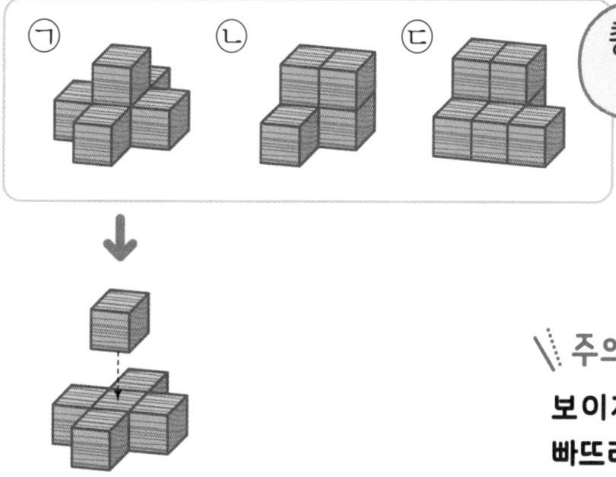

층별로 나누어 쌓기나무의 개수를 확인해.

주의해!

보이지 않는 쌓기나무도 빠뜨리지 않고 세어야 해.

8 왼쪽 모양에서 쌓기나무 1개를 옮겨 오른쪽과 똑같은 모양을 만들려고 합니다. 옮겨야 할 쌓기나무를 찾아 기호를 쓰세요.

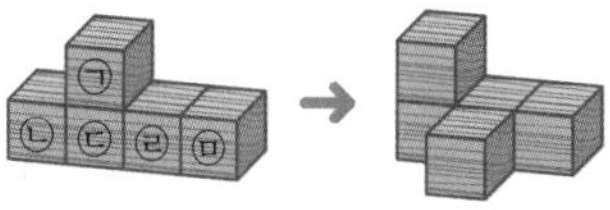

㉠이 1층 맨 왼쪽 위에 있으려면 어떤 쌓기나무를 옮겨야 할지 생각해 봐.

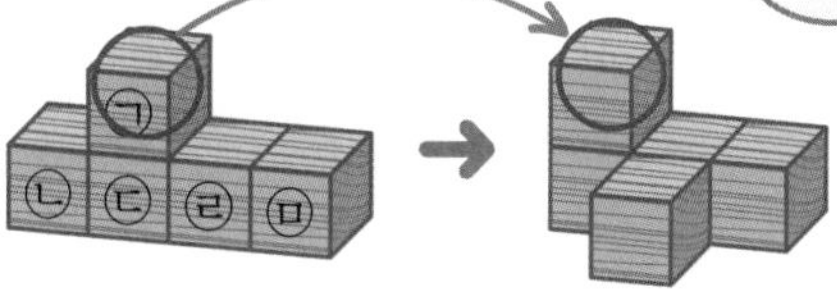

수학적 독해력

9 쌓기나무로 쌓은 모양을 바르게 설명한 사람은 누구일까요?

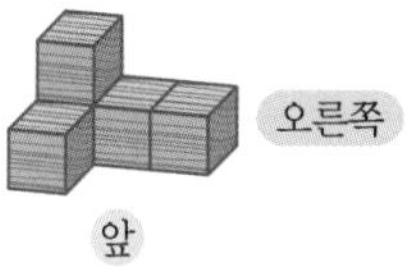

서연: 쌓기나무가 1층에 3개, 2층에 1개가 있으니까 사용한 쌓기나무는 모두 4개야.

한결: 쌓기나무 3개가 옆으로 나란히 있고, 맨 왼쪽 위와 앞에 쌓기나무가 각각 1개씩 있어.

쌓기나무의 개수, 놓인 위치나 방향을 생각하며 찾아봐.

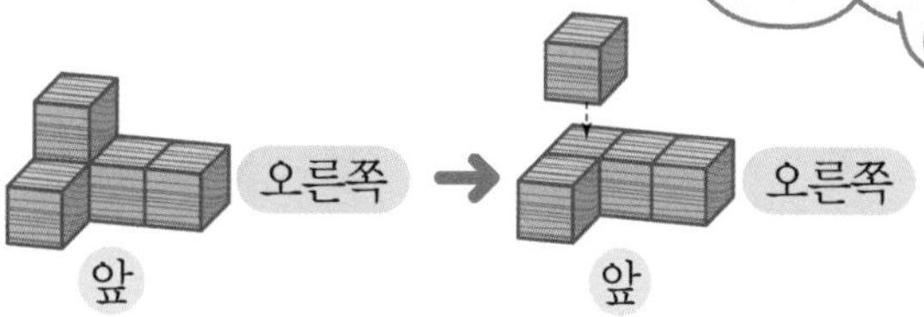

수학적 표현력

10 쌓기나무로 쌓은 모양을 설명해 보세요.

쌓기나무의 개수, 놓인 위치나 방향을 생각하며 설명해.

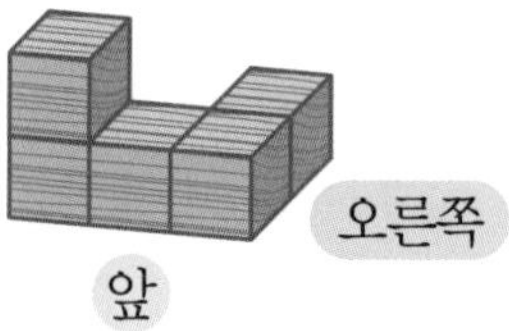

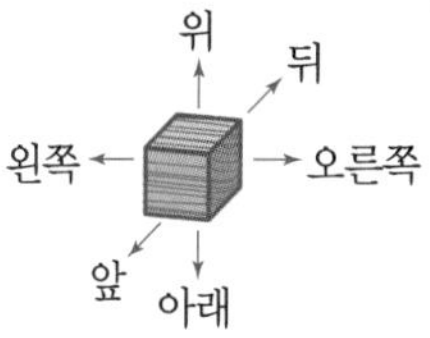

12일 받아올림이 있는 덧셈 (1)

(두 자리 수)+(한 자리 수)

자리를 맞추어 세로로 계산해.

$$18+7 \rightarrow \begin{array}{r} 1\ 8 \\ +\ \ \ 7 \\ \hline \end{array}$$

두 수의 '합'이니까 덧셈이야.

38	+	6

일의 자리 수끼리의 합이 10이거나 10보다 크면 십의 자리로 1을 받아올림해.

일의 자리에서 받아올림한 수는 십의 자리 수와 더한 후 내려 써야 해.

㉠ □

$$\begin{array}{r} 2\ 8 \\ +\ \ \ 5 \\ \hline 2\ 3 \end{array}$$

㉡ □

$$\begin{array}{r} 4\ 6 \\ +\ \ \ 7 \\ \hline 5\ 3 \end{array}$$

48+5 — 슬기

45+9 — 로운

일의 자리 수끼리의 합이 10이거나 10보다 크면 십의 자리로 1을 받아올림해.

2 덧셈을 해 보세요.

(1) 18+7

(2) 39+4

3 두 수의 합을 빈칸에 써넣으세요.

38	6

4 계산이 잘못된 것의 기호를 쓰세요.

㉠
$$\begin{array}{r} 2\ 8 \\ +\ \ \ 5 \\ \hline 2\ 3 \end{array}$$

㉡
$$\begin{array}{r} 4\ 6 \\ +\ \ \ 7 \\ \hline 5\ 3 \end{array}$$

5 계산 결과가 더 큰 식을 가지고 있는 사람은 누구일까요?

48+5 — 슬기

45+9 — 로운

7 나무에 참새가 26마리 있었는데 참새 8마리가 나무로 날아왔습니다. 나무에 있는 참새는 모두 몇 마리일까요?

〔식〕 ______________________

〔답〕 ______________________

나무에 참새가 26마리 있었는데 참새 8마리가 나무로 날아왔습니다. 나무에 있는 참새는 모두 몇 마리일까요?

나무에 있는 참새의 수 = 나무에 있던 참새의 수 + 나무에 날아온 참새의 수

'모두' 구하는 것이니까 덧셈이야.

8 수 카드 중에서 2장씩 골라 합이 46이 되는 식을 만들어 보세요.

8 9 37 38

□+□=46

□+□=46

8 9 | 37 38

37+□=46

38+□=46

한 자리 수

계산 결과가 46이므로 (두 자리 수)와 (한 자리 수)의 합임을 알 수 있어.

수학적 독해력

9 화살 두 개를 던져 맞힌 두 수의 합은 가운데 65와 같습니다. 맞힌 두 수에 ○표 하세요.

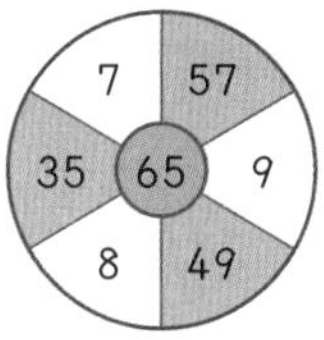

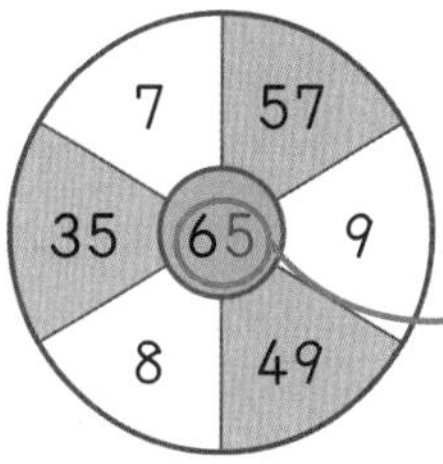

$$\begin{array}{r} \square\ \square \\ +\quad \square \\ \hline 6\ \ 5 \end{array}$$

일의 자리 계산에서 받아올림하고 남은 수가 5임을 알 수 있어.

수학적 표현력

10 다음 계산이 잘못된 이유를 쓰고 바르게 고쳐 계산해 보세요.

$$\begin{array}{r} 6\ 8 \\ +\quad 7 \\ \hline 6\ 5 \end{array} \rightarrow \begin{array}{r} 6\ 8 \\ +\quad 7 \\ \hline \end{array}$$

$$\begin{array}{r} \square\quad \\ 6\ \ 8 \\ +\quad\ 7 \\ \hline \end{array}$$

일의 자리에서 받아올림한 수

일의 자리에서 받아올림한 수는 십의 자리 수와 더한 후 내려 써야 해.

13일 받아올림이 있는 덧셈 (2)

(두 자리 수)+(두 자리 수)

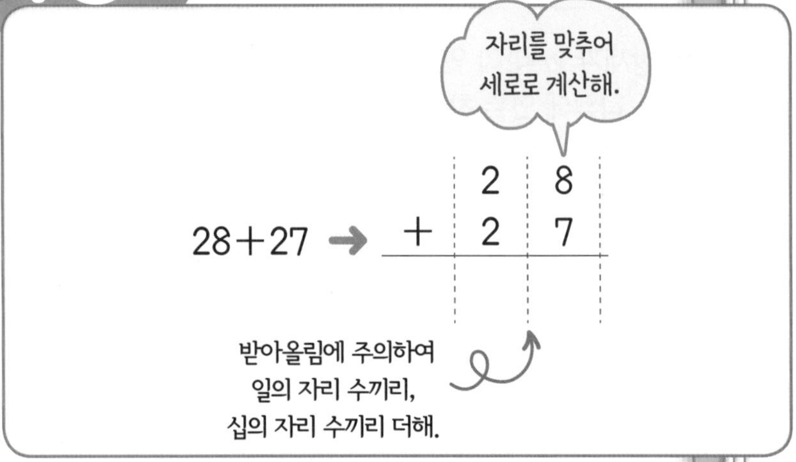

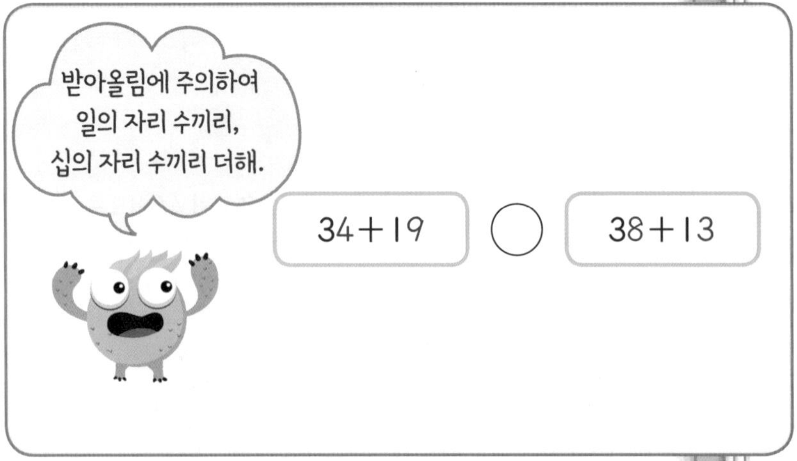

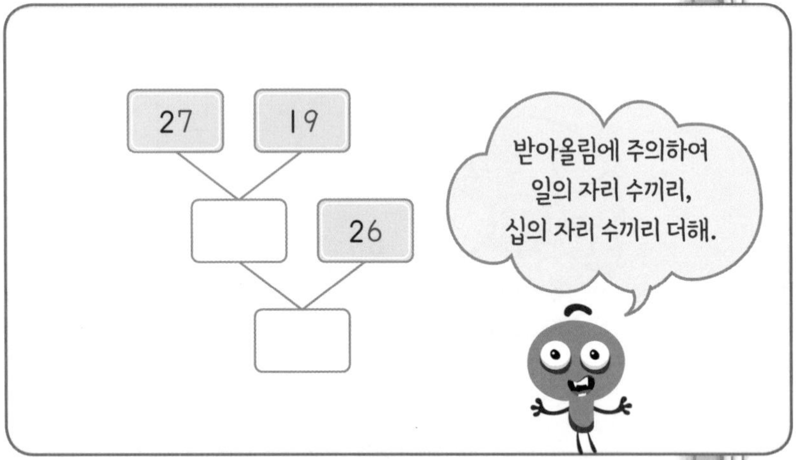

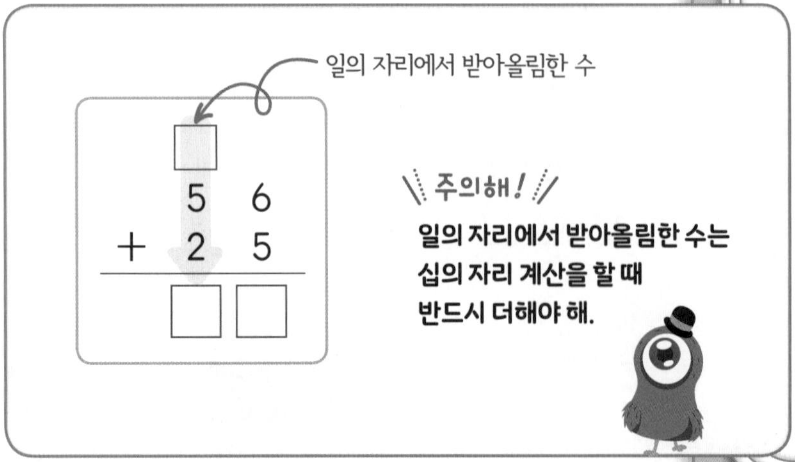

2 덧셈을 해 보세요.

(1) 28+27

(2) 36+46

3 계산 결과를 비교하여 ◯ 안에 >, =, <를 알맞게 써넣으세요.

34+19 ◯ 38+13

5 빈칸은 선으로 연결된 두 수의 합입니다. 빈칸에 알맞은 수를 써넣으세요.

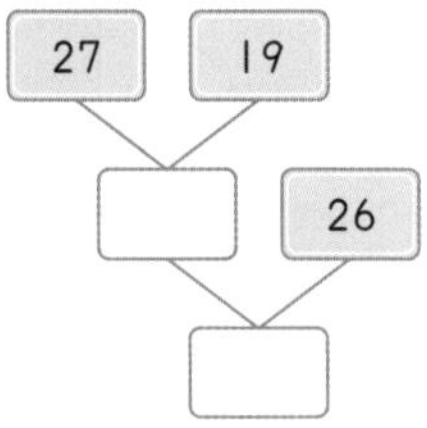

6 계산에서 잘못된 곳을 찾아 바르게 고쳐 계산해 보세요.

$$\begin{array}{r} 56 \\ +\ 25 \\ \hline 71 \end{array} \rightarrow \begin{array}{r} 56 \\ +\ 25 \\ \hline \end{array}$$

7 □ 안에 알맞은 수를 써넣으세요.

	□	8
+	1	□
	4	3

	1	
	□	8
+	1	□
	4	3

일의 자리에 내려 쓴 수는 받아올림하고 남은 수야.

8+□=13

8 □ 안에 들어갈 수 있는 수를 모두 찾아 ○표 하세요.

26+□>62

34　35　36　37　38

26+□>62

왼쪽이 더 크니까
□ 안에는 ★보다 큰 수가
들어가야 해.

26 + ★ = 62

수학적 독해력

9 두 상자에서 수 카드를 각각 한 장씩 뽑아 카드에 적힌 두 수의 합을 구하려고 합니다. 합이 가장 클 때의 덧셈식을 쓰세요.

□+□=□

□+□=□

합이 가장 크려면
더하는 두 수가 각각
큰 수여야 해.

수학적 표현력

10 종석이는 18분 동안 달리기를 한 후 잠시 쉬었다가 다시 35분 동안 달리기를 하였습니다. 종석이는 모두 몇 분 동안 달렸는지 말해 보세요.

종석이는 18분 동안 달리기를 한 후 잠시 쉬었다가 다시 35분 동안 달리기를 하였습니다.

종석이가 달린 시간 = 처음 달린 시간 + 다시 달린 시간

14일 받아올림이 있는 덧셈 (3)

(두 자리 수)+(두 자리 수)

⊕		
52 +	65 =	
34 +	88 =	

각 자리 수끼리의 합이 10이거나 10보다 크면 바로 위의 자리로 1을 받아올림해.

'='의 양쪽이 같아지도록 □를 구해.

67 + 63 = 30 + □

먼저 계산해.

• 10이 6개, 1이 8개인 수 → 6 8
• 10이 7개, 1이 6개인 수 → + 7 6

각 자리 수끼리의 합이 10이거나 10보다 크면 바로 위의 자리로 1을 받아올림해.

서준이네 집에는 그림책이 52권, 동화책이 64권 있습니다. (…) 모두 몇 권일까요?

그림책과 동화책의 수 = 그림책의 수 + 동화책의 수

'모두' 구하는 것이니까 덧셈이야.

3 빈칸에 알맞은 수를 써넣으세요.

⊕		
52	65	
34	88	

4 □ 안에 알맞은 수를 써넣으세요.

(1) 67+63=30+□

(2) 25+91=16+□

5 두 수의 합은 얼마일까요?

• 10이 6개, 1이 8개인 수
• 10이 7개, 1이 6개인 수

6 서준이네 집에는 그림책이 52권, 동화책이 64권 있습니다. 서준이네 집에 있는 그림책과 동화책은 모두 몇 권일까요?

7 □ 안에 알맞은 수를 써넣으세요.

$$\begin{array}{rrr} & \square & 8 \\ + & 5 & 6 \\ \hline 1 & 3 & \square \end{array}$$

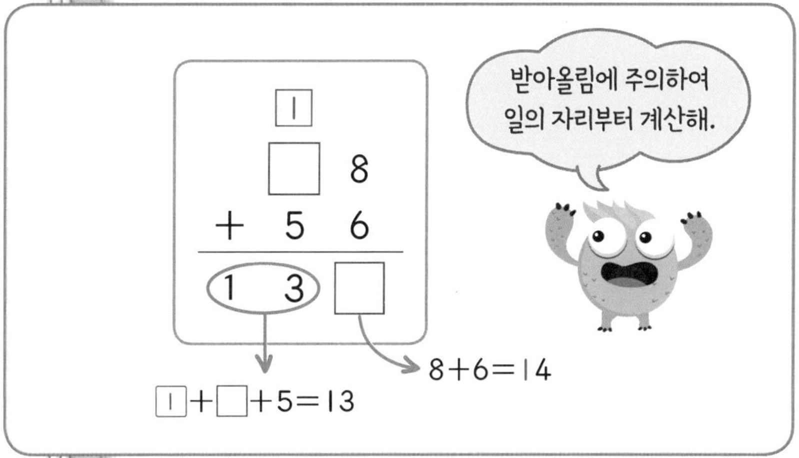

8 수 카드 7, 5, 9 중에서 2장을 골라 주어진 계산 결과가 나오도록 완성해 보세요.

$$\begin{array}{rrr} & 8 & \square \\ + & \square & 6 \\ \hline 1 & 4 & 5 \end{array}$$

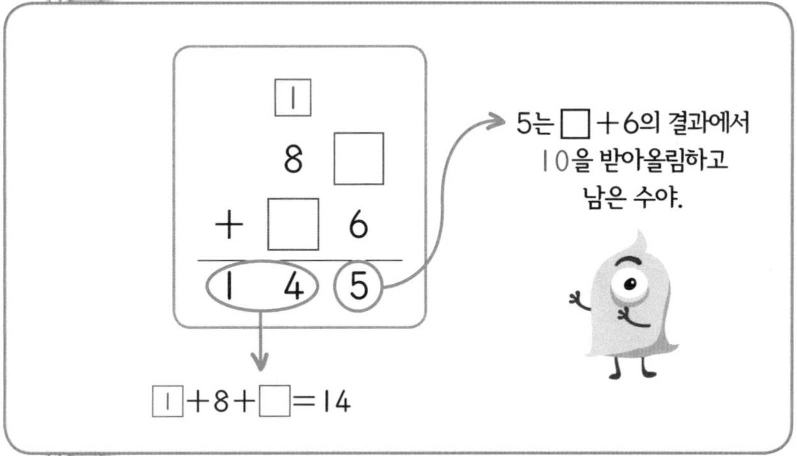

수학적 독해력

+9 수 카드 중에서 2장을 골라 두 자리 수를 만들어 46과 더하려고 합니다. 계산 결과가 가장 큰 수가 되는 덧셈식을 쓰고 계산해 보세요.

5 3 7

□+46=□

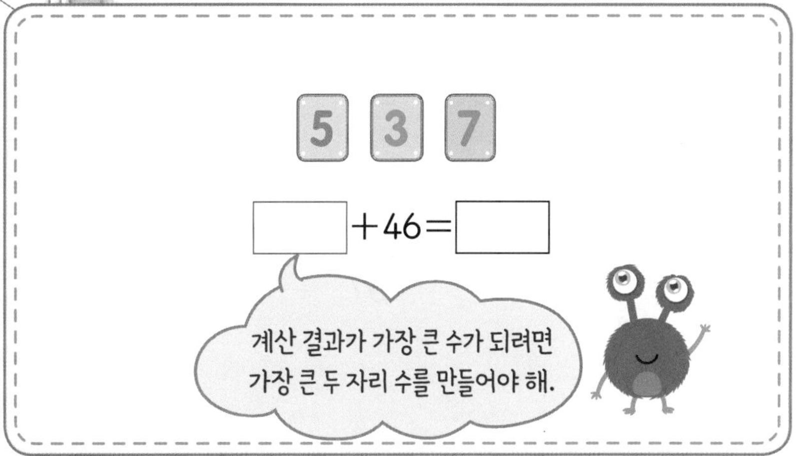

수학적 표현력

+10 빈칸은 선으로 연결된 두 수의 합입니다. ㉠에 알맞은 수를 말해 보세요.

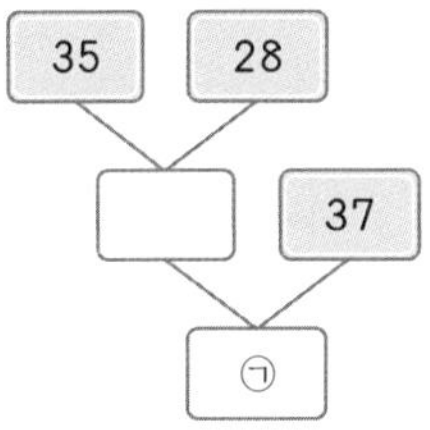

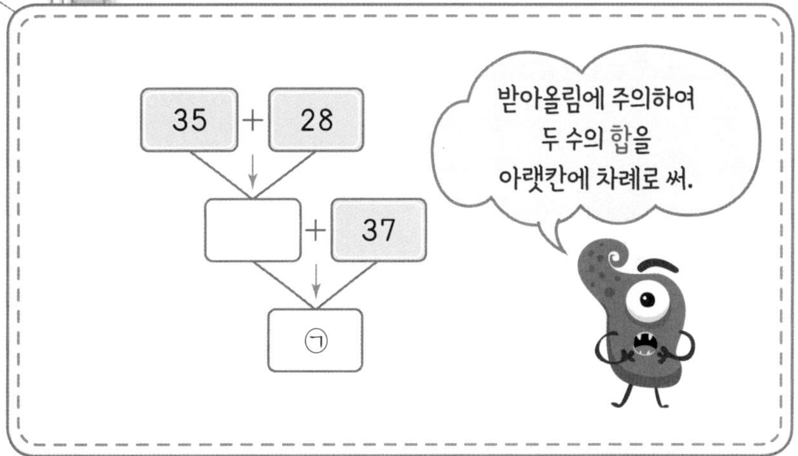

15일 여러 가지 방법으로 덧셈하기

십의 자리 수끼리 더하고, 일의 자리 수끼리 더하여 계산했어.

10+6　20+9

16 + 29 = 10 + 20 + 6 + 9
　　　= 30 + 15 = 45

3 〈보기〉와 같은 방법으로 계산하세요.

〈보기〉
16+29=10+20+6+9
　　　=30+15=45

35+19=30+□+5+9
　　　=40+□=□

28을 20+8로 생각하여 계산합니다.

20+8

34+28=34+□+8
　　　=□+8=□

4 34+28을 〈보기〉와 같은 방법으로 계산하세요.

〈보기〉
28을 20+8로 생각하여 계산합니다.

34+28=34+□+8
　　　=□+8=□

같은 자리 수끼리 더해서 구할 거야.

→ 십의 자리 수끼리
　 일의 자리 수끼리

50+7　20+6

57 + 26

5 석희가 설명한 방법으로 57+26을 계산해 보세요.

57+26

더하는 두 수 중 한 수를 (몇십)과 (몇)으로 바르게 나타냈는지 확인해.

㉠ 37+49=37+40+9=77+9
㉡ 37+49=30+7+49=79+7
㉢ 37+49=37+50+1=87+1

6 37+49를 여러 가지 방법으로 계산하는 과정입니다. 잘못된 것의 기호를 쓰세요.

㉠ 37+49=37+40+9=77+9
㉡ 37+49=30+7+49=79+7
㉢ 37+49=37+50+1=87+1

7 47+18을 서로 다른 두 가지 방법으로 계산하세요.

방법 1 47을 40+7로 생각하여 계산하기

47+18

방법 2 18을 20−2로 생각하여 계산하기

47+18

방법 1 47을 40+7로 생각하여 계산하기

40+7

47+18

방법 2 18을 20−2로 생각하여 계산하기

20−2

47+18

3 단원

8 24+39를 다음과 같이 계산하였습니다. ■, ▲, ★에 알맞은 수를 각각 쓰세요.

24+39=24+9+■
=▲+■
=★

■(　　　), ▲(　　　), ★(　　　)

24+39=24+9+■
=▲+■
=★

39를 9+■로 나타내어 계산했어.

수학적 독해력

9 나래와 민서는 17+29를 서로 다른 방법으로 구하였습니다. 잘못 계산한 사람은 누구일까요?

나래: 17에 30을 먼저 더한 다음 1을 뺐어.
민서: 17에 3을 더한 수에 29를 더했어.

17+30−1

나래: 17에 30을 먼저 더한 다음 1을 뺐어.
민서: 17에 3을 더한 수에 29를 더했어.

17+3+29

수학적 표현력

10 영민이가 38+24를 잘못 계산하였습니다. 계산이 잘못된 이유를 설명하고 바르게 고쳐 보세요.

영민

38+24=40+24+2
=64+2=66

더하는 두 수 중 한 수를 (몇십)과 (몇)으로 바르게 나타냈는지 확인해.

38+24=40+24+2
=64+2=66

16일 받아내림이 있는 뺄셈 (1)

(두 자리 수)—(한 자리 수)

㉠

	□	10
	~~2~~	3
−	0	5
	□	8

㉡

	□	10
	~~4~~	6
−	0	7
	□	9

십의 자리에서 10을 받아내림하면
십의 자리 계산에서는
1을 뺀 나머지를 내려 써야 해.

43 —(−8)→ □

\\ 중요해! //

일의 자리 수끼리 뺄 수 없으면
십의 자리에서 10을 받아내림해.

빼지는 수가 같아.

(1) 23 − 6 ◯ 23 − 8

(2) 34 − 7 ◯ 36 − 7

빼는 수가 같아.

계산하지 않아도 크기를 비교할 수 있어.

주차장에 자동차가 24대 있었는데 6대가 빠져나갔습니다. 주차장에 있는 자동차는 모두 몇 대일까요?

(주차장에 있는 자동차 수) = (주차장에 있던 자동차 수) − (빠져나간 자동차 수)

빠져나갔으니까 뺄셈이야.

3 계산이 잘못된 것의 기호를 쓰세요.

㉠ 23 − 5 = 18　　㉡ 46 − 7 = 49

㉠			㉡		
	2	3		4	6
−		5	−		7
	1	8		4	9

4 빈칸에 알맞은 수를 써넣으세요.

43 —(−8)→ □

5 계산 결과를 비교하여 ◯ 안에 >, =, <를 알맞게 써넣으세요.

(1) 23−6 ◯ 23−8

(2) 34−7 ◯ 36−7

6 주차장에 자동차가 24대 있었는데 6대가 빠져나갔습니다. 주차장에 있는 자동차는 모두 몇 대일까요?

〔식〕 ______________

〔답〕 ______________

7 사다리 타기를 하였습니다. 빈 곳에 알맞은 수를 써 넣으세요.

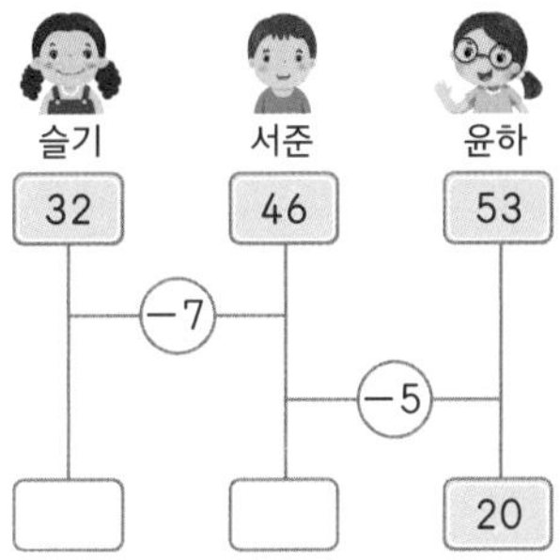

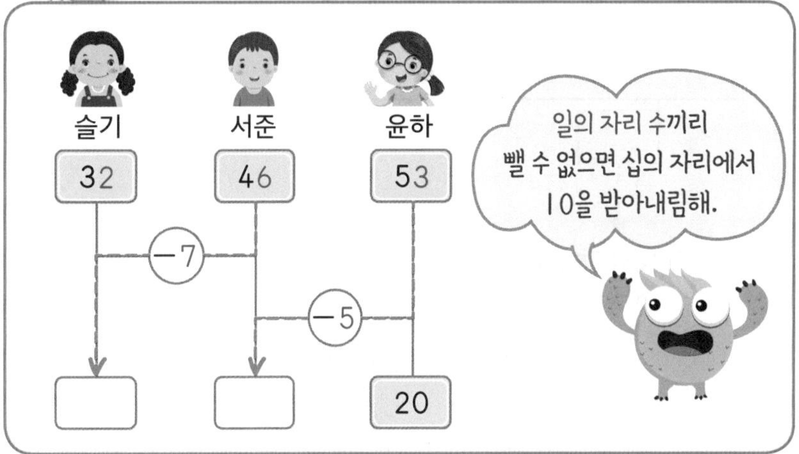

8 수 카드 중에서 2장씩 골라 차가 27이 되는 식을 만들어 보세요.

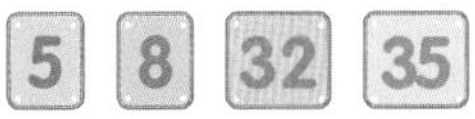

□ − □ = 27

□ − □ = 27

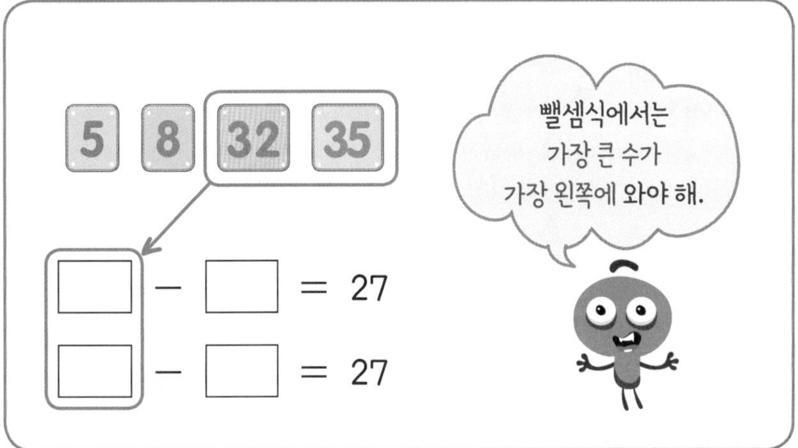

수학적 독해력

+9 화살 두 개를 던져 맞힌 두 수의 차는 가운데 38과 같습니다. 맞힌 두 수에 ○표 하세요.

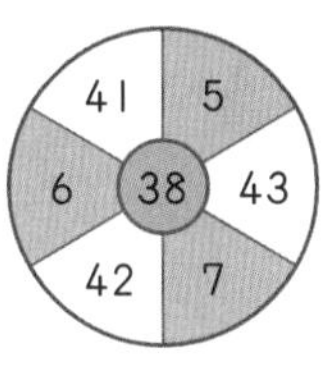

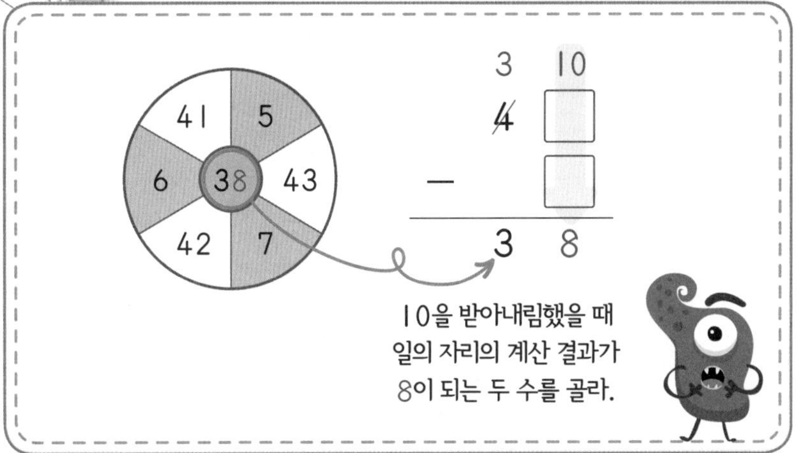

수학적 표현력

+10 63−4를 잘못 계산하였습니다. 계산이 잘못된 이유를 쓰고 바르게 고쳐 계산해 보세요.

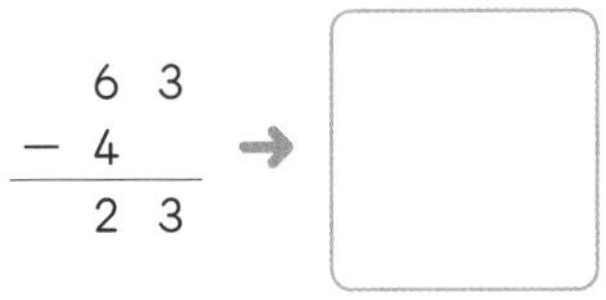

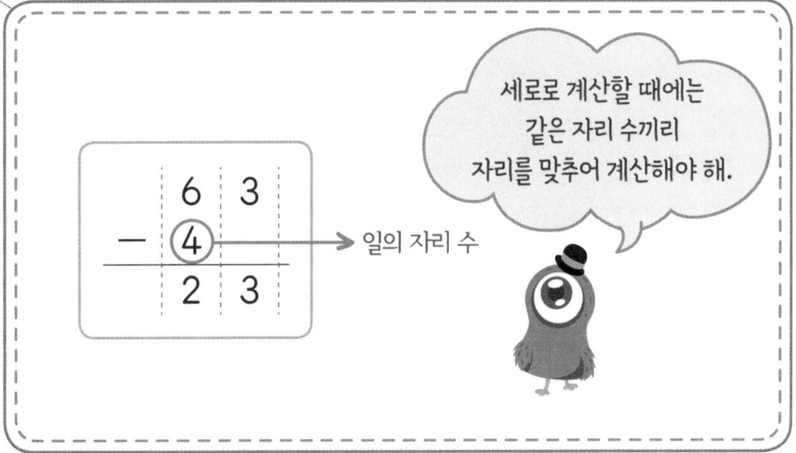

받아내림이 있는 뺄셈 (2)

(몇십)—(몇십몇)

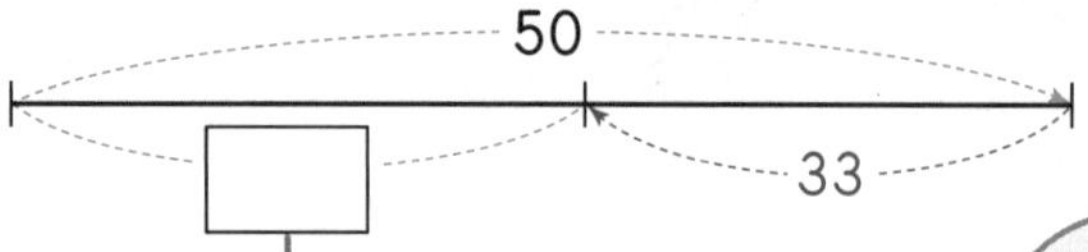

50만큼 갔다가
33만큼 되돌아 왔으니까
50—33의 값이야.

0—3을 할 수 없으니까
십의 자리에서 10을
받아내림해서 계산해.

받아내림하고 남은 수 ← ㉠ 10 → 받아내림한 수

	㉠	10
	6̸	0
—	1	4
	□	□

㉠은 받아내림하고
남은 수야.

0—(몇)을 할 수 없으므로
십의 자리에서 10을 받아내림해야 해.

40—18=32

50—27=23

주의해!

십의 자리 계산에서는
일의 자리로 받아내림한 수를
빼고 계산해야 해.

0—(몇)을 할 수 없으므로
십의 자리에서 10을
받아내림해야 해.

70—13 •		• 70—31
50—19 •		• 80—23
60—21 •		• 70—39

3 □ 안에 알맞은 수를 써넣으세요.

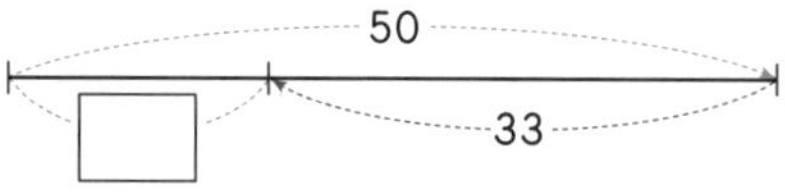

4 다음 계산에서 ㉠에 알맞은 숫자는 실제로 얼마를 나타내는지 쓰세요.

	㉠	10
	6̸	0
—	1	4
	□	□

(　　　　　　)

5 다음은 슬기와 로운이의 계산 결과입니다. 잘못 계산한 사람은 누구일까요?

40—18=32	50—27=23
슬기	로운

6 같은 것끼리 선으로 이어 보세요.

70—13 •		• 70—31
50—19 •		• 80—23
60—21 •		• 70—39

7 □ 안에 들어갈 수 있는 수를 모두 찾아 ○표 하세요.

$70-\square<34$

33　34　35　36　37　38

$70-\square<34$

왼쪽이 더 작으니까
□ 안에는 ★보다
더 큰 수가 들어가야 해.

70 − ★ = 34

8 □ 안에 알맞은 수를 써넣으세요.

	□	0
−	2	9
	4	1

받아내림하고
남은 수

	□−1	10
	□	0
−	2	9
	4	1

주의해!
십의 자리 계산에서는
일의 자리로 받아내림한
1을 뺀 후 계산해야 해.

수학적 독해력

9 다음의 뺄셈식에서 ★는 같은 수를 나타냅니다. □ 안에 알맞은 수를 써넣으세요.

	★	0
−	□	2
	3	★

	★	0
−	□	2
	3	★

0−2를 할 수 없으므로
십의 자리에서 10을 받아내림하여
★을 먼저 구해.

수학적 표현력

10 쿠키가 40개가 있었습니다. 이 중에서 26개를 친구들에게 나누어 주었습니다. 남은 쿠키는 몇 개인지 말해 보세요.

쿠키가 40개가 있었습니다. 이 중에서 26개를 친구들에게 나누어 주었습니다. 남은 쿠키는 몇 개인지 말해 보세요.

남은 쿠키의 수 = 쿠키의 수 − 친구들에게 나누어 준 쿠키의 수

나누어 주었으니까
뺄셈이야.

18일 받아내림이 있는 뺄셈 (3)

(두 자리 수) – (두 자리 수)

32		
42	−15 →	
52		

2−5를 할 수 없으므로 받아내림하면 일의 자리 계산은 모두 12−5야.

일의 자리로 10을 받아내림하고 남은 수

$$\begin{array}{rcc} & \boxed{7} & 10 \\ & \cancel{8} & 2 \\ - & 3 & 7 \\ \hline & 4 & 5 \end{array}$$

- 10이 6개, 1이 2개인 수 → 6 2
- 10이 3개, 1이 5개인 수 → − 3 5

일의 자리 수끼리 뺄 수 없으면 십의 자리에서 10을 받아내림해.

색연필을 윤아는 45자루 가지고 있고, 진수는 윤아보다 17자루 더 적게 가지고 있습니다. 진수가 가지고 있는 색연필은 몇 자루일까요?

진수가 가지고 있는 색연필의 수 = 윤아가 가지고 있는 색연필의 수 − 17자루

'더 적게' 가지고 있으니까 뺄셈이야.

3 빈칸에 알맞은 수를 써넣으세요.

32		
42	−15 →	
52		

4 □ 안의 숫자 7이 실제로 얼마를 나타내는지 쓰세요.

$$\begin{array}{rcc} & \boxed{7} & 10 \\ & \cancel{8} & 2 \\ - & 3 & 7 \\ \hline & 4 & 5 \end{array}$$

5 두 수의 차는 얼마일까요?

- 10이 6개, 1이 2개인 수
- 10이 3개, 1이 5개인 수

6 색연필을 윤아는 45자루 가지고 있고, 진수는 윤아보다 17자루 더 적게 가지고 있습니다. 진수가 가지고 있는 색연필은 몇 자루일까요?

7 ㉠+㉡의 값을 구하세요.

	㉠	2
−	3	6
	3	㉡

	㉠−1	10
	~~㉠~~	2
−	3	6
	3	㉡

12−6=㉡

8 두 수의 차를 아래에 써넣을 때 ★은 얼마일까요?

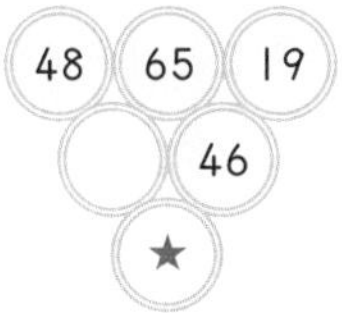

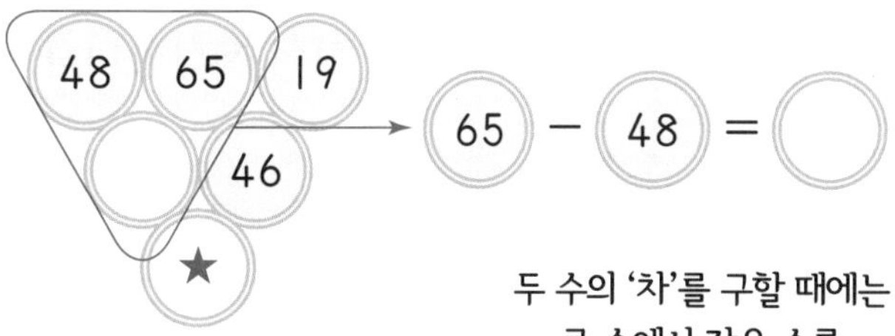

두 수의 '차'를 구할 때에는
큰 수에서 작은 수를
빼야 해.

수학적 독해력

9 수 카드 [1], [3], [8]을 한 번씩 모두 사용하여 주어진 계산 결과가 나오도록 완성해 보세요.

	7	□
−	□	□
	5	5

일의 자리의 계산 결과가
5가 되는 두 가지 경우를
생각해 봐.

받아내림이 없는 경우

	7	[8]
−	□	[3]
	5	5

받아내림이 있는 경우

	7	[3]
−	□	[8]
	5	5

수학적 표현력

10 수 카드 2장을 골라 두 자리 수를 만들어 93에서 빼려고 합니다. 계산 결과가 가장 작은 수가 되는 뺄셈식을 쓰고, 풀이 과정을 말해 보세요.

[3] [4] [6]

93−□=□

[3] [4] [6]

93−□=□

계산 결과가 가장 작은 수가 되려면
가장 큰 수를 빼야 해.

19일 여러 가지 방법으로 뺄셈하기

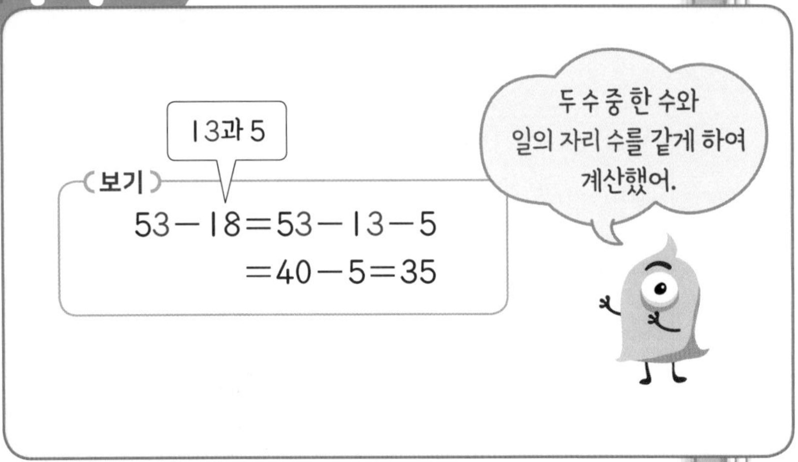

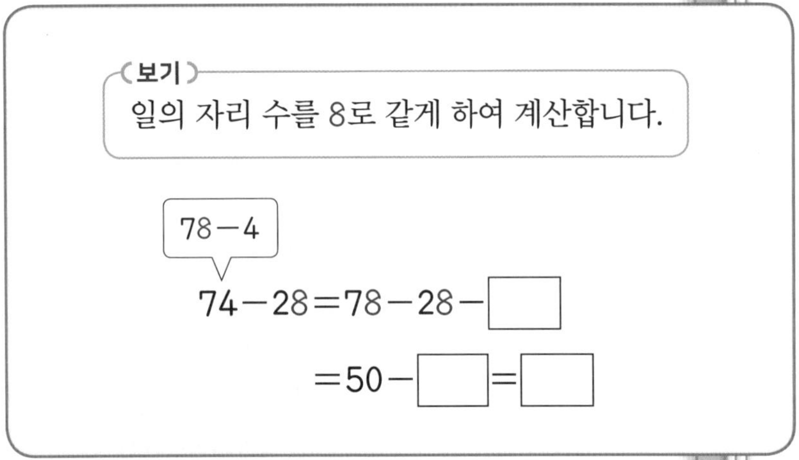

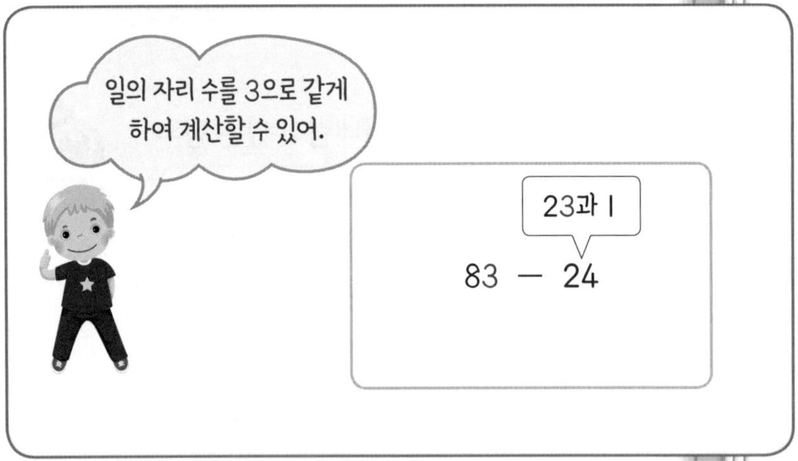

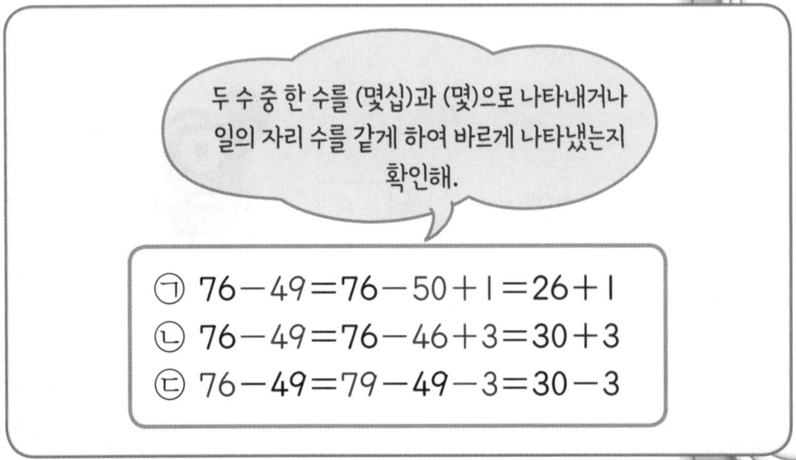

3 〈보기〉와 같은 방법으로 계산하세요.

〈보기〉
53－18＝53－13－5
＝40－5＝35

75－57＝75－55－□
＝20－□＝□

4 74－28을 〈보기〉와 같은 방법으로 계산하세요.

〈보기〉
일의 자리 수를 8로 같게 하여 계산합니다.

74－28＝78－28－□
＝50－□＝□

5 석희가 설명한 방법으로 83－24를 계산해 보세요.

83－24

6 76－49를 여러 가지 방법으로 계산하는 과정입니다. 잘못된 것의 기호를 쓰세요.

㉠ 76－49＝76－50＋1＝26＋1
㉡ 76－49＝76－46＋3＝30＋3
㉢ 76－49＝79－49－3＝30－3

7 47－18을 서로 다른 두 가지 방법으로 계산하세요.

방법 1 일의 자리 수를 7로 같게 하여 계산하기

47－18

방법 2 일의 자리 수를 8로 같게 하여 계산하기

47－18

방법 1 일의 자리 수를 7로 같게 하여 계산하기

17과 1

47－18

방법 2 일의 자리 수를 8로 같게 하여 계산하기

48－1

47－18

3 단원

8 61－36을 다음과 같이 계산하였습니다. ■, ▲, ★에 알맞은 수를 각각 쓰세요.

61－36＝61－1－■
＝▲＋■
＝★

■ (　　　), ▲ (　　　), ★ (　　　)

36을 1과 ■로 나눈 다음 61에서 1을 먼저 빼고 ■를 뺐어.

61－36＝61－1－■
＝▲－■
＝★

수학적 독해력

9 지혜와 민서는 67－29를 서로 다른 방법으로 구하였습니다. 잘못 계산한 사람은 누구일까요?

지혜: 29를 27＋2로 생각하여 67에서 27을 먼저 뺀 다음 2를 뺐어.
민서: 일의 자리 수를 9로 같게 하여 69에서 29를 먼저 뺀 다음 2를 더했어.

67－27－2

지혜: 29를 27＋2로 생각하여 67에서 27을 먼저 뺀 다음 2를 뺐어.
민서: 일의 자리 수를 9로 같게 하여 69에서 29를 먼저 뺀 다음 2를 더했어.

69－29＋2

수학적 표현력

10 계산이 잘못된 이유를 설명하고 바르게 계산해 보세요.

45－17＝45－15＋2
＝30＋2＝32

15와 2

45－17＝45－15＋2
＝30＋2＝32

두 수 중 한 수와 일의 자리 수를 같게 하여 바르게 나타냈는지 확인해.

20일 덧셈과 뺄셈의 관계

가장 큰 수

73 − 25 = 48

→ 48+□=73

→ □+48=□

가장 큰 수가 나오도록 작은 수끼리 더하는 2개의 덧셈식을 만들 수 있어.

가장 큰 수

39 + 27 = 66

→ □−□=39

→ □−□=27

가장 큰 수에서 작은 수를 빼는 2개의 뺄셈식을 만들 수 있어.

작은 수끼리 더하여 가장 큰 수가 나온 덧셈식을 찾아.

가장 큰 수

45 − 8 = 37

□+□=45

주의해!

뺄셈식에 있는 숫자만을 이용하여 덧셈식을 만들어야 해.

가장 큰 수

(1) 41+35=□ → □−35=41

가장 큰 수

(2) 99−54=□ → 54+□=99

2 뺄셈식을 덧셈식으로 나타내어 보세요.

73−25=48

→ 48+□=73

→ □+48=□

3 덧셈식을 뺄셈식으로 나타내어 보세요.

39+27=66

→ □−□=39

→ □−□=27

5 뺄셈식 45−8=37 을 덧셈식으로 바르게 나타낸 것을 모두 찾아 기호를 쓰세요.

㉠ 8+37=45	㉡ 45+8=53
㉢ 45+37=82	㉣ 37+8=45

6 □ 안에 알맞은 수를 써넣으세요.

(1) 41+35=□ → □−35=41

(2) 99−54=□ → 54+□=99

7 세 수를 이용하여 뺄셈식을 완성하고, 덧셈식으로 나타내어 보세요.

62, 29, 33

62−□=29

62−29=□

↓

□+□=□

□+□=□

가장 큰 수

62, 29, 33

62−□=29

62−29=□

↓

□+□=□

□+□=□

뺄셈식은 가장 큰 수가 맨 앞에,
덧셈식은 가장 큰 수가 맨 뒤에

8 수 카드 3장을 한 번씩 사용하여 덧셈식과 뺄셈식을 만들어 보세요.

48 28 76

[덧셈식] □+□=□

[뺄셈식] □−□=□

가장 큰 수

48 28 76

가장 큰 수가 나오도록
작은 수끼리 더해.

[덧셈식] □+□=□

[뺄셈식] □−□=□

가장 큰 수에서
작은 수를 빼.

수학적 독해력

9 다음에 알맞은 뺄셈식을 만들고, 만든 뺄셈식을 덧셈식으로 나타내어 보세요.

슬기는 색종이 21장 중에서 13장을 사용했습니다. 사용하지 않은 색종이는 몇 장일까요?

21−□=□

→ □+□=□

□+□=□

슬기는 색종이 21장 중에서 13장을 사용했습니다. 사용하지 않은 색종이는 몇 장일까요?

21−□=□

작은 수끼리 더하여 가장 큰 수가 나오는 2개의 덧셈식을 만들 수 있어.

수학적 표현력

10 민호와 지혜가 16, 61, 45를 가지고 각각 덧셈식과 뺄셈식을 만들었습니다. 식을 잘못 만든 사람을 찾고, 그 이유를 말해 보세요.

민호: 16+45=61이야.

지혜: 45−16=61이야.

가장 큰 수

16 61 45

덧셈식은 작은 수끼리 더해 가장 큰 수를 만들고, 뺄셈식은 가장 큰 수에서 작은 수를 빼어서 만들 수 있어.

21일 □의 값 구하기

31에서 □만큼 되돌아오면 13이야.

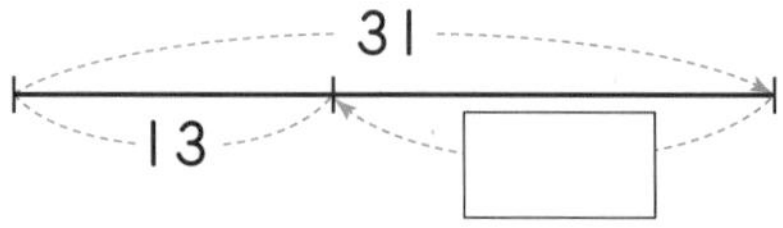

→ 31－□＝13

모르는 수니까 □를 사용해.

윤주는 색종이를 50장 가지고 있었습니다. 몇 장을 친구에게 주었더니 35장이 남았습니다.

수가 줄었으니까 뺄셈식

'몇 장'을 □로 놓고 식을 세워.

덧셈과 뺄셈의 관계를 이용하여 □의 값을 구해.

□＋16＝51 → 51－16＝□

72－□＝48 → 72－48＝□

"어떤 수에서 25를 빼었더니 38이 되었습니다."

모르는 수니까 □를 사용해.

뺄셈식이야.

'어떤 수'를 □로 놓고, 뺄셈식을 만들어 봐.

3 그림을 보고 □ 안에 알맞은 수를 써넣으세요.

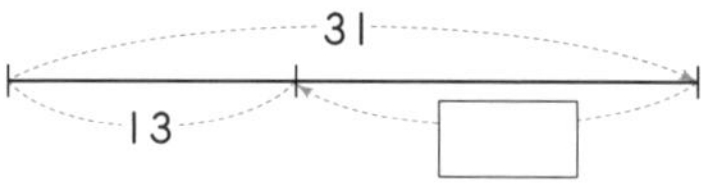

4 □를 사용하여 알맞은 식을 써 보세요.

윤주는 색종이를 50장 가지고 있었습니다. 몇 장을 친구에게 주었더니 35장이 남았습니다.

〔식〕 ____________

5 □ 안에 들어갈 수를 찾아 선으로 이어 보세요.

□＋16＝51 •	• 24
72－□＝48 •	• 35
	• 66

6 어떤 수에서 25를 빼었더니 38이 되었습니다. 어떤 수를 □로 하여 식을 만들고, 어떤 수를 구하세요.

〔식〕 ____________

〔답〕 ____________

7 □ 안의 수가 더 큰 것의 기호를 쓰세요.

㉠ □+32=51
㉡ 53+□=70

덧셈과 뺄셈의 관계를 이용하여 □의 값을 각각 구한 다음 크기를 비교해.

㉠ □+32=51 → 51−32=□
㉡ 53+□=70 → 70−53=□

8 ㉠에 알맞은 수를 구하세요.

−□
55 → 18
84 → ㉠

−□
55 → 18
84 → ㉠

덧셈과 뺄셈의 관계를 이용하여 □의 값을 먼저 구해.

수학적 독해력

9 슬기가 구하려는 수와 로운이가 구하려는 수가 서로 같을 때 어떤 수는 얼마일까요?

모르는 수니까 □를 사용해.

39+28 = 17+□

수학적 표현력

10 영민이는 스티커를 29장 모았습니다. 40장이 되려면 몇 장을 더 모아야 하는지 설명해 보세요.

영민이는 스티커를 29장 모았습니다. 40장이 되려면 몇 장을 더 모아야 하는지 설명해 보세요.

모으는 것이니까 덧셈식이야.

모르는 수니까 □를 사용해.

'몇 장'을 □로 놓고 덧셈식을 세워.

22일 세 수의 계산

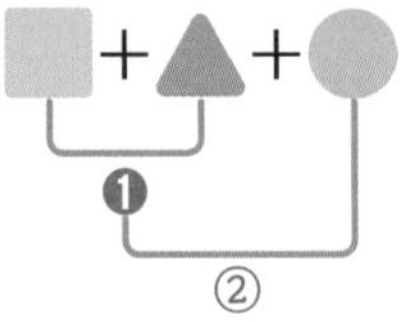

세 수의 계산은 앞에서부터 차례로 계산해.

알아둬!

덧셈만 있는 계산은 순서를 바꾸어 계산해도 계산 결과가 같아.

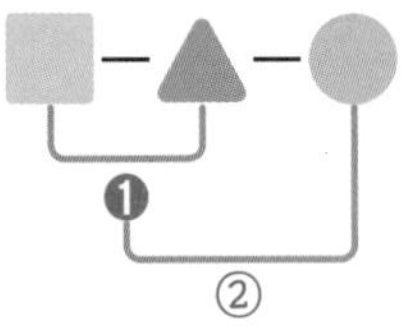

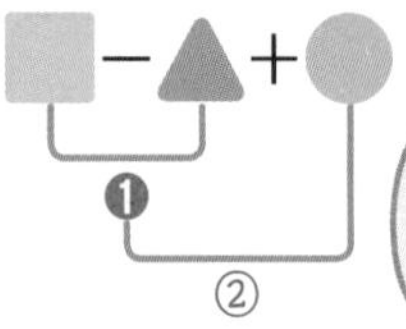

세 수의 계산은 앞에서부터 차례로 계산해.

주의해!

뺄셈이 섞인 계산은 순서를 바꾸면 계산 결과가 달라져.

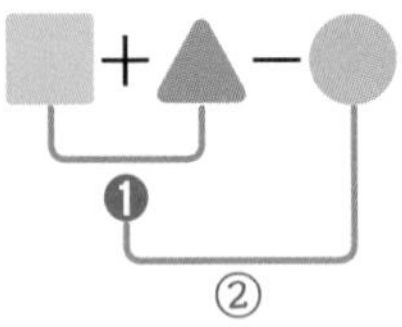

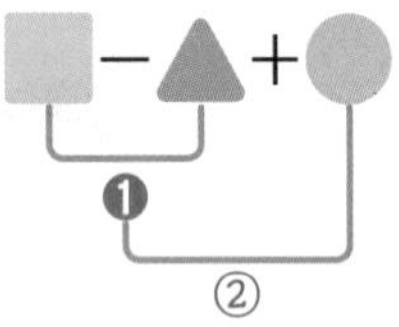

세 수의 계산은 앞에서부터 차례로 계산해.

가장 큰 수 + **가장 작은 수** − **나머지 한 수**

세 수의 계산은 앞에서부터 차례로 계산해.

3 빈칸에 알맞은 수를 써넣으세요.

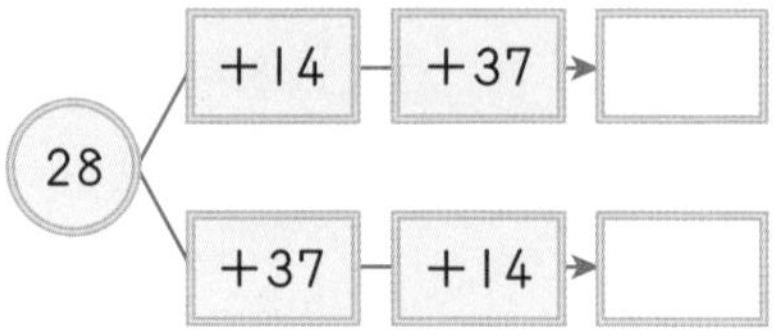

4 계산이 옳으면 ○표, 옳지 않으면 ×표를 하세요.

(1) 44−17−6=44−11=33 (　　)

(2) 53−28+9=25+9=34 (　　)

5 계산 결과가 다른 하나를 찾아 기호를 쓰세요.

㉠ 37+29−41
㉡ 60−17+18
㉢ 74−38−11

6 가장 큰 수와 가장 작은 수를 더한 후 나머지 한 수를 뺀 값은 얼마일까요?

19　58　77

7 다음 식을 계산하여 각각의 글자를 빈칸에 알맞게 써넣으세요.

70−21−12=☐ — 은

41+18−23=☐ — 좋

35−19+27=☐ — 날

36	37	43

세 수의 계산은 앞에서부터 차례로 계산해.

70−21−12=☐ — 은

41+18−23=☐ — 좋

35−19+27=☐ — 날

❶ ②

8 수 카드 중에서 한 장을 골라 〈보기〉와 같이 세 수를 계산하려고 합니다. 계산식을 만들어 보세요.

15 11 19

〈보기〉
33+22−15=40

33+18−☐=40

33−12+☐=40

〈보기〉
33+22−15=40

❶ ②

앞에서부터 차례로 계산할 때 40이 되는 수 카드를 골라봐.

수학적 독해력

9 같은 기호는 같은 수를 나타냅니다. ■=7일 때 ♥의 값은 얼마일까요?

■+■+■=▲
▲+▲=★
★−▲+■=♥

같은 기호는 같은 수를 나타내니까 ■는 모두 7이야.

7+7+7=▲
▲+▲=★
★−▲+7=♥

■→▲→★→♥ 순으로 값을 구해.

수학적 표현력

10 버스에 42명이 타고 있습니다. 아름마을에서 14명이 내리고 햇살마을에서 9명이 탔습니다. 지금 버스에 타고 있는 사람은 모두 몇 명인지 설명해 보세요.

버스에 42명이 타고 있습니다. 아름마을에서 14명이 내리고 햇살마을에서 9명이 탔습니다. 지금 버스에 타고 있는 사람은 모두 몇 명일까요?

수가 늘었으니까 덧셈

수가 줄었으니까 뺄셈

42−☐+☐

23일 여러 가지 단위로 길이 재기

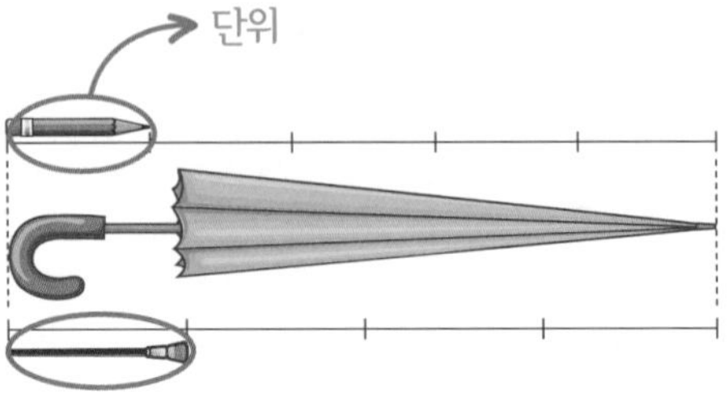

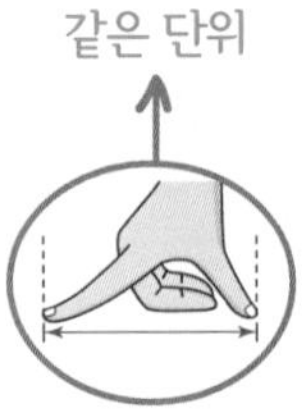

자	3뼘
휴대폰	1뼘
공책	2뼘
리코더	4뼘

중요해!

같은 단위로 잴 때에는 잰 횟수가 많을수록 길이가 길어.

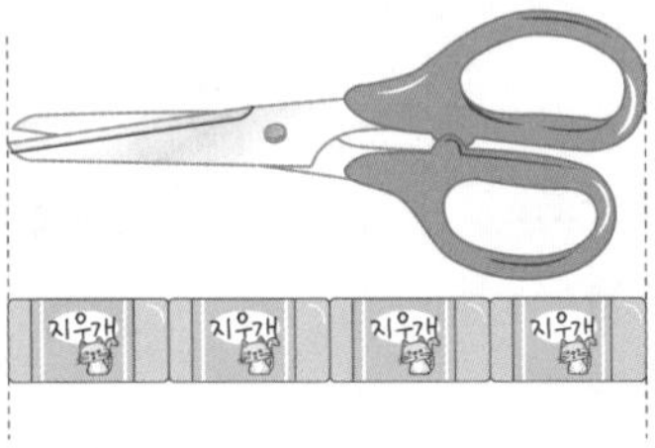

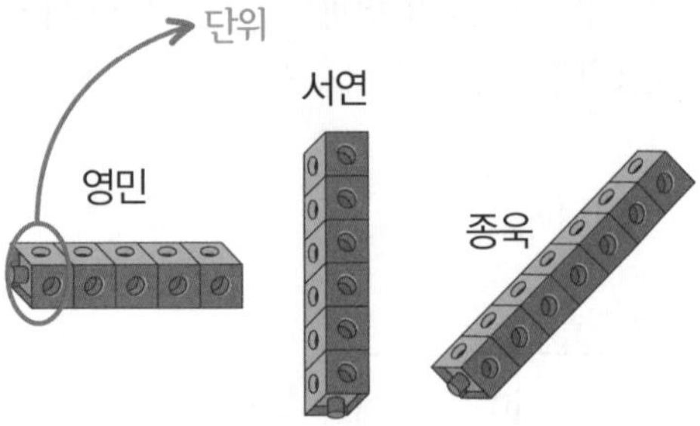

□개 □개 □개

3 우산의 길이는 연필과 붓으로 각각 몇 번인가요?

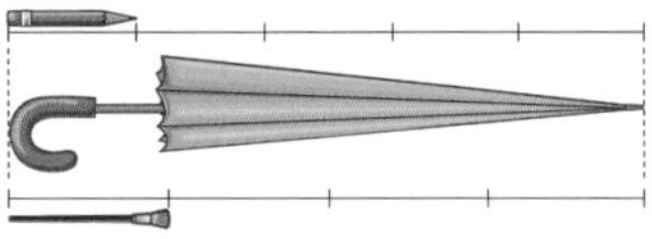

연필로 (　　　　　　)
붓으로 (　　　　　　)

4 슬기가 뼘으로 물건의 길이를 재어 보았습니다. 길이가 가장 긴 물건은 무엇일까요?

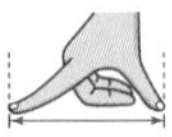

자	3뼘
휴대폰	1뼘
공책	2뼘
리코더	4뼘

5 가위와 지우개로 지팡이의 길이를 재려고 합니다. 어느 것으로 잴 때 더 많이 재어야 할까요?

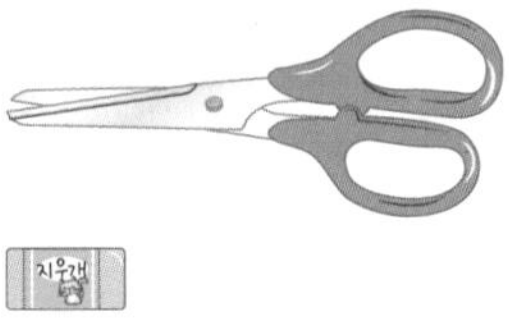

6 영민, 서연, 종욱이는 모형으로 모양 만들기를 하였습니다. 가장 길게 연결한 사람은 누구일까요?

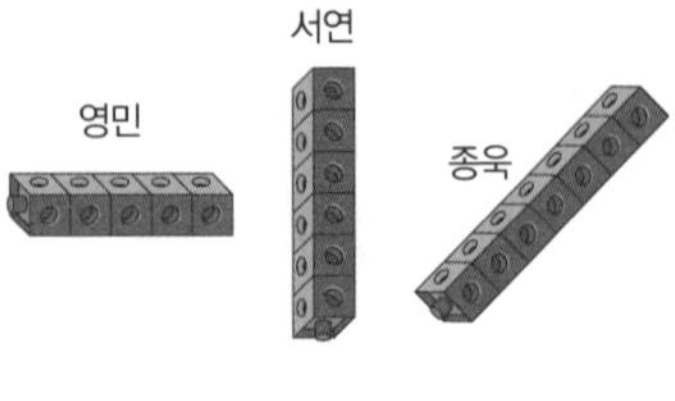

7 여러 가지 단위로 의자의 높이를 재어 보았습니다. 잰 횟수가 가장 많은 것부터 차례로 기호를 쓰세요.

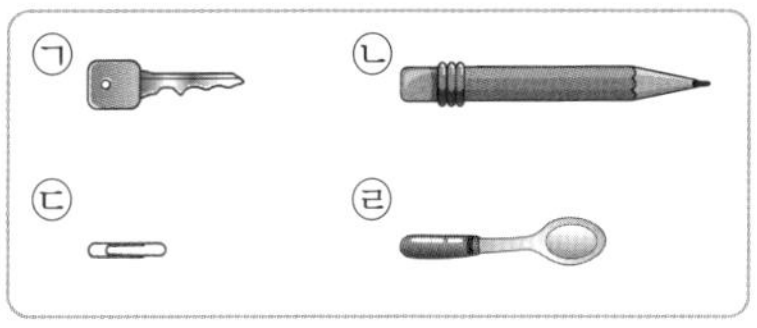

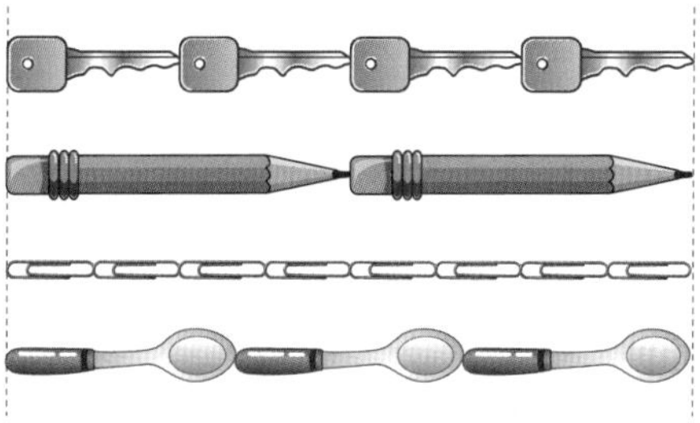

\ 중요해! /

단위의 길이가 짧을수록 더 많이 재어야 해.

8 가장 긴 바지를 입고 있는 사람은 누구일까요?

잰 횟수가 같을 때에는 단위의 길이가 길수록 물건의 길이가 더 길어.

수학적 독해력

9 지혜, 윤하, 슬기가 각자의 물건으로 책상의 긴 쪽의 길이를 재어 나타낸 것입니다. 물건의 길이가 가장 긴 사람은 누구일까요?

지혜	윤하	슬기
6번	8번	7번

같은 물건을 잴을 때 사용하는 단위의 길이가 길수록 잰 횟수는 적어.

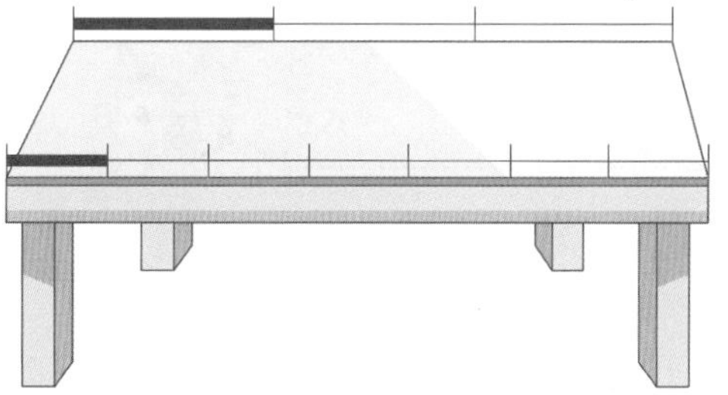

수학적 표현력

10 못을 이용하여 길이를 잴 수 <u>없는</u> 것을 고르고, 그 이유를 말해 보세요.

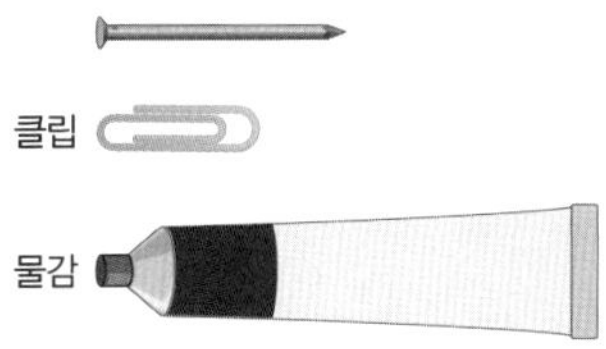

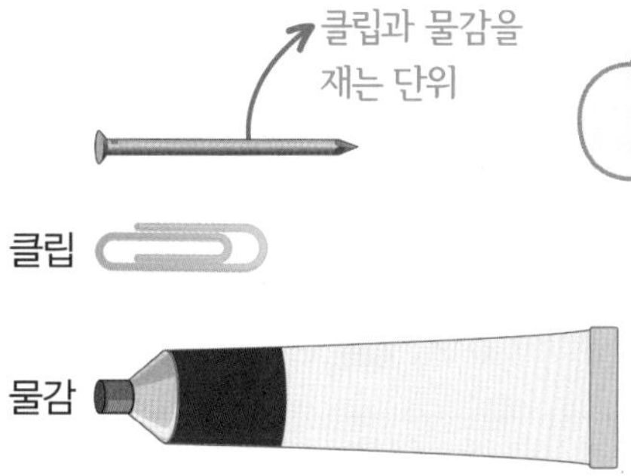

단위의 길이보다 짧은 물건의 길이는 잴 수 없어.

24일 1 cm 알아보기

1 cm가 1번 → 1 cm
1 cm가 2번 → 2 cm
⋮

1 cm가 ▢번 → ▢ cm

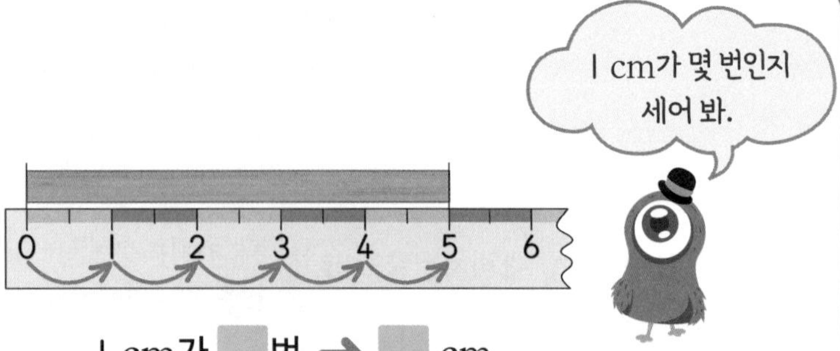

1 cm가 ▢번 → ▢ cm

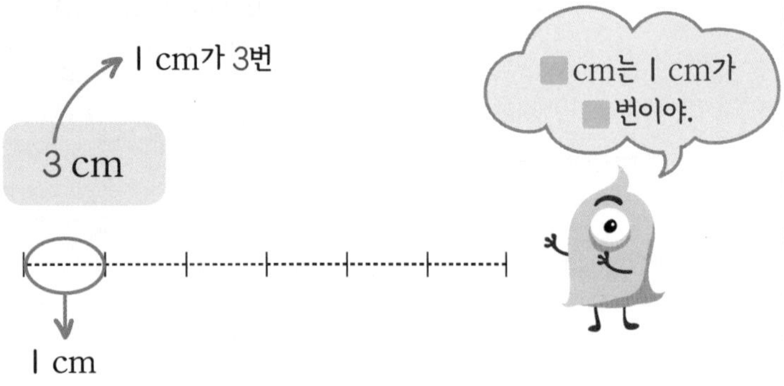

1 cm → 1 cm가 1번
2 cm → 1 cm가 2번
⋮

▢ cm → 1 cm가 ▢번

2 주어진 길이는 몇 cm인지 □ 안에 알맞은 수를 써넣으세요.

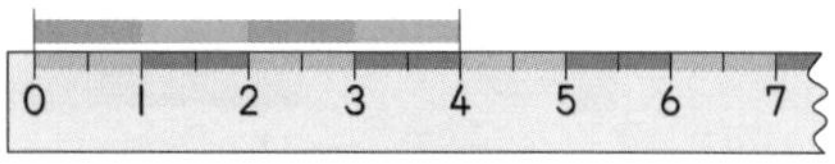

1 cm가 ▢번 → ▢ cm

3 주어진 길이는 몇 cm인지 쓰세요.

(1)

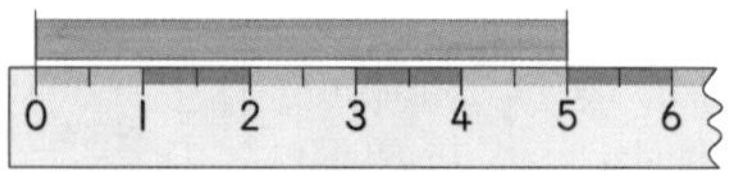

▢ cm

(2)

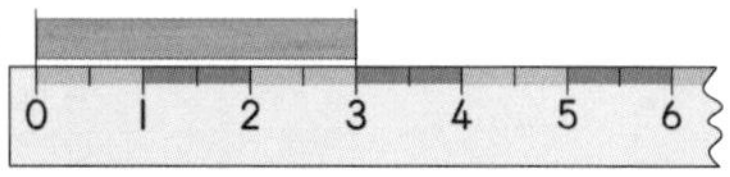

▢ cm

5 한 칸의 길이가 1 cm일 때, 주어진 길이만큼 점선을 따라 선을 그어 보세요.

(1) 3 cm

(2) 5 cm

6 □ 안에 알맞은 수를 써넣으세요.

(1) 2 cm는 1 cm가 ▢번입니다.

(2) 7 cm는 ▢ cm가 7번입니다.

7 같은 길이끼리 선으로 이어 보세요.

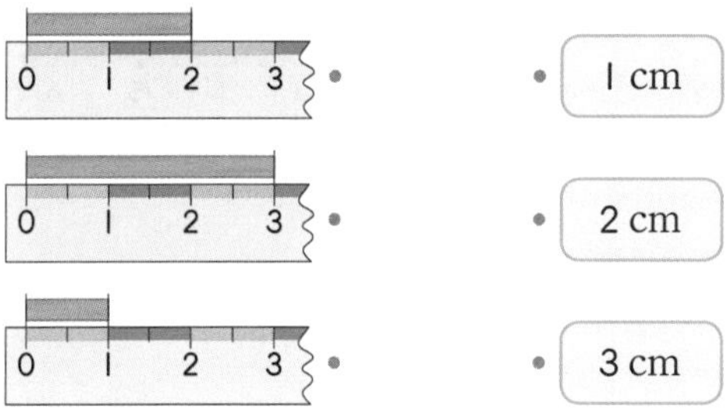

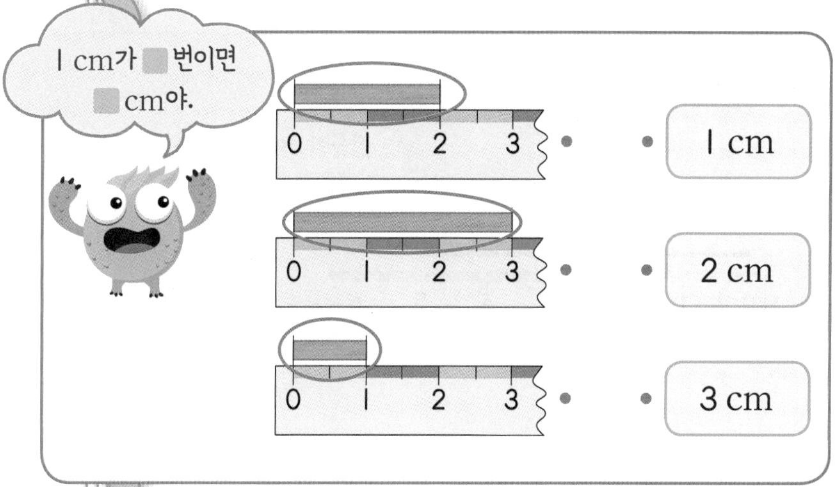

8 1 cm, 2 cm 막대가 있습니다. 이 막대들을 여러 번 사용하여 서로 다른 방법으로 6 cm를 색칠해 보세요.

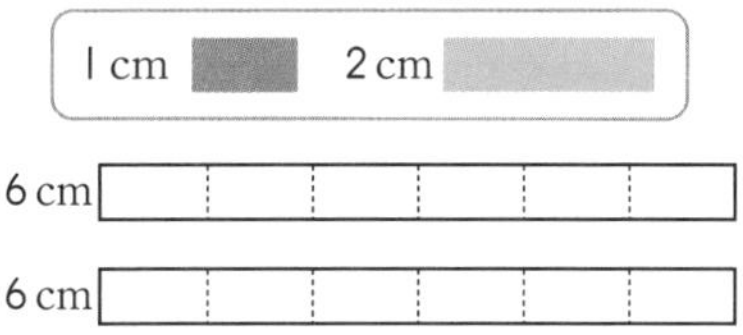

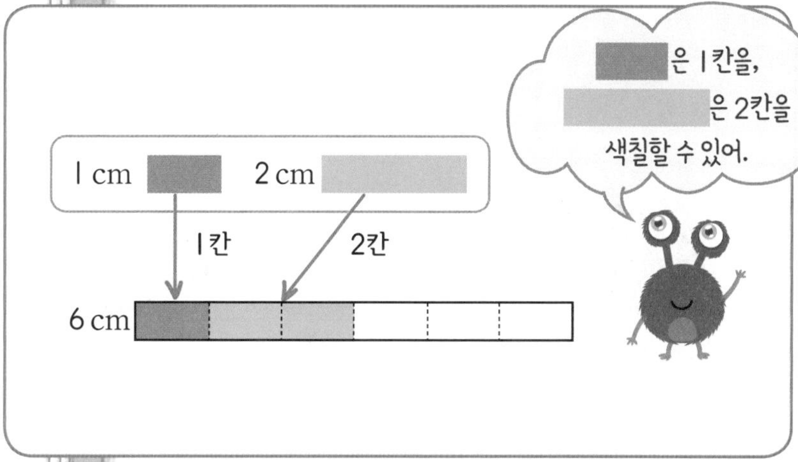

수학적 독해력

+9 길이가 긴 것부터 차례로 기호를 쓰세요.

㉠ 13 센티미터
㉡ 11 cm
㉢ 1 cm가 10번

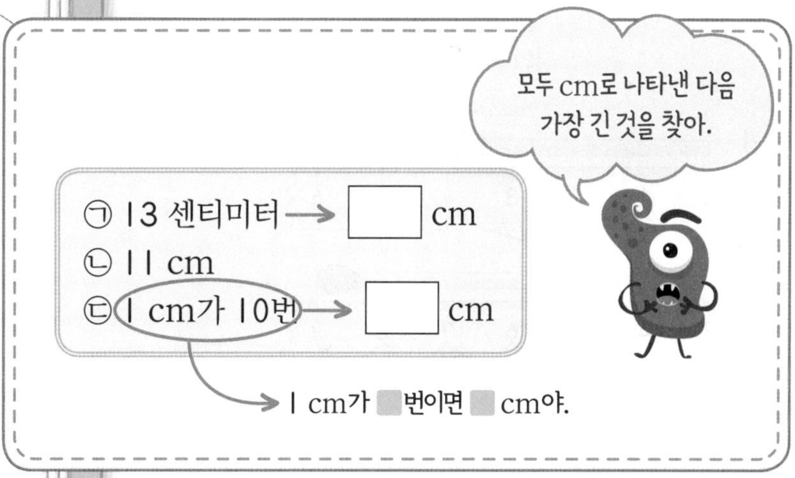

수학적 표현력

+10 스케치북의 길이를 뼘과 cm로 잰 것입니다. cm로 나타내면 어떤 점이 좋은지 말해 보세요.

스케치북의 길이

긴 쪽 — 3뼘 짧은 쪽 — 2뼘	긴 쪽 — 50 cm 짧은 쪽 — 30 cm

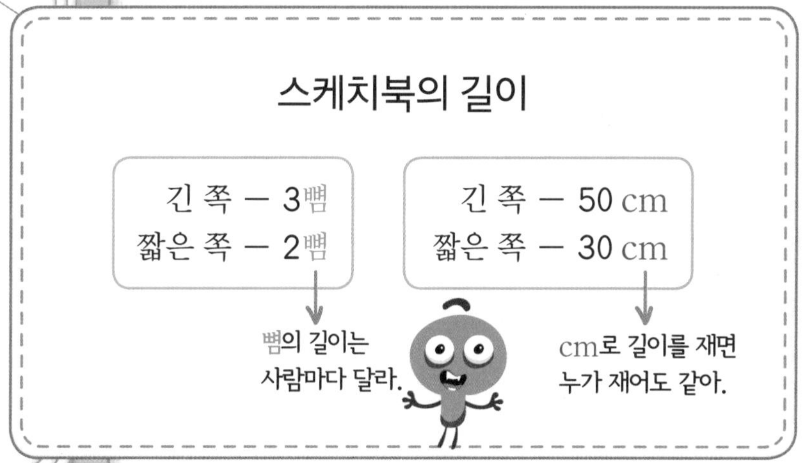

25일

자로 길이 재기 (1)

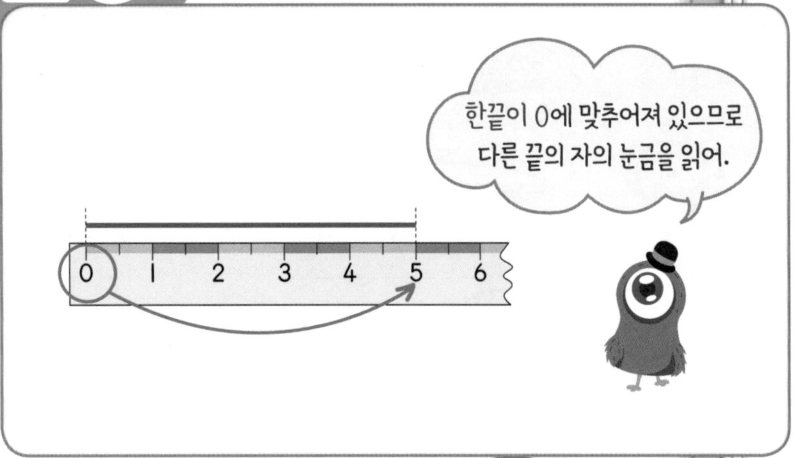

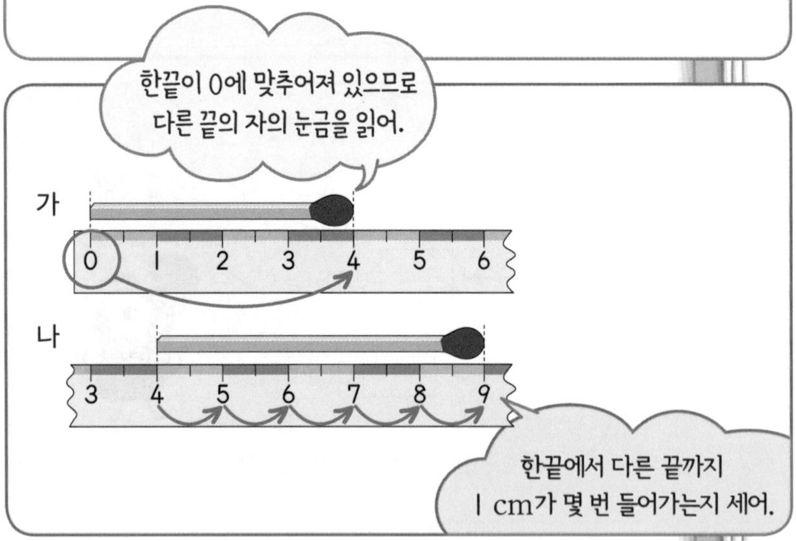

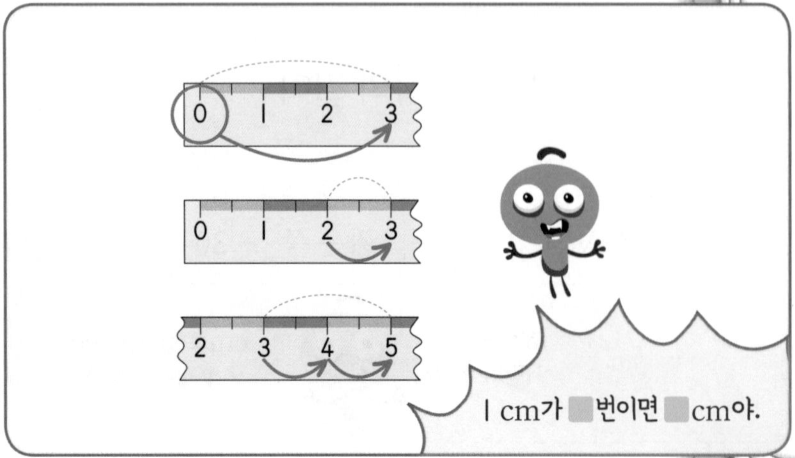

3 빨간색 선의 길이는 몇 cm입니까?

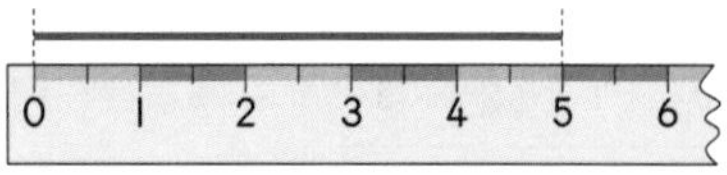

4 열쇠의 길이는 몇 cm입니까?

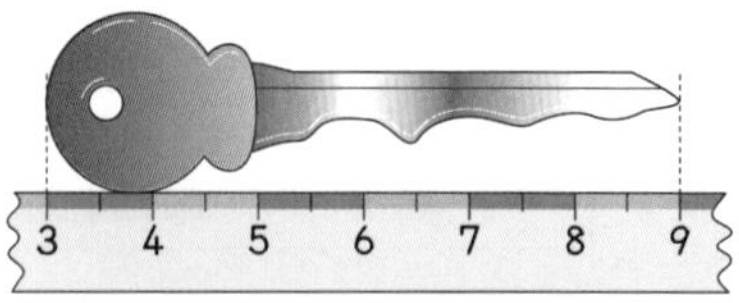

5 성냥개비의 길이가 더 짧은 것의 기호를 쓰세요.

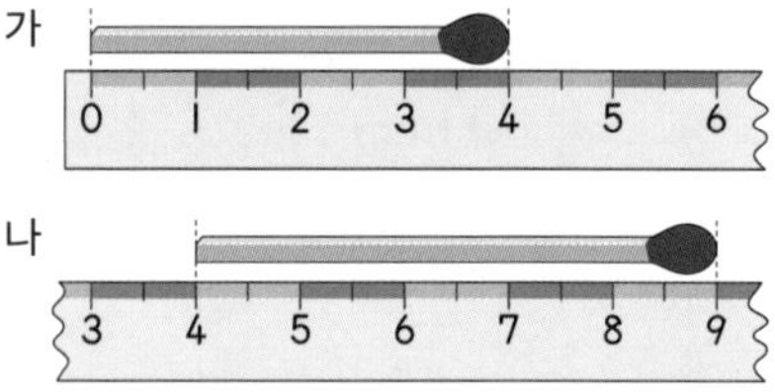

6 길이가 같은 것끼리 선으로 이어 보세요.

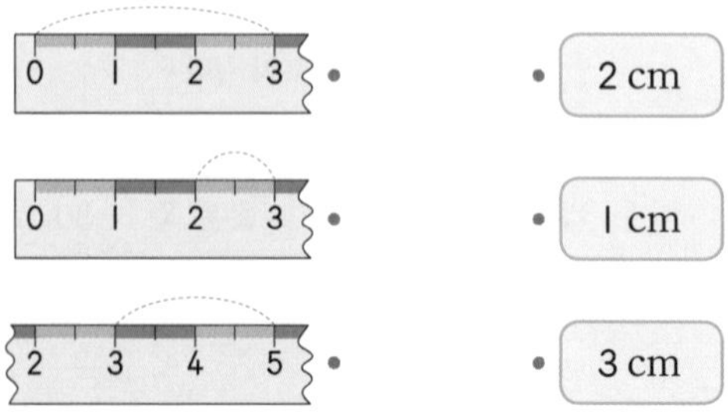

7 재는 방법이 바른 것의 기호를 모두 찾아 쓰세요.

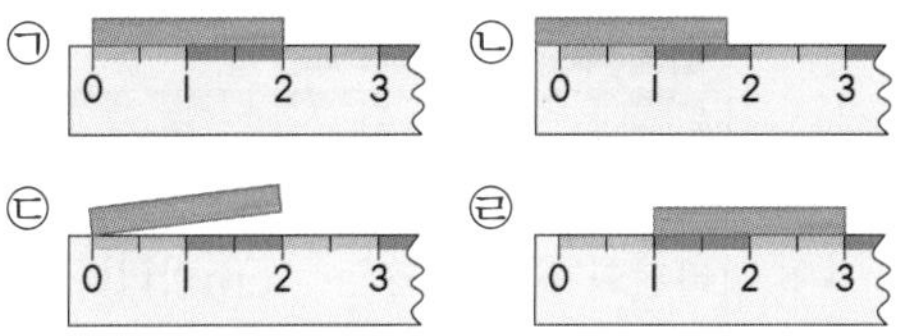

\\ 중요해! //

자로 물건을 잴 때에는
자에 물건을 반듯하게 놓고
물건의 한끝을 자의 한 눈금에 맞춰야 해.

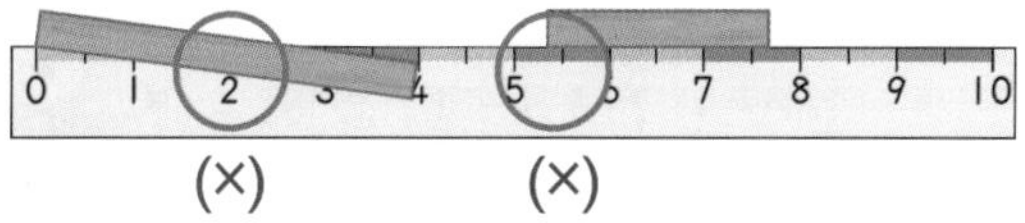

8 색 테이프의 길이가 다른 하나를 찾아 기호를 쓰세요.

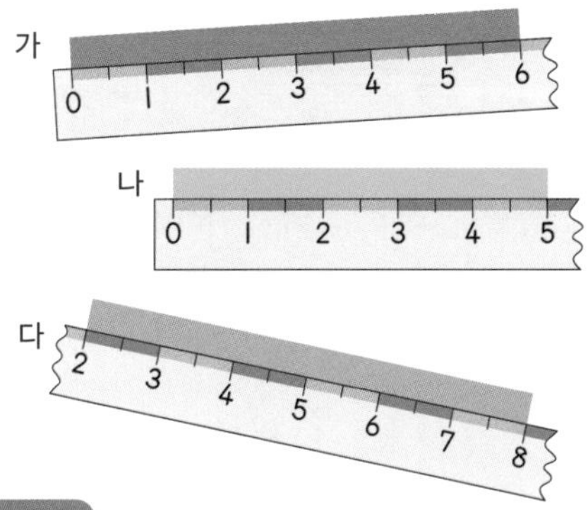

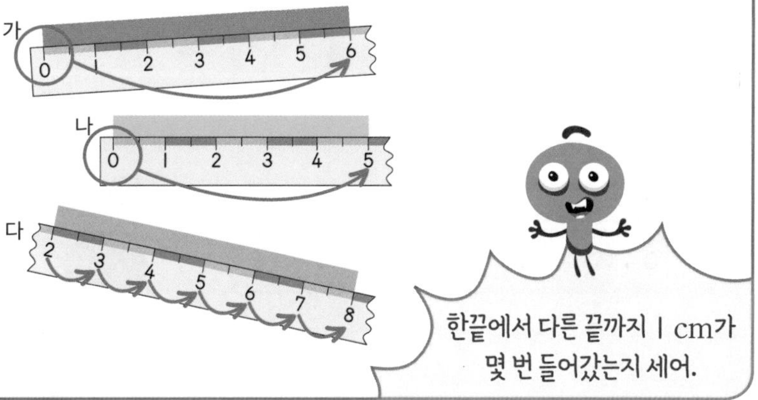

수학적 독해력

9 크레파스의 길이가 더 긴 것은 무엇인지 기호를 쓰세요.

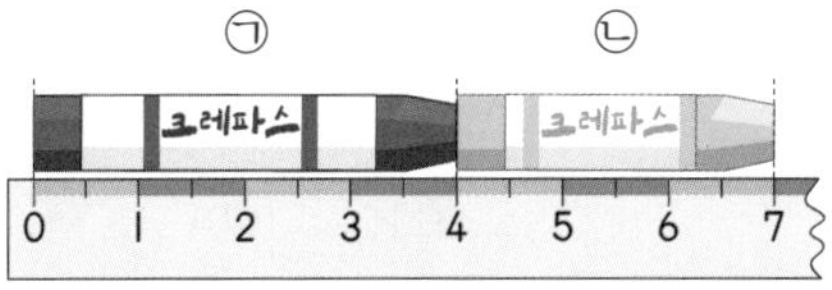

\\ 중요해! //

한끝이 0이나 0이 아닌 눈금에 맞추어져 있을 때, 물건의 한끝에서 다른 끝까지 1 cm가 몇 번 들어가는지 세어 물건의 길이를 알 수 있어.

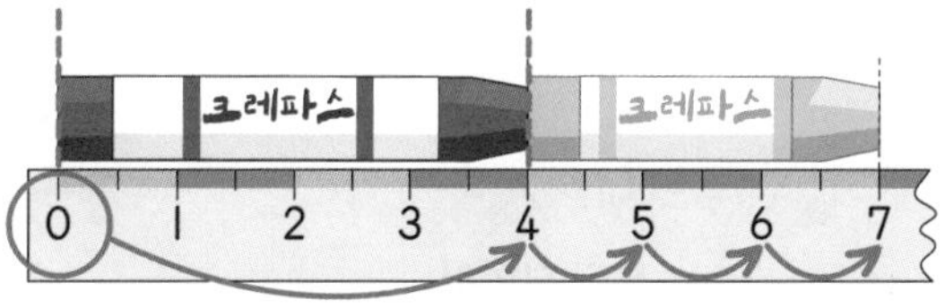

수학적 표현력

10 ㉠과 ㉡ 중 어느 것이 더 긴지 설명해 보세요.

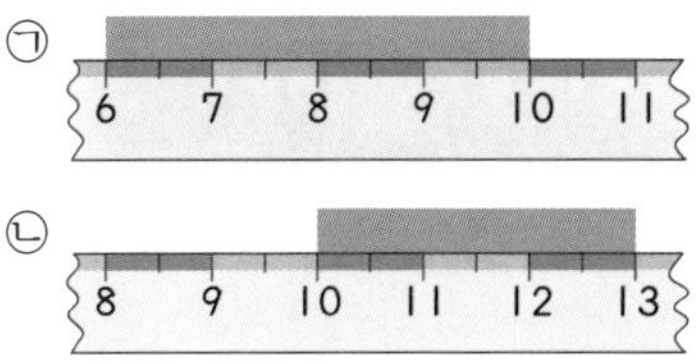

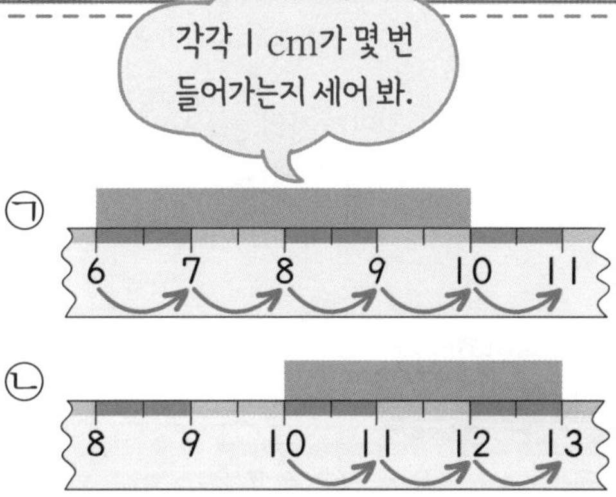

\\ 주의해! //

끝의 수가 크다고 길이가 더 긴 건 아니야!

26일

자로 길이 재기 (2)

길이가 자의 눈금 사이에 있을 때에는 가까이에 있는 쪽의 숫자를 읽고, 숫자 앞에 '약'을 붙여 말해.

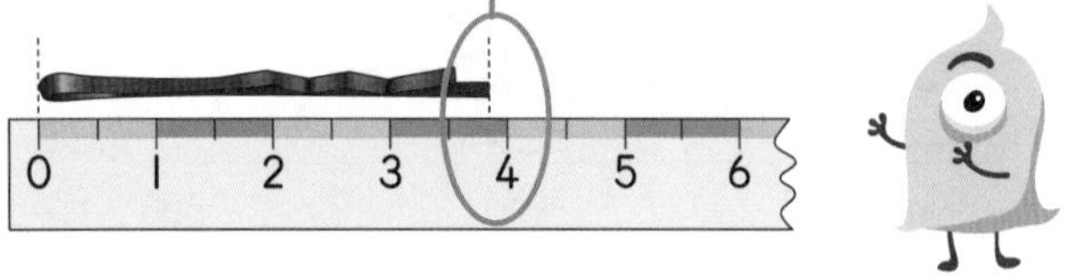

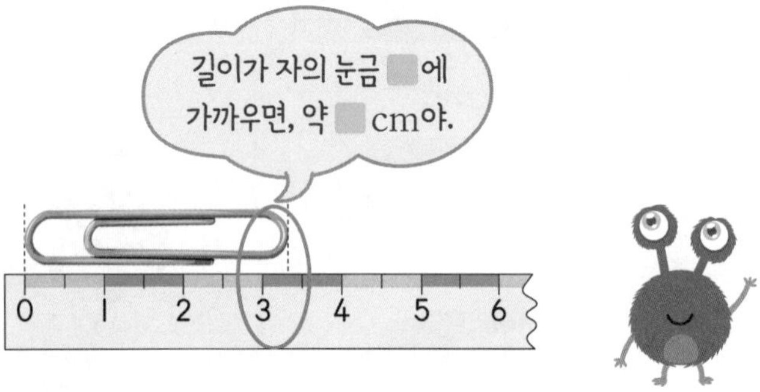

못의 오른쪽 끝이 5 cm에 가까워.

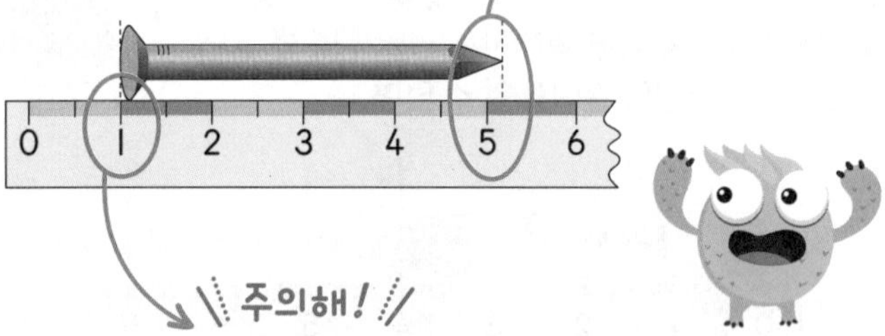

주의해!

1 cm부터 재었어.

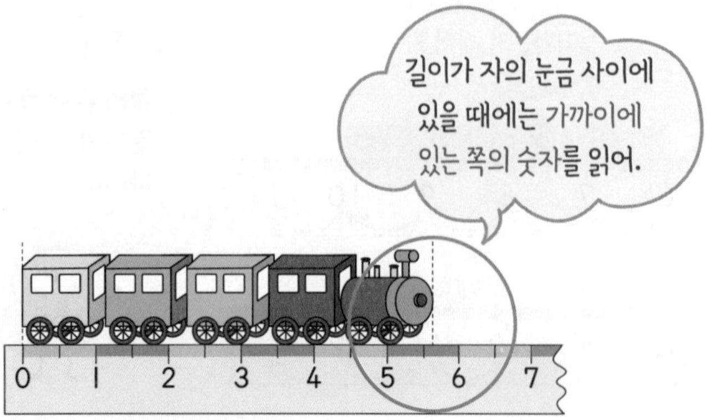

2 □ 안에 알맞은 수를 써넣으세요.

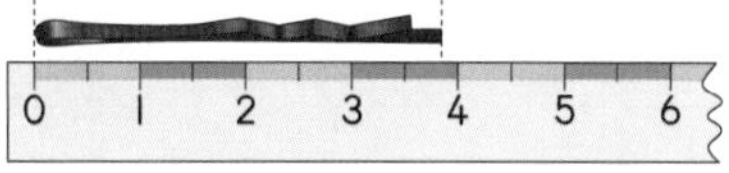

→ 머리핀의 길이는 약 □ cm입니다.

3 클립의 길이는 약 몇 cm입니까?

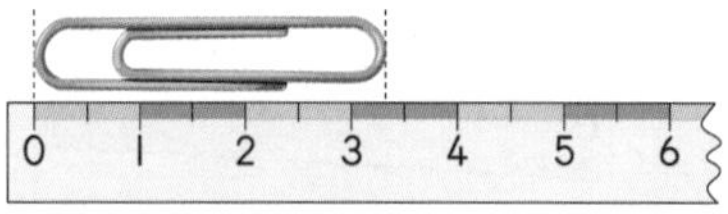

약 □ cm

4 못의 길이는 약 몇 cm입니까?

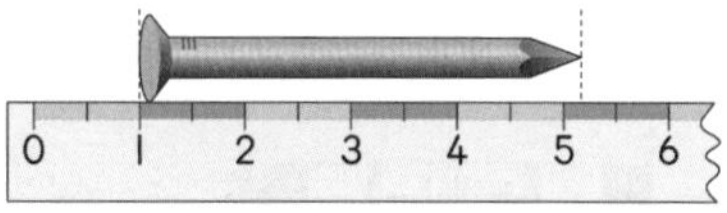

약 □ cm

5 장난감의 길이를 바르게 잰 사람은 누구일까요?

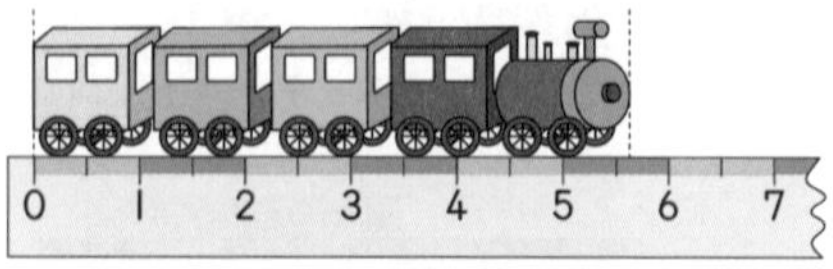

윤하: 5 cm보다 크니까 약 5 cm야.
민호: 6 cm에 가까우니까 약 6 cm야.

(   )

7 과자의 길이는 약 몇 cm입니까?

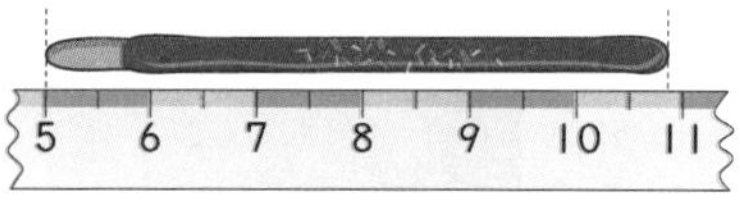

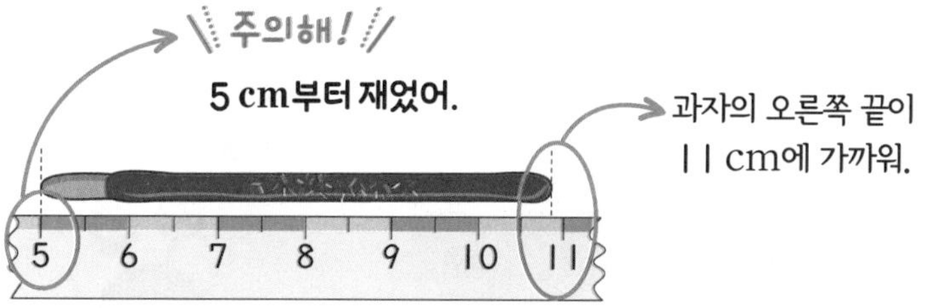

8 두 개의 색 테이프의 길이를 잰 것입니다. ㉠과 ㉡의 합을 구하세요.

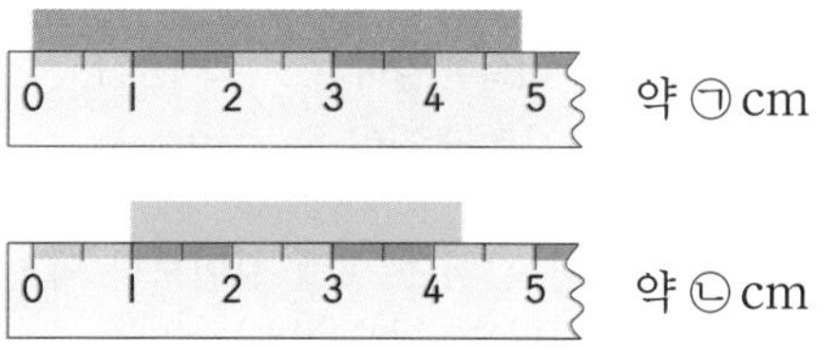

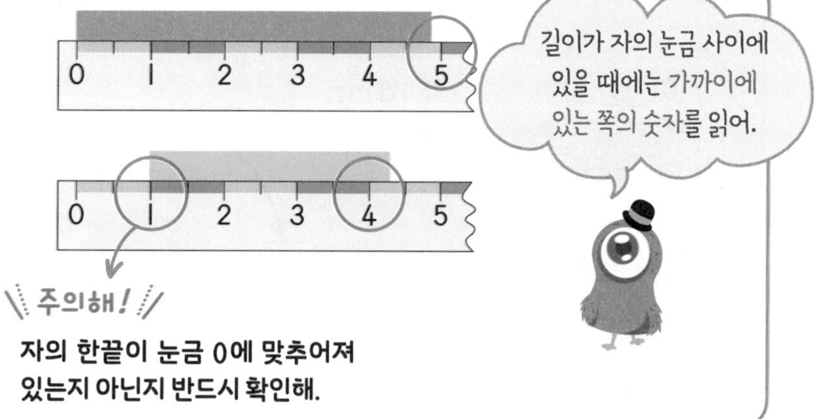

수학적 독해력

9 길이가 1 cm쯤 되는 막대로 사탕의 길이를 재었습니다. 사탕의 길이가 막대로 4번 잰 것과 같을 때 사탕의 길이는 약 몇 cm일까요?

수학적 표현력

10 지혜는 길이가 약 7 cm인 색연필을 모았습니다. 색연필의 길이가 조금씩 다른 이유를 말해 보세요.

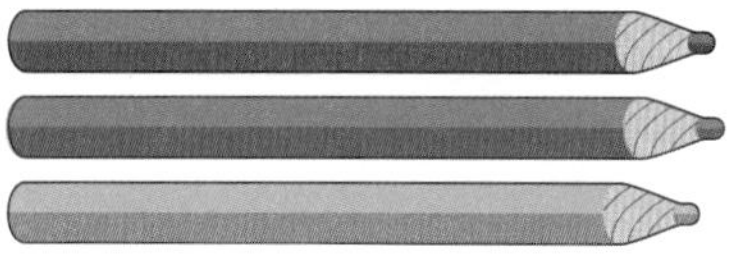

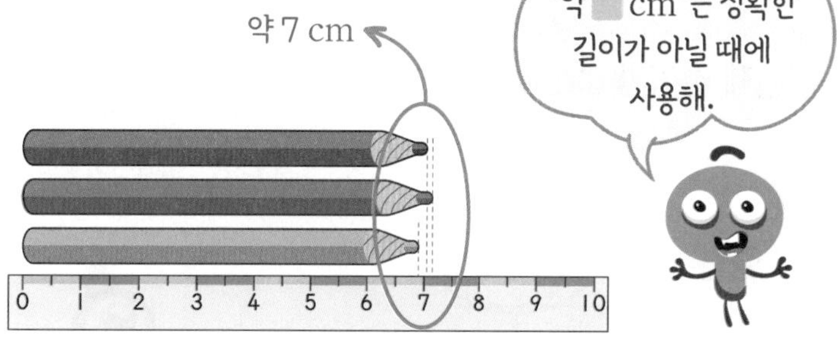

27일 길이 어림하기

I cm가 몇 번쯤 들어갈지 생각해 봐.

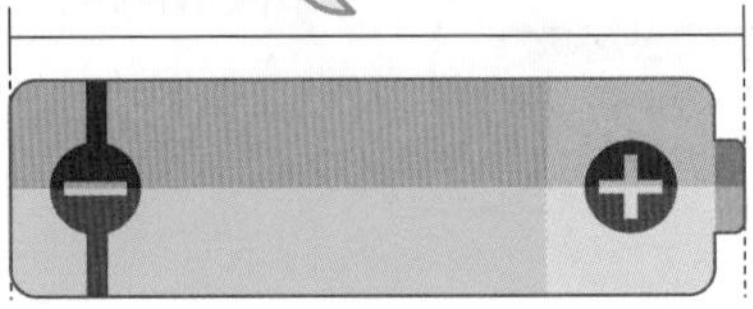

\\ 주의해! //

어림한 길이를 말할 때에는 숫자 앞에 '약'을 붙여.

어림한 길이	약 16 cm
자로 잰 길이	20 cm

어림한 길이와 실제 길이의 차

어림한 길이는 실제 길이보다 약 ☐ cm 더 (깁니다 , 짧습니다).

콩은 손톱 크기 만큼 작아.

(1) 콩의 길이는 약 ☐ 입니다.

(2) 아빠의 키는 약 ☐ 입니다.

아빠의 키는 냉장고 높이만큼 커.

"실제 길이가 8 cm인 가위" → 실제 길이

민호	약 7 cm
영민	약 10 cm

→ 어림한 길이

어림한 길이와 실제 길이의 차가 적을수록 더 가깝게 어림한 거야!

2 건전지의 길이를 어림하고 자로 재어 확인하세요.

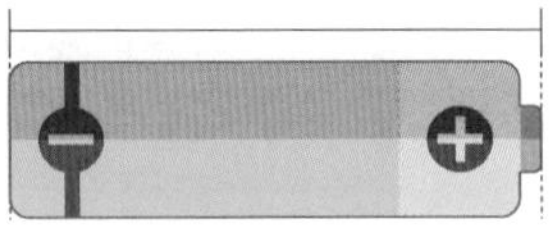

어림한 길이: ☐ cm

자로 잰 길이: ☐ cm

4 젓가락의 길이를 어림하고 자로 재어 보았습니다. ☐ 안에 알맞은 수를 쓰고, 알맞은 말에 ○표 하세요.

어림한 길이	약 16 cm
자로 잰 길이	20 cm

➜ 어림한 길이는 실제 길이보다 약 ☐ cm 더 (깁니다 , 짧습니다).

5 ☐ 안에 들어갈 알맞은 길이를 골라 문장을 완성하세요.

I cm	30 cm	180 cm

(1) 콩의 길이는 약 ☐ 입니다.

(2) 아빠의 키는 약 ☐ 입니다.

6 실제 길이가 8 cm인 가위를 다음과 같이 어림하였습니다. 더 가깝게 어림한 사람은 누구일까요?

민호	약 7 cm
영민	약 10 cm

(　　　　　　)

7 초록색 테이프의 길이가 2 cm일 때 노란색 테이프의 길이는 약 몇 cm인지 어림하여 보세요.

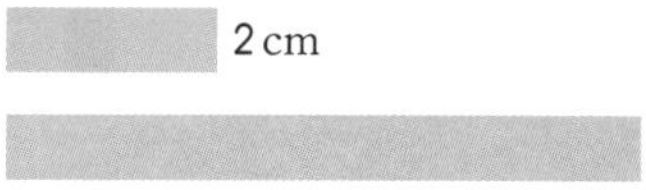

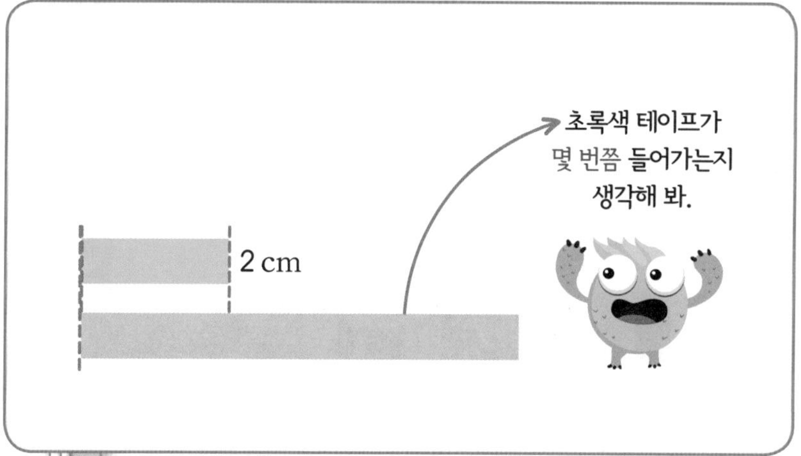

8 과자의 길이를 어림하여 빨간색 선을 그었습니다. 실제 길이에 더 가깝게 어림한 것의 기호를 쓰세요.

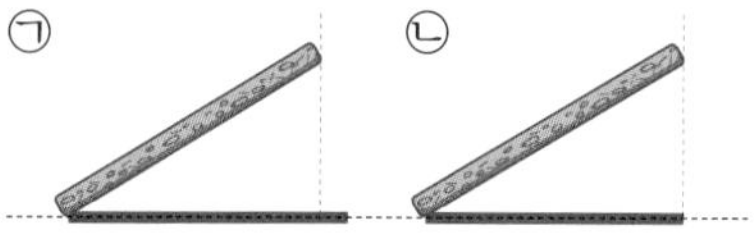

수학적 독해력

9 리코더의 길이를 지혜는 약 45 cm로 어림하였고, 슬기는 지혜보다 4 cm 더 길게 어림하였습니다. 리코더의 실제 길이는 슬기가 어림한 길이보다 3 cm 길었습니다. 리코더의 실제 길이는 몇 cm일까요?

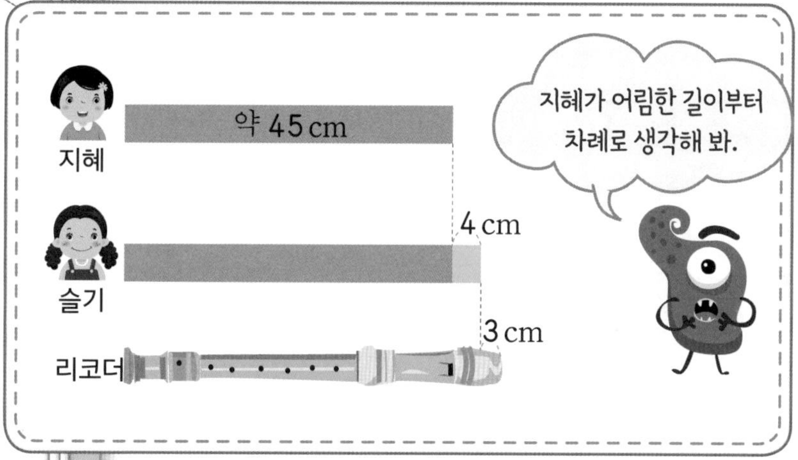

수학적 표현력

10 빨간색 선과 파란색 선의 길이를 어림하여 비교하고 자로 재어 확인해 보세요.

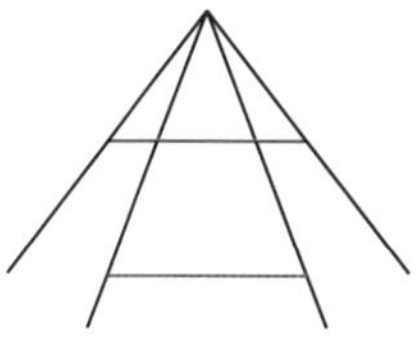

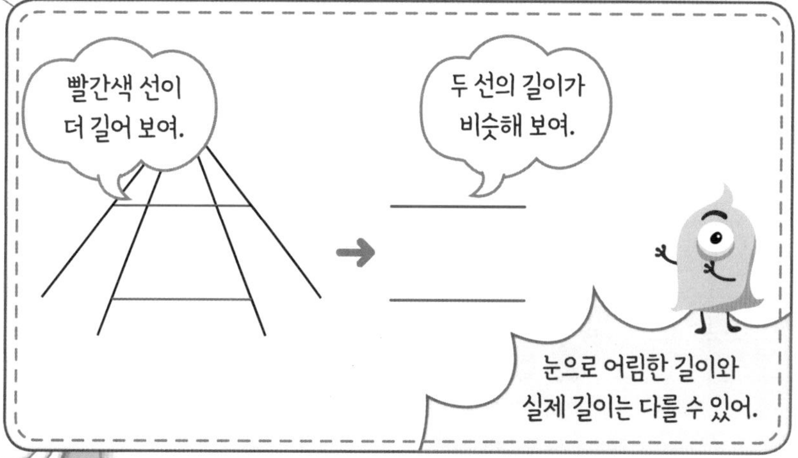

28일 분류하는 방법 알아보기

색깔이 아니라 '모양'을 기준으로 나눌 수 있어야 해.

분류는 어떤 기준을 정해서 '나누는 것'을 말해.

머리, 다리, 꼬리 중에서 한쪽에는 '모두' 있고, 다른 쪽에는 '모두' 없는 것을 찾아.

분류할 때에는 모두가 인정하는 분명한 기준으로 분류해야 해.

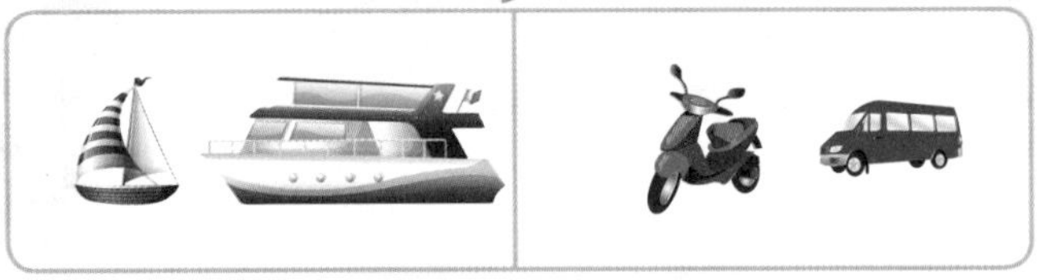

좋아하는 것과 좋아하지 않는 것이 모두가 인정하는 분명한 기준인지 생각해 봐.

좋아하는 사탕	좋아하지 않는 사탕

2 모양을 기준으로 분류할 수 있는 것에 ○표 하세요.

(　　　) (　　　)

4 빈칸에 알맞은 말을 〈보기〉에서 찾아 쓰세요.

〈보기〉 머리　다리　꼬리

→ 동물을 [　　　]가 있는 것과 없는 것으로 분류하였습니다.

5 탈 것을 다음과 같이 분류하였습니다. 분류 기준으로 알맞은 것에 ○표 하세요.

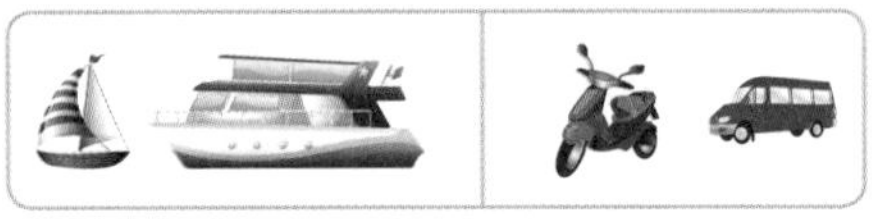

(　　　) 빠른 것과 빠르지 않은 것

(　　　) 땅에서 다니는 것과 바다에서 다니는 것

6 사탕을 다음과 같이 분류하였습니다. 바르게 말한 사람은 누구일까요?

좋아하는 사탕	좋아하지 않는 사탕
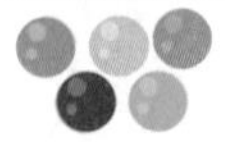	

나는 알사탕을 더 좋아하니까 바르게 분류한 거야.

좋아하는 것과 좋아하지 않는 것은 사람마다 기준이 다르니까 잘못 분류한 거야.

7 분류 기준으로 알맞은 것을 찾아 기호를 쓰세요.

㉠ 무늬가 있는 것과 없는 것
㉡ 크기가 큰 것과 작은 것
㉢ 손잡이가 있는 것과 없는 것

한쪽에는 '모두' 해당하고, 다른 쪽에는 '모두' 해당하지 않는 것을 찾아.

주의해!
분류 기준으로 모든 물건이 나누어져야 해.

8 분류 기준으로 알맞은 것을 모두 찾아 기호를 쓰세요.

㉠ 맛있는 것과 맛없는 것
㉡ 좋아하는 것과 싫어하는 것
㉢ 초록색과 보라색
㉣ 과일과 채소

분류할 때에는 모두가 인정하는 분명한 기준으로 분류해야 해.

알아둬!
사람마다 분류 결과가 다른 것은 분류 기준이 될 수 없어.

수학적 독해력

+9 우산을 두 개의 통에 정리하려고 합니다. 어떻게 분류하여 정리할지 바르게 설명한 사람은 누구일까요?

슬기: 긴 것과 짧은 것으로 분류할 거야.
로운: 손잡이가 고리 모양인 것과 아닌 것으로 분류할 거야.

두 개의 통에 우산을 모두 정리할 수 있어야 해.

수학적 표현력

+10 영민이가 모아둔 재활용품을 2개의 상자에 정리하려고 합니다. 상자에 어떻게 정리하면 좋을지 말해 보세요.

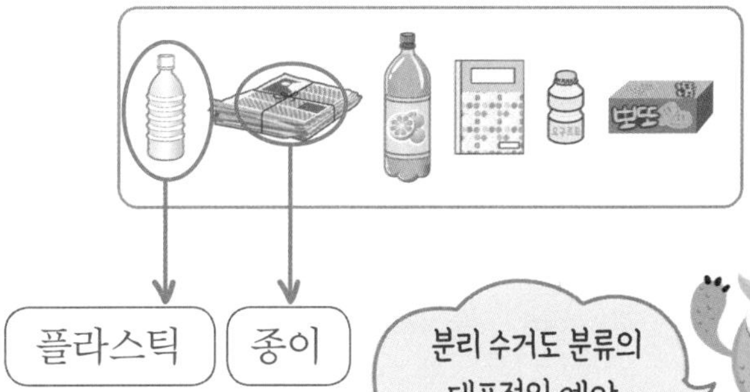

분리 수거도 분류의 대표적인 예야.

29일 기준에 따라 분류하기

모양	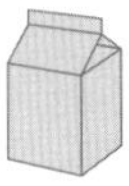	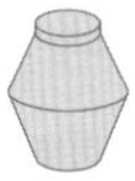	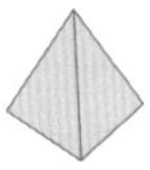
기호			

분류 기준은 모양, 색깔, 크기 등 여러 가지로 정할 수 있어.

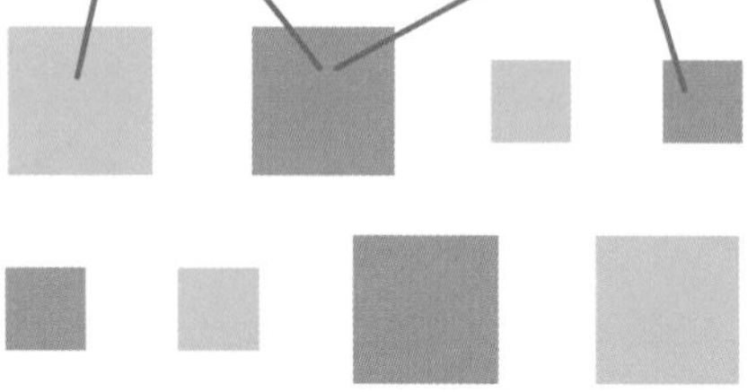

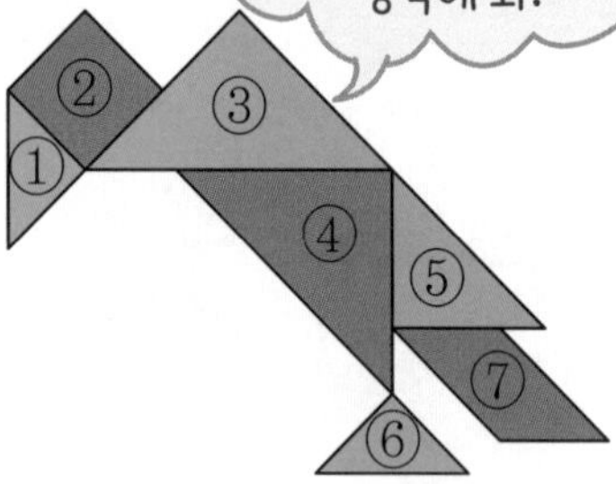

\ 주의해! /

모양을 기준으로 분류할 때에는 색깔은 생각하지 않아도 돼.

8	4	6	2	3	9	1	5	7

둘씩 짝지을 수 있는 수야.

분류 기준 ☐와 ☐

2 우유를 모양에 따라 분류해 보세요.

모양	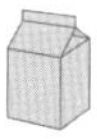		
기호			

4 도형을 분류할 수 있는 기준을 두 가지 쓰세요.

분류 기준 1 ____________

분류 기준 2 ____________

5 칠교판 조각을 모양을 기준으로 분류해 보세요.

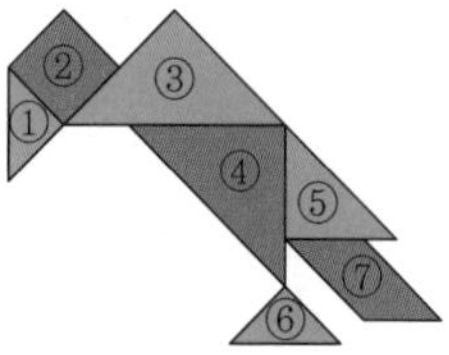

모양		
조각 번호		

6 수 카드를 다음과 같이 분류하였습니다. 분류 기준은 무엇일까요?

8	4	6	2	3	9	1	5	7

분류 기준 ☐와 ☐

7 지혜가 쿠키를 한 봉지 사서 접시에 담아 보니 다음과 같았습니다. 쿠키를 분류할 수 있는 기준을 두 가지 쓰세요.

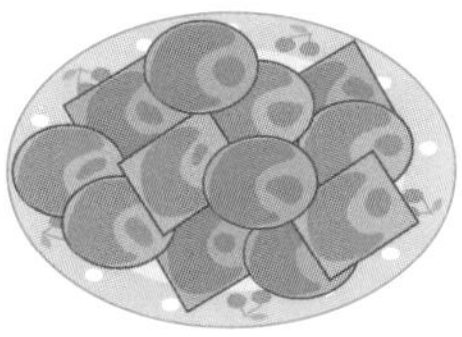

분류 기준 1 ______________

분류 기준 2 ______________

8 칠판에 여러 가지 자석이 붙어 있습니다. 기준을 정하여 분류해 보세요.

분류 기준 ______________

종류		
자석		

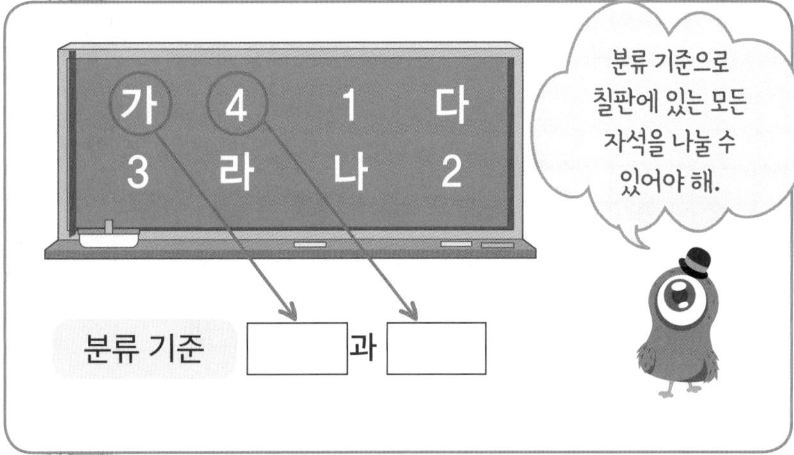

수학적 독해력

9 단추를 분류할 때 기준으로 알맞지 않은 것의 기호를 쓰세요.

㉠ 색깔	㉡ 모양
㉢ 구멍의 크기	㉣ 구멍의 개수

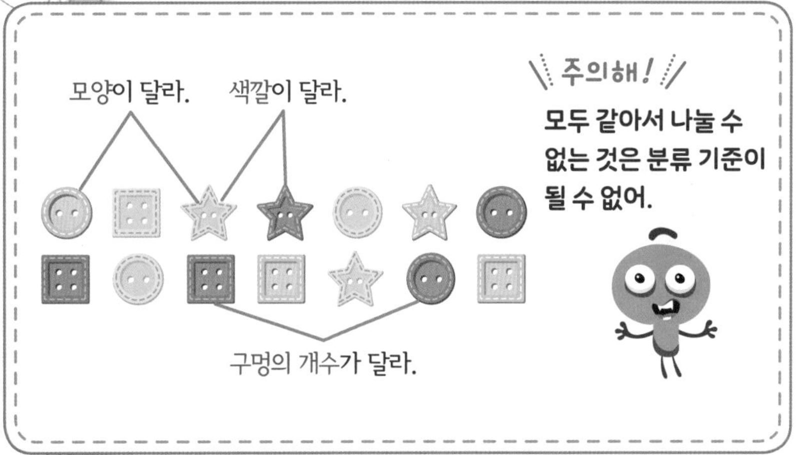

수학적 표현력

10 정리함에서 잘못 분류된 것을 찾고, 바르게 옮겨 보세요.

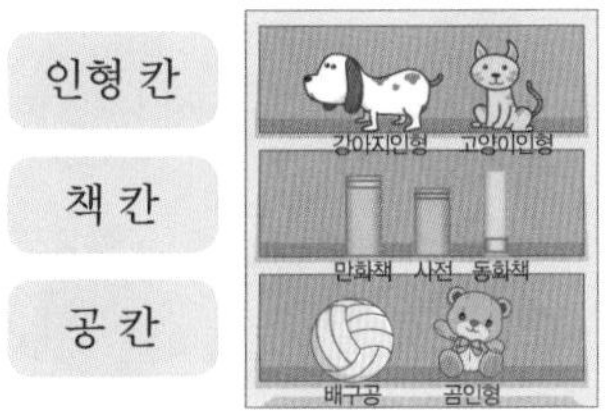

30일 분류하여 세기 / 분류한 결과 말하기

○, □, △로
표시하면서
빠뜨리지 말고 세어.

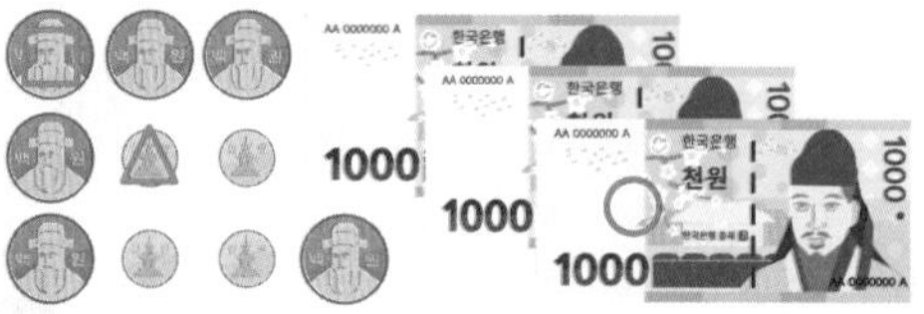

종류	천 원	백 원	십 원
수(개)			

색깔에 따라 분류할 때에는
색깔만 생각해.

색깔	파란색	빨간색
카드 수(장)		

난 눈이 2개지만
뿔이 없어.

난 뿔이 있지만
눈이 1개뿐이야.

눈이 2개인 것 중에서
뿔이 있는 것을 찾아.

\\ 주의해! //

두 가지 (기준)을 모두 만족해야 해.

난 모자도 있고
단추도 있어.

모자가 있는 옷 중에서
단추는 없는 옷을 찾아
세어 봐.

3 돈을 정리한 것입니다. 분류 기준에 따라 그 수를 세어 보세요.

종류	천 원	백 원	십 원
수(개)			

4 그림 카드를 색깔에 따라 분류하고 그 수를 세어 보세요.

색깔	파란색	빨간색
카드 수(장)		

5 다음 (기준)에 알맞은 카드는 모두 몇 개일까요?

(기준)
- 눈이 2개입니다.
- 뿔이 있습니다.

6 모자가 있고 단추는 없는 옷은 몇 개일까요?

7 종욱이네 집에 있는 책을 종류별로 조사한 것입니다. 가장 많은 책과 가장 적은 책의 수가 같아지려면 무엇을 몇 권 더 사야 할까요?

종류	동화책	만화책	역사책
책 수(권)	15	17	11

→ ☐을 ☐권 더 사야 합니다.

만화책과 역사책의 수의 '차'를 계산해 봐.

가장 많은 책 가장 적은 책

종류	동화책	만화책	역사책
책 수(권)	15	17	11

8 5월의 날씨를 조사하여 분류한 것입니다. 잘못 설명한 것의 기호를 쓰세요.

날씨	☀	☁	☂
날 수(일)	17	8	6

㉠ 흐린 날은 8일입니다.
㉡ 맑은 날이 가장 많습니다
㉢ 비 온 날이 흐린 날보다 많습니다.

맑은 날이 가장 많아. 비 온 날이 가장 적어.

날씨	☀	☁	☂
날 수(일)	17	8	6

흐린 날은 ☀ 보다 적고, ☂ 보다 많아.

수학적 독해력

+9 지혜네 반 회장 선거 결과입니다. 표를 가장 많이 얻은 학생은 두 번째로 얻은 학생보다 몇 표를 더 얻었을까요?

김슬기	이로운	박지혜	박지혜
김슬기	이로운	김슬기	김슬기
이로운	김슬기	박지혜	이로운

분류해 보면 누가 몇 표 차이로 회장에 당선되었는지 알 수 있어.

이름	김슬기	이로운	박지혜
득표 수(표)			

수학적 표현력

+10 꽃 가게에서 오늘 팔린 꽃을 조사하였습니다. 내일 꽃을 많이 팔기 위해 가장 많이 준비해야 할 꽃은 무엇인지 말해 보세요.

종류	백합	장미	튤립	국화	수국
꽃 수(송이)	5	12	10	11	9

분류한 결과를 보면 더 준비해야 할 꽃을 알 수 있어.

가장 많이 팔린 꽃

종류	백합	장미	튤립	국화	수국
꽃 수(송이)	5	12	10	11	9

가장 적게 팔린 꽃

31일 여러 가지 방법으로 세기

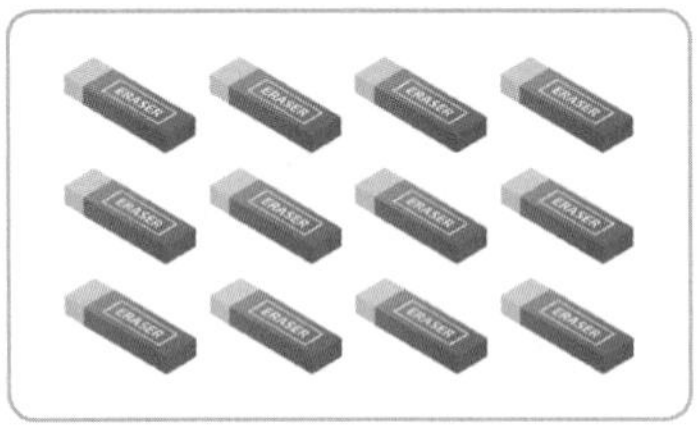

3씩 뛰어 세기

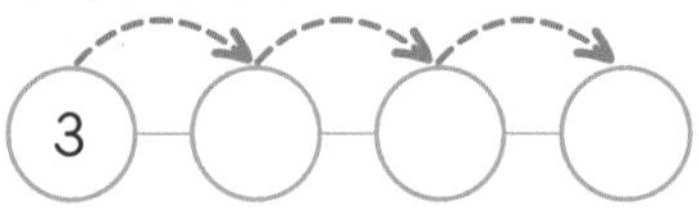

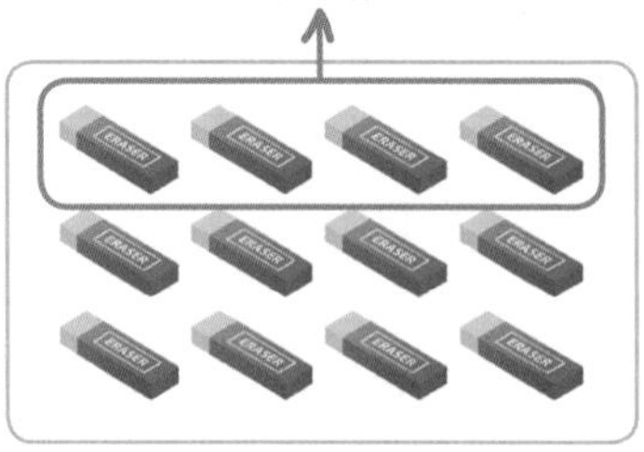

4씩 □ 묶음

4씩 뛰어 세기

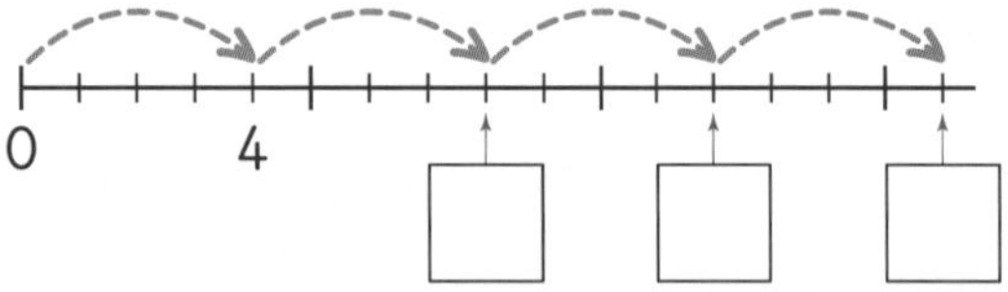

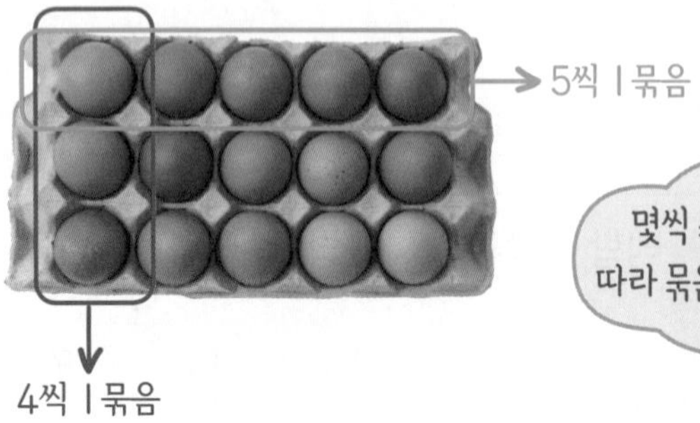

3 인형은 모두 몇 개인지 5씩 묶어 세어 보세요.

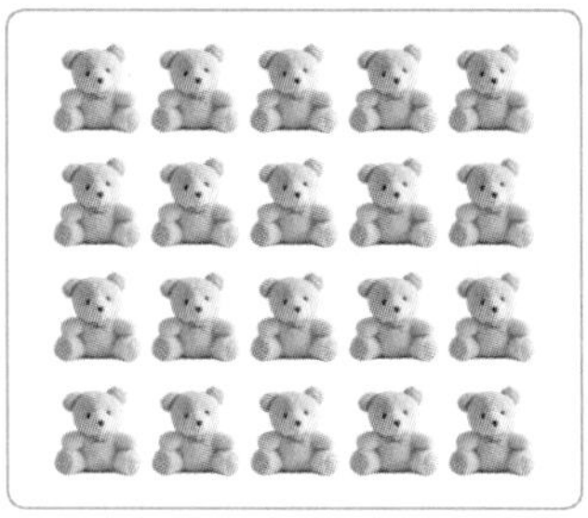

4 지우개는 모두 몇 개인지 세어 보세요.

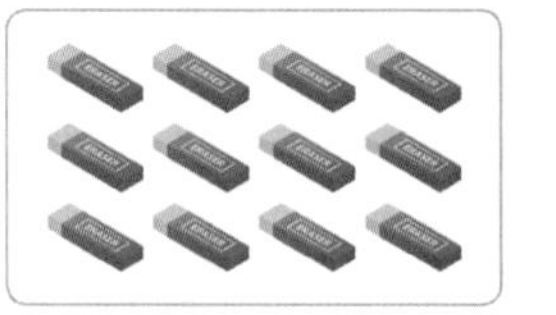

(1) 3씩 뛰어 세어 보세요.

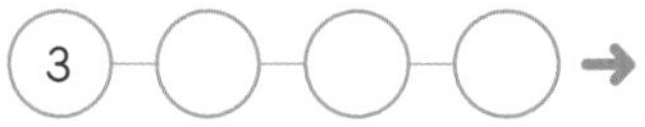

→ □개

(2) 4씩 묶어 세어 보세요.

4씩 □묶음 → □개

5 4씩 뛰어 세기를 하여 □ 안에 알맞은 수를 써넣으세요.

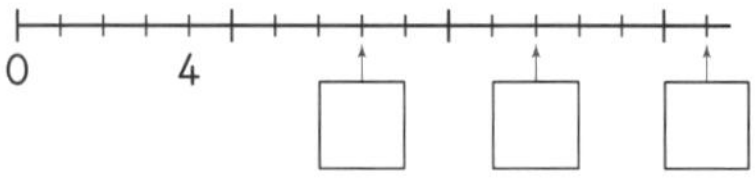

6 달걀은 모두 몇 개인지 묶어 세어 보세요.

□씩 □묶음, □씩 □묶음

→ 달걀은 모두 □개입니다.

7 구슬은 모두 몇 개인지 묶어 세어 보세요.

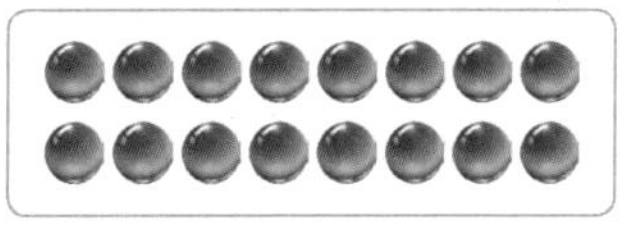

[ ]씩 [ ]묶음, [ ]씩 [ ]묶음

[ ]씩 [ ]묶음

→ 구슬은 모두 [ ]개입니다.

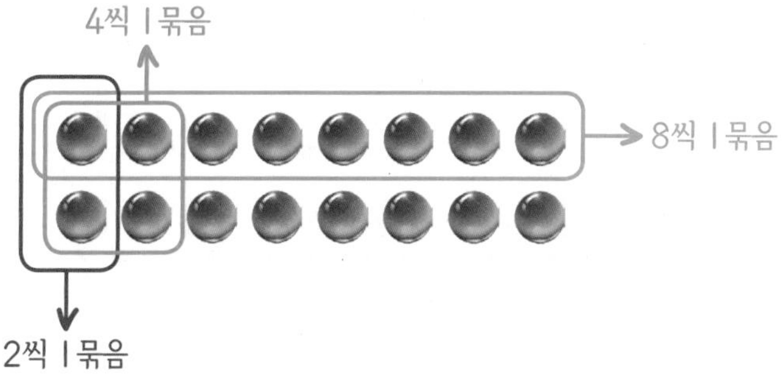

8 토끼가 7씩 몇 번 뛰었더니 다음 위치에 도착했습니다. 토끼는 모두 몇 번 뛰었을까요?

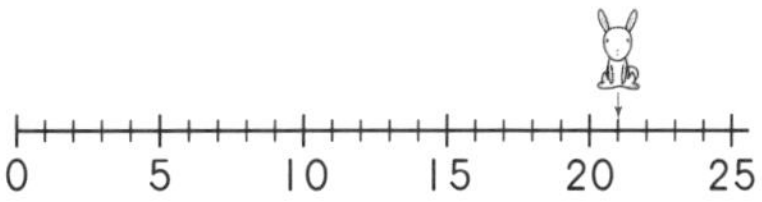

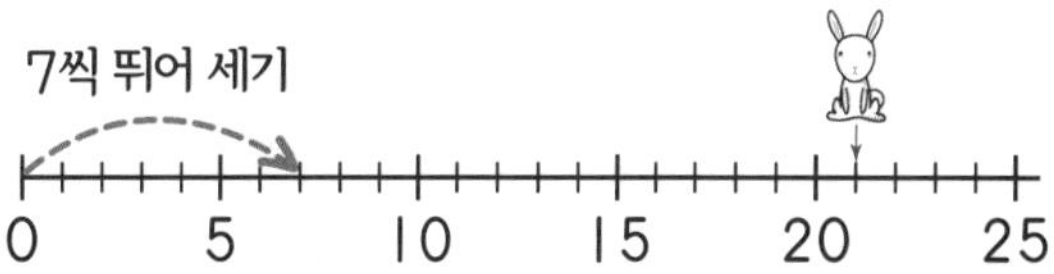

수학적 독해력

9 야구공을 여러 가지 방법으로 세었습니다. 잘못 센 사람은 누구일까요?

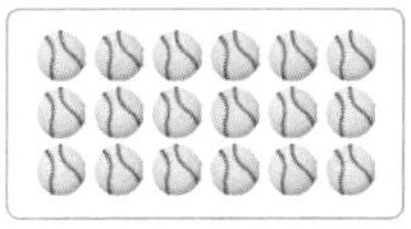

수현: 2, 4, 6……으로 2씩 뛰어서 세었어.

민호: 3씩 묶어 세었더니 6묶음이야.

지혜: 6씩 묶어 세었더니 4묶음이야.

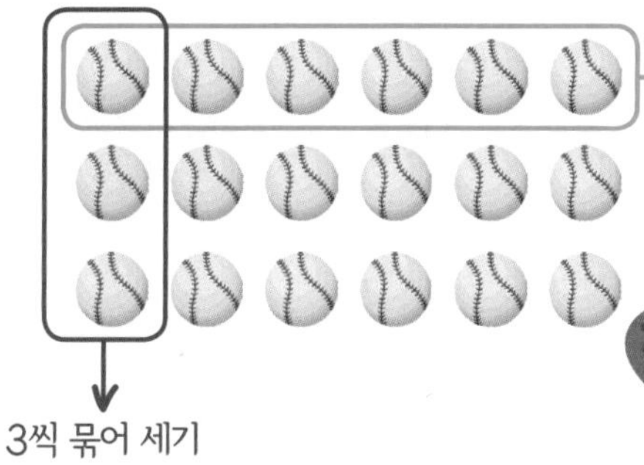

수학적 표현력

10 고양이를 4씩 묶어 세고 모두 몇 마리인지 말해 보세요.

4씩 묶어 세면 [ ]묶음

6 단원

32일 묶어 세기

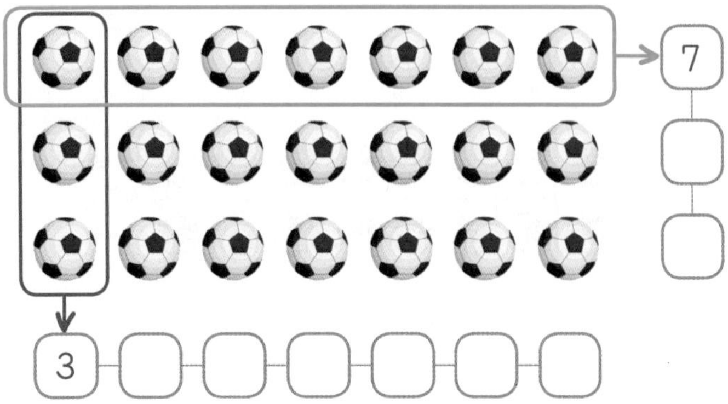

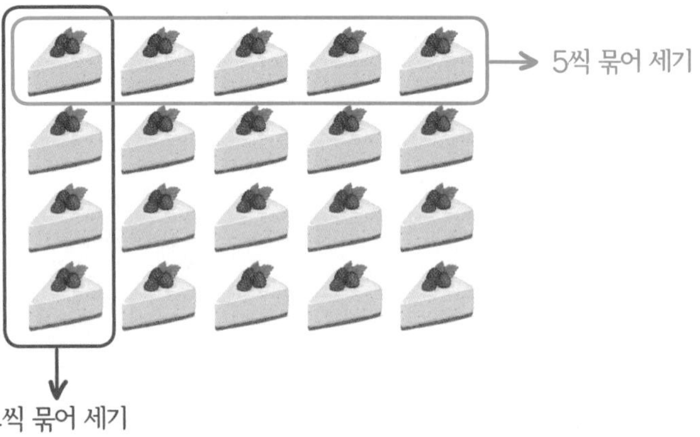

2씩 □묶음

3씩 □묶음

4씩 □묶음

6씩 □묶음

2씩 5묶음=5씩 □묶음

■씩 ▲묶음 = ▲씩 ■묶음

3 축구공은 모두 몇 개인지 묶어 세어 보세요.

(1) 3씩 묶어 세어 보세요.

□-□-□-□-□-□-□

(2) 7씩 묶어 세어 보세요.

7-□-□

(3) 축구공은 모두 몇 개일까요?

4 케이크는 모두 몇 개인지 묶어 세어 보세요.

(1) 4씩 몇 묶음일까요?

(2) 5씩 몇 묶음일까요?

(3) 케이크는 모두 몇 개일까요?

5 그림을 보고 □ 안에 알맞은 수를 써넣으세요.

2씩 □묶음

3씩 □묶음

4씩 □묶음

6씩 □묶음

6 □ 안에 알맞은 수를 써넣으세요.

2씩 5묶음=5씩 □묶음

7 지우개 15개를 남지 않게 묶어 셀 수 있는 방법을 모두 찾아 ○표 하세요.

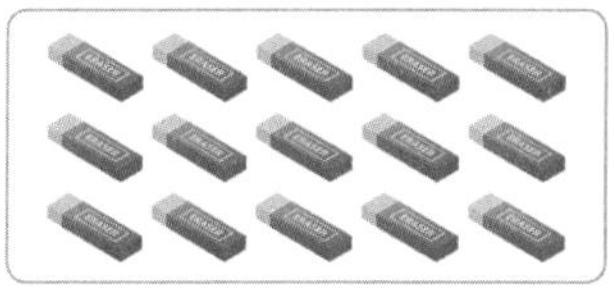

2씩	3씩	4씩	5씩
(　　)	(　　)	(　　)	(　　)

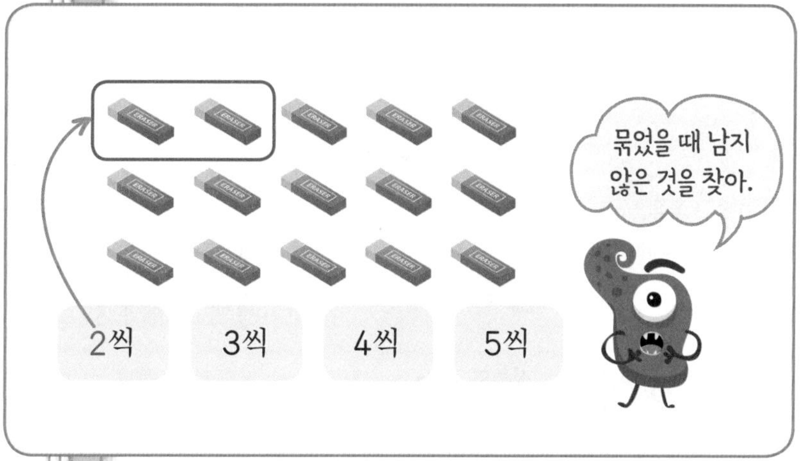

8 아이스크림 14개를 2가지 방법으로 묶어 세어 보세요.

□씩 □묶음, □씩 □묶음

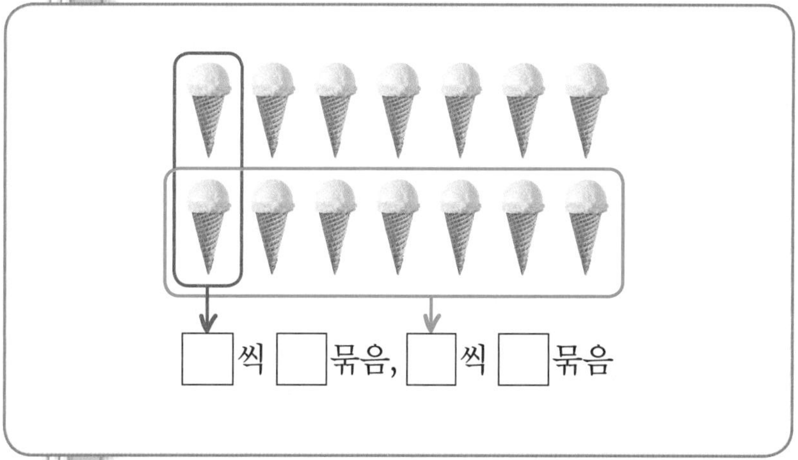

수학적 독해력

+9 밤이 18개 있습니다. 밤의 수를 잘못 설명한 사람은 누구일까요?

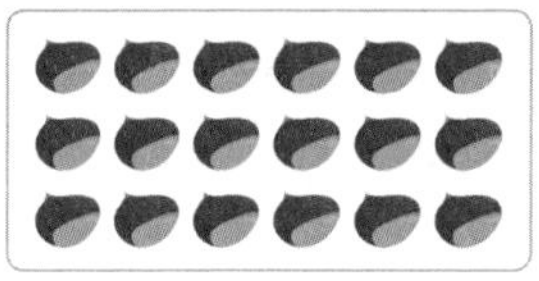

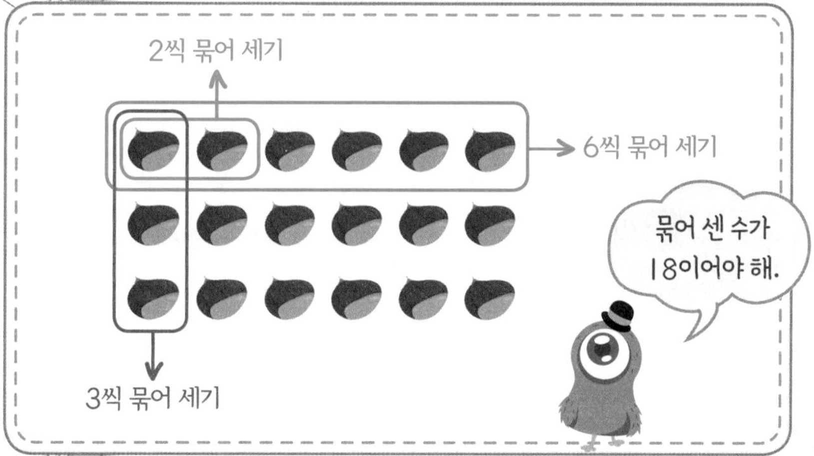

수학적 표현력

+10 사탕이 3개씩 4줄이 있습니다. 사탕을 4개씩 묶으면 몇 줄인지 말해 보세요.

3개씩 4줄=4개씩 □줄

■씩 ▲묶음 = ▲씩 ■묶음

6단원

33일

몇의 몇 배 알아보기

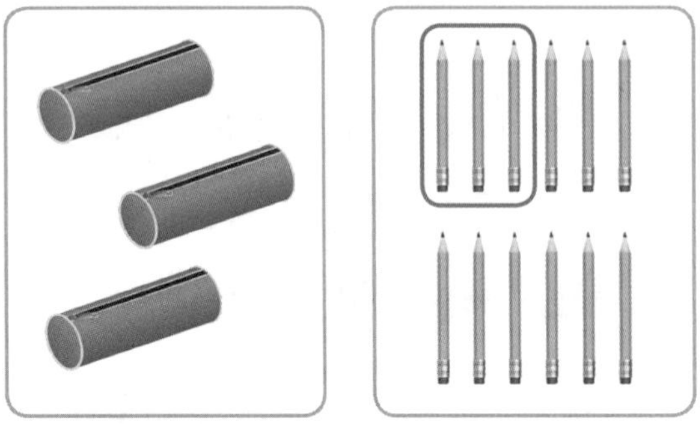

필통의 수 ➡ 3

3씩 ▲묶음

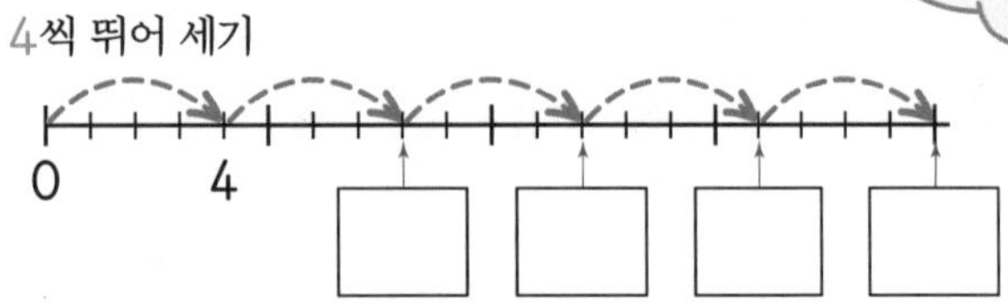

4씩 ▲번 뛰어 센 수 ➜ 4의 ▲배인 수

■씩 ▲묶음 ➜ ■의 ▲배

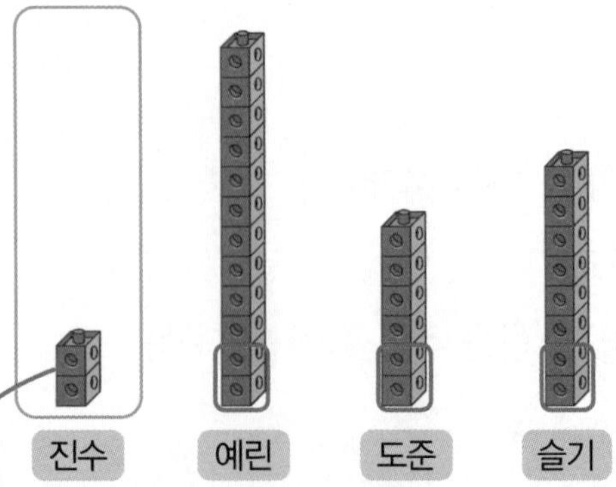

모형의 수 ➡ 2

3 연필의 수는 필통의 수의 몇 배일까요?

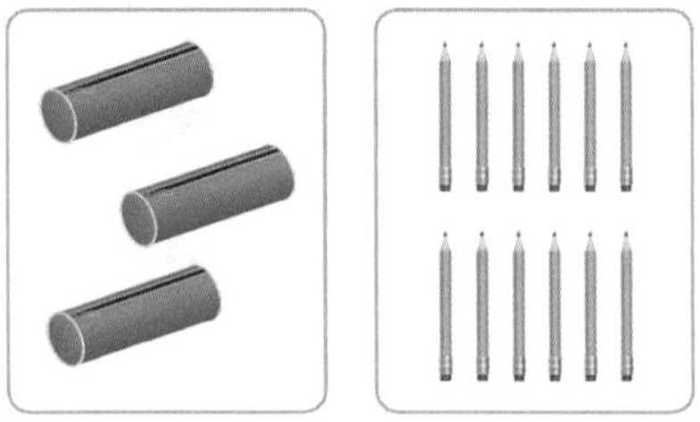

( )배

4 20은 4의 몇 배인지 구하려고 합니다. □ 안에 알맞은 수를 써넣으세요.

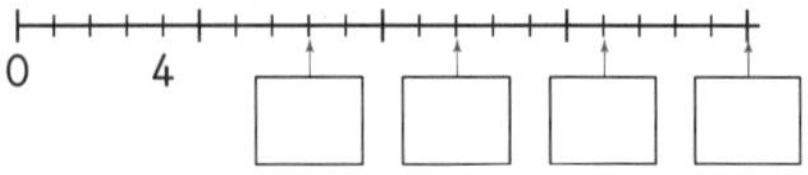

➜ 20은 4의 □배입니다.

5 같은 것끼리 선으로 이어 보세요.

5씩 3묶음 •	• 7의 4배
7씩 4묶음 •	• 6의 5배
6씩 5묶음 •	• 5의 3배

6 친구들이 쌓은 모형의 수는 진수가 쌓은 모형의 수의 몇 배인지 각각 구하세요.

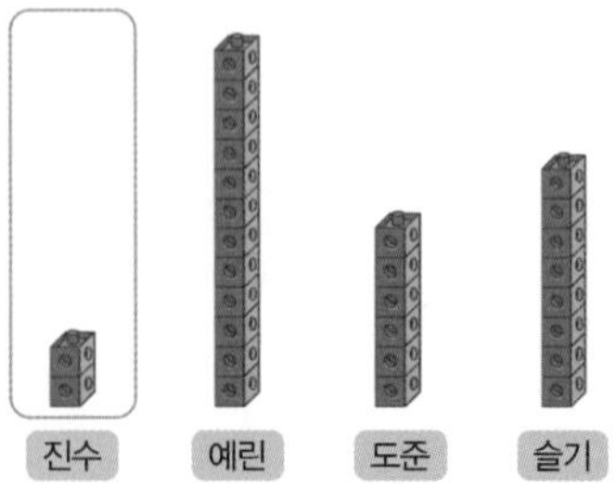

□배 □배 □배

7 나타내는 수가 다른 사람을 찾아 이름을 쓰세요.

수현	민호	윤하
8의 6배	8+8+8+8+8	8씩 6묶음

■씩 ▲묶음 ➜ ■의 ▲배
➜ ■+■+……+■ (▲번)

8 ㉠과 ㉡에 알맞은 수를 각각 쓰세요.

- 3의 ㉠배는 12입니다.
- 12는 4의 ㉡배입니다.

㉠ (　　　　　)
㉡ (　　　　　)

■의 ▲배 = ▲의 ■배

수학적 독해력

9 현수의 나이는 9살입니다. 이모의 나이는 현수의 나이의 3배입니다. 이모의 나이는 몇 살일까요?

"이모의 나이는 현수의 나이의 3배"
(현수의 나이 → ■, 3 → ▲)

■의 ▲배
➜ ■+■+……+■ (▲번)

수학적 표현력

10 당근의 수는 토끼의 수의 몇 배인지 말해 보세요.

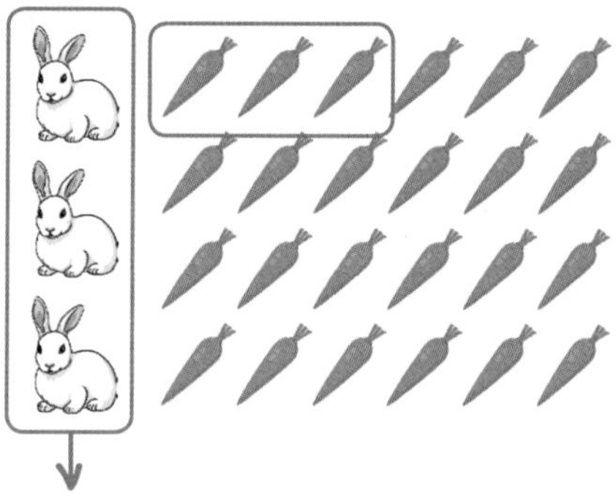

토끼의 수 ➡ 3　　3씩 ▲묶음

3씩 ▲묶음은 3의 ▲배야.

34일 곱셈식 알아보기

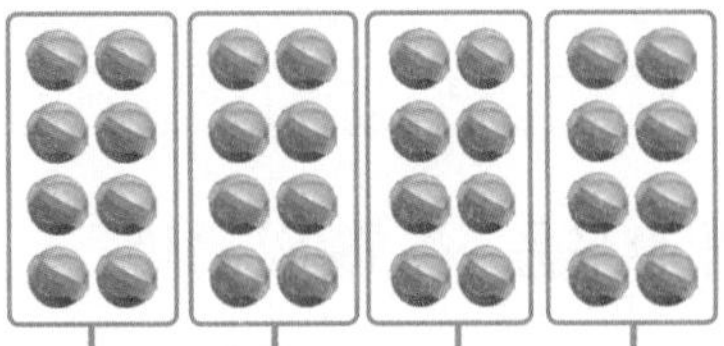

□ + □ + □ + □

↓

□ × △

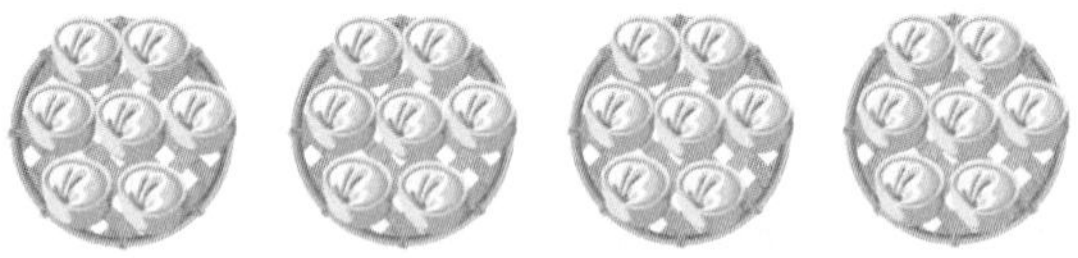

7 × □ = □

□의 △배 → □ × △

□씩 △묶음
□의 △배
□ + □ + ⋯⋯ + □ (△번)
→ □ × △

3 사탕의 수를 덧셈식과 곱셈식으로 나타내어 보세요.

[덧셈식] ____________

[곱셈식] ____________

4 그림을 보고 곱셈식으로 나타내어 보세요.

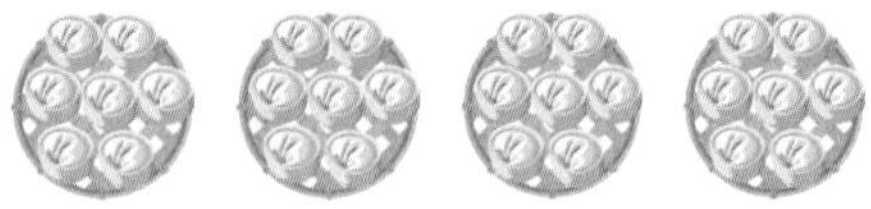

7 × □ = □

5 같은 것끼리 선으로 이어 보세요.

4의 5배 •	• 6×7
5의 6배 •	• 4×5
6의 7배 •	• 5×6

6 나타내는 수가 다른 하나를 찾아 기호를 쓰세요.

㉠ 8의 3배　㉡ 8씩 3묶음
㉢ 8+3　㉣ 8+8+8

7 수직선을 보고 알맞은 곱셈식을 쓰세요.

3×□=□

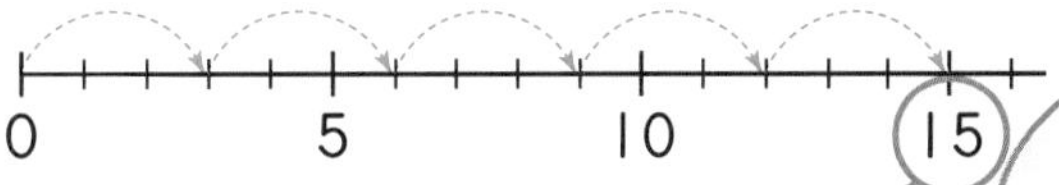

3×□=□

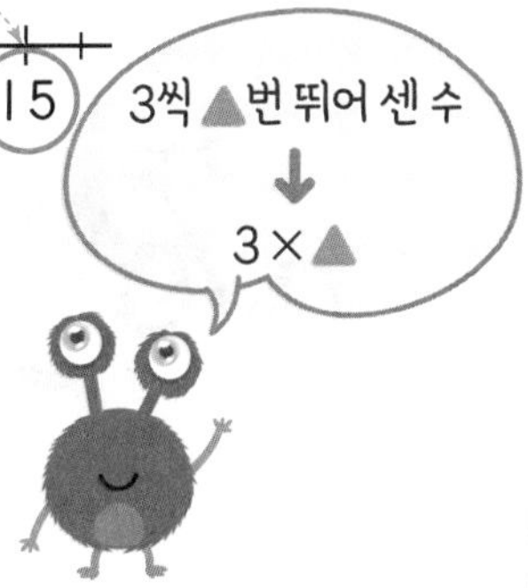

8 통조림 캔이 모두 몇 개인지 여러 가지 곱셈식으로 나타내어 보세요.

2×□=□
3×□=□
4×□=□
6×□=□

2×□=□
3×□=□
4×□=□
5×□=□

수학적 독해력

9 아래의 쌓기나무 수의 7배만큼 쌓기나무를 쌓으려고 합니다. 쌓으려는 쌓기나무는 모두 몇 개일까요?

□의 ▲배 → □×▲

의 7배 → 3×7

수학적 표현력

10 종욱이가 읽은 책은 모두 몇 권일까요?

나는 서연이의 3배만큼 책을 읽었어.

□의 ▲배

↓

□×▲

6단원

35일

곱셈식으로 나타내기

■씩 ▲묶음 → ■×▲

■개씩 ▲봉지 → ■×▲

8							
2	+	2	+	2	+	2	→ 2×4=8
4			+	4			→ 4×2=8

3 세발자전거가 6대가 있습니다. 바퀴는 모두 몇 개인지 곱셈식으로 나타내어 보세요.

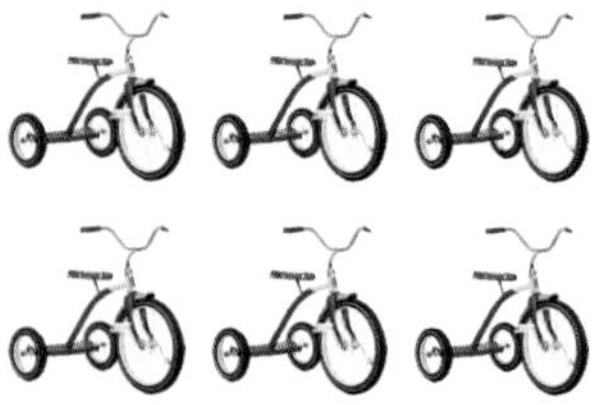

〔식〕 □×□=□ 〔답〕 □개

4 문제에 알맞은 곱셈식을 쓰고 답을 구하세요.

> 호두과자가 한 봉지에 8개씩 6봉지 있습니다. 호두과자는 모두 몇 개일까요?

〔식〕 □×□=□ 〔답〕 □개

5 성냥개비를 사용하여 다음 그림과 같은 도형을 5개 만들었습니다. 사용한 성냥개비는 모두 몇 개인지 곱셈식으로 나타내어 보세요.

〔식〕 □×□=□ 〔답〕 □개

6 〈보기〉와 같이 □ 안에 알맞은 수를 써넣으세요.

〈보기〉

8			
2	2	2	2
4		4	

→ 2×4=8
4×2=8

20				
4	4	4	4	4
5	5	5	5	

→ □×□=□
□×□=□

7 네잎클로버의 잎의 수를 식으로 바르게 나타낸 것을 모두 고르세요.

㉠ 3+3+3=9
㉡ 4×3=12
㉢ 4+4+4=12
㉣ 4×4=16

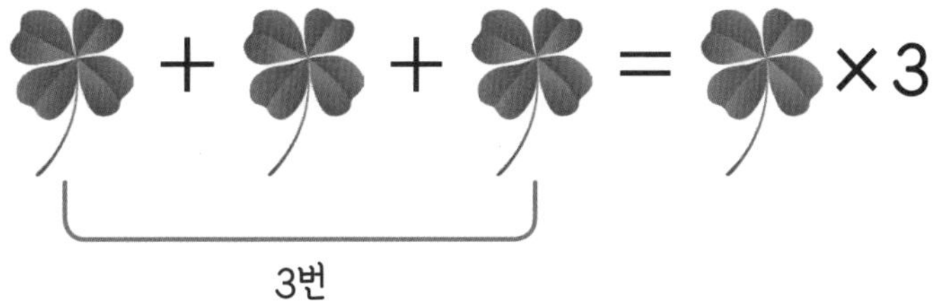

8 지우개가 18개가 있습니다. 지우개의 수를 곱셈으로 잘못 나타낸 것에 ×표 하세요.

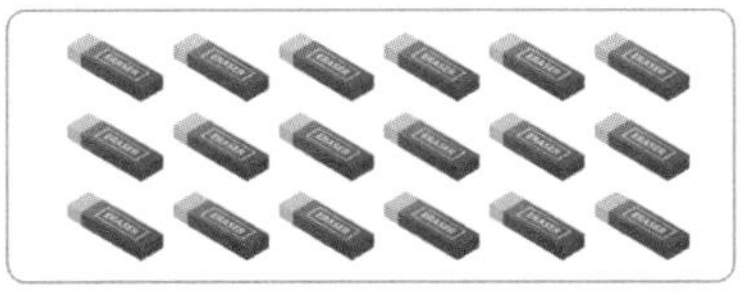

3×6　　4×4　　6×3　　9×2

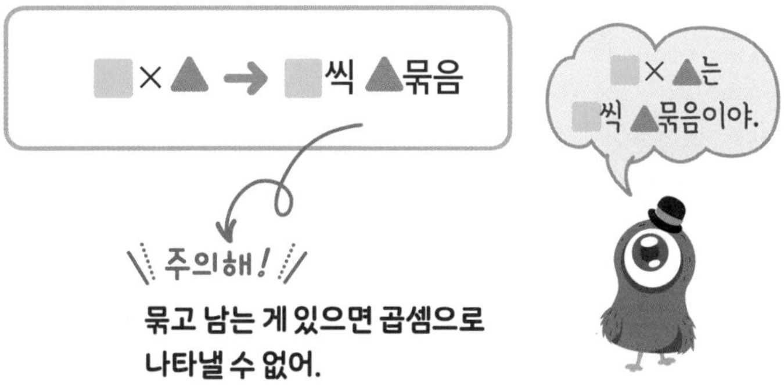

수학적 독해력

9 원 모양이 규칙적으로 그려진 쟁반에 케이크가 놓여 있습니다. 쟁반에 그려진 원은 모두 몇 개일까요?

수학적 표현력

10 게시물 1개를 부착하는 데 누름 못이 4개 필요합니다. 게시물 7개를 부착하려면 누름 못이 모두 몇 개 필요한지 말해 보세요.

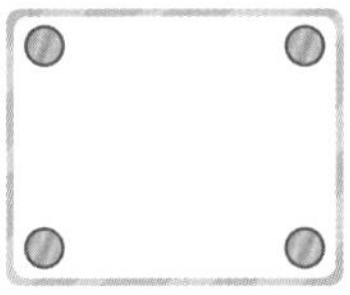

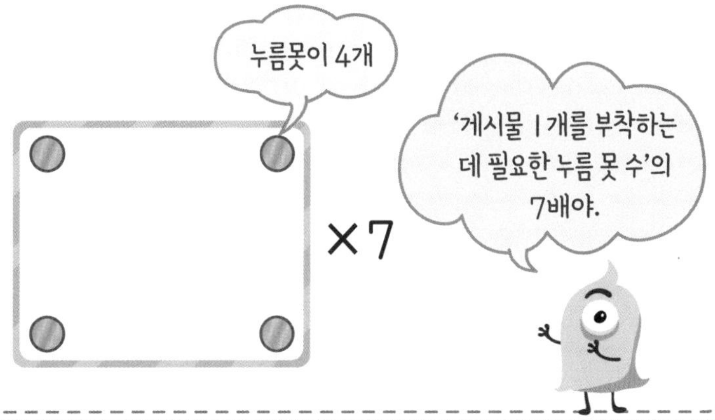

6 단원

memo

자신감 뿜뿜

수학이 만만해지는 힌트의 힘!

막힐 때 찾아보는

힌트북

풀이집은 개념의 빈틈을 채우는
두 번째 학습서입니다.

막힐 땐

힌트북

초등수학 2-1

정답 · 풀이

슬기로운공부

막힐 땐

힌트북

초등수학 2-1

정답 · 풀이

본책 008~011쪽

01일 백 알아보기

확인 008쪽

❶ 100, 100
❷ (1) 1 (2) 100

기본기 다지는 교과서 문제 009쪽

1 (1) 99 (2) 100
2 (1) 10, 0 / 100 (2) 1, 0, 0 / 100
3 (1) 100, 100 (2) 100, 100

2 (1) 10이 10개이면 100입니다.
(2) 100이 1개이면 100입니다.

3 (1) 99보다 1 큰 수는 100입니다.
(2) 90보다 10 큰 수는 100입니다.

스스로 풀어내는 도전 10 문제 010~011쪽

1 10, 1
2 1, 10, 10
3 (1) 99, 100 (2) 70, 100
4 100, 20, 100
5 3개
6 100개
7 (○)( )
(○)( )
8 영민
+9 2개
+10 5, 5

3 (1) 95부터 1씩 세면 95−96−97−98−99−100 입니다.
(2) 50부터 10씩 세면 50−60−70−80−90−100입니다.

4 40부터 20씩 세면 40−60−80−100입니다.
80보다 20 큰 수는 100입니다.

5 10이 10개이면 100이므로 10원짜리 동전을 3개 더 저금해야 합니다.

힌트북 02쪽

6

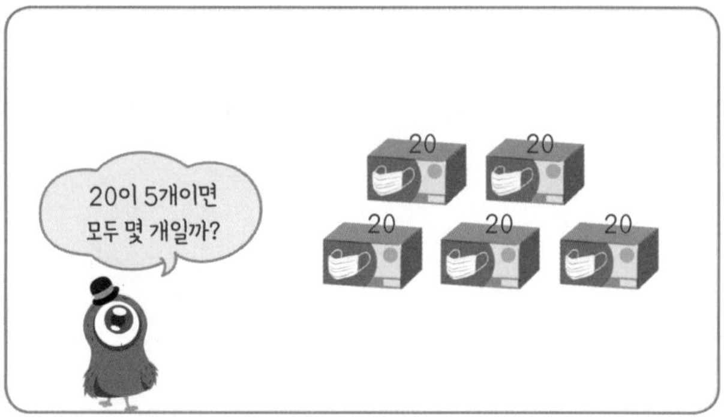

20이 5개이면 100이므로 마스크는 모두 100개입니다.

7 90보다 10 큰 수, 10이 10개인 수는 100입니다.

힌트북 03쪽

8

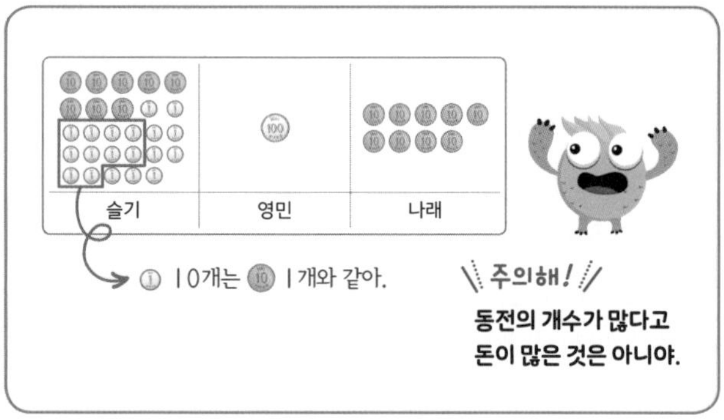

슬기: 99원, 영민: 100원, 나래: 90원
따라서 돈을 가장 많이 가지고 있는 친구는 영민입니다.

+9 100은 10이 10개인 수입니다.
사과 100개를 한 상자에 10개씩 담으려면 상자가 10개 필요하므로 상자는 2개 더 필요합니다.

힌트북 03쪽

+10

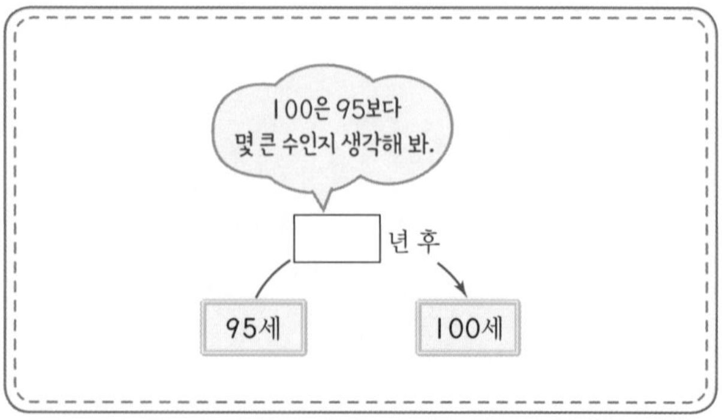

본책 012~015 쪽

02일 몇백 알아보기

확인 012쪽

① (1) 700, 칠백 (2) 900, 구백

기본기 다지는 교과서 문제 013쪽

1 (1) 300 (2) 6, 600
2 (1) 사백 (2) 육백 (3) 칠백 (4) 팔백
3 (1) 300 (2) 500 (3) 700 (4) 900

1 100이 ■개이면 ■00입니다.

스스로 풀어내는 도전 10 문제 014~015쪽

1 4, 400, 사백
2 (1) 300 (2) 5
3 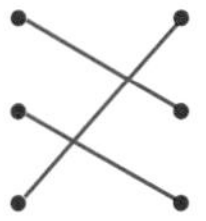
4 600장
5 200, 이백
6 민호
7 7개
8 ㉡, ㉣
+9 6개
+10 4, 400, 400

2 100이 ■개이면 ■00이라 씁니다.

3 100이 2개인 수 → 200(이백)
100인 6개인 수 → 600(육백)
100이 8개인 수 → 800(팔백)

4 100이 6개이면 600이므로 색종이는 모두 600장입니다.

5 10이 20개인 수는 200이라 쓰고, 이백이라고 읽습니다.

힌트북 04쪽

6

100이 ■개 → ■00

■00 → 100이 ■개

민호: 100이 3개이면 300입니다.

힌트북 05쪽

7

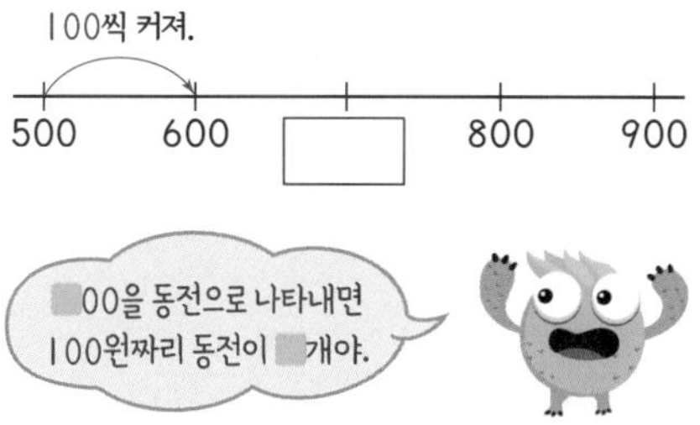

눈금 한 칸은 100을 나타내므로 600보다 100 큰 수는 700입니다.
700은 100이 7개인 수이므로 100원짜리 동전이 7개 필요합니다.

8 ㉠ 100이 5개이면 500이고, 오백이라고 읽습니다.
㉢ 800은 팔백이라고 읽습니다.

힌트북 05쪽

+9

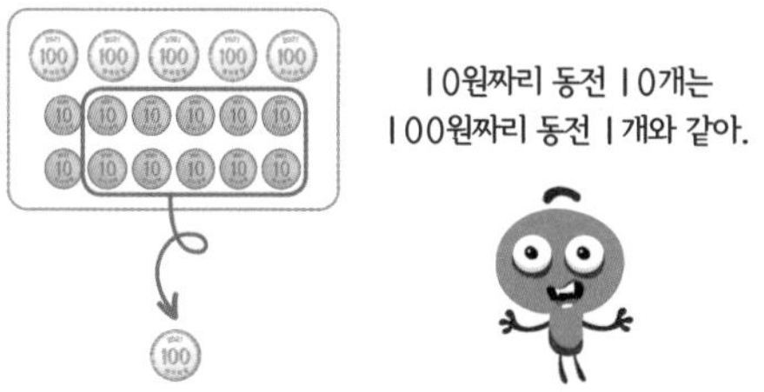

10원짜리 동전 10개는 100원짜리 동전 1개와 같으므로 나래가 가지고 있는 돈은 100원짜리 동전 6개와 10원짜리 동전 2개로 나타낼 수 있습니다. 따라서 나래가 가진 동전으로 100원짜리 사탕을 6개까지 살 수 있습니다.

본책 016~019쪽

03일 세 자리 수 알아보기

확인 016쪽

1. 2, 3, 6 / 236, 이백삼십육
2. (1) 425, 사백이십오 (2) 714, 칠백십사

기본기 다지는 교과서 문제 017쪽

1 324
2 (1) 오백사십팔 (2) 103 (3) 814 (4) 칠백오십
3 461, 사백육십일
4 212, 이백십이

3 100이 4개, 10이 6개, 1이 1개인 수는 461입니다. 461은 사백육십일이라고 읽습니다.

4 100이 2개, 10이 1개, 1이 2개인 수는 212입니다. 212는 이백십이라고 읽습니다.

스스로 풀어내는 도전 10 문제 018~019쪽

1 3, 4, 7 / 347	2 5, 3, 9
3 오백십삼, 삼백구	4 730, 415
5 민호	6 410, 사백십
7 295, 이백구십오	8 629원
+9 111, 102	
+10 1, 4, 640	

1 100이 3개, 10이 4개, 1이 7개인 수는 347입니다.

2 539는 100이 5개, 10이 3개, 1이 9개인 수입니다.

3 백의 자리와 십의 자리를 읽을 때에는 숫자와 자릿값을 차례로 읽고, 일의 자리를 읽을 때에는 숫자만 읽습니다. 단, 자리의 숫자가 0일 때는 숫자와 자릿값을 모두 읽지 않습니다.

4 수를 쓸 때 읽지 않은 자리에는 0을 씁니다.

힌트북 06쪽

5

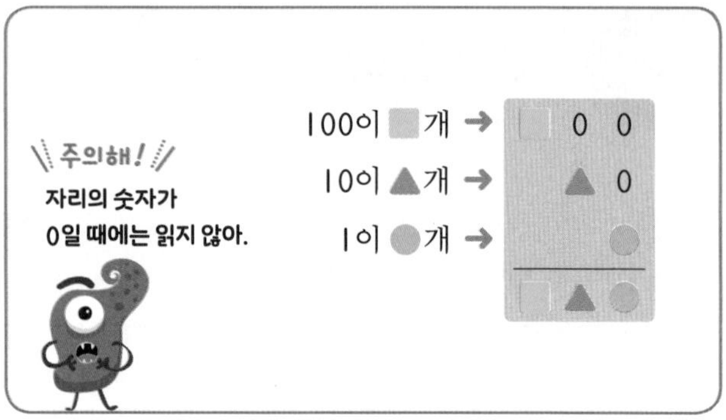

100이 5개, 10이 0개, 1이 8개인 수는 508이고, 오백팔이라고 읽습니다.

6 100이 4개, 10이 1개인 수는 410이고, 사백십이라고 읽습니다.

7 백 모형이 2개, 십 모형이 9개, 일 모형이 5개이므로 수 모형이 나타내는 수는 295이고, 이백구십오라고 읽습니다.

8 10원짜리 동전 10개는 100원짜리 동전 1개와 같으므로 100원짜리 동전 6개, 10원짜리 동전 2개, 1원짜리 동전 9개와 같습니다. 따라서 629원입니다.

힌트북 07쪽

+9

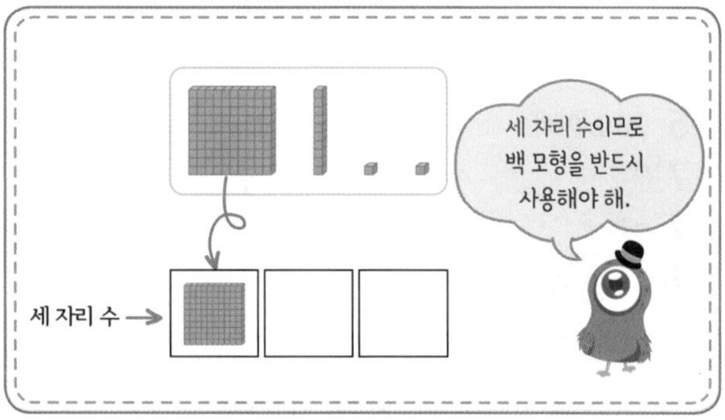

백 모형 1개, 십 모형 1개, 일 모형 1개 → 111
백 모형 1개, 십 모형 0개, 일 모형 2개 → 102
따라서 수 모형 3개를 사용하여 나타낼 수 있는 세 자리 수는 111, 102입니다.

본책 020~023 쪽

04일 각 자리의 숫자가 나타내는 값

확인 020쪽

① 백, 500 / 십, 70 / 일, 4 / 500, 70, 4

기본기 다지는 교과서 문제 021쪽

1 30, 5 / 600, 30, 5
2 400, 20, 9 / 400, 20, 9
3 (1) 20 (2) 2 (3) 100 (4) 10

2 429에서 4는 백의 자리 숫자이므로 나타내는 값은 400, 2는 십의 자리 숫자이므로 나타내는 값은 20, 9는 일의 자리 숫자이므로 나타내는 값은 9입니다.

3 (1) 2는 십의 자리 숫자이므로 20을 나타냅니다.
(2) 2는 일의 자리 숫자이므로 2를 나타냅니다.
(3) 1은 백의 자리 숫자이므로 100을 나타냅니다.
(4) 1은 십의 자리 숫자이므로 10을 나타냅니다.

스스로 풀어내는 도전 10 문제 022~023쪽

1 1, 7, 10, 7 / 400, 10, 7
2 800, 50, 2
3 (1) 90 (2) 500
4 (1) 10, 3 (2) 700, 90
5 ㉢, ㉠, ㉡
6 536
7 ㉣
8 ◆◆◆●■■■■
+9 234
+10 백, 400, 일, 4

2 852에서 8은 백의 자리 숫자이므로 800, 5는 십의 자리 숫자이므로 50, 2는 일의 자리 숫자이므로 2를 나타냅니다.

3 (1) 9는 십의 자리 숫자이므로 90을 나타냅니다.
(2) 5는 백의 자리 숫자이므로 500을 나타냅니다.

힌트북 08쪽

4

■▲● = ■00 + ▲0 + ●

왼쪽으로 한 자리씩 옮겨 갈 때마다 0이 1개씩 늘어나.

5 ㉠ 762 → 60
㉡ 896 → 6
㉢ 612 → 600
따라서 숫자 6이 나타내는 값이 큰 것부터 차례로 기호를 쓰면 ㉢, ㉠, ㉡입니다.

6 10이 13개이면 100이 1개, 10이 3개이므로 100이 5개, 10이 3개, 1이 6개인 수와 같습니다. 따라서 536입니다.

7 ㉣ 833 → 3

8 314는 100이 3개, 10이 1개, 1이 4개입니다.
◆는 100, ●는 10, ■는 1을 나타내므로
314는 ◆◆◆●■■■■와 같이 나타낼 수 있습니다.

힌트북 09쪽

+9

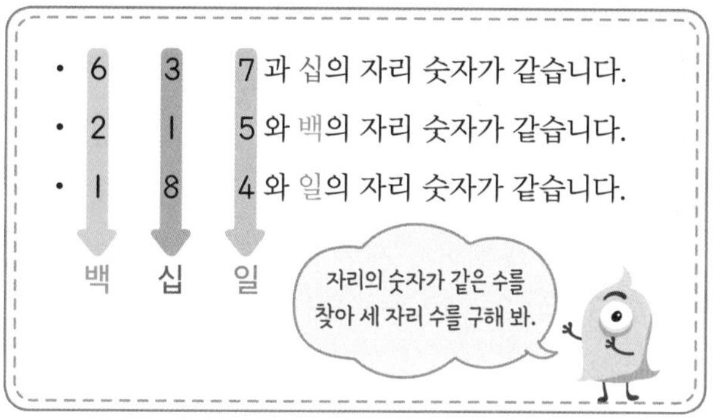

본책 024~027쪽

05일 뛰어서 세기

확인 024쪽

1 (1) 510, 610, 710, 810
(2) 550, 560, 570, 580
(3) 216, 217, 218, 219
(4) 1000, 천

기본기 다지는 교과서 문제 025쪽

1 629, 729, 829, 929
2 477, 497, 507, 517
3 995, 998, 999, 1000
4

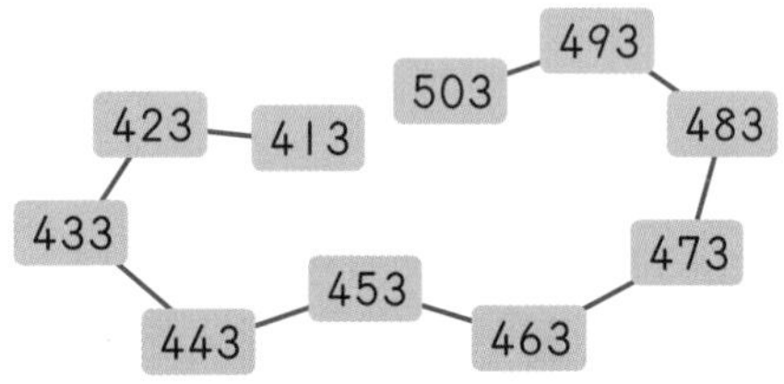

1 100씩 뛰어서 세면 백의 자리 숫자가 1씩 커집니다.

2 10씩 뛰어서 세면 십의 자리 숫자가 1씩 커집니다.

3 1씩 뛰어서 세면 일의 자리 숫자가 1씩 커집니다.

4 10씩 뛰어서 세면 십의 자리 숫자가 1씩 커지므로 413부터 10씩 뛰어서 세면 413－423－433－443－453－463－473－483－493－503입니다.

스스로 풀어내는 도전 10 문제 026~027쪽

1 450, 470, 490
2 525, 625, 825 / 100
3 (1) 166, 167 (2) 799, 999
4 398, 407, 497
5 ②
6 ㉢
7 755, 765, 775
8 310
+9 527
+10 705, 695, 695

1 십의 자리 숫자가 1씩 커지므로 10씩 뛰어서 세었습니다.

2 백의 자리 숫자가 1씩 커지므로 100씩 뛰어서 세었습니다.

3 (1) 일의 자리 숫자가 1씩 커지므로 1씩 뛰어서 세었습니다.
(2) 백의 자리 숫자가 1씩 커지므로 100씩 뛰어서 세었습니다.

힌트북 10쪽

4

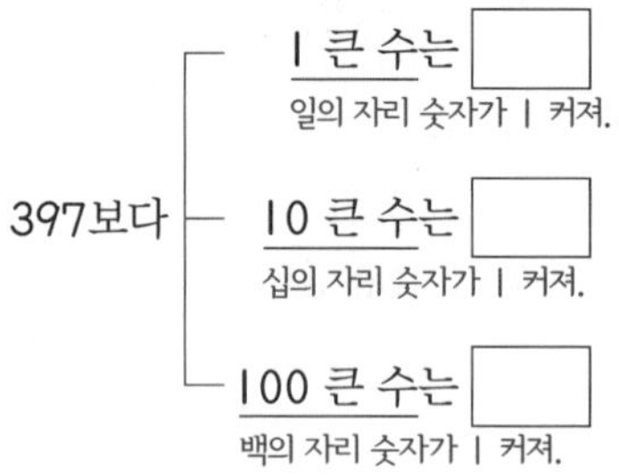

397보다 10 큰 수는 십의 자리 숫자가 0이 되고 백의 자리 숫자가 1 더 큰 407입니다.

5 321에서 1씩 7번 뛰어서 센 수는
321－322－323－324－325－326－327－328입니다.

다른 풀이 1씩 7번 뛰어서 세면 수가 7만큼 더 커지므로 328이 됩니다.

6 ㉢ 10씩 10번 뛰어서 센 수는 100씩 1번 뛰어서 센 것과 같으므로 990에서 10씩 10번 뛰어서 센 수는 1000이 아닙니다. 1000은 990에서 10씩 1번 뛰어서 센 수입니다.

7 785에서 10씩 거꾸로 뛰어서 셉니다.
785－775－765－755

8 710에서 100씩 거꾸로 뛰어서 세면
710－610－510－410－310이므로 ★에 알맞은 수는 310입니다.

+9 어떤 수보다 100 큰 수가 637이므로 어떤 수는 637보다 100 작은 수인 537입니다.
따라서 537보다 10 작은 수는 527입니다.

본책 028~031 쪽

06일 수의 크기 비교하기

확인 028쪽

❶ <

기본기 다지는 교과서 문제 029쪽

1 5, 6, 2 / <
2 (1) < (2) >
3 (위에서부터) 1, 2, 3, 7, 4, 2 / 425, 367
4 756<845

1 백의 자리 숫자가 같으므로 십의 자리 숫자가 더 큰 562가 537보다 더 큽니다.

2 (1) 523 < 542 (2 < 4)　(2) 647 > 646 (7 > 6)

3 백의 자리 숫자를 비교하면 367이 가장 작은 수입니다. 412와 425의 십의 자리 숫자를 비교하면 412<425이므로 가장 큰 수는 425입니다.

스스로 풀어내는 도전 10 문제 030~031쪽

1 (위에서부터) 5, 5, 1 / 541
2 (위에서부터) 9, 6, 8, 8, 9, 6 / 968, 869
3 (1) > (2) < (3) <
4 534, 473, 458
5 로운
6 (1) > (2) <
7 6, 7, 8, 9에 ○표
8 456
+9 693
+10 십, 3, 오른

1 백의 자리 숫자를 비교하면 4<5이므로 541이 더 큽니다. 541이 더 큰 수입니다.

2 869, 968, 896의 백의 자리 숫자를 비교하면 8<9이므로 가장 큰 수는 968입니다.
869와 896의 십의 자리 숫자를 비교하면 6<9이므로 가장 작은 수는 869입니다.

힌트북 12쪽

3

(1) 512 ◯ 498
(2) 623 ◯ 643
(3) 373 ◯ 375

(1) 512 < 498 (5>4)　(2) 623 < 643 (2<4)
(3) 373 < 375 (3<5)

4 473, 534, 458의 백의 자리 숫자를 비교하면 4<5이므로 534가 가장 큽니다.
473과 458의 십의 자리 숫자를 비교하면 7>5이므로 473>458입니다.
따라서 가장 큰 수부터 차례로 쓰면 534, 473, 458입니다.

5 슬기: 256권, 로운: 259권
256<259이므로 집에 책이 더 많은 사람은 로운입니다.

6 (1) 사백팔십육(486) > 100이 4개, 10이 7개인 수(470)
(2) 100이 6개, 1이 7개인 수(607) < 육백십이(612)

7 63□>635이므로 □>5입니다.
따라서 □ 안에 들어갈 수 있는 수는 6, 7, 8, 9입니다.

8 가장 작은 수는 작은 수부터 차례로 씁니다.
4<5<6이므로 만들 수 있는 가장 작은 수는 456입니다.

+9
- 세 자리 수 ➜ □□□
- 백의 자리 숫자는 5보다 크고 7보다 작으므로 6입니다.
➜ 6□□
- 십의 자리 숫자는 90을 나타내므로 9입니다.
➜ 69□
- 일의 자리 숫자는 4보다 작으므로 0, 1, 2, 3이 될 수 있습니다. ➜ 690, 691, 692, 693

따라서 조건을 만족하는 수 중에서 가장 큰 수는 693입니다.

01~06일 단원평가 032~033쪽

01 (1) 100 (2) 2	02 ③, ⑤
03 ㉡	04 238, 이백삼십팔
05 111, 120에 ○표	06 ㉢
07 250 / 1씩	08 459, 485, 556
09 1, 2, 3, 4에 ○표	10 풀이 참조 / 684

02 ③ 구백—900
⑤ 200—이백

03 ㉡ 팔백은 100이 8개인 수입니다.

04 십 모형 13개를 백 모형 1개와 십 모형 3개로 바꾸면 백 모형 2개, 십 모형 3개, 일 모형 8개입니다.
→ 100이 2개, 10이 3개, 1이 8개인 수는 238이라 쓰고, 이백삼십팔이라고 읽습니다.

05 수 모형 3개로 만들 수 있는 세 자리 수는 111, 120입니다.

06 숫자 7이 나타내는 수는 다음과 같습니다.
㉠ 417 → 7　㉡ 875 → 70
㉢ 726 → 700　㉣ 257 → 7

07 일의 자리 숫자가 1씩 커지므로 1씩 뛰어서 센 것입니다.

08 백의 자리 수를 비교하면 4<5이므로 556이 가장 큽니다.
485>459이므로 가장 작은 수는 459입니다.
따라서 작은 수부터 차례로 쓰면 459, 485, 556입니다.

09 42□<425에서 백의 자리 숫자, 십의 자리 숫자가 같으므로 일의 자리 숫자를 비교하면 □<5입니다.
따라서 □ 안에 들어갈 수 있는 수는 1, 2, 3, 4입니다.

10 예시 답안 어떤 수보다 10 작은 수는 574입니다.
→ 어떤 수는 574보다 10 큰 수입니다.
따라서 어떤 수는 584입니다.
584보다 100 큰 수는 684입니다.

채점 기준	
	❶ 어떤 수를 구해야 함.
	❷ 어떤 수보다 100 큰 수를 구해야 함.

본책 034~037쪽

07일 ○ 알아보기

확인 034쪽

❶ 원
❷ 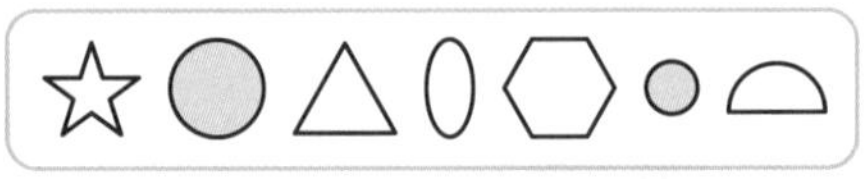

기본기 다지는 교과서 문제 035쪽

1 (1) ( )( )(○)
(2) (○)( )( )
(3) ( )(○)( )
2 ( )(○)( )(○)( )
3 예 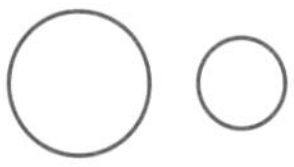

2 원 모양은 어느 쪽에서 보아도 똑같이 동그란 모양이므로 원 모양을 찾아보면 접시와 단추입니다.

3 종이컵, 동전 등의 동그란 모양이 있는 물건의 테두리를 따라 원을 그릴 수 있습니다.

스스로 풀어내는 도전 10 문제 036~037쪽

1 원	2 ㉢
3 ( )(○)( )	4 2개
5 ㉡, ㉢	6 (1) ○ (2) × (3) ○
7 8	8 5개
+9 민호	
+10 동그란에 ○표, 길쭉하기에 ○표	

1 어느 쪽에서 보아도 똑같이 동그란 모양이므로 원입니다.

2 어느 쪽에서 보아도 똑같이 동그란 모양은 ㉢입니다.

4 원은 다음과 같이 모두 2개입니다.

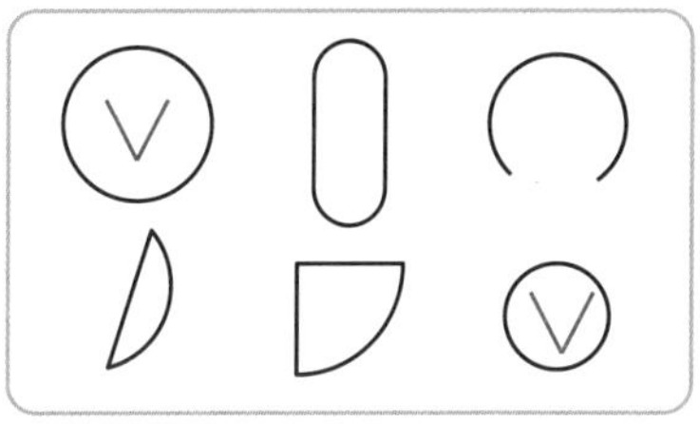

힌트북 14쪽

5

㉡ 모양이 동그랗지 않고 길쭉합니다.
㉢ 곧은 선이 있습니다.

6 (2) 원은 곧은 선이 없습니다.

7 원 안에 있는 수는 2와 6입니다.
→ 2+6=8

힌트북 15쪽

8

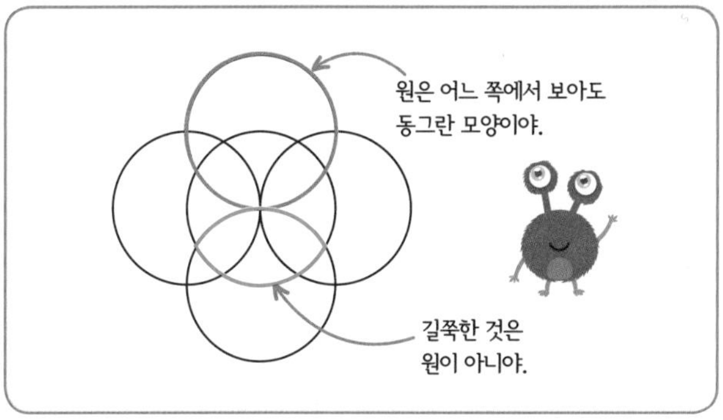

선을 따라 원을 그려 보면 원은 모두 5개입니다.

+9 민호: 원은 크기는 달라도 생긴 모양은 모두 같습니다.

본책 038~041쪽

08일 △과 □ 알아보기

기본기 다지는 교과서 문제 039쪽

1 (1) ( )( )(○)
(2) ( )(○)( )

2 (1) ( )(○)( )
(2) ( )( )(○)

3 (위에서부터) 꼭짓점, 변

1 삼각형은 곧은 선 3개로 둘러싸인 도형입니다.

2 사각형은 곧은 선 4개로 둘러싸인 도형입니다.

3 삼각형과 사각형에서 곧은 선을 변이라고 하고, 두 변이 만나는 점을 꼭짓점이라고 합니다.

스스로 풀어내는 도전 10 문제 040~041쪽

1 ㉡, ㉣
2 ㉠, ㉤, ㉥
3 3, 3 / 4, 4
4 3개
5 4, 2
6 ㉡, ㉣
7 1
8 삼각형, 4개
+9 5개
+10 3, 4

1 곧은 선 3개로 둘러싸인 도형을 찾아보면 ㉡, ㉣입니다.

2 곧은 선 4개로 둘러싸인 도형을 찾아보면 ㉠, ㉤, ㉥입니다.

3 • 삼각형은 변이 3개, 꼭짓점이 3개입니다.
• 사각형은 변이 4개, 꼭짓점이 4개입니다.

4 사각형이 되기 위해서는 다음과 같이 3개의 변을 더 그려야 합니다.

5

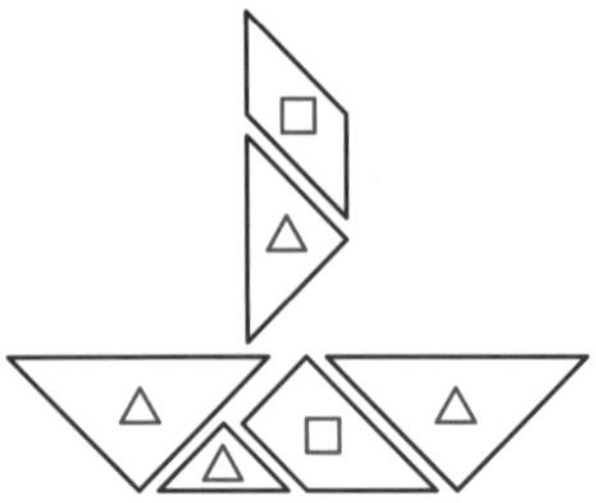

➔ 삼각형: 4개, 사각형: 2개

6 ㉠ 꼭짓점이 3개 있습니다. ➔ 삼각형
㉢ 뾰족한 부분이 없습니다. ➔ 원

7 꼭짓점이 삼각형은 3개, 사각형은 4개이므로 꼭짓점 수의 차는 4－3＝1입니다.

힌트북 17쪽

8

➔ 삼각형 4개

+9

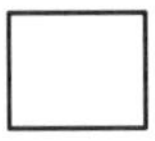
: 3개

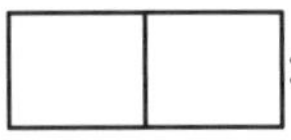
: 1개

: 1개

➔ 크고 작은 사각형: 3＋1＋1＝5(개)

힌트북 17쪽

+10

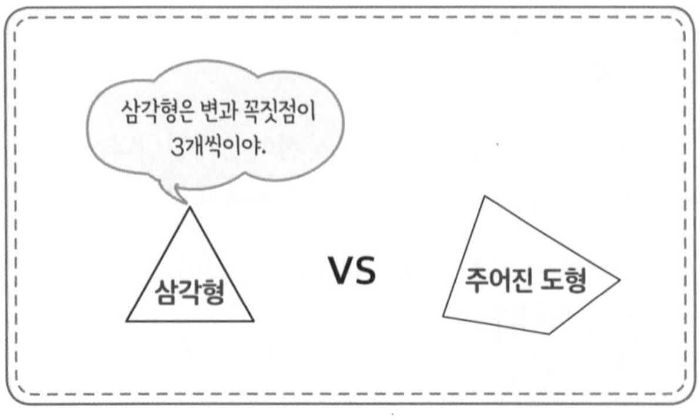

본책 042~045쪽

09일 칠교판으로 모양 만들기

확인 042쪽

❶ (1) 7 (2) ①, ②, ③, ⑤, ⑦ / ④, ⑥ (3) 5, 2

기본기 다지는 교과서 문제 043쪽

1 (1) 2, 0 (2) 2, 1 (3) 3, 1 (4) 3, 2
2 5, 1

2

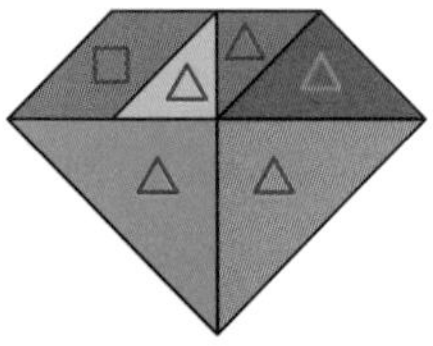

삼각형 5개, 사각형 1개를 이용하였습니다.

스스로 풀어내는 도전 10 문제 044~045쪽

1 (1) 5, 2 (2) 7
2 (1) 2 (2) 3
3 3, 2
4 5, 2
5 2개
6 ㉡
7 ( )( )(○)
8 ㉣
+9 ( )( )(○)
+10 5, 2, 5, 2, 3

2 (1) 삼각형 2개, 사각형 1개를 이용하였습니다.
(2) 삼각형 3개, 사각형 1개를 이용하였습니다.

3

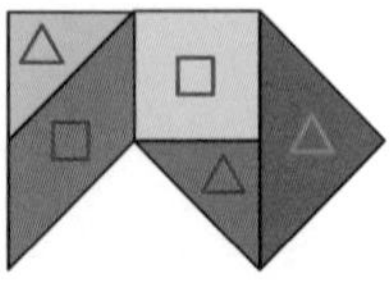

삼각형 3개, 사각형 2개를 이용하였습니다.

4

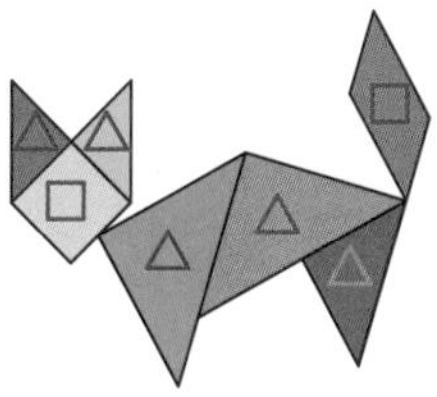

삼각형 5개, 사각형 2개를 이용하였습니다.

힌트북 18쪽

5

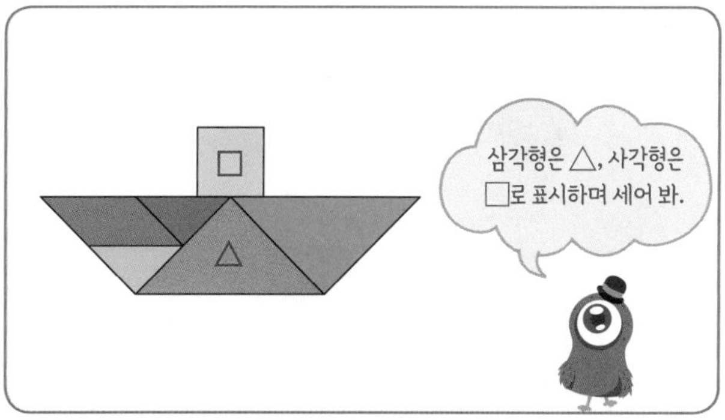

삼각형 4개, 사각형 2개를 이용하였습니다.
➜ 4−2=2(개)

6 ㉠ 삼각형과 사각형으로 이루어져 있습니다.
㉢ 칠교판의 조각 중 크기가 가장 큰 조각은 삼각형 모양입니다.

힌트북 19쪽

7

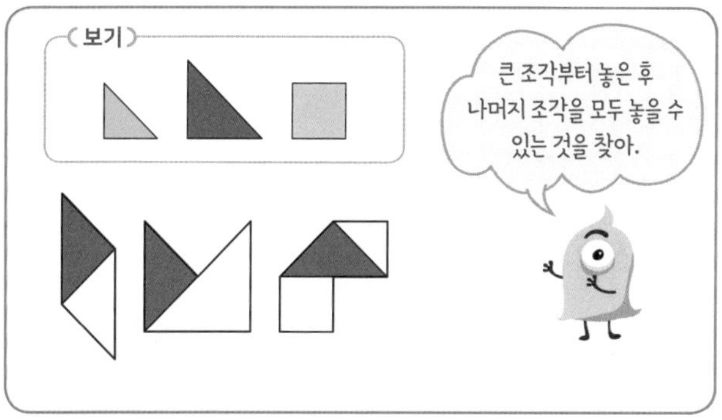

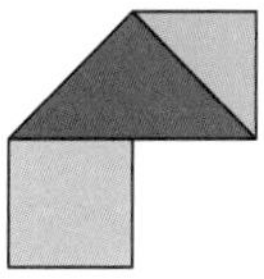

8 ㉠ 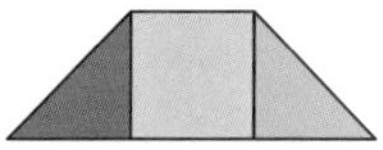 ㉡ 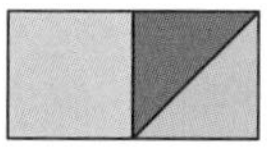
㉢ 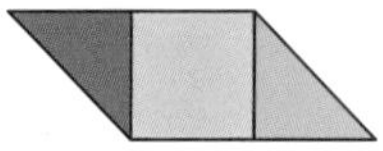

+9

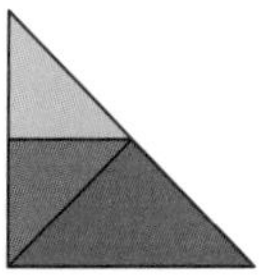

더 필요한 조각은 연두색 삼각형입니다.

본책 046~049쪽

10일 ⬠과 ⬡ 알아보기

기본기 다지는 교과서 문제 047쪽

1 ( )(○)( )
2 ( )( )(○)
3 (위에서부터) 5, 6, 5, 6, 오각형, 육각형

1 오각형은 곧은 선 5개로 둘러싸인 도형입니다.

2 육각형은 곧은 선 6개로 둘러싸인 도형입니다.

3 ⬠: 곧은 선 5개로 둘러싸인 도형이므로 오각형입니다. 오각형은 변과 꼭짓점이 5개씩 있습니다.
⬡: 곧은 선 6개로 둘러싸인 도형이므로 육각형입니다. 육각형은 변과 꼭짓점이 6개씩 있습니다.

스스로 풀어내는 도전 10 문제 048~049쪽

1 ㉡, ㉣, ㉥ **2** ㉢, ㉤
3 (위에서부터) 5, 5, 6, 6
4 오각형 육각형

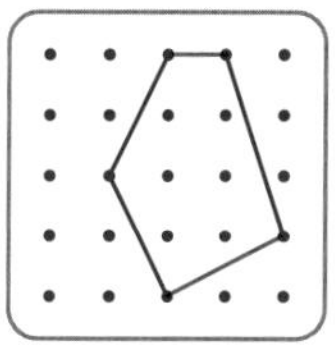 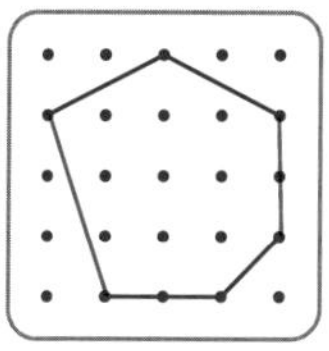

5 (1) 육각형 (2) 오각형
6 ㉢
7 ㉢, ㉠, ㉣, ㉡ **8** 3
+9 ㉡ **+10** 5, 6, 5, 6, 11

1 오각형은 곧은 선 5개로 둘러싸인 도형이므로 ㉡, ㉣, ㉥입니다.

2 육각형은 곧은 선 6개로 둘러싸인 도형이므로 ㉢, ㉤입니다.

3 오각형은 변과 꼭짓점이 각각 5개씩 있고, 육각형은 변과 꼭짓점이 각각 6개씩 있습니다.

4 오각형은 변이 5개, 육각형은 변이 6개가 되도록 그립니다.

5 (1) 삼각형은 변이 3개이므로 변이 3개 더 많은 도형은 변이 6개인 육각형입니다.
(2) 사각형은 꼭짓점이 4개이므로 꼭짓점이 1개 더 많은 도형은 꼭짓점이 5개인 오각형입니다.

힌트북 20쪽

6

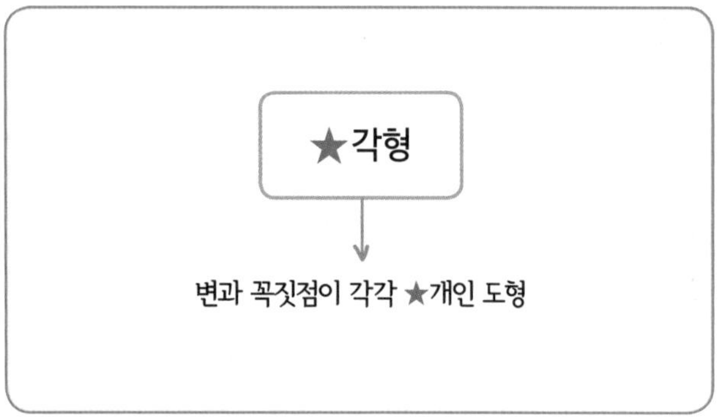

㉠ 오각형은 육각형보다 변이 1개 더 적습니다.
㉡ 육각형의 변과 꼭짓점의 수를 합하면 12입니다.

7 ㉠ 오각형: 5+5=10
㉡ 삼각형: 3+3=6
㉢ 육각형: 6+6=12
㉣ 사각형: 4+4=8
따라서 변의 수와 꼭짓점의 수의 합이 큰 도형부터 차례로 기호를 쓰면 ㉢, ㉠, ㉣, ㉡입니다.

8 왼쪽 도형: 육각형이므로 꼭짓점이 6개입니다.
오른쪽 도형: 삼각형이므로 꼭짓점이 3개입니다.
➜ 꼭짓점 수의 차: 6−3=3

+9 ㉡에 끈을 연결하면 사각형이 됩니다.

힌트북 21쪽

+10

본책 050~053쪽

11일 똑같은 모양으로 쌓기/ 여러 가지 모양으로 쌓기

기본기 다지는 교과서 문제 051쪽

1 4, 5, 6

2 (1)

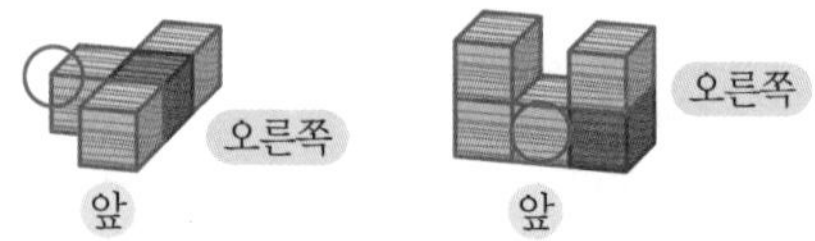

(2)

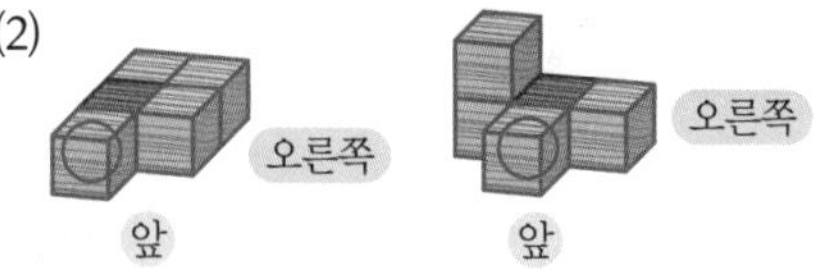

3 (1) ㉠, ㉢ (2) ㉡, ㉣, ㉥

1 왼쪽: 1층 3개, 2층 1개 ➜ 3+1=4(개)
가운데: 1층 3개, 2층 2개 ➜ 3+2=5(개)
오른쪽: 1층 3개, 2층 2개, 3층 1개
➜ 3+2+1=6(개)

스스로 풀어내는 도전 10 문제 052~053쪽

1 2, 3 / 5

2 ④

3

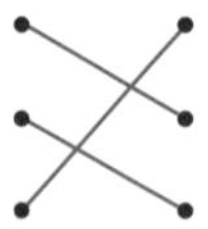

4 ㉡, ㉢

5 슬기

6 (　)(　)(○)

7 ㉢, ㉠, ㉡

8 ㉡

+9 한결

+10 위에 ○표, 뒤에 ○표

2 오른쪽 쌓기나무 위에 쌓기나무를 1개 더 쌓으면 〈보기〉와 같아집니다.

3 첫번째 쌓기나무 ➜ 1층: 3개, 2층: 2개, 3층: 1개
두 번째 쌓기나무 ➜ 1층: 4개, 2층: 2개
세 번째 쌓기나무 ➜ 1층: 3개, 2층: 1개, 3층: 1개

힌트북 22쪽

4

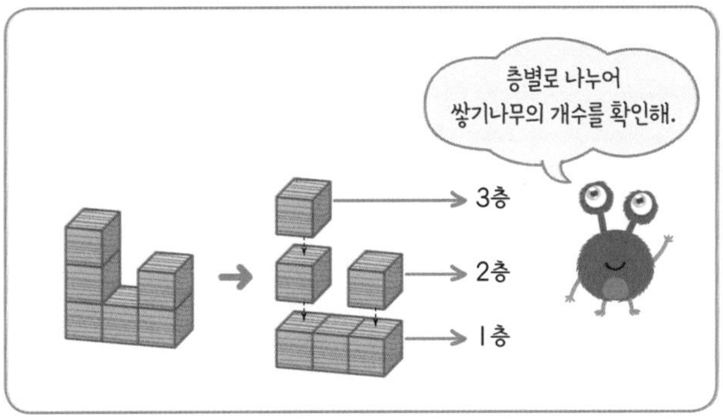

㉠ 5개, ㉡ 4개, ㉢ 6개, ㉣ 5개

5 윤하: 쌓기나무 3개가 옆으로 나란히 있고 맨 왼쪽 쌓기 나무 앞에 쌓기나무가 1개 있습니다.
서준: 쌓기나무 3개가 옆으로 나란히 있고 맨 오른쪽 쌓기나무 위에 쌓기나무가 1개 있습니다.

7 ㉠ 1층: 5개, 2층: 1개 ➜ 5+1=6(개)
㉡ 1층: 3개, 2층: 2개 ➜ 3+2=5(개)
㉢ 1층: 5개, 2층: 2개 ➜ 5+2=7(개)

힌트북 23쪽

8

㉡ 쌓기나무를 ㉣ 쌓기나무 앞으로 옮겨야 합니다.

+9 쌓기나무가 1층에 4개, 2층에 1개 있으므로 사용한 쌓기나무는 모두 5개입니다.

07~11일 단원평가

054~055쪽

01 영민
02 ①, ⑤
03 12
04 3개
05 예

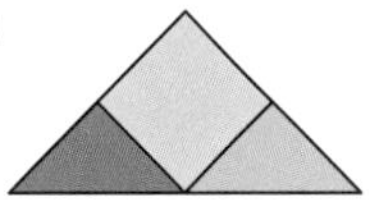

06 다, 라
07 ㉢
08 ①, ④
09 ㉢
10 풀이 참조 / 8

01 원은 곧은 선으로 된 부분이 없습니다.

02 삼각형은 곧은 선 3개로 둘러싸인 도형이므로 ①, ⑤입니다.

03 사각형은 곧은 선 4개로 둘러싸인 도형입니다.
➜ 5+7=12

04 색종이를 선을 따라 오리면 ○표 한 사각형 3개가 생깁니다.

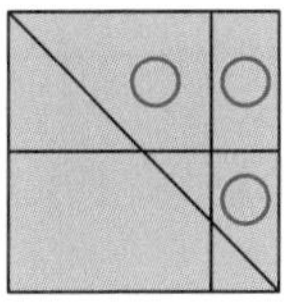

05 가장 큰 도형인 사각형부터 놓은 후 생각해 봅니다.

06 육각형은 곧은 선 6개로 둘러싸인 도형이므로 다, 라입니다.

07 변의 수는 ㉠ 0, ㉡ 5, ㉢ 6, ㉣ 4이므로 변의 수가 가장 많은 도형은 ㉢입니다.

08 ②는 쌓기나무 6개, ③, ⑤는 쌓기나무 4개로 만든 모양입니다.

09 ㉠ 모양은 쌓기나무 2개가 나란히 있고 왼쪽 쌓기나무 위에 1개, 오른쪽 쌓기나무 앞에 1개가 있습니다.
㉡ 모양은 쌓기나무 2개가 나란히 있고 왼쪽 쌓기나무 위에 1개, 왼쪽 쌓기나무 앞에 1개가 있습니다.

10 예시 답안 • 삼각형의 꼭짓점은 3개입니다. ➜ ★=3
• 오각형의 변은 5개입니다. ➜ ▲=5
따라서 ★과 ▲의 합은 3+5=8입니다.

채점 기준	
	❶ ★과 ▲를 각각 구해야 함.
	❷ ★과 ▲의 합을 구해야 함.

본책 056~059쪽

12일 받아올림이 있는 덧셈 (1)

확인 056쪽

1. 1, 1 / 1, 3, 1
2. 1, 4 / 1, 4, 4

기본기 다지는 교과서 문제 057쪽

1 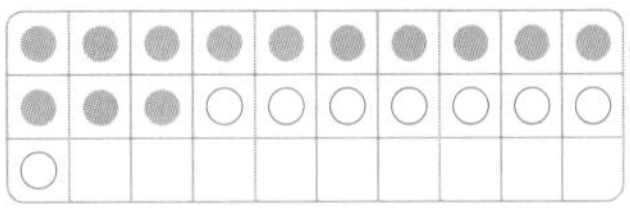 , 21

2 43

3 (1) 1, 1 (2) 1, 5

4 10

3 일의 자리 수끼리의 합이 10이거나 10보다 크면 십의 자리로 1을 받아올림합니다.

4 일의 자리 계산 4+8=12에서 10을 받아올림한 수이므로 [1]은 실제로 10을 나타냅니다.

스스로 풀어내는 도전 10 문제 058~059쪽

1 (1) 21 (2) 32

2 (1) 25 (2) 43

3 44

4 ㉠

5 로운

6 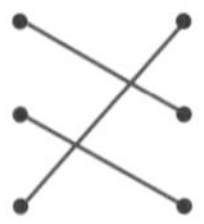

7 26+8=34, 34마리

8 37, 9 / 38, 8

+9 57, 8에 ○표

+10 일, 십 / 75

1 (1)
$$\begin{array}{r} {\scriptstyle 1} \\ 12 \\ +\ \ 9 \\ \hline 21 \end{array}$$
(2)
$$\begin{array}{r} {\scriptstyle 1} \\ 25 \\ +\ \ 7 \\ \hline 32 \end{array}$$

2 (1)
$$\begin{array}{r} {\scriptstyle 1} \\ 18 \\ +\ \ 7 \\ \hline 25 \end{array}$$
(2)
$$\begin{array}{r} {\scriptstyle 1} \\ 39 \\ +\ \ 4 \\ \hline 43 \end{array}$$

3
$$\begin{array}{r} {\scriptstyle 1} \\ 38 \\ +\ \ 6 \\ \hline 44 \end{array}$$

4 ㉠ 십의 자리 수에 일의 자리에서 받아올림한 수를 더해야 합니다.
$$\begin{array}{r} {\scriptstyle 1} \\ 28 \\ +\ \ 5 \\ \hline 33 \end{array}$$

5 슬기: 48+5=53
로운: 45+9=54
53<54이므로 계산 결과가 더 큰 식을 가지고 있는 사람은 로운입니다.

6 39+6=45　　43+8=51
55+9=64　　37+8=45
46+5=51　　58+6=64

7 (나무에 있는 참새 수)
=(처음에 나무에 있던 참새 수)+(날아온 참새 수)
=26+8=34(마리)

8 계산 결과가 46이므로 일의 자리 수끼리 더하여 16이 되도록 식을 만듭니다.
37+9=46, 38+8=46

+9 십의 자리 수와 받아올림한 1을 더하여 6이 되어야 하므로 십의 자리 수는 5입니다. 또한 일의 자리 수끼리의 합은 15가 되어야 합니다. 57+8=65이므로 맞힌 두 수는 57과 8입니다.

힌트북 25쪽

+10

본책 060~063쪽

13일 받아올림이 있는 덧셈 (2)

확인 ········· 060쪽

❶ 1, 3 / 1, 6, 3
❷ 1, 5 / 1, 7, 5

기본기 다지는 교과서 문제 061쪽

1 42
2 (1) 1, 1 (2) 1, 7
3 (1) 52 (2) 74
4 10

3 (1)
$$\begin{array}{r} {\scriptstyle 1} \\ 1\ 3 \\ +\ 3\ 9 \\ \hline 5\ 2 \end{array}$$
(2)
$$\begin{array}{r} {\scriptstyle 1} \\ 4\ 6 \\ +\ 2\ 8 \\ \hline 7\ 4 \end{array}$$

4 일의 자리 계산 5+8=13에서 10을 받아올림한 수이므로 $\boxed{1}$은 실제로 10을 나타냅니다.

스스로 풀어내는 도전 10 문제 062~063쪽

1 (1) 53 (2) 64
2 (1) 55 (2) 82
3 >
4 (선 잇기)
5 46, 72
6 81
7 (위에서부터) 2, 5
8 37, 38에 ○표
+9 39, 46, 85
+10 18, 35, 53, 53

1 (1)
$$\begin{array}{r} {\scriptstyle 1} \\ 3\ 4 \\ +\ 1\ 9 \\ \hline 5\ 3 \end{array}$$
(2)
$$\begin{array}{r} {\scriptstyle 1} \\ 2\ 7 \\ +\ 3\ 7 \\ \hline 6\ 4 \end{array}$$

2 (1)
$$\begin{array}{r} {\scriptstyle 1} \\ 2\ 8 \\ +\ 2\ 7 \\ \hline 5\ 5 \end{array}$$
(2)
$$\begin{array}{r} {\scriptstyle 1} \\ 3\ 6 \\ +\ 4\ 6 \\ \hline 8\ 2 \end{array}$$

3 34+19=53, 38+13=51

4 18+23=41, 25+29=54, 37+26=63

5 27+19=46, 46+26=72

6
$$\begin{array}{r} {\scriptstyle 1} \\ 5\ 6 \\ +\ 2\ 5 \\ \hline 8\ 1 \end{array}$$

힌트북 27쪽

7

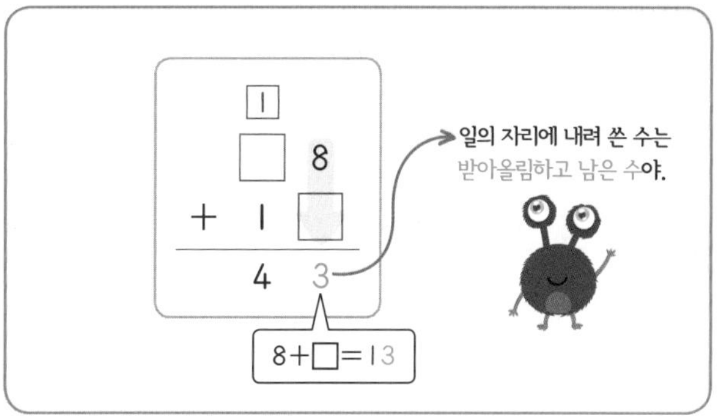

$$\begin{array}{r} {\scriptstyle 1} \\ ㉠\ 8 \\ +\ 1\ ㉡ \\ \hline 4\ 3 \end{array}$$

일의 자리 계산: 8+㉡=13, ㉡=5
십의 자리 계산: 1+㉠+1=4, ㉠=2

8 □ 안에 34부터 차례로 넣어서 계산해 봅니다.
26+34=60<62 26+35=61<62
26+36=62 26+37=63>62
26+38=64>62
따라서 □ 안에 들어갈 수 있는 수는 37, 38입니다.

+9 두 수 중 더 큰 수를 뽑아 덧셈식을 만듭니다.
25<39, 46>37이므로 합이 가장 클 때의 덧셈식은 39+46=85입니다.

본책 064~067 쪽

14일 받아올림이 있는 덧셈 (3)

확인 064쪽

① 6 / 1, 1, 6 / 1, 1, 1, 6

기본기 다지는 교과서 문제 065쪽

1 119
2 (1) 1, 1, 3, 7 (2) 1, 1, 0, 8
3 (1) 1, 1, 1, 2, 1 (2) 1, 1, 1, 4, 0
4 100, 10

2 십의 자리 수끼리의 합이 10이거나 10보다 크면 백의 자리로 받아올림합니다.

4 □은 일의 자리에서 받아올림한 수이므로 10을 나타내고, □은 십의 자리에서 받아올림한 수이므로 100을 나타냅니다.

스스로 풀어내는 도전 10 문제 066~067쪽

1 (1) 117 (2) 123
2 (1) 105 (2) 143
3 117, 122
4 (1) 100 (2) 100
5 144
6 116권
7 7, 4
8 9, 5
+9 75, 121
+10 63, 63, 100, 100

1 (1)
$$\begin{array}{r} {\scriptstyle 1} \\ 72 \\ +\,45 \\ \hline 117 \end{array}$$
(2)
$$\begin{array}{r} {\scriptstyle 1\,1} \\ 85 \\ +\,38 \\ \hline 123 \end{array}$$

2 (1)
$$\begin{array}{r} {\scriptstyle 1} \\ 62 \\ +\,43 \\ \hline 105 \end{array}$$
(2)
$$\begin{array}{r} {\scriptstyle 1\,1} \\ 49 \\ +\,94 \\ \hline 143 \end{array}$$

힌트북 28쪽

3

52	+	65	=	
34	+	88	=	

각 자리 수끼리의 합이
10이거나 10보다 크면
바로 위의 자리로 1을 받아올림해.

$$\begin{array}{r} {\scriptstyle 1} \\ 52 \\ +\,65 \\ \hline 117 \end{array} \qquad \begin{array}{r} {\scriptstyle 1\,1} \\ 34 \\ +\,88 \\ \hline 122 \end{array}$$

4 (1) $67+63=30+\underline{37+63}$
$=30+\underline{100}$
(2) $25+91=16+\underline{9+91}$
$=16+\underline{100}$

5 • 10이 6개, 1이 8개인 수 ➔ 68
• 10이 7개, 1이 6개인 수 ➔ 76
따라서 두 수의 합은 68+76=144입니다.

6 (그림책의 수)+(동화책의 수)
=52+64=116(권)

7
$$\begin{array}{r} {\scriptstyle 1\,1} \\ ㉠\,8 \\ +\,5\,6 \\ \hline 1\,3\,㉡ \end{array}$$
일의 자리 계산: 8+6=14 ➔ ㉡=4
십의 자리 계산: 1+㉠+5=13 ➔ ㉠=7

8
$$\begin{array}{r} {\scriptstyle 1\,1} \\ 8\,㉠ \\ +\,㉡\,6 \\ \hline 1\,4\,5 \end{array}$$
일의 자리 계산: ㉠+6=15 ➔ ㉠=9
십의 자리 계산: 1+8+㉡=14 ➔ ㉡=5

+9 만들 수 있는 가장 큰 두 자리 수는 7>5>3이므로 75입니다.
➔ 75+46=121

본책 068~071 쪽

15일 여러 가지 방법으로 덧셈하기

확인 068쪽

1 (1) 30, 55, 63 (2) 5, 5, 63 (3) 8, 13, 63

기본기 다지는 교과서 문제 069쪽

1 (1) 20, 37, 46 (2) 30, 47, 46
(3) 7, 16, 46 (4) 26, 26, 46

1 • 더하는 두 수 중 한 수를 (몇십)+(몇)으로 나타내어 계산할 수 있습니다.
• 더하는 두 수 중 한 수를 (몇십)−(몇)으로 나타내어 계산할 수 있습니다.

스스로 풀어내는 도전 10 문제 070~071쪽

1 30, 56, 61
2 4, 65, 4, 61
3 10, 14, 54
4 20, 54, 62
5 예 57+26=50+20+7+6=70+13=83
6 ⓒ
7 예 방법 1 47+18=40+18+7=58+7=65
방법 2 47+18=47+20−2=67−2=65
8 30, 33, 63
+9 민서
+10 2 / 2, 2, 62

1 35를 30+5로 생각하여 26에 30을 먼저 더하고 5를 더합니다.

2 26을 30보다 4 작은 수로 생각하여 30에 35를 먼저 더하고 4를 뺍니다.

3 십의 자리 수끼리 더하고, 일의 자리 수끼리 더합니다.
35+19=30+10+5+9
=40+14=54

4 28을 20+8로 생각하여 34에 20을 먼저 더하고 8을 더합니다.
34+28=34+20+8
=54+8=62

힌트북 30쪽

5
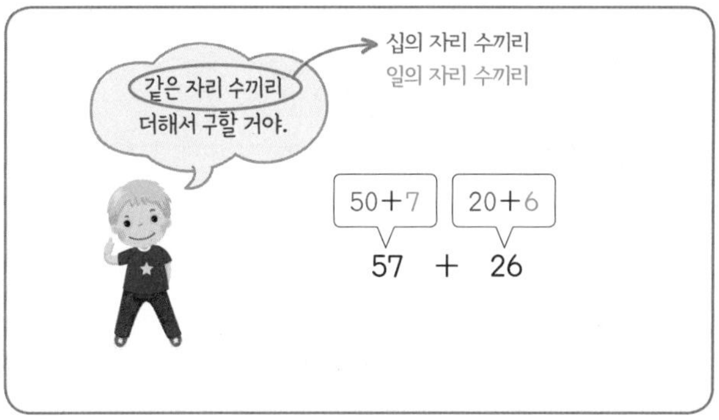

십의 자리 수끼리 더하고, 일의 자리 수끼리 더합니다.

6 ⓒ 49를 50보다 1 작은 수로 생각하여 37에 50을 더하고 1을 뺍니다.
37+49=37+50−1=87−1=86

7 방법 1 47을 40+7로 생각하여 40에 18을 먼저 더하고 7을 더합니다.
47+18=40+18+7=58+7=65
방법 2 18을 20−2로 생각하여 47에 20을 먼저 더하고 2를 뺍니다.
47+18=47+20−2=67−2=65

8 39를 9+30으로 생각하여 24에 9를 먼저 더하고 30을 더한 것입니다.
24+39=24+9+30
=33+30
=63
■: 30, ▲: 33, ★: 63

+9 민서는 17을 몇십으로 만들기 위해 29를 몇십과 몇으로 나누어 생각하고 있습니다. 이때 29를 3+26으로 생각하여 17에 3을 먼저 더하고 26을 더합니다.

본책 072~075쪽

16일 받아내림이 있는 뺄셈 (1)

확인 072쪽

① 1, 10 / 1, 10, 8 / 1, 10, 1, 8
② 2, 10 / 2, 10, 8 / 2, 10, 2, 8

기본기 다지는 교과서 문제 073쪽

1 28
2 (1) 10, 3, 7 (2) 4, 10, 4, 6
3 10, 8 / 2

2 일의 자리 수끼리 뺄 수 없으면 십의 자리에서 10을 받아내림합니다.

스스로 풀어내는 도전 10 문제 074~075쪽

1 (1) 14 (2) 29
2 (1) 47 (2) 25
3 ㉡
4 35
5 (1) > (2) <
6 24−6=18 / 18대
7 39, 48
8 35, 8 / 32, 5
+9 5, 43에 ○표
+10 자리,

$$\begin{array}{r} \scriptstyle 5\ \ 10 \\ \cancel{6}\ \ 3 \\ -\quad 4 \\ \hline 5\ \ 9 \end{array}$$

1 (1)
$$\begin{array}{r} \scriptstyle 1\ \ 10 \\ \cancel{2}\ \ 1 \\ -\quad 7 \\ \hline 1\ \ 4 \end{array}$$
(2)
$$\begin{array}{r} \scriptstyle 2\ \ 10 \\ \cancel{3}\ \ 5 \\ -\quad 6 \\ \hline 2\ \ 9 \end{array}$$

2 (1)
$$\begin{array}{r} \scriptstyle 4\ \ 10 \\ \cancel{5}\ \ 2 \\ -\quad 5 \\ \hline 4\ \ 7 \end{array}$$
(2)
$$\begin{array}{r} \scriptstyle 2\ \ 10 \\ \cancel{3}\ \ 4 \\ -\quad 9 \\ \hline 2\ \ 5 \end{array}$$

힌트북 32쪽

3

㉠
$$\begin{array}{r} \scriptstyle \square\ \ 10 \\ \cancel{2}\ \ 3 \\ -\ 0\ \ 5 \\ \hline \square\ \ 8 \end{array}$$
㉡
$$\begin{array}{r} \scriptstyle \square\ \ 10 \\ \cancel{4}\ \ 6 \\ -\ 0\ \ 7 \\ \hline \square\ \ 9 \end{array}$$

십의 자리에서 10을 받아내림하면
십의 자리 계산에서는
1을 뺀 나머지를 내려 써야 해.

㉡
$$\begin{array}{r} \scriptstyle 3\ \ 10 \\ \cancel{4}\ \ 6 \\ -\quad 7 \\ \hline 3\ \ 9 \end{array}$$

4 43−8=35

힌트북 32쪽

5

빼지는 수가 같아.
(1) 23 − 6 ◯ 23 − 8
(2) 34 − 7 ◯ 36 − 7
빼는 수가 같아.

(1) 23−6=17, 23−8=15
(2) 34−7=27, 36−7=29

6 (주차장에 있는 자동차 수)
=(처음 주차장에 있던 자동차 수)
−(빠져 나간 자동차 수)
=24−6=18(대)

7 슬기: 32−7=25, 25−5=20
서준: 46−7=39
윤하: 53−5=48

8 일의 자리 계산이 7이 되도록 두 수를 고릅니다.
35−8=27, 32−5=27

+9 빼지는 수가 43일 때 빼는 수를 찾아보면 5입니다.
43−5=38

본책 076~079쪽

17일 받아내림이 있는 뺄셈 (2)

확인 076쪽

❶ 3, 10 / 3, 10, 6 / 3, 10, 2, 6

❷ 4, 10 / 4, 10, 2 / 4, 10, 2, 2

기본기 다지는 교과서 문제 077쪽

1 24
2 (1) 2, 10, 7 (2) 3, 10, 2
3 (1) 23 (2) 31
4 10, 8 / 6, 2

3 (1)
$$\begin{array}{r} {\scriptstyle 4\ 10} \\ \not{5}\ 0 \\ -\ 2\ 7 \\ \hline 2\ 3 \end{array}$$
(2)
$$\begin{array}{r} {\scriptstyle 6\ 10} \\ \not{7}\ 0 \\ -\ 3\ 9 \\ \hline 3\ 1 \end{array}$$

스스로 풀어내는 도전 10 문제 078~079쪽

1 (1) 46 (2) 43
2 (1) 13 (2) 34
3 17
4 50
5 슬기
6 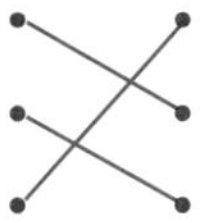
7 37, 38에 ○표
8 7
+9 4
+10 40, 26, 14, 14

1 (1)
$$\begin{array}{r} {\scriptstyle 5\ 10} \\ \not{6}\ 0 \\ -\ 1\ 4 \\ \hline 4\ 6 \end{array}$$
(2)
$$\begin{array}{r} {\scriptstyle 7\ 10} \\ \not{8}\ 0 \\ -\ 3\ 7 \\ \hline 4\ 3 \end{array}$$

2 (1)
$$\begin{array}{r} {\scriptstyle 3\ 10} \\ \not{4}\ 0 \\ -\ 2\ 7 \\ \hline 1\ 3 \end{array}$$
(2)
$$\begin{array}{r} {\scriptstyle 4\ 10} \\ \not{5}\ 0 \\ -\ 1\ 6 \\ \hline 3\ 4 \end{array}$$

3 □=50−33=17

4 ㉠은 십의 자리에서 받아내림하고 남은 수이므로 50을 나타냅니다.

힌트북 34쪽

5

0−(몇)을 할 수 없으므로 십의 자리에서 10을 받아내림해야 해.

40−18=32 50−27=23

주의해!

십의 자리 계산에서는 일의 자리로 받아내림한 수를 빼고 계산해야 해.

슬기: 40−18=22

6 70−13=57 70−31=39
50−19=31 80−23=57
60−21=39 70−39=31

7 □=38일 때 70−38=32＜34
□=37일 때 70−37=33＜34
□=36일 때 70−36=34
따라서 □ 안에 들어갈 수 있는 수는 37, 38입니다.

8
$$\begin{array}{r} {\scriptstyle \square-1\ 10} \\ \not{\square}\ 0 \\ -\ 2\ 9 \\ \hline 4\ 1 \end{array}$$
□−1−2=4, □=7

+9
$$\begin{array}{r} {\scriptstyle ★-1\ 10} \\ \not{★}\ 0 \\ -\ \square\ 2 \\ \hline 3\ ★ \end{array}$$
일의 자리 계산에서 10−2=★이므로 ★=8입니다.
십의 자리 계산에서 8−1−□=3이므로 □=4입니다.

본책 080~083쪽

18일 받아내림이 있는 뺄셈 (3)

확인 080쪽

1. 4, 10 / 4, 10, 8 / 4, 10, 3, 8
2. 6, 10 / 6, 10, 4 / 6, 10, 4, 4

기본기 다지는 교과서 문제 081쪽

1 37
2 (1) 7, 10, 5, 9 (2) 8, 10, 3, 3
3 (1) 43 (2) 36
4 13, 6 / 6, 4

3 (1) $\begin{array}{r} {\scriptstyle 5\ 10} \\ \not6\ \ 2 \\ -\ 1\ \ 9 \\ \hline 4\ \ 3 \end{array}$ (2) $\begin{array}{r} {\scriptstyle 7\ 10} \\ \not8\ \ 3 \\ -\ 4\ \ 7 \\ \hline 3\ \ 6 \end{array}$

스스로 풀어내는 도전 10 문제 082~083쪽

1 (1) 29 (2) 38
2 (1) 17 (2) 33
3 17, 27, 37
4 70
5 27
6 28자루
7 13
8 29
+9 3, 1, 8
+10 64, 29 / 64, 64, 29

1 (1) $\begin{array}{r} {\scriptstyle 6\ 10} \\ \not7\ \ 4 \\ -\ 4\ \ 5 \\ \hline 2\ \ 9 \end{array}$ (2) $\begin{array}{r} {\scriptstyle 7\ 10} \\ \not8\ \ 5 \\ -\ 4\ \ 7 \\ \hline 3\ \ 8 \end{array}$

2 (1) $\begin{array}{r} {\scriptstyle 5\ 10} \\ \not6\ \ 3 \\ -\ 4\ \ 6 \\ \hline 1\ \ 7 \end{array}$ (2) $\begin{array}{r} {\scriptstyle 6\ 10} \\ \not7\ \ 2 \\ -\ 3\ \ 9 \\ \hline 3\ \ 3 \end{array}$

3 32－15＝17, 42－15＝27, 52－15＝37

4 7은 십의 자리에서 받아내림하고 남은 수이므로 70을 나타냅니다.

5 • 10이 6개, 1이 2개인 수 ➜ 62
• 10이 3개, 1이 5개인 수 ➜ 35
따라서 두 수의 차는 62－35＝27입니다.

6 (진수가 가지고 있는 색연필 수)
＝(윤아가 가지고 있는 색연필 수)
－(더 적게 가지고 있는 색연필 수)
＝45－17＝28(자루)

7 일의 자리 계산: 10＋2－6＝㉡, ㉡＝6
십의 자리 계산: ㉠－1－3＝3, ㉠＝7
➜ ㉠＋㉡＝7＋6＝13

힌트북 37쪽

8

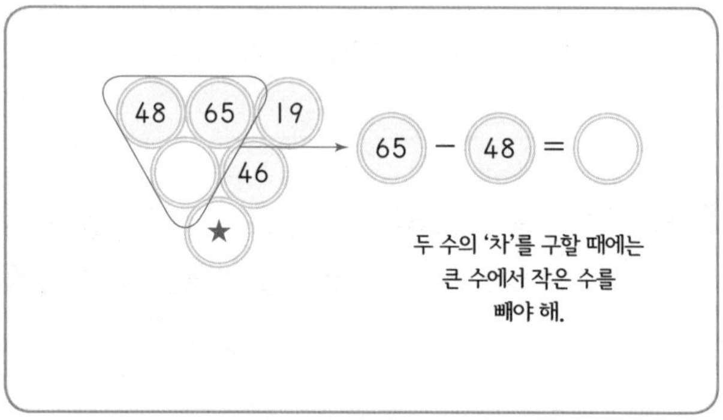

65－48＝17
★＝46－17＝29

+9 $\begin{array}{r} {\scriptstyle 6\ 10} \\ \not7\ \ ㉡ \\ -\ ㉠\ \ ㉢ \\ \hline 5\ \ 5 \end{array}$

십의 자리 계산: 7－㉠＝5가 되려면 ㉠＝2 또는 ㉠＝1인데 수 카드에 2는 없으므로 ㉠＝1입니다.
일의 자리 계산: 십의 자리에서 받아내림하였으므로 ㉡＝3, ㉢＝8입니다.

본책 084~087쪽

19일 여러 가지 방법으로 뺄셈하기

확인 084쪽

1 (1) 20, 22, 15 (2) 5, 5, 15 (3) 5, 5, 15

기본기 다지는 교과서 문제 085쪽

1 (1) 20, 36, 27 (2) 29, 21, 27
(3) 26, 30, 27 (4) 3, 3, 27

1 • 두 수 중 한 수를 (몇십)과 (몇)으로 나타내어 계산할 수 있습니다.
• 두 수 중 한 수와 일의 자리 수를 같게 하여 계산할 수 있습니다.

스스로 풀어내는 도전 10 문제 086~087쪽

1 2, 2, 28
2 6, 6, 28
3 2, 2, 18
4 4, 4, 46
5 예 83−24=83−23−1=60−1=59
6 ㉡
7 예 방법 1 47−18=47−17−1=30−1=29
방법 2 47−18=48−18−1=30−1=29
8 35, 60, 25
+9 민서
+10 2 / 2, 2, 28

1 34를 32와 2로 나눈 다음 62에서 32를 먼저 빼고 2를 뺍니다.
62−34=62−32−2=30−2=28

2 34를 40보다 6 작은 수로 생각하여 62에서 40을 먼저 빼고 6을 더합니다.
62−34=62−40+6=22+6=28

힌트북 38쪽

3

〈보기〉 (13과 5)
53−18=53−13−5
=40−5=35

두 수 중 한 수와 일의 자리 수를 같게 하여 계산했어.

57을 55와 2로 나눈 다음 75에서 55를 먼저 빼고 2를 뺍니다.
75−57=75−55−2
=20−2=18

4 74를 78−4로 생각하여 78에서 28을 빼고 4를 뺍니다.
74−28=78−28−4
=50−4=46

5 24를 23과 1로 나눈 다음 83에서 23을 먼저 빼고 1을 뺍니다.
83−24=83−23−1
=60−1=59

6 ㉡ 76−49=76−46−3=30−3

7 방법 1 18을 17과 1로 나눈 다음 47에서 17을 먼저 빼고 1을 뺍니다.
47−18=47−17−1=30−1=29
방법 2 47을 48−1로 생각하여 48에서 18을 빼고 1을 뺍니다.
47−18=48−18−1=30−1=29

8 36을 1과 35로 나눈 다음 61에서 1을 먼저 빼로 35를 뺍니다.
61−36=61−1−35
=60−35
=25
■: 35, ▲: 60, ★: 25

+9 67을 69−2로 생각하여 69에서 29를 빼고 2를 빼야 합니다. 따라서 잘못 계산한 사람은 민서입니다.

본책 088~091쪽

20일 덧셈과 뺄셈의 관계

확인 088쪽

① 26, 12
② 26, 12

기본기 다지는 교과서 문제 089쪽

1 34, 10 / 34, 24
2 7, 19 / 12, 19
3 36, 21 / 36, 15
4 14, 27 / 13, 27

3 가장 큰 수에서 작은 수를 빼는 뺄셈식을 만듭니다.

4 작은 두 수를 더하여 가장 큰 수가 나오는 덧셈식을 만듭니다.

스스로 풀어내는 도전 10 문제 090~091쪽

1 18, 18
2 25, 25, 73
3 66, 27 / 66, 39
4 22, 19
5 ㉠, ㉣
6 (1) 76, 76 (2) 45, 45
7 33, 33 / 29, 33, 62 / 33, 29, 62
8 〔덧셈식〕 48, 28, 76 또는 28, 48, 76
〔뺄셈식〕 76, 48, 28 또는 76, 28, 48
+9 13, 8 / 13, 8, 21 / 8, 13, 21
+10 지혜 / 뺄셈, 큰

1 12+6=18 → 18−12=6
12+6=18 → 18−6=12

2 73−25=48 → 48+25=73
73−25=48 → 25+48=73

힌트북 40쪽

3

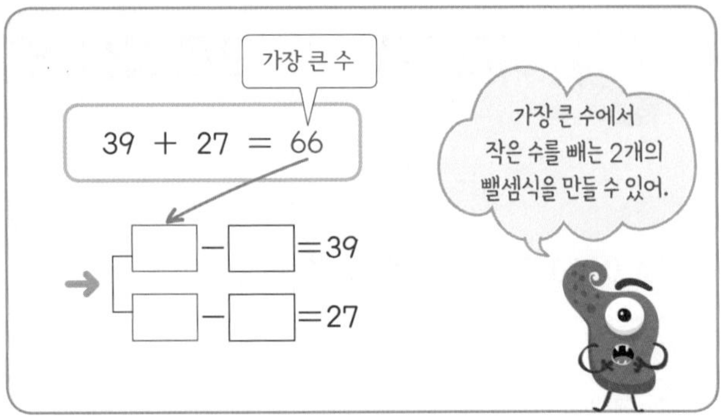

4 가장 큰 수에서 작은 한 수를 빼면 나머지 한 수가 됩니다.

5 45−8=37 → 8+37=45
45−8=37 → 37+8=45

6 (1) 41+35=76 ➔ 76−35=41
(2) 99−54=45 ➔ 54+45=99

7 가장 큰 수에서 작은 수를 빼는 2개의 뺄셈식을 만들 수 있습니다.
➔ 62−33=29, 62−29=33
작은 수끼리 더하여 가장 큰 수가 나오는 2개의 덧셈식을 만들 수 있습니다.
➔ 29+33=62, 33+29=62

8 〔덧셈식〕 48+28=76, 28+48=76
〔뺄셈식〕 76−48=28, 76−28=48

+9 (사용하지 않은 색종이 수)
=(처음에 있던 색종이 수)−(사용한 색종이 수)
=21−13=8(장)
21−13=8 → 13+8=21
21−13=8 → 8+13=21

힌트북 41쪽

+10

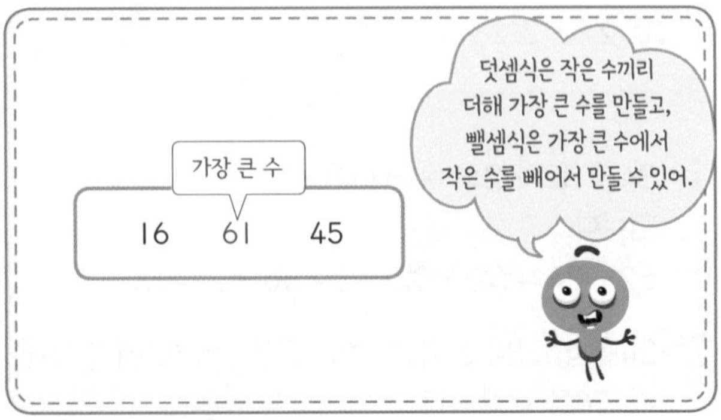

본책 092~095쪽

21일 □의 값 구하기

확인 092쪽

① (1) 6 (2) 4

기본기 다지는 교과서 문제 093쪽

1 9+□=14
2 61
3 12−□=8
4 38

3 줄어든 참외의 수를 □개라 하여 식을 세우면 12−□=8입니다.

4 67−□=29
➜ □=67−29, □=38

스스로 풀어내는 도전 10 문제 094~095쪽

1 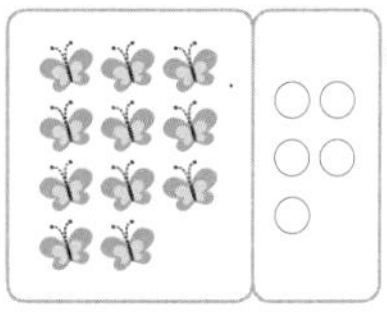, 5

2 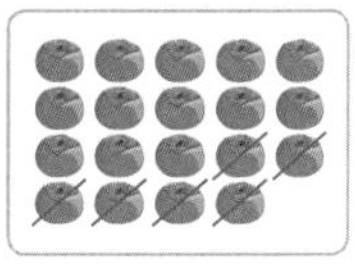, 6

3 18
4 50−□=35
5 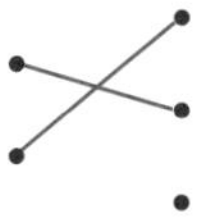
6 □−25=38 / 63
7 ㉠
8 47
+9 50
+10 40, 11, 11

1 나비 11마리에서 5개를 더해야 16마리가 되므로 빈 곳에 ○를 5개 그려 넣습니다.
○를 5개 그렸으므로 □ 안에 알맞은 수는 5입니다.

2 토마토 19개에서 6개를 지워야 13개가 되므로 □ 안에 알맞은 수는 6입니다.

3 식으로 나타내면 31−□=13이므로 □=31−13=18입니다.

힌트북 42쪽

4 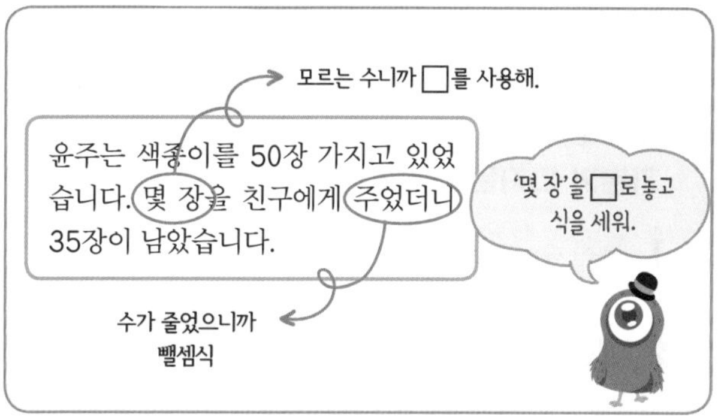

친구에게 준 색종이 수를 □장이라 하면 50−□=35입니다.

5 □+16=51 ➜ 51−16=□, □=35
72−□=48 ➜ 72−48=□, □=24

6 어떤 수에서 25를 빼었더니 38이 되었습니다.
(어떤 수: □, 25를 빼었더니: −25, 38이 되었습니다: =38)
□−25=38 ➜ 38+25=□, □=63

7 ㉠ □+32=51 ➜ 51−32=□, □=19
㉡ 53+□=70 ➜ 70−53=□, □=17
따라서 □ 안의 수가 더 큰 것은 ㉠입니다.

힌트북 43쪽

8 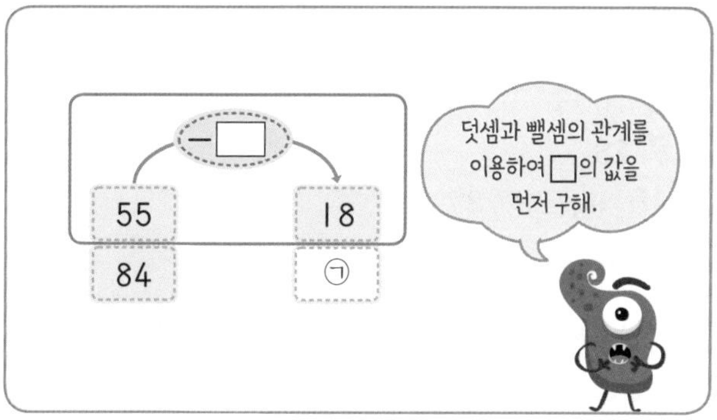

55−□=18 ➜ 55−18=□, □=37
㉠=84−37=47

+9 슬기: 39+28=67
로운: 17+□=67 ➜ 67−17=□, □=50

본책 096~099 쪽

22일 세 수의 계산

확인 096 쪽

1 (계산 순서대로) (1) 46, 53, 53
(2) 49, 46, 46
(3) 26, 33, 33

기본기 다지는 교과서 문제 097 쪽

1 (계산 순서대로) (1) 39, 61, 61
(2) 29, 16, 16

2 (계산 순서대로) (1) 29, 29, 44
(2) 65, 65, 32

3 (○)(　)

3 세 수의 덧셈과 뺄셈이 같이 있는 계산은 앞에서부터 차례로 계산합니다.

스스로 풀어내는 도전 10 문제 098~099 쪽

1 (계산 순서대로) 26, 42, 42
2 (계산 순서대로) 69, 69, 52
3 79, 79　　4 (1) × (2) ○
5 ㉡　　6 38
7 37, 36, 43 / 좋, 은, 날
8 11, 19
+9 28
+10 14, 9, 37, 37

1 세 수의 덧셈과 뺄셈이 같이 있는 계산은 앞에서부터 차례로 계산합니다.

3 세 수의 덧셈은 순서를 바꾸어 계산해도 계산 결과가 같습니다.
28＋14＋37＝42＋37＝79
28＋37＋14＝65＋14＝79

힌트북 44쪽

4

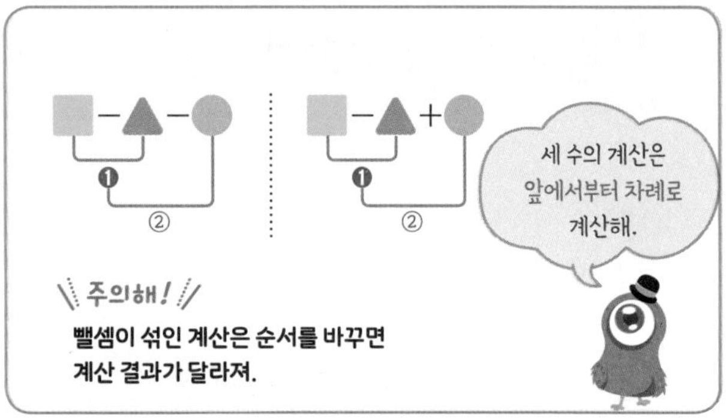

(1) 세 수의 뺄셈은 앞에서부터 차례로 계산합니다.
44－17－6＝27－6＝21

힌트북 44쪽

5

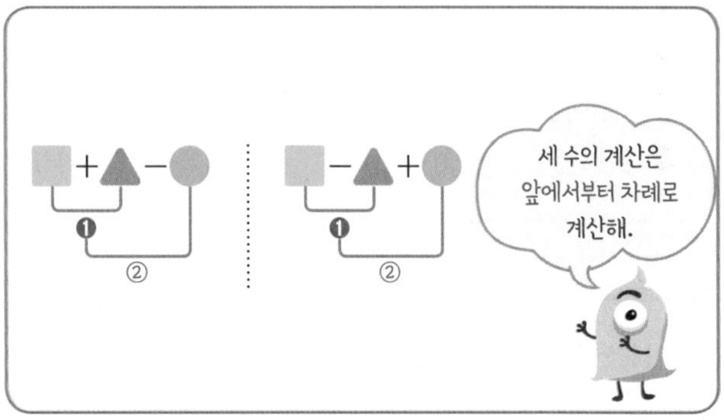

㉠ 37＋29－41＝66－41＝25
㉡ 60－17＋18＝43＋18＝61
㉢ 74－38－11＝36－11＝25

6 77＞58＞19이므로
77＋19－58＝96－58＝38

7 70－21－12＝49－21＝37
41＋18－23＝59－23＝36
35－19＋27＝16＋27＝43

8 18은 22보다 4 작은 수이므로 15보다 4 작은 수인 11을 빼야 합니다. → 33＋18－11＝40
33－12＋□＝40, 21＋□＝40, □＝19

+9 ■＝7이므로 7＋7＋7＝▲, ▲＝21
21＋21＝★, ★＝42
42－21＋7＝21＋7＝28＝♥

12~22일 단원평가 100~101쪽

01 (1) 63 (2) 66 02 64, 119
03 142번 04 슬기
05

06 <
07 25, 18, 43 (또는 18, 25, 43) / 43, 25, 18 (또는 43, 18, 25)
08 23+□=28 / 5
09 53 10 풀이 참조 / 100

01 (1)
$$\begin{array}{r} {\scriptstyle 1}\ \ \\ 5\ 7 \\ +\ \ \ 6 \\ \hline 6\ 3 \end{array}$$
(2)
$$\begin{array}{r} {\scriptstyle 6\ 10} \\ \not7\ 5 \\ -\ \ \ 9 \\ \hline 6\ 6 \end{array}$$

02
$$\begin{array}{r} {\scriptstyle 1}\ \ \\ 3\ 6 \\ +\ 2\ 8 \\ \hline 6\ 4 \end{array} \qquad \begin{array}{r} {\scriptstyle 1}\ \ \ \ \\ 7\ 4 \\ +\ 4\ 5 \\ \hline 1\ 1\ 9 \end{array}$$

03 (어제 한 줄넘기 횟수)+(오늘 한 줄넘기 횟수)
=57+85=142(번)

05 50−26=24, 70−36=34, 50−18=32

06 80−63=17, 34−8=26
→ 80−63<34−8

07 수 카드를 사용하여 만들 수 있는 덧셈식은 25+18=43, 18+25=43이고, 뺄셈식은 43−25=18, 43−18=25입니다.

09 17+64−28=81−28=53

10 예시 답안 어떤 수를 □라 하여 잘못 계산한 식을 만들면 □−27=46, 27+46=□, □=73입니다.
어떤 수는 73이므로 바르게 계산하면 73+27=100입니다.

채점 기준	
	❶ 어떤 수를 구해야 함.
	❷ 바르게 계산한 값을 구해야 함.

본책 102~105쪽

23일 여러 가지 단위로 길이 재기

확인 102쪽
❶ (1) 7, 7 (2) 5, 5

기본기 다지는 교과서 문제 103쪽
1 5, 6 2 3, 8
3 길므로, 적습니다에 ○표

3 길이가 더 긴 단위로 잰 횟수가 더 적습니다.

스스로 풀어내는 도전 10 문제 104~105쪽
1 (△)(○)( ) 2 4, 3
3 5번, 4번 4 리코더
5 지우개 6 종욱
7 ㉢, ㉠, ㉣, ㉡ 8 수현
+9 지혜
+10 클립 / 클립, 짧기에 ○표

1 발이 가장 길고, 풀이 가장 짧습니다.

3 우산의 길이는 연필로 5번, 붓으로 4번입니다.

힌트북 46쪽

4

같은 단위

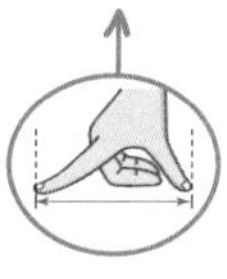

자	3뼘
휴대폰	1뼘
공책	2뼘
리코더	4뼘

중요해!
같은 단위로 잴 때에는 잰 횟수가 많을수록 길이가 길어.

뼘으로 잰 횟수가 많을수록 길이가 길므로 길이가 긴 순서대로 쓰면 리코더, 자, 공책, 휴대폰입니다. 따라서 가장 긴 물건은 리코더입니다.

5 재는 물건의 길이가 짧을수록 재는 횟수가 많습니다. 따라서 지우개로 잴 때 더 많이 재어야 합니다.

힌트북 46쪽

6

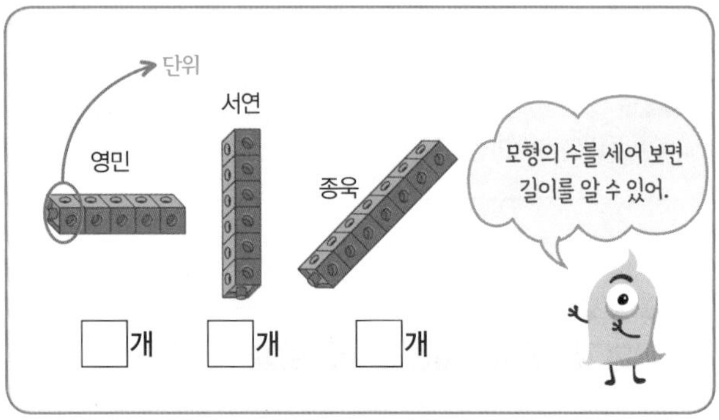

연결한 모형의 수가 영민이는 5개, 서연이는 6개, 종욱이는 7개이므로 가장 길게 연결한 사람은 종욱입니다.

7 단위의 길이가 짧을수록 잰 횟수가 많습니다.
단위의 길이를 비교하면 ㉢<㉠<㉣<㉡이므로 잰 횟수가 가장 많은 것부터 차례로 기호를 쓰면 ㉢, ㉠, ㉣, ㉡입니다.

8 잰 횟수가 같으므로 잰 단위의 길이가 가장 긴 수현이가 가장 긴 바지를 입고 있습니다.

+9 물건의 길이가 길수록 책상을 재는 횟수가 적습니다. 잰 횟수를 비교하면 6번<7번<8번이므로 물건의 길이가 가장 긴 사람은 잰 횟수가 가장 적은 지혜입니다.

힌트북 47쪽

+10

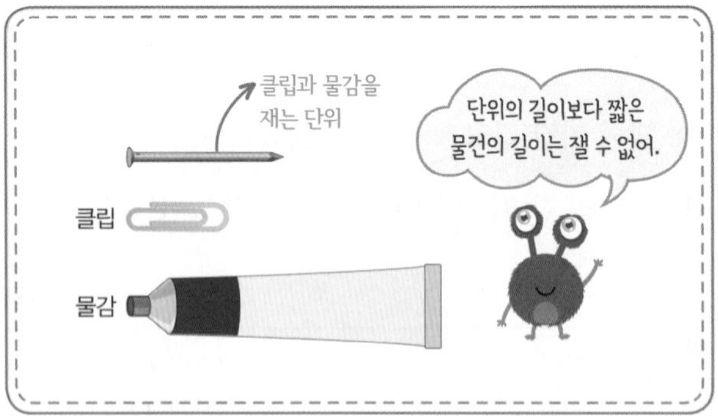

본책 106~109쪽

24일 1 cm 알아보기

확인 106쪽

❶ (1) 다릅니다에 ○표
(2) 다르기에 ○표
(3) 같은에 ○표

❷ 1 센티미터

기본기 다지는 교과서 문제 107쪽

1 1, 1

2 1 cm 1 cm 1 cm
2 cm 2 cm 2 cm

3 2, 2 cm, 2 센티미터

4 5, 5 cm, 5 센티미터

3 (1) 1 cm가 2번이므로 2 cm입니다.
(2) 1 cm가 5번이므로 5 cm입니다.

스스로 풀어내는 도전 10 문제 108~109쪽

1 ( )(○)( )

2 4, 4

3 (1) 5 (2) 3

4

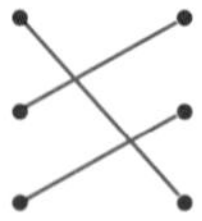

5 (1), (2)

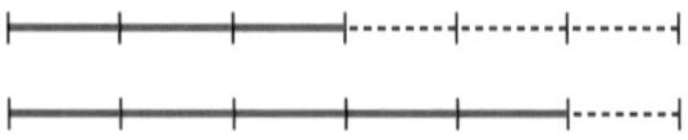

6 (1) 2 (2) 1

7

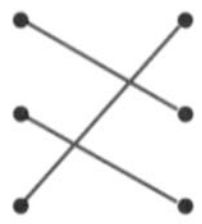

8 예 6 cm, 6 cm

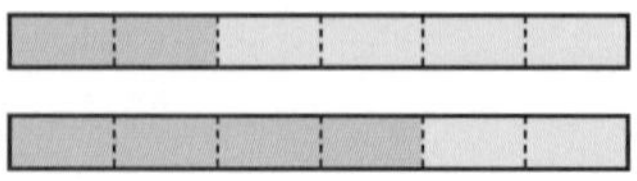

+9 ㉠, ㉡, ㉢

+10 뼘, cm

힌트북 48쪽

2

| cm가 | 번 → | cm
| cm가 2번 → 2 cm
⋮
| cm가 □번 → □ cm

| cm가 4번이므로 4 cm입니다.

3 (1) | cm가 5번이므로 5 cm입니다.
(2) | cm가 3번이므로 3 cm입니다.

4 □ cm는 □ 센티미터라고 읽습니다.

5 (1) 3 cm는 | cm가 3번이므로 3칸만큼 선을 긋습니다.
(2) 5 cm는 | cm가 5번이므로 5칸만큼 선을 긋습니다.

6 □ cm는 | cm가 □번입니다.

7 • | cm가 2번 → 2 cm
• | cm가 3번 → 3 cm
• | cm가 | 번 → | cm

8 | cm, 2 cm를 여러 번 사용하여 6 cm를 만들면 모두 정답입니다.
예 | cm를 2번, 2 cm를 2번 사용 → 6 cm
| cm를 4번, 2 cm를 | 번 사용 → 6 cm

+9 ㉠ 13 cm ㉡ 11 cm ㉢ 10 cm
따라서 길이가 긴 것부터 차례로 기호를 쓰면 ㉠, ㉡, ㉢입니다.

힌트북 49쪽

+10

스케치북의 길이

긴 쪽 — 3뼘 짧은 쪽 — 2뼘	긴 쪽 — 50 cm 짧은 쪽 — 30 cm
뼘의 길이는 사람마다 달라.	cm로 길이를 재면 누가 재어도 같아.

본책 110~113쪽

25일 자로 길이 재기 (1)

확인 ········ 110쪽

1 (1) 0, 4, 4 (2) 4, 4, 4

기본기 다지는 교과서 문제 111쪽

1 (○)
( )
( )
2 (1) 6 (2) 3
3 가

2 (2) | cm가 3번이므로 3 cm입니다.

3 가는 7 cm이고, 나는 | cm가 6번이므로 6 cm입니다.
따라서 길이가 더 긴 것은 가입니다.

스스로 풀어내는 도전 10 문제 112~113쪽

1 3
2 4
3 5 cm
4 6 cm
5 가
6

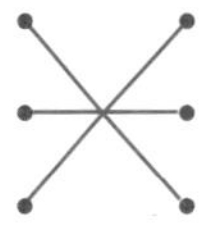

7 ㉠, ㉣
8 나
+9 ㉠
+10 4, 4, 3, 3, ㉠

1 땅콩의 길이는 3 cm입니다.

2 | cm가 4번이므로 빨대의 길이는 4 cm입니다.

3 빨간색 선의 길이는 5 cm입니다.

4 | cm가 6번이므로 열쇠의 길이는 6 cm입니다.

5 가는 4 cm이고, 나는 1 cm가 5번이므로 5 cm입니다.
따라서 길이가 더 짧은 것은 나입니다.

6 1 cm가 ■번이면 ■ cm입니다.

힌트북 51쪽

7

\\ 중요해! //

자로 물건을 잴 때에는
자에 물건을 반듯하게 놓고
물건의 한끝을 자의 한 눈금에 맞춰야 **해.**

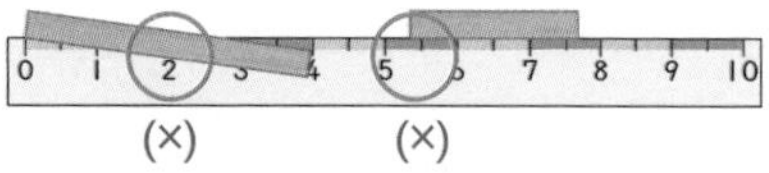

막대의 한끝을 자의 한 눈금에 맞추고 자에 막대를 반듯하게 놓아야 합니다.

8 가: 6 cm
나: 5 cm
다: 1 cm가 6번이므로 6 cm
따라서 색 테이프의 길이가 다른 하나는 나입니다.

힌트북 51쪽

+9

\\ 중요해! //

한끝이 0이나 0이 아닌 눈금에 맞추어져 있을 때, 물건의 한끝에서 다른 끝까지 1 cm가 몇 번 들어가는지 세어 **물건의 길이를 알 수 있어.**

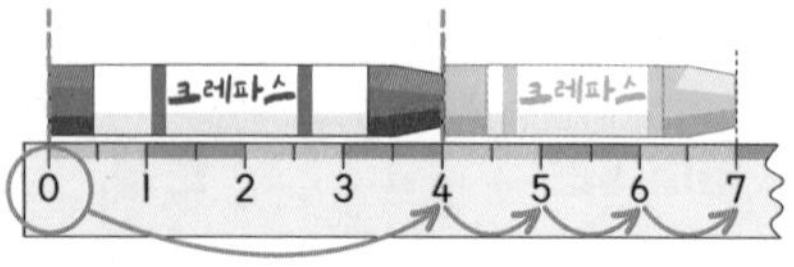

㉠은 4 cm, ㉡은 1 cm가 3번이므로 3 cm입니다.
따라서 길이가 더 긴 것은 ㉠입니다.

본책 114~117쪽

26일 자로 길이 재기 (2)

확인 114쪽

❶ (1) 8, 8 (2) 10, 10

기본기 다지는 교과서 문제 115쪽

1 (1) 6 (2) 8
2 (1) 8 (2) 7
3 10

1 (1) 색연필의 오른쪽 끝이 6 cm에 가까우므로 약 6 cm입니다.
(2) 색연필의 오른쪽 끝이 8 cm에 가까우므로 약 8 cm입니다.

2 (1) 리본의 오른쪽 끝이 9 cm에 가깝지만 자의 눈금 1부터 재었으므로 약 8 cm입니다.
(2) 리본의 오른쪽 끝이 9 cm에 가깝지만 자의 눈금 2부터 재었으므로 약 7 cm입니다.

3 자석의 오른쪽 끝이 10 cm에 가까우므로 약 10 cm입니다.

스스로 풀어내는 도전 10 문제 116~117쪽

1 5, 5
2 4
3 3
4 4
5 민호
6 (왼쪽부터) 3, 5
7 약 6 cm
8 8
+9 약 4 cm
+10 약, 약

1 딱풀의 오른쪽 끝이 5 cm에 가까우므로 약 5 cm입니다.

2 머리핀의 오른쪽 끝이 4 cm에 가까우므로 약 4 cm입니다.

힌트북 52쪽

3

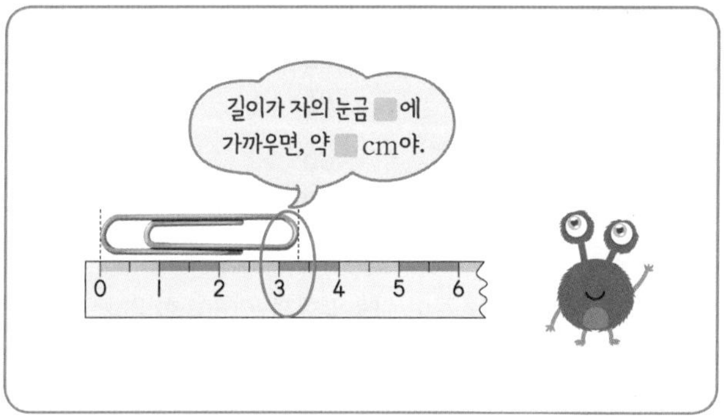

클립의 오른쪽 끝이 3 cm에 가까우므로 약 3 cm입니다.

4 못의 오른쪽 끝이 5 cm에 가깝지만 자의 눈금 1부터 재었으므로 약 4 cm입니다.

5 장난감의 오른쪽 끝이 6 cm에 가까우므로 약 6 cm입니다.

6 길이가 자의 눈금 사이에 있을 때에는 가까이에 있는 쪽의 숫자를 읽으며, 숫자 앞에 약을 붙여 말합니다.

7 과자의 오른쪽 끝이 11 cm에 가깝지만 자의 눈금 5부터 재었으므로 약 6 cm입니다.

힌트북 53쪽

8

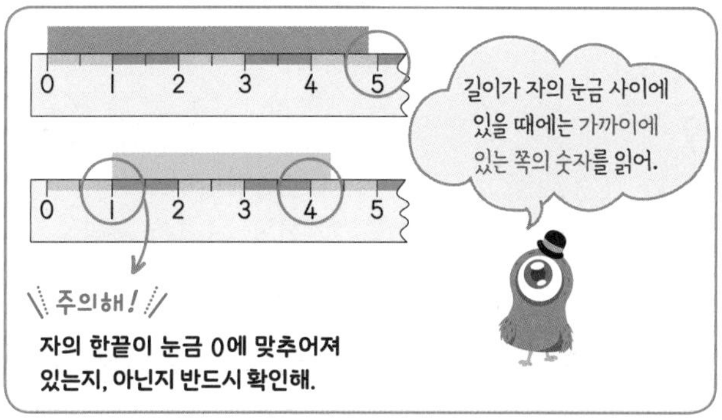

• 보라색 테이프의 오른쪽 끝이 5 cm에 가까우므로 약 5 cm입니다. ➜ ㉠=5

• 초록색 테이프의 오른쪽 끝이 4 cm에 가깝지만 자의 눈금 1부터 재었으므로 약 3 cm입니다. ➜ ㉡=3

따라서 ㉠과 ㉡의 합은 5+3=8입니다.

+9 1 cm가 4번이면 4 cm이므로 1 cm쯤 되는 막대로 4번이면 약 4 cm입니다.

본책 118~121쪽

27일 길이 어림하기

확인 118쪽

❶ (1) 7 (2) 6 (3) 1

기본기 다지는 교과서 문제 119쪽

1

어림한 길이	자로 잰 길이
예 약 3 cm	3 cm
예 약 4 cm	4 cm
예 약 5 cm	5 cm

2 (1) 예 7, 7 (2) 예 10, 10

3

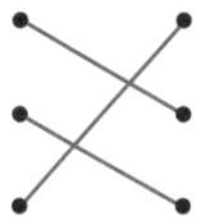

2 (1) 호박은 1 cm가 7번 정도 되므로 약 7 cm입니다.
(2) 연필은 1 cm가 10번 정도 되므로 약 10 cm입니다.

스스로 풀어내는 도전 10 문제 120~121쪽

1 예 8, 8　　**2** 예 5, 5

3 예

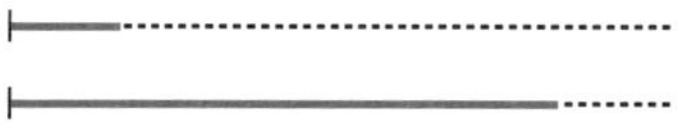

4 4, 짧습니다에 ○표

5 (1) 1 cm (2) 180 cm

6 민호　　**7** 약 6 cm

8 ㉠

+9 52 cm

+10 빨간, 파란, 2

1 1 cm 막대가 8번 정도 되므로 약 8 cm입니다.

2 1 cm가 5번 정도 되므로 약 5 cm입니다.

3 ㅣ cm가 5번 정도 되도록 점선을 따라 선을 긋습니다.

힌트북 54쪽

4

어림한 길이	약 16 cm
자로 잰 길이	20 cm

어림한 길이와 실제 길이의 차

어림한 길이는 실제 길이보다 약 □ cm 더 (깁니다 , 짧습니다).

5 (1) 콩의 길이는 약 ㅣ cm입니다.
(2) 아빠의 키는 약 180 cm입니다.

6 어림한 길이와 실제 길이의 차가 작을수록 더 가깝게 어림한 것이므로 더 가깝게 어림한 사람은 민호입니다.

7 초록색 테이프가 3번 정도 되므로 노란색 테이프의 길이는 약 6 cm입니다.

힌트북 55쪽

8

㉠이 실제 길이에 더 가깝게 어림하였습니다.

+9 슬기가 어림한 길이는 약 45 cm보다 4 cm 더 길게 어림하였으므로 약 49 cm입니다.
리코더의 실제 길이는 슬기가 어림한 길이보다 3 cm 더 길므로 약 52 cm입니다.

23~27일 단원평가 (122~123쪽)

01 7	02 쟁반의 긴 쪽
03 3, 5	04 6
05 5	06 6
07 10 cm	08 성수네 집
09 로운	
10 예 물감의 왼쪽 끝이 0에 맞춰져 있어야 합니다	

01 뼘으로 7번이므로 7뼘입니다.

02 뼘으로 잰 횟수가 가장 많은 쟁반의 긴 쪽의 길이가 가장 깁니다.

03 색 테이프의 길이는 딱풀로 3번, 성냥개비로 5번입니다.

04 ㅣ cm가 6번이므로 6 cm입니다.

05 ㅣ cm가 5번이므로 5 cm입니다.

06 과자의 오른쪽 끝이 11 cm에 가깝지만 자의 눈금 5부터 재었으므로 약 6 cm입니다.

07 개미가 지나간 길은 ㅣ cm가 10번이므로 10 cm입니다.

08 길이가 가장 짧은 곳은 성수네 집이므로 학교에서 가장 가까운 곳은 성수네 집입니다.

09 어림한 길이와 실제 길이의 차가 서준은 약 2 cm, 슬기는 약 3 cm, 로운이는 약 ㅣ cm입니다.
따라서 실제 길이에 가장 가깝게 어림한 사람은 로운입니다.

10 예시 답안 왼쪽 끝이 0이나 숫자 눈금에 맞춰져 있어야 합니다.

채점 기준	잘못 잰 이유를 타당하게 설명해야 함.

본책 124~127쪽

28일 분류하는 방법 알아보기

확인 124쪽

1 (1) ㉮에 ○표 (2) ㉮에 ○표

기본기 다지는 교과서 문제 125쪽

1 (○)( )
2 (○)
( )
(○)
( )

1 좋아하는 것과 좋아하지 않는 것은 분류 기준이 분명하지 않아 알맞지 않습니다.

2 예쁜 것과 예쁘지 않은 것, 맛있는 것과 맛없는 것은 분류하는 사람에 따라 결과가 다를 수 있으므로 분류 기준으로 알맞지 않습니다.

스스로 풀어내는 도전 10 문제 126~127쪽

1 (○)
(○)
( )

2 ( )(○)

3
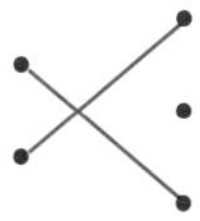

4 다리

5 ( )
(○)

6 서준

7 ㉢

8 ㉢, ㉣

+9 로운

+10 플라스틱, 종이

1 귀여운 것과 귀엽지 않은 것은 기준이 분명하지 않으므로 분류 기준으로 알맞지 않습니다.

2 왼쪽 것은 색깔을 기준으로 분류할 수 있습니다.

힌트북 56쪽

4

동물을 다리가 있는 것과 없는 것으로 분류하였습니다.

5 요트와 배는 바다에서 움직이고 오토바이와 자동차는 땅에서 움직입니다.

6 지혜가 분류한 기준으로 서준이가 분류하게 되면 결과가 다를 수 있으므로 지혜의 분류 기준은 알맞지 않습니다.

7 ㉠ 모두 무늬가 있으므로 알맞지 않습니다.
㉡ 크기가 모두 같으므로 알맞지 않습니다.

8 ㉠, ㉡은 분류하는 사람에 따라 결과가 다르게 나타날 수 있습니다.

힌트북 57쪽

+9

우산의 길이는 3가지이므로 2개의 통에 분류할 수 없습니다. 따라서 바르게 설명한 사람은 로운입니다.

본책 128~131 쪽

29일 기준에 따라 분류하기

확인 128쪽

1 (1) (왼쪽 칸부터) ㉠, ㉣, ㉤ / ㉡, ㉢, ㉥
(2) (왼쪽 칸부터) ㉠, ㉢ / ㉡, ㉤ / ㉣, ㉥

기본기 다지는 교과서 문제 129쪽

1 (위쪽 칸부터) 돌고래, 지렁이 / 타조, 닭 / 기린, 돼지
2 모양 / (왼쪽 칸부터) ②, ④, ⑤, ⑥ / ①, ③, ⑦
3 (○)( )(○)

1 다리가 없는 동물: 돌고래, 지렁이
다리가 2개인 동물: 타조, 닭
다리가 4개인 동물: 기린, 돼지

2 삼각형: ②, ④, ⑤, ⑥
사각형: ①, ③, ⑦

3 사탕의 모양에 따라 분류하면 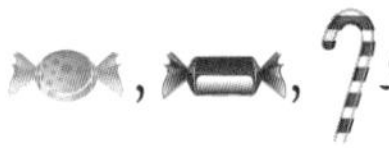으로 분류할 수 있습니다.
사탕의 색깔에 따라 분류하면 노란색, 빨간색, 초록색으로 분류할 수 있습니다.

스스로 풀어내는 도전 10 문제 130~131쪽

1 (위쪽 칸부터) ㉡, ㉣ / ㉢ / ㉠, ㉤, ㉥
2 (왼쪽 칸부터) ㉠, ㉤, ㉨ / ㉡, ㉥, ㉦ / ㉢, ㉣, ㉧
3 (왼쪽 칸부터) ㉠, ㉥, ㉧ / ㉡, ㉣, ㉨ / ㉢, ㉤, ㉦
4 크기, 색깔
5 (왼쪽 칸부터) 삼각형 / ①, ③, ④, ⑤, ⑥ / 사각형 / ②, ⑦
6 짝수, 홀수
7 색깔, 모양
8 예 한글과 숫자 /
(왼쪽 칸부터) 한글 / 가, 다, 라, 나 / 숫자 / 4, 1, 3, 2
+9 ㉢
+10 곰인형 / 곰인형, 인형

1 바퀴가 2개인 것: ㉡, ㉣
바퀴가 3개인 것: ㉢
바퀴가 4개인 것: ㉠, ㉤, ㉥

2 모양에 따라 분류할 때에는 맛은 생각하지 않고 모양만 생각합니다.

3 맛에 따라 분류할 때에는 모양을 생각하지 않고 맛만 생각합니다.

4 사각형을 크기에 따라 큰 사각형과 작은 사각형 2가지로 분류할 수 있고, 색깔에 따라 초록색과 파란색으로 분류할 수 있습니다.

힌트북 58쪽

5

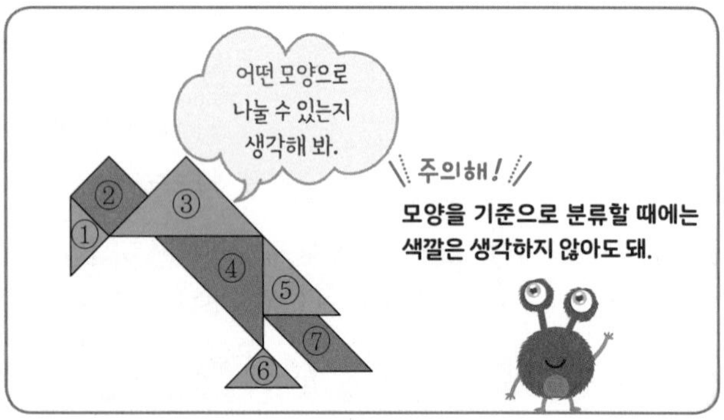

모양에 따라 삼각형과 사각형으로 분류할 수 있습니다.

6 8, 4, 6, 2는 짝수, 3, 9, 1, 5, 7은 홀수이므로 짝수와 홀수로 분류한 것입니다.

7 색깔에 따라 분류하면 분홍색과 초콜릿색으로 분류할 수 있고, 모양에 따라 분류하면 원과 사각형으로 분류할 수 있습니다.

8 가, 나, 다, 라는 한글이고, 1, 2, 3, 4는 숫자이므로 한글과 숫자로 분류할 수 있습니다.

+9 다음 기준에 따라 분류할 수 있습니다.
㉠ 색깔: 파란색, 노란색, 빨간색
㉡ 모양: 
㉣ 구멍의 개수: 2개, 4개

📖 본책 132~135쪽

30일 분류하여 세기/ 분류한 결과 말하기

확인 ······························ 132쪽

1 (1)

종류	장미	튤립	국화
세면서 표시하기	////	𝍸 /	𝍸 /
학생 수(명)	4	6	4

(2) 튤립, 6

기본기 다지는 교과서 문제 133쪽

1

종류	줄넘기	공놀이	훌라후프	태권도
세면서 표시하기	////	𝍸 /	///	𝍸
학생 수(명)	4	6	3	5

2 공놀이　　**3** 훌라후프

4 공놀이

1 분류 기준에 따라 자료를 빠뜨리지 않고 세어야 합니다.

2 공놀이를 좋아하는 학생이 6명으로 가장 많습니다.

3 훌라후프를 좋아하는 학생이 3명으로 가장 적습니다.

4 가장 많은 학생이 좋아하는 체육 활동인 공놀이를 준비하는 것이 좋습니다.

스스로 풀어내는 도전 10 문제 134~135쪽

1

종류	가수	의사	요리사	운동선수
세면서 표시하기	//	////	///	///
학생 수 (명)	2	4	3	3

2 의사　　**3** 3, 6, 4

4 3, 5　　**5** 2개

6 2개　　**7** 역사책, 6

8 ⓒ　　⁺**9** 1표

⁺**10** 장미, 장미

1 분류 기준에 따라 자료를 빠뜨리거나 중복되지 않게 셉니다.

2 가장 많은 학생들이 선택한 장래희망은 4명이 선택한 의사입니다.

3 천 원짜리 3장, 백 원짜리 6개, 십 원짜리 4개입니다.

5 눈이 2개이고 뿔이 있는 카드는 다음과 같이 2개입니다.

6 모자가 있고 단추는 없는 옷은 다음과 같이 2개입니다.

7 가장 많은 책은 만화책으로 17권이고, 가장 적은 책은 역사책으로 11권입니다.
따라서 역사책을 17－11＝6(권) 더 사야 합니다.

8 흐린 날은 8일, 비 온 날은 6일이므로 비 온 날이 흐린 날보다 적습니다.

⁺**9**

이름	김슬기	이로운	박지혜
득표 수(표)	5	4	3

표를 가장 많이 얻은 학생은 김슬기로 5표이고, 두 번째로 얻은 학생은 이로운으로 4표입니다.
→ 5－4＝1(표)

힌트북 61쪽

⁺**10** 분류한 결과를 보면 더 준비해야 할 꽃을 알 수 있어.

가장 많이 팔린 꽃

종류	백합	장미	튤립	국화	수국
꽃 수 (송이)	5	12	10	11	9

가장 적게 팔린 꽃

28~30일 단원평가 136~137쪽

01 ( )(○)
02 모양, 색깔
03 (왼쪽 칸부터) ㉠, ㉡, ㉣, ㉤, ㉦ / ㉢, ㉥
04 색깔
05 2, 2, 4
06 16, 12, 3
07 맑은 날
08 4일
09 캔
10 풀이 참조 / 드럼

01 왼쪽은 한 가지이므로 따로 분류할 수 없습니다.

02 모양에 따라 사각형, 원, 삼각형으로 분류할 수 있고, 색깔에 따라 파란색, 빨간색, 초록색으로 분류할 수 있습니다.

03 삼각형은 곧은 선 3개로 둘러싸인 도형이고, 사각형은 곧은 선 4개로 둘러싸인 도형입니다.

04 2개의 바구니에 정리하려면 주황색, 초록색으로 색깔에 따라 분류할 수 있습니다.

05 분류 기준에 따라 자료를 빠뜨리거나 중복되지 않게 셉니다.

06 맑은 날, 흐린 날, 비 온 날의 날수의 합이 31일이 되는지 확인합니다.

07 5월은 맑은 날이 16일로 가장 많습니다.

08 맑은 날은 흐린 날보다 16－12＝4(일) 더 많습니다.

09

종류	캔	플라스틱	종이
재활용품 수(개)	2	5	3

따라서 가장 적게 발생한 재활용품은 캔입니다.

10 예시 답안 학생들이 좋아하는 악기를 분류하여 세어 보면 다음과 같습니다.

종류	피아노	드럼	바이올린	기타
학생 수(명)	3	5	2	2

가장 많은 학생이 좋아하는 악기는 드럼입니다.

채점 기준	
	❶ 학생들이 좋아하는 악기를 분류하여 세어야 함.
	❷ 가장 많은 학생이 좋아하는 악기를 구해야 함.

본책 138~141쪽

31일 여러 가지 방법으로 세기

확인 138쪽

❶ (1) 7, 8, 8 (2) 6, 8, 8 (3) 2, 8

기본기 다지는 교과서 문제 139쪽

1 3, 4, 5, 6, 7, 8, 9, 10
2 6, 8, 10, 12, 14
3 3, 15

3 5씩 묶어 세면 3묶음이므로 사과는 모두 15개입니다.

스스로 풀어내는 도전 10 문제 140~141쪽

1 8개
2 16개
3 20개
4 (1) 6, 9, 12 / 12 (2) 3, 12
5 8, 12, 16
6 3, 5 / 5, 3 / 15
7 2, 8 / 4, 4 / 8, 2 / 16
8 3번
+9 지혜
+10 4, 16

1 하나씩 세면 1, 2, 3, 4, 5, 6, 7, 8이므로 모두 8개입니다.

2 2씩 뛰어 세면 2, 4, 6, 8, 10, 12, 14, 16이므로 모두 16개입니다.

3 5씩 묶어 세면 4묶음이므로 모두 20개입니다.

4 (1)
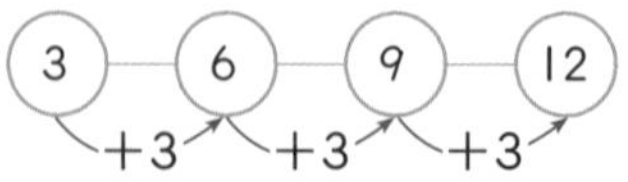

(2) 지우개는 4씩 3묶음이므로 모두 12개입니다.

5 4씩 뛰어 세면 4, 8, 12, 16입니다.

6 3개씩 묶어 세면 5묶음, 5개씩 묶어 세면 3묶음이므로 달걀은 모두 15개입니다.

힌트북 63쪽

7

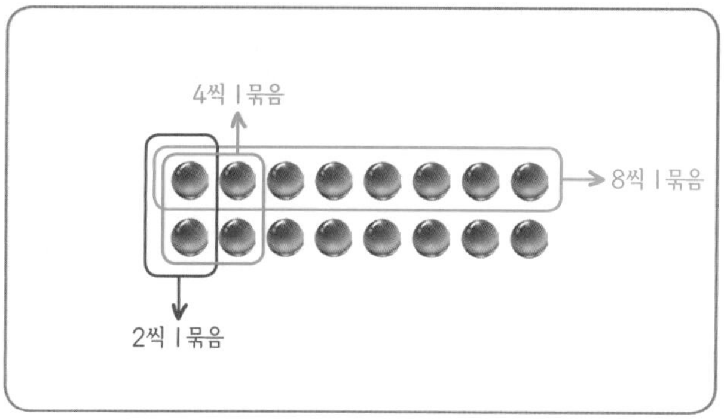

2개씩 묶어 세면 8묶음, 4개씩 묶어 세면 4묶음, 8개씩 묶어 세면 2묶음이므로 구슬은 모두 16개입니다.

힌트북 63쪽

8

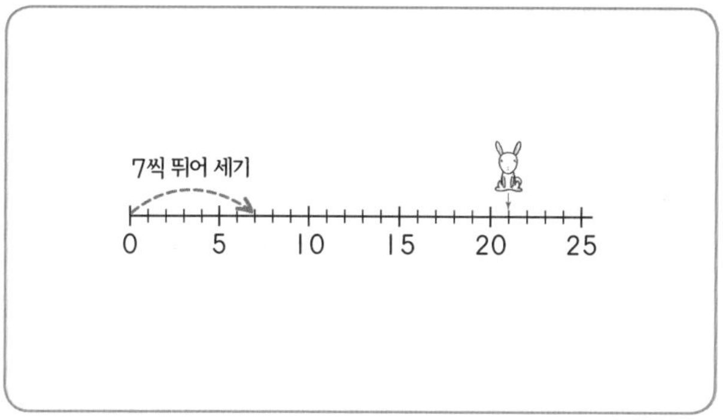

7씩 뛰어 세면 7, 14, 21이므로 토끼는 모두 3번 뛰었습니다.

+9 지혜: 6씩 묶어 세면 3묶음입니다.

힌트북 63쪽

+10

본책 142~145쪽

32일 묶어 세기

확인 142쪽

❶ (1) 5 / 9, 12, 15 / 15 (2) 3 / 10, 15 / 15

기본기 다지는 교과서 문제 143쪽

1 (1) 4, 6 (2) 6
2 (1) 4 (2) 8, 12, 16 (3) 16
3 (1) 6 (2) 3 (3) 18

3 (1) 3씩 묶으면 6묶음입니다.
(2) 6씩 묶으면 3묶음입니다.
(3) 다람쥐는 3−6−9−12−15−18로 모두 18마리입니다.
다람쥐는 6−12−18로 모두 18마리입니다.

스스로 풀어내는 도전 10 문제 144~145쪽

1 (1) 3, 3 / 9, 12 (2) 12
2 12, 18 / 18개
3 (1) 3, 6, 9, 12, 15, 18, 21 (2) 14, 21 (3) 21개
4 (1) 5묶음 (2) 4묶음 (3) 20개
5 6, 4, 3, 2 **6** 2
7 ( )(○)( )(○) **8** 2, 7 / 7, 2
+9 지혜
+10 12, 3, 3

1 초는 3씩 4묶음이므로 모두 12개입니다.

2 컵은 6씩 3묶음이므로 모두 18개입니다.

4 (1) 케이크를 4씩 묶으면 5묶음이 됩니다.
(2) 케이크를 5씩 묶으면 4묶음이 됩니다.
(3) 케이크는 4씩 5묶음 또는 5씩 4묶음이므로 모두 20개입니다.

힌트북 64쪽

5

사과를 2씩 묶으면 6묶음, 3씩 묶으면 4묶음, 4씩 묶으면 3묶음, 6씩 묶으면 2묶음이 됩니다.

6 2씩 5묶음은 모두 10입니다. 10은 5씩 2묶음입니다.

7 • 지우개 15개를 3씩 묶으면 5묶음입니다.
• 지우개 15개를 5씩 묶으면 3묶음입니다.

8 아이스크림 14개를 2씩 묶으면 7묶음이고, 7씩 묶으면 2묶음입니다.

힌트북 65쪽

+9

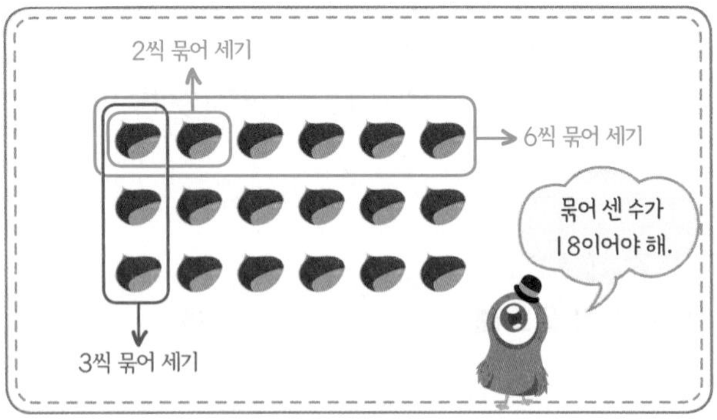

밤을 2씩 묶어 세면 2—4—6—8—10—12—14—16—18이므로 2씩 9묶음입니다.

본책 146~149쪽

33일 몇의 몇 배 알아보기

확인 146쪽

1 (1) 5 (2) 5, 2, 2, 2, 2, 2, 10 (3) 10

기본기 다지는 교과서 문제 147쪽

1 (1) 14 (2) 7 (3) 7, 14
2 3배
3 4 / 6, 6, 6, 6, 24

2 (1) 영민이가 가진 인형의 수: 2씩 1묶음
윤하가 가진 인형의 수: 2씩 3묶음
→ 윤하가 가진 인형의 수는 영민이가 가진 인형의 수의 3배입니다.

3 6씩 4묶음 → 6의 4배
→ 6+6+6+6=24

스스로 풀어내는 도전 10 문제 148~149쪽

1 3
2 6
3 4
4 8, 12, 16, 20 / 5
5

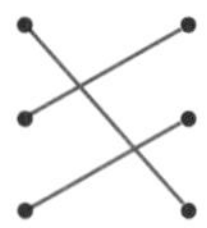

6 6, 3, 4
7 민호
8 4, 3
+9 27살
+10 8, 8

1 지혜가 가진 젤리의 수는 2개이고, 서준이가 가진 젤리의 수는 2씩 3묶음이므로 2의 3배입니다.

2 캔은 3씩 6묶음이므로 3의 6배입니다.

3 연필의 수는 3씩 4묶음이므로 3의 4배입니다.

4 20은 4씩 5묶음이므로 4의 5배입니다.

5 5씩 3묶음 → 5의 3배
7씩 4묶음 → 7의 4배
6씩 5묶음 → 6의 5배

6 진수가 쌓은 모형의 수: 2개
예린: 2씩 6묶음 → 2의 6배
도준: 2씩 3묶음 → 2의 3배
슬기: 2씩 4묶음 → 2의 4배

힌트북 67쪽

7

■씩 ▲묶음 → ■의 ▲배
→ ■+■+……+■ (▲번)

8씩 6묶음 → 8의 6배
→ 8+8+8+8+8+8
따라서 나타내는 수가 다른 사람은 민호입니다.

8 3씩 4묶음은 12이므로 3의 4배는 12입니다.
→ ㉠=4
4씩 3묶음은 12이므로 4의 3배는 12입니다.
→ ㉡=3

힌트북 67쪽

+9

"이모의 나이는 현수의 나이의 3배"
(현수의 나이 → ■, 3 → ▲)

■의 ▲배
→ ■+■+……+■ (▲번)

9의 3배는 9+9+9=27이므로 이모의 나이는 27살입니다.

본책 150~153쪽

34일 곱셈식 알아보기

확인 150쪽
1 (1) 6 (2) 6 (3) 18 (4) 6, 18

기본기 다지는 교과서 문제 151쪽

1 (1) 곱하기 (2) 곱하기, 같습니다
2 (1) 4 (2) 6, 6, 6, 6, 24 (3) 6, 4, 24
3 3×3=9, 3×4=12

2 6씩 4묶음 → 6의 4배
→ 6+6+6+6=24
→ 6×4=24

3 3의 3배 → 3×3=9
3의 4배 → 3×4=12

스스로 풀어내는 도전 10 문제 152~153쪽

1 6×8, 6 곱하기 8
2 (1) 7×5=35 (2) 3×9=27
3 8+8+8+8=32, 8×4=32
4 4, 28
5 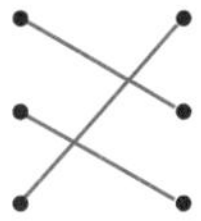
6 ㉢
7 5, 15
8 6, 12 / 4, 12 / 3, 12 / 2, 12
+9 21개
+10 3, 3, 12, 12

2 (1) 7 곱하기 5는 35와 같습니다.
→ 7×5=35
(2) 3과 9의 곱은 27입니다.
→ 3×9=27

3 8의 4배 → 8+8+8+8=32
→ 8×4=32

4 7의 4배 → $7\times4=28$

5 4의 5배 → 4×5
5의 6배 → 5×6
6의 7배 → 6×7

6 8씩 3묶음 → 8의 3배
→ $8+8+8$
→ 8×3
따라서 나타내는 수가 다른 하나는 ⓒ입니다.

힌트북 69쪽

7

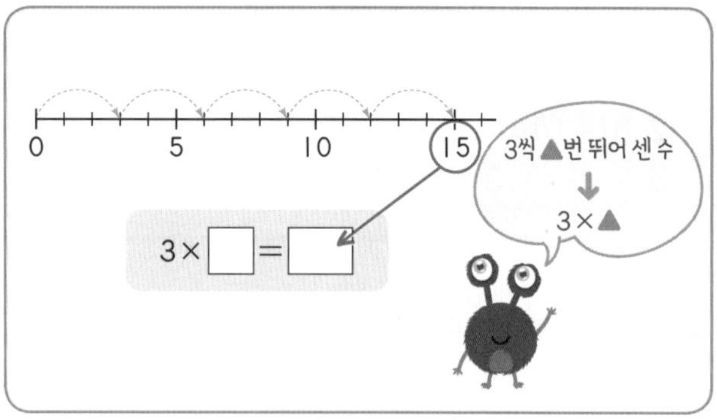

3씩 5번 뛰어 세기 → 3의 5배
→ $3\times5=15$

8 2씩 묶으면 6묶음 → $2\times6=12$
3씩 묶으면 4묶음 → $3\times4=12$
4씩 묶으면 3묶음 → $4\times3=12$
6씩 묶으면 2묶음 → $6\times2=12$

힌트북 69쪽

+9

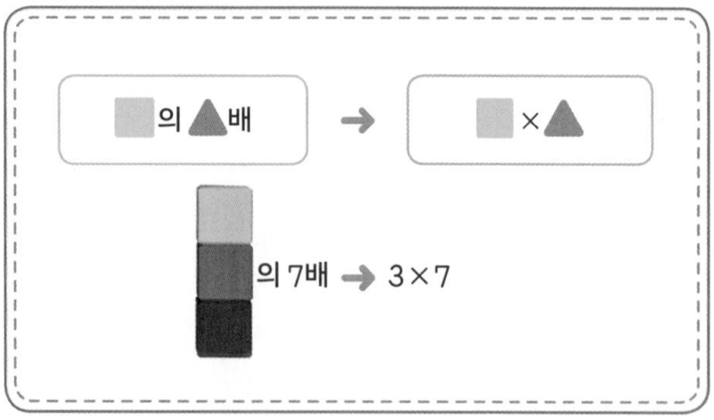

쌓기나무의 수는 3이므로
3의 7배 → $3\times7=21$입니다.
따라서 쌓으려는 쌓기나무는 모두 21개입니다.

본책 154~157쪽

35일 곱셈식으로 나타내기

확인 154쪽

❶ (1) 3 (2) 5, 5, 15 (3) 3, 15 (4) 15

기본기 다지는 교과서 문제 155쪽

1 (1) 4 (2) 6, 6, 6, 6, 24 (3) 4, 24
2 7, 3, 7, 21
3 4, 8, 32 / 32

3 단춧구멍의 수는 4의 8배이므로 곱셈식으로 나타내면 $4\times8=32$(개)입니다.

스스로 풀어내는 도전 10 문제 156~157쪽

1 5, 3, 5, 15
2 5, 4, 20 / 20
3 3, 6, 18 / 18
4 8, 6, 48 / 48
5 6, 5, 30 / 30
6 4, 5, 20 / 5, 4, 20
7 ⓒ, ⓔ
8 ( )(×)( )( )
+9 24개
+10 7, 7, 28, 28

1 3씩 5묶음 → 3의 5배
→ $3\times5=15$

2 5의 4배 → $5\times4=20$

힌트북 70쪽

3

3의 6배 → 3×6=18

4 8개씩 6봉지 → 8의 6배
→ 8×6=48

5 도형을 1개 만드는 데 필요한 성냥개비는 6개입니다. 도형을 5를 만드는 데 사용한 성냥개비는 6의 5배이므로 6×5=30(개)입니다.

6 4의 5배 → 4×5=20
5의 4배 → 5×4=20

힌트북 71쪽

7

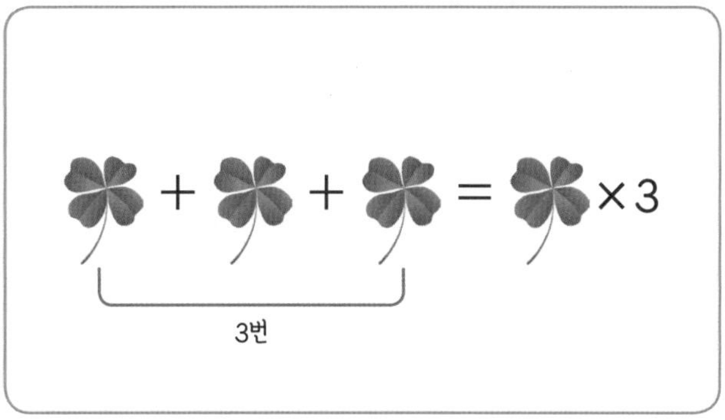

잎의 수가 4의 3배이므로
곱셈식으로 나타내면 4×3=12,
덧셈식으로 나타내면 4+4+4=12입니다.

8 4×4=4+4+4+4=16

+9 원 모양은 6개씩 4줄이므로 6×4=24(개)입니다.

힌트북 71쪽

+10

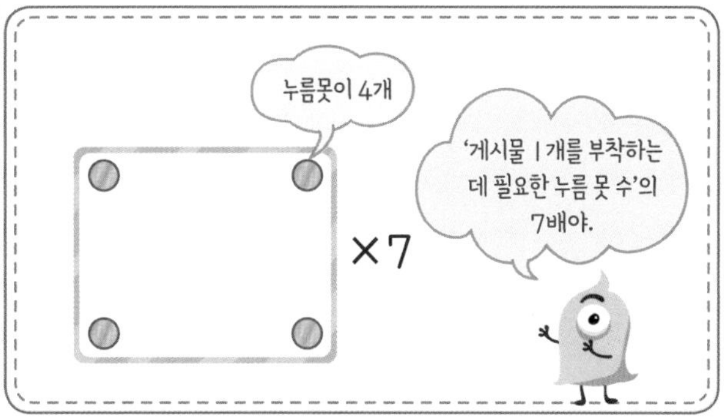

31~35일 단원평가

158~159쪽

01 3, 6, 9, 12, 15 / 15개
02 20개 **03** 5
04 4배 **05** ㉣
06 8+8+8+8=32, 8×4=32
07 ㉡ **08** 40개
09 3, 7, 21 / 7, 3, 21
10 풀이 참조 / 22개

01 3씩 5번 뛰어 세면 3－6－9－12－15이므로 단추는 모두 15개입니다.

02 4씩 5묶음이므로 도토리는 모두 20개입니다.

03 2는 2씩 1묶음, 10은 2씩 5묶음이므로 10은 2의 5배입니다.

04 12를 3씩 묶으면 4묶음이 됩니다.
3씩 4묶음은 3의 4배입니다.

05 ㉠ 36 ㉡ 36 ㉢ 36 ㉣ 32

06 8씩 4묶음을 덧셈식으로 나타내면 8+8+8+8=32이고, 곱셈식으로 나타내면 8×4=32입니다.

07 ㉡ 6×4는 6을 4번 더한 것과 같습니다.

08 별은 8개씩 5줄이므로 모두 8×5=40(개)입니다.

09 3씩 7묶음 → 3×7=21
7씩 3묶음 → 7×3=21

10 예시 답안 수호가 가지고 있는 구슬 수의 3배는 6×3=18(개)입니다.
정우는 18개보다 4개 더 많이 가지고 있으므로 18+4=22(개)입니다.

채점 기준	
	❶ 수호가 가지고 있는 구슬 수의 3배를 구해야 함.
	❷ 정우가 가지고 있는 구슬 수를 구해야 함.

memo

수학이 만만해지는 힌트의 힘!

정답 · 풀이